普通高等教育“十四五”规划教材

中国石油和化学工业优秀出版物奖·教材奖一等奖

油库技术与管理

（第2版）

主　编　刘德俊　杨　帆　于　洋

副主编　顾锦彤　程浩力　姚　景

主　审　汪　楠

中国石化出版社

·北京·

内 容 提 要

本书以第 1 版为基础，适当增加了理论知识和例题。全书共 10 章，包括油库总图设计、装卸油设备与设施、油库泵站、管路系统、储油设备及管理、油料加热、油料计量、油料蒸发损耗及降耗措施、油库安全技术、油库环境保护技术等。

本书可作为普通高等院校油气储运工程、石油工程技术、石油化工等相关专业师生的教学用书，也可作为各级油料管理工作人员、油库（站）业务人员、相关技术人员的参考用书。

图书在版编目(CIP)数据

油库技术与管理 / 刘德俊,杨帆,于洋主编;顾锦彤,程浩力,姚景副主编. —2 版. —北京:中国石化出版社,2024.6

普通高等教育“十四五”规划教材

ISBN 978-7-5114-7530-5

Ⅰ. ①油… Ⅱ. ①刘… ②杨… ③于… ④顾… ⑤程… ⑥姚… Ⅲ. ①油库-技术管理-高等学校-教材 Ⅳ. ①TE972

中国国家版本馆 CIP 数据核字(2024)第 098664 号

中国石化出版社出版发行

地址:北京市东城区安定门外大街 58 号

邮编:100011 电话:(010)57512500

发行部电话:(010)57512575

http://www.sinopec-press.com

E-mail:press@sinopec.com

北京艾普海德印刷有限公司印刷

全国各地新华书店经销

*

787 毫米×1092 毫米 16 开本 20.25 印张 461 千字

2024 年 6 月第 1 版 2024 年 6 月第 1 次印刷

定价:49.00 元

《油库技术与管理》(第2版)

编　委　会

主　　编　刘德俊　杨　帆　于　洋

副 主 编　顾锦彤　程浩力　姚　景

主　　审　汪　楠

编写人员　(以姓氏笔画为序)

于　洋　刘德俊　杨　帆

姚　景　荣　峰　顾锦彤

程浩力　潘　一

第2版前言

PREFACE

本书是根据中国石化出版社《普通高等教育"十四五"规划教材》规划修订出版的系列教材之一，由辽宁石油化工大学、泉州职业技术大学和中国石油建设有限公司北京分公司根据普通高等院校和职业教育的要求共同完成修订工作。

在结构和内容上，突出了普通石油化工工程类院校工程技术、应用技术教育生源的特点，以高级工程技术应用型人才为培养目标，以培养学生工程技术应用能力和工程认证为指导思想，以基本知识、基本理论和基本技能为主要内容；修订工作继续贯彻少而精的原则，理论推导从简；内容既考虑到科学性和系统性，又强调针对性和应用性，根据油气储运及关联学科、行业的发展要求，补充了新技术、新工艺，修正了第1版中的错误和不当之处，增加了必要的理论知识和例题。在叙述上力求深入浅出、条理清晰，内容尽量结合石油化工工业的实际，以适应专业特点，使文字通俗易懂。

本书适用于石油与天然气储运技术、城市燃气输配、油气集输等专业，也可作为各级油料管理机关人员，各类油库、油站业务人员的参考用书。

本次修订由刘德俊、杨帆、于洋（辽宁石油化工大学）担任主编，顾锦彤（辽宁石油化工大学）、姚景（泉州职业技术大学）、程浩力（中国石油建设有限公司北京分公司）担任副主编。其他编写人员有潘一、荣峰（辽宁石油化工大学）。全书由刘德俊统稿，汪楠担任主审。

由于编者水平有限，在内容修订、文字叙述等方面难免存在不当或错误之处，恳请读者批评指正。

第1版前言

PREFACE

本书是中国石化出版社组织编写的《普通高等教育"十二五"规划教材·油气储运工程专业》系列教材之一，丛书由西安石油大学、长江大学、重庆科技学院、辽宁石油化工大学、吉林化工学院等国内十余所相关高等院校结合石油与天然气储运技术、城市燃气输配等相关专业的教学要求共同编写。

在结构和内容上，突出了普通石油化工工程类院校工程技术、应用技术教育生源的特点，以高级工程技术应用型人才为培养目标，以培养学生工程技术应用能力为指导思想，以基本知识、基本理论和基本技能为主要内容；贯彻少而精、理论推导从简的原则；内容既考虑到其自身的科学性和系统性，又强调针对性和应用性。在叙述上力求深入浅出、条理清晰，内容尽量结合石油化工工业的实际，以适应专业特色，使文字通俗易懂。

本书适用于石油与天然气储运技术、城市燃气输配、油气集输等专业，也可作为各级油料管理机关人员，各类油库、油站业务人员的参考书。

全书由汪楠（重庆科技学院）、刘德俊（辽宁石油化工大学）担任主编，梁平（重庆科技学院）、邱正阳（重庆科技学院）、江信敏〔民生能源（集团）股份有限公司〕担任副主编。

第1、2章由汪楠编写；第3、4章由刘德俊编写；第5章由闫凤霞（西安石油大学）编写；第6章由梁平编写；第7章由江信敏、闫凤霞、汪楠编写；第8章由涂洪军（吉林化工学院）编写；第9章由李小艳（长江大学）编写；第10章由邱正阳编写；重庆科技学院游赟、龙学渊、肖鹏，四川石油天然气建设工程有限责任公司周彬、重庆市渝川燃气有限责任公司李建参与了部分编写工作。

本书由汪楠统稿，许行（解放军后勤工程学院）、吴明（辽宁石油化工大学）担任主审。

经过几番的审核，专家组尽量找出书中的错误、疏漏等，多次对其进行了修改、完善。但由于编者水平有限，在内容选择、叙述、文字等方面难免存在不当或错误之处，恳请读者批评指正。

目　录

CONTENTS

第1章 油库总图设计

1.1 油库的类型及任务

收发、储存原油、成品油及其他易燃和可燃液体化工品的独立设施称为石油库。它是协调原油生产、原油加工、成品油供应及运输的纽带，是国家石油储备和供应的基地，它对于保障国防和促进国民经济高速发展具有相当重要的意义。

随着我国石油工业的飞速发展，油库发展也很快，除了石油系统、供销系统和军事系统建有一系列专用油库外，铁道、交通、电力、冶金等部门也建有各种类型的油库，以保证运输和生产的正常进行。

1.1.1 油库的类型

油库的类型很多，各种类型的油库都有其不同的任务和特点，为便于管理，通常将油库按不同的管理体制和业务性质分类。

（1）按管理体制分类

- 油库
  - 独立油库
    - 民用油库
      - 储备油库
      - 中转油库
      - 分配油库
    - 军用油库
      - 储备油库
      - 供应油库
      - 野战油库
  - 附属油库
    - 油田原油库
    - 炼厂原油、成品油库
    - 机场、港口油库
    - 其他企事业单位油库
    - 农机站油库

独立油库是指专门接收、储存和发放油料的独立企业和单位；附属油库则是工业、交通或其他企业为了满足本部门需要而设置的油库。销售和军事部门的大多数油库属于独立油库，石油部门的油田原油库和炼油厂的油库则多属企业附属油库。

① 储备油库：主要任务是储备国家、部队或企业油料和油料器材。

主要特点是容量大、储存时间长、油料种类较少。有较强的防护能力，能较好地隐蔽和伪装。

② 中转油库：主要担负成批油料的转运任务。

主要特点是发油任务比较频繁，油料品种多、批量大。转运油库通常建于水陆交通比较方便之处。由铁路、水路、公路成批收发油。

③ 分配、供应油库：主要任务是向用油企事业单位供应油料。

主要特点是收发油任务频繁、油料品种多，但每次收发量不一定很大，在全部发油量中汽车油罐车运输往往占较大比例。

（2） 按储油方式分类

油库 { 地面油库、隐蔽油库、山洞油库、水封油库 }

- 地面油库
- 隐蔽油库
- 山洞油库
- 水封油库

地面油库是将储油罐露天设置在地面上，它投资省、建设快，维护修理方便，是分配和供应油库的主要建库形式。但这种油库目标暴露，防护能力差，战时易遭破坏，不宜作为军事储备油库使用。

隐蔽油库的油罐置于掘开式护体内。护体上面覆土伪装，覆土层的厚度要求大于0.5m。对空隐蔽性好，并具有一定的防护能力，油料储存期间蒸发损耗较小。但是，与地面库相比投资大，施工周期长。

山洞油库置于人工开挖的山洞空间内或自然洞内。洞库的隐蔽效果好、防护能力强，储存时可基本消除油罐的静止蒸发损耗，但它投资大，施工周期长，且洞内须做防潮处理。

水封油库是利用稳定的地下水位，将需要储存的油料封存于地下洞室中。它的储油罐体便是在有稳定地下水位的岩体开挖的人工洞室，不需另建储油罐。由于洞内油料被周围岩石内的地下水位包围，除少量地下水渗入洞内之外，油料不致外渗。这种水封油库的储油容量可高达$20\times10^4m^3$，一般它都是深埋于地下，隐蔽和防护能力都很好，建设费用比山洞油库低，也省钢材。但它需要有稳定的地下水位，而且其他的技术条件比较复杂。目前这种油库大多建在沿海地区。

（3） 按储油方式分类

油库

- 水运油库
- 陆运油库
- 水路联运油库

1.1.2 油库的业务和任务

油库的业务主要体现在以下四个方面：

① 生产基地用于集积和中转油料；

② 销售部门用于平衡消费流通领域；

③ 企业部门用于保证生产；

④ 国家储备部门用于战略储备，以保证非常时期需要。

不同类型的油库任务也将随之不同，但油料储存与供应是各类油库的主要工作。油库以保障油料供应为中心，主要的工作是接收和储存数量足够、质量合格的油料和部分油料器材，及时迅速地供油。因此油库必须具备完善的收发油设施，做到不渗漏、不混油、尽量减少蒸发损耗，保质保量地为各交通运输、企事业等用油单位服务。

油库的工作以管好油料及油料器材为中心，其具体任务是：

① 安全、及时、准确地做好油料和油料器材的收发、保管和供应工作；

② 正确使用和管理油库各项技术设备和建筑设施，及时检查维护，计划维修，使之处于良好状态；

③ 搞好油库安全管理、消防、警戒防卫、库区绿化和环保工作，确保油库安全；

④ 搞好技术人员业务培训，不断提高管理人员的业务水平，逐步提高油库自动化和机械化程度。

1.2　油库的分级和分区

1.2.1　油库的分级

油库主要是储存易燃易爆的石油和石油产品，这对油库安全是个很大威胁。油库容量越大，一旦发生火灾或爆炸等事故造成的损失也越大。因此从安全防火观点出发，根据油库总容量的大小，分为若干等级并制定与其相应的安全防火标准，以保证油库安全。

《石油库设计规范》(GB 50074)第 3.0.1 条规定：石油库等级的划分，应符合表 1-1 的规定。

表 1-1　石油库的等级划分

等级	石油库储罐计算总容量 TV/m^3	单罐容量/m^3
特级	$1200000 \leqslant TV \leqslant 3600000$	≤150000
一级	$100000 \leqslant TV < 1200000$	≤100000
二级	$30000 \leqslant TV < 100000$	≤20000
三级	$10000 \leqslant TV < 30000$	≤10000
四级	$1000 \leqslant TV < 10000$	≤3000
五级	$TV < 1000$	≤500

注：1. 表中 TV 不包括零位罐、中继罐和放空罐的容量。

2. Ⅰ级和Ⅱ级毒性液体储罐容量应乘以折算系数 2 计入储罐计算总容量，丙 A 类液体储罐容量可乘以折算系数 0.5 计入储罐计算总容量，丙 B 类液体储罐容量可乘以折算系数 0.25 计入储罐计算总容量。折算系数不得重复计取。

3. 当储罐计算总容量 TV 与单罐容量对应石油库等级不同时，应按较高等级确定石油库的等级。

油库设计中，除了考虑储存油料的数量之外，还应考虑油料的性质。按照它们的易燃程度，设置不同的安全距离。石油库储存易燃和可燃液体的火灾危险性分类，应符合表 1-2 的规定。

表 1-2　石油库储存易燃和可燃液体的火灾危险性分类

类别		易燃和可燃液体闪点 F_t/℃
甲	B	除甲 A 类外，$F_t < 28$
乙	A	$28 \leqslant F_t < 45$
	B	$45 \leqslant F_t < 60$
丙	A	$60 \leqslant F_t \leqslant 120$
	B	$F_t > 120$

注：甲 A 类液体火灾危险类别特征见《石油化工企业设计防火标准》(GB 50160)。

石油库储存易燃和可燃液体的火灾危险性分类除应符合上述规定外，尚应符合下列规定：

① 操作温度超过其闪点的乙类液体应视为甲 B 类液体；

② 操作温度超过其闪点的丙 A 类液体应视为乙 A 类液体；

③ 操作温度超过其沸点的丙 B 类液体应视为乙 A 类液体；

④ 操作温度超过其闪点的丙 B 类液体应视为乙 B 类液体；

⑤ 闪点低于 60℃但不低于 55℃的轻柴油，其储运设施的操作温度低于或等于 40℃时，可视为丙 A 类液体；

⑥ 闪点等于 45℃的轻柴油，其储运设施的操作温度低于或等于 40℃时，可视为乙 B 类液体。

1.2.2 油库的分区

为了满足油库的工艺要求，便于管理，保证安全、方便作业，将油库的所有设施、设备按功能进行分区布置。油库一般可分为储罐区、装卸作业区、行政管理区和辅助作业区等四个区域。其中装卸作业区又分为铁路装卸区、水运装卸区和公路装卸区。行政管理区一般设在库外，与油库分开布置，以便于安全管理。图 1-1 为典型油库分区示意图。

图 1-1　地面油库概貌

各区内设施的配置，是根据每个区的主要功能围绕油料的收发、储存、安全、环保、管理等而确定，如表 1-3 所示。

（1）储罐区

储罐区又称油罐区或储油区、储存区，是油库储存油料的区域，是油库的核心部位，安全上需要特别注意，这个区域的首要任务是安全储油，其设施除储油罐外，还有防火堤、消防站、防雷、防静电、安全监视等安全设备以及降低油料损耗的设备。

① 地面储存区

地面储存区的有关建筑建在地面上，一般采用钢油罐。地面储存区的主要设施及设备有储油罐组、防火堤、易燃和可燃液体泵站(泵棚)、变配电间、消防器材间等。另外还有各输油、水、消防液管组、阀组等。

地面储存区一般根据油料的火灾危险性进行分组布置。地面油库的油罐组还需根据规范、油料种类、数量设置防火堤，以防火灾发生时油料流淌，引起事故的扩大。

② 地下储存区

将油罐置于覆土护体内的油库，称为地下库。相应的储存区称为地下储存区。地下储存区的设施(设备)与地面储存区基本相同。地下库油罐通常采用立式钢油罐，容量较小时可采用卧式钢油罐。由于立式钢油罐不能直接承受覆土的压力，因此，把钢油罐置于护体内。卧式钢油罐可以承受一定的压力，故可以直接埋土，也可置于护体内。

地下储存区油罐护体由拱顶、围墙(侧墙)和下通道组成。拱顶采用钢筋混凝土薄壳结构，拱顶曲率半径尽量与油罐曲率半径相同或相近。罐顶与拱顶之间保持 1~1.5m 距离，以方便工作人员对罐顶进行维修。拱顶钢筋混凝土被覆层厚度一般为 8cm。拱顶边缘作拱顶圈梁，拱顶上的全部重量通过拱脚圈梁作用于围墙上。为保持护体内干燥，拱顶须做防水处理。拱顶覆土厚度不应小于 0.5m，并应严格按照设计要求覆土，不能随意更改覆土厚度。拱顶上有量油预留孔、透气阀预留孔，内部关闭罐预操纵装置预留孔和进人、采光、通风等预留孔。

围墙用砖石混凝土等预制材料砌筑。为防止地下水渗透到墙内，墙外应做排水沟和防水层。围墙与油罐之间构成人行走道，走道宽度一般应不小于 0.8m。

为了方便操作和维修，并有利于通风，一般在围墙下部开口，设操作间和通向护体的侧向通道，即下通道。下通道可用与围墙同种材料砌筑，通常高 1.8m、宽 1.6m，便于铺设管线和人员进出。

③ 洞库储存区

洞库储存区的油罐安置于人工开挖或自然洞内，是理想的战备储存仓库。

洞库油罐的类型

一般洞库主要采用立式金属油罐，此外还采用少量非金属油罐。

洞库立式金属油罐采用离壁式结构，即在开挖好的山洞内修建罐室，油罐安装在罐室中。油罐壁与罐室侧墙之间有 0.8~1m 的间距，供工作人员检查和维修油罐之用。油罐顶与罐室顶部罐帽也应有 1~1.5m 的间距，以便于罐顶操作和维修。

离壁式钢油罐结构的主要优点是便于对油罐操作检查和维修。但罐室空间的利用率较低。

为方便施工和管理，同一山洞内的油罐应尽量采用同种规格。目前多用 2000m^3立式钢油罐。石质较好，且储存量较大，也可采用 3000m^3、5000m^3或 10000m^3油罐。

洞库储存区的形式

洞库储存区的布置形式目前主要有葡萄式、房间式、混合式和分散式等。

洞库由于其布置形式的不同，其结构也有一定的差异，葡萄式洞库主要由引洞、主坑道、支坑道、操作间和罐室 5 部分组成。

（2） 装卸作业区

装卸作业区是油料装卸作业的场所，是油库的咽喉。根据装卸作业的形式，可以分为铁路装卸区、水路装卸区、公路装卸区和桶装装卸区。

① 铁路装卸区

进行铁路运输的大宗散装油料的装卸，是其各类油库的主要装卸方式之一。主要设备设施有收发装卸作业站台、栈桥、鹤管、泵房、零位罐、桶装库、变配电间、消防间等。另外还有围绕铁路装卸油的管组、阀组等。

② 水路装卸区

进行水路运输的大宗散装油料的装卸作业，其主要设备设施有专用装卸码头、泵房、灌装间、放空罐、变配电间、消防器材间等，还有围绕油码头装卸的输油臂组、专用软管等。

③ 公路装卸区

进行汽车油罐车运输的散装油料的装卸作业。主要设备设施是汽车油罐车装卸油的车场、发油亭、鹤管、泵房、消防间、桶装库、控制室等。

④ 桶装装卸区

部分油库设有专用桶装装卸区，它是直接向所需单位供应桶装油料的场所。由灌桶间、桶装储存间、空桶码放场、桶装发放场等构成。

（3）辅助作业区

为了满足正常营运所需的一些条件，还需根据实际情况设置辅助作业区，其主要设施包括修洗桶间、消防泵房、消防车库、变配电间、机修间、器材库、锅炉房、化验室、污水处理设施、计量室、柴油发电机间、空气压缩机间和车库。另外还可能有油料检验化验室、仪器仪表检查标定室等。

（4）行政管理区

行政管理区是油库行政管理和工作人员生活的场所，如表 1-3 所示。

除了上述 4 个区以外，根据油库的具体情况，为了作业的方便，可以在收发作业附近设置轻油储存区，为了缩短黏油管路和蒸汽管路的长度，黏油储存区通常也布置在收发油作业区附近。

表 1-3　石油库各区内的主要建(构)筑物或设施

<table>
<tr><th>序号</th><th colspan="2">分　区</th><th>区内主要建(构)筑物或设施</th></tr>
<tr><td>1</td><td colspan="2">储罐区</td><td>储罐组、防火堤、易燃和可燃液体泵站(泵棚)、变配电间、消防器材间等</td></tr>
<tr><td rowspan="3">2</td><td rowspan="3">易燃和可燃液体装卸区</td><td>铁路装卸区</td><td>铁路罐车装卸栈桥、易燃和可燃液体泵站、桶装易燃和可燃液体库房、零位罐、变配电间、油气回收处理装置等</td></tr>
<tr><td>水运装卸区</td><td>易燃和可燃液体装卸码头、易燃和可燃液体泵站、罐桶间、桶装液体库房、变配电间、油气回收处理装置等</td></tr>
<tr><td>公路装卸区</td><td>罐桶间、易燃和可燃液体泵站、变配电间、汽车罐车装卸设施、桶装液体库房、控制室、油气回收处理装置等</td></tr>
<tr><td>3</td><td colspan="2">辅助作业区</td><td>修洗桶间、消防泵房、消防车库、变配电间、机修间、器材库、锅炉房、化验室、污水处理设施、计量室、柴油发电机间、空气压缩机间、车库等</td></tr>
<tr><td>4</td><td colspan="2">行政管理区</td><td>办公用房、控制室、传达室、汽车库、警卫及消防人员宿舍、倒班宿舍、浴室、食堂等</td></tr>
</table>

注：企业附属石油库的分区，尚宜结合该企业的总体布置统一考虑。

1.3　油库库容的确定

油库设计首先需要解决的问题是确定油库容量。准确地确定油库容量不仅可以节约投资，还可以加快建设速度，充分发挥投资效益。库容选择过大或过小都会带来不良后果。容量选择过大，会使占地和建设费用增加，造成较高的储油损耗，增加储油成本；容量过小，则会妨碍正常业务开展，影响油料供应，甚至给企业带来不应有的损失。

1.3.1　分配油库库容确定

油库容量在生产上主要是起调节作用，保证向市场和生产部门稳定地供应油料。因此，分配的库容确定必须遵守以下原则：

① 集中来油时能及时把油料卸入库内储存；

② 在两次来油的间歇中，有足够的油料供应市场。

决定油库储油容量时，最重要的因素便是确定市场的供销情况和运输情况。如果油料来油量和需要量随季节变动较大，则储油量便需增大，以调节收发的不均匀性。当收发油量在全年都比较均匀时，储油容量便会大大减小。要做好这一工作，必须深入进行调查研究，了解和调查建库地区现在各类油料供销状况和交通运输能力，以及今后的发展趋势，做出分析对比，然后确定出合适的油库容量。当然要比较精确地整理出这套数据，必须有大量的准确统计资料，进行起来较为复杂。我国油库容量目前是采用周转系数法来加以决定。这个方法虽然计算比较简单，但准确程度较差。从现有油库来看，一般所选容量都偏高，因此，今后建库应考虑采用统计预测的方法来决定油库的容量。

（1）用周转系数法确定库容

所谓周转系数，就是某种油料的储油设备在一年内可被周转使用的次数，即

$$\text{周转系数}=\frac{\text{某种油料的年度周转额}}{\text{储油设备容量}} \tag{1-1}$$

显然，周转系数越大，设备利用率越高，储油成本也越低。油库的合理周转系数，可以根据该地区现有油库的经营资料进行统计。如该地区尚没有这类经营资料可供利用，可参照同类油库的周转系数决定库容。油库的库容为该油库所储各种油料设计容量之和。各种油料设计容量由式(1-2)求得：

$$V_s=\frac{G}{K\rho\eta} \tag{1-2}$$

式中　V_s——某种油料的设计容量，m^3；

G——该种油料的年周转额，t；

ρ——该种油料的密度，t/m^3；

K——该种油料的周转系数；

η——油罐利用系数。

关于 K 值，我国商业系统对二级以上油库一般采用 8~14；三级及以下油库一般采用 14~24。最好通过调查分析确定 K 值；油库经营多种油料 K 值首先应取大值进行计算，如果与所对应的油库级别符合，则 K 值取值正确；反之则应取下一个级别最大的 K 值进行计算；对于陆运油库 K 值应与储备天数所对应的周转系数进行比较后确定最终的 K 值；而水运油库的 K 值应与最大来船间隔进行比较取小值为最终的 K 值；水陆联运油库应分别进行计算来确定库容。

油罐利用系数，指油罐储存容量和名义容量之比。

油罐容量在使用上可分为以下 3 种情况(图 1-2)：

① 名义容量　即油罐理论容量[图 1-2(a)]，它是按油罐整个高度计算的。一般设计油罐时，以这个尺寸计算容量，选择油罐的高度 H 和直径 D。

② 储存容量(实际容量)　因为油罐储油时，实际上并不能装到油罐的上边缘，一般都留有一定距离 A[图 1-2(b)]，以保证储油安全。A 的大小根据油罐种类以及安装在罐壁上部的设备(如泡沫发生器等)决定。油罐的名义容量减去 A 部分占去的容量(当油罐下部有加热设备时，还应减去加热设备所占容积)便是储存容量。

③ 作业容量　油罐使用时，出油管下部的一些油料并不能发出，成为油罐的“死藏”。因此，油罐在使用操作上的容量比储存容量要小，它的容量是储存容量减去 B 部分的“死藏”[图 1-2(c)]得到的。B 的大小可根据出油管的高度确定。

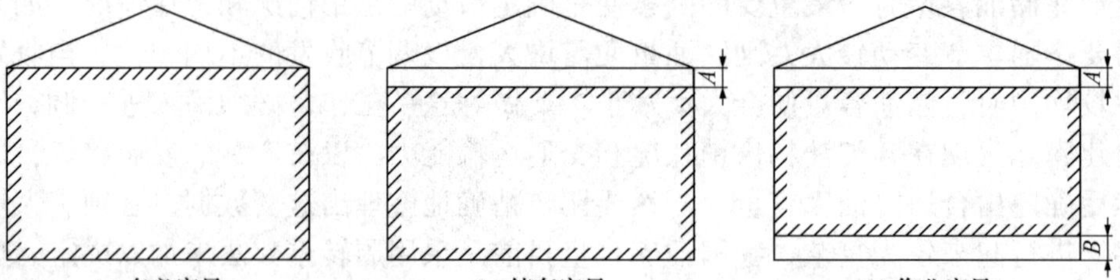

图 1-2　油罐容积使用情况

$\eta<1$ 的原因主要由以下因素决定：

① 油罐内可能有加热器；

② 油罐上安装空气泡沫发生器；

③ 油料含水；

④ 油料进油时产生漩涡；

⑤ 油料调和时罐内有搅拌器。

（2） 统计预测法确定油库库容

确定油库容量时，可选择具有类似条件的油库作为原型，统计它们逐年按月(或按旬)的销售量和进油量，预测出今后数年的销售量和进油量，列于表 1-4。

表 1-4　进油、销售、月末剩余及剩余累计表

月份	1	2	3	4	5	6	7	8	9	10	11	12	合计
进油	3	4	5	7	8	13	15	13	12	10	6	4	100%
销售	14	13	11	7	4	3	3	7	9	9	10	10	100%
月末剩余	−11	−9	−6	0	4	10	12	6	3	1	−4	−6	
剩余累计	−11	−20	−26	−26	−22	−12	0	6	9	10	6	0	

由表 1-4 中第一行减去第二行，可得出第三行油料入超(+)和出超(−)数字。将第三行累计则得第四行每月储油容量的变化数字，由此行即可求得储油容量。

$$V=\max\begin{cases}V=(V_{\max}-V_{\min})\times\text{年周转额}=[10\%-(-26\%)]\times\text{年周转额}=36\%\times\text{年周转额}\\ \text{最大进油量}(\mathrm{m}^3)\\ \text{最大出油量}(\mathrm{m}^3)\end{cases}\tag{1-3}$$

关于发展趋势值、季节波动系数及不规则变量的求法，可参阅有关统计预测的文献。油库库容也可由其他统计模式求取。

储油容量的大小，一般受 3 个因素影响：

① 发展趋势。随着国民经济的发展和转型，各种不同类型的油库，一般都有销售量的趋势。决定油库容量时，应考虑到这个因素。

② 季节变动。这是一个时间序列，油料在不同季节销售量也不同，有的油料随季节波动大，有的波动小。

③ 不规则变动。这是在设计时很难考虑的一些偶然因素，如销售中遇到的临时性用油。

1.3.2　企业附属油库库容确定

油田矿场原油库的任务是接收各转油站的来油，并通过铁路罐车或长输管线进行外输。来油比较稳定，外输则受交通运输影响。因此，这种油库的容量，重点是考虑交通运输条件。库容量要保证在交通运输暂时中断的情况下，能有足够的容量接收油田来油。把这种保证运输中断时，能储存矿场来油的天数称为储备天数，用 N 来表示。于是矿场原油库容量便可按式(1-4)计算：

$$V_s = \frac{G}{365\rho\eta}N \tag{1-4}$$

式中　V_s——油库设计容量，m^3；

G——油田预计全年输往该油库的原油量，t；

ρ——原油密度，t/m^3；

η——油罐利用系数；

N——储备天数，储备天数取决于运输方式、线路条件、气象和封冻停航等因素。作为参考，铁路外输可取 $N=7$；长输管线外输可取 $N=2\sim5$。

炼厂原油库的性质一般与矿场原油库类似，它的库容必须保证在交通运输暂时中断时，能持续不断地向炼油装置供应原油。因此，油库必须有足够的容量，以满足炼油的需要。其容量可按式(1-5)计算：

$$V_s = \frac{G}{t\rho\eta}N \tag{1-5}$$

式中　V_s——原油库设计容量，m^3；

G——装置年处理量(对于成品油库，则为成品油年产量)，t；

t——年操作天数。若装置或系统没有特殊规定天数时，可考虑用以下数值进行计算：常减压、催化、重整及润滑油脱蜡，334 天；延迟焦化，300 天；加氢精制、制氢，310 天；

ρ——油料密度，t/m^3；

η——油罐利用系数；

N——储备天数，根据物料种类的不同具体参照表 1-5~表 1-11。

表 1-5　原油和原料油储存天数

进厂方式	储存天数	备注
管道输送	5~7	
铁路运输	10~15	
内河及近海运输	15~20	储罐总容量应同时满足装置连续生产和一次卸船量的要求
远洋运输	≥30	

注：1. 如有中转库，其储罐容量应包括在总容量内。

2. 进口原料或特殊原料，其储存天数不宜少于 30 天，但不宜多于 60 天。

表 1-6　中间原料油储存天数

类　别	储存天数
同时开工、停工检修的装置或联合装置之间的原料油	2~4
不同时开工、停工检修的联合装置或不同检修组装置之间的原料油	15~20
不同时开工、停工检修的装置之间的原料油	7~15
多组分切换操作的装置的原料油	按切换周期计算，每种组分生产时间不宜少于 3 天

注：某一装置的原料油同时又是其他装置的原料油或可用其他油料储罐储存时，储存天数宜取下限。

表 1-7　成品油储存天数

油料名称	出厂方式	储存天数
工厂自用燃料油	—	3
汽油、灯用煤油、柴油、重油(燃料油)	管道输送	5~10
	铁路运输	10~20
	内河及近海运输	15~20
	公路运输	5~7
航空汽油、喷气燃料、芳烃、军用柴油、液体石蜡、溶剂油	管道输送	5~10
	铁路运输	15~20
	内河及近海运输	20~25
	公路运输	5~7
润滑油类、电器用油类、液压油类	铁路运输	25~30
	内河及近海运输	25~35
	公路运输	15~20
液化石油气	管道输送	5~7
	铁路运输	10~15
	内河及近海运输	10~15
	公路运输	5~7
石油化工原料	管道输送	5~7
	铁路运输	10~15
	内河及近海运输	10~15
	公路运输	5~7

注：1. 按本表确定容量的储罐，包括成品罐、组分罐和调和罐。

2. 如有中转库时，其储罐容量应包括在按上表确定的储罐总容量内。

3. 内河及近海运输时，其成品罐与调和罐的容量之和，应同时满足连续生产和一次装船量的要求。

4. 若有远洋运输出厂时，其储存天数不宜少于 30 天，但不宜大于 60 天。其成品罐与调和罐的容量之和，应同时满足连续生产和一次装船量的要求。

表 1-8　石油化工主要原料的储存天数

进厂方式	备　注
管道输送	
铁路运输	
内河及近海运输	储罐总容量应同时满足装置连续生产和一次卸船量的要求
公路运输	

注：1. 若有远洋运输，其储存天数不宜少于 30 天，但不宜大于 60 天。

2. 易聚合、易氧化等特殊性质的原料应根据具体情况确定其储存天数。

表 1–9 石油化工中间原料的储存天数

类 别	储存天数
同时开工、停工检修的装置或联合装置之间的原料	3~4
不同时开工、停工检修的联合装置之间的原料	15~20
不同时开工、停工检修的装置之间的原料	10~15

表 1–10 易燃、可燃石油化工成品的储存天数

介质名称	出厂方式	储存天数
链烷烃	管道输送	5~8
	铁路运输	10~20
	内河及近海运输	10~20
	公路运输	10~15
烯烃	管道输送	5~8
	铁路运输	8~12
	内河及近海运输	10~15
	公路运输	10~15
环烷烃	铁路运输	7~10
	内河及近海运输	10~15
	公路运输	10~15
醇类、醛类、酯类、酮类、腈类等	铁路运输	15~20
	内河及近海运输	20~25
	公路运输	10~15

注：1. 若有远洋运输出厂，其储存天数不宜少于 30 天，但不宜大于 60 天。

2. 内河及近海运输、远洋运输，其储罐容量应同时满足装置连续生产和一次装船量的要求。

表 1–11 酸、碱及液氨的储存天数

介质名称	运输方式	储存天数
酸、碱	铁路运输	15~25
	内河及近海运输	20~30
	公路运输	10~15
液氨	管道输送	7~10
	铁路运输	10~20
	公路运输	10~15

确定设计容量之后，便可选择油罐容量、个数及尺寸。

油罐的个数除了取决于油料品种之外，主要是操作要求。如果不考虑操作条件，从理论上说，最好是一种油料选一个油罐。因为在一定容量下，选一个油罐比选两个油罐更为经济，单位耗钢量也小，并且占地面积和消防设施也相应减少。不过在实际工作中，考虑到对油料的操作管理，通常每种油料至少要选两个油罐。

油罐的容量和个数是相互联系的，可由油料的设计容量来决定。

若考虑到操作管理要求，决定某种油料选 n 个油罐，那么该种油料每个罐的单体容量，便可由该种油料的设计容量求得：

$$V_D=\frac{V_s}{n} \tag{1-6}$$

油罐确定必须满足以下要求：

① $n\geqslant 2$；

② 油罐宜为标准罐；

③ 油罐宜选择大罐；

④ 油罐规格尽可能统一。

1.4　油库工艺流程

油库工艺流程是指油料按规定的工艺要求，在管路系统中的流动过程。它是利用管路系统将其所有工艺设备有机连接起来的一个整体，通常用油库工艺流程图表示。

1.4.1　工艺流程制定

不同的工艺流程不仅直接影响油库的工艺管网能否完成主要油料的作业要求，同时还会影响油库设备、管线及其附件的选择和油库的建设投资及使用管理费用。因此，在制定油库工艺流程时应考虑油库的业务特点、地形条件、工艺设备供应情况以及人员编制等因素。总之，在制定油库工艺流程时，应遵守以下原则。

1.4.1.1　业务操作要求

要求其相关操作方便、油料收发调度灵活、油料管路、油罐及设备互不干扰、安全可靠、流程简洁清晰。

另外，还需设置备用接头。为了应对油库的突然事件和任务的变化，保证油库收发油作业的正常进行，应在作业区和储存区管路的适当部位设置备用接头。例如，泵机组检修、电源被破坏或出故障时能用拖车泵收油等。

1.4.1.2　经济性要求

油库工艺流程制定得合理与否，直接影响到油库的建设投资，因此一定要注意其经济性。

① 在保证油料质量的前提下，恰当地处理好“一管多用”“一泵多用”和“专管专用”“专泵专用”之间的关系。管路和泵的“专用”还是“多用”，应当根据油料质量要求、牌号、品种、数量和作业频繁程度等因素确定。

一般油料根据具体业务(以标准密度及油料性质)选择按表 1-12 进行分组，同组的油料一定范围内各个牌号可以共用管路和泵，但每一牌号油料均应单独设置放空灌。

② 充分利用地形，努力实现自流作业。油库的工艺流程应当充分利用地形条件、尽量实现自流作业。油库通常用泵收油、自流发油，这样可以不设发油泵站，既减少泵机组等设备，降低建设投资，又使后期管理便捷，且当电力系统遭遇故障后，仍能保证发油作业顺利进行。

表 1-12 油料分组表

组别序号	油料名称
1	车用汽油(90#、93#、97#)
2	航空汽油、溶剂汽油(100#、120#、200#)
3	喷气燃料油(1#、2#、3#、4#及高闪点喷气燃料油)
4	灯用煤油、动力煤油
5	轻柴油、农用轻柴油(0#、10#)
6	重柴油、重油、军用燃料油
7	变压器油(10#、25#)
8	机械油(5#、10#、20#、40#)
9	汽油机油(6#、10#、15#)
10	柴油机油(8#、11#、14#)

③ 在满足工艺要求的前提下，对于非经常性的、次要的作业，应视具体的情况做适当处理，尽量缩短管路、减少阀门数量，做到经济合理。在主要作业得以保证的前提下，对于非经常性的、次要的作业，应视具体情况做适当处理。不应为了应付复杂化的、非经常性的作业而使流程过于复杂，否则不仅增加设备、材料和建设投资，而且还会由于流程复杂使操作麻烦，甚至引起误操作事故。同样，片面追求经济节约，使工艺流程不能满足油库多种作业的需求而影响油库的经常性工作，这样的工艺流程也是不恰当的。

1.4.2 管路系统组成

油库的工艺流程有各种不同的布置和处理，但用于连接各工艺设备的管路系统归纳起来不外乎按连接方式和管路功能分类。

1.4.2.1 按连接方式分类

（1）单管系统

单管系统(图 1-3)，油罐按储油料种的不同分为若干罐组，每个罐组各设一根输油管与油罐相连。其优点是布置清晰，管材耗量少；缺点是同组罐无法输转，管路发生故障时同罐组均不能操作。

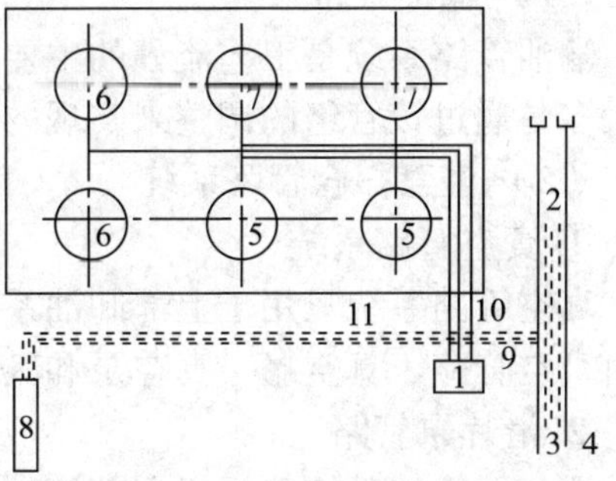

图 1-3 单管系统

1—泵房；2—卸油鹤管；3—集油管；4—铁路；5—煤油罐；6—汽油罐；7—柴油罐；8—灌桶间；9—装卸油管；10—输油管；11—灌油管

（2）双管系统

双管系统(图 1-4)，是每个罐组各有两根输油干管，每个油罐分别有两根进出油管与干管连接。其优点是同组油罐可以倒罐，操作比单管系统方便，但管材用量大。

（3）独立管路系统

独立管路系统(图 1-5)是每个油罐都有一根单独管路通入泵房。卸油管也按不同品种分别进入泵房。其优点是布置清晰，专管专用，不需排空，检修时也不影响其他油罐的操作，但管材消耗较多，泵房内管组及管件也相应增多。

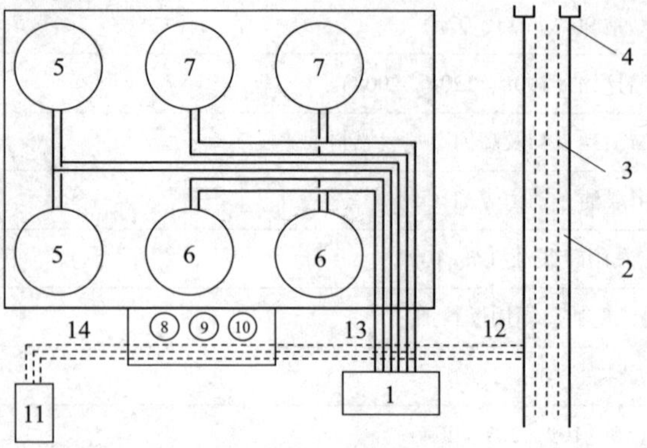

图 1-4　双管系统

1—泵房；2—卸油鹤管；3—集油管；4—铁路；5—煤油罐；6—汽油罐；7—柴油罐；8—汽油灌装罐；9—煤油灌装罐；10—柴油灌装罐；11—灌桶间；12—装卸油管；13—输油管；14—灌油管

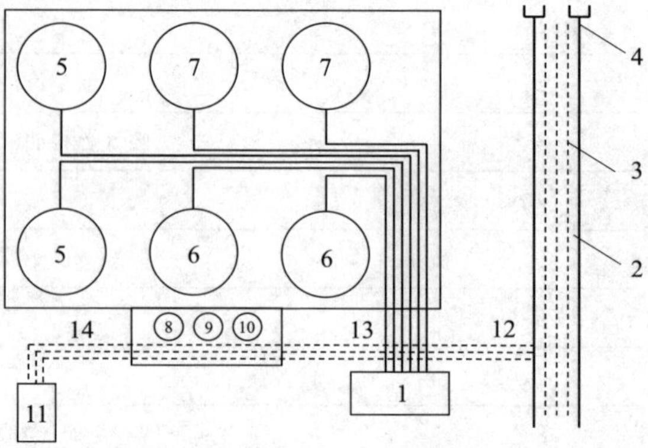

图 1-5　独立管路系统

1—泵房；2—卸油鹤管；3—集油管；4—铁路；5—煤油罐；6—汽油罐；7—柴油罐；8—汽油灌装罐；9—煤油灌装罐；10—柴油灌装罐；11—灌桶间；12—装卸油管；13—输油管；14—灌油管

以上三种管路系统各有特点，对某个油库而言，选择什么样的管路系统，应根据其业务特点，结合具体情况，因地制宜，慎重选择。一般情况下，油库储油料种不多、库内输转很少的油库或临时性、地方性小油库多采用单管系统，对其同组输转和管路发生故障时的操作问题，采用在管路适当部位预留备用接头、临时接管的办法解决；对于油罐数目较多、油料种类又多的油库，多以双管系统为主，辅以单管或独立管路系统。

1.4.2.2　按管路功能分类

油库装卸油、泵房工艺流程按功能要求，主要由输油管路系统、灌泵扫仓管路系统和放空管路系统组成。

（1）输油管路系统

输油管路系统是工艺流程的主要部分，用来收油、发油和库内输转，多种工艺过程的变换大多是通过该管组的调整来实现的。

（2）灌泵扫仓管路系统

① 真空管路系统

真空管路系统只用于上部卸油系统，用来为鹤管抽真空引油和抽油灌车（或油驳）底油，它由真空管路、真空罐、真空泵和其他附属设备组成。

② 滑片泵管路

滑片泵管路系统只用于上部卸油系统，用来为鹤管抽真空引油和抽油灌车（或油驳）底油，它由扫仓短管、滑片泵、放空系统和管路组成。

（3）放空管路系统

放空管路设置的目的在于输油完毕后将输油管中残存的油料排入放空罐内。其一方面实现"一管多用"，即用一根管路输送多种牌号的油料而不发生混油；另一方面是防止积存在管路中的油料受热膨胀而破坏管路和管件，保证管路安全并使管路维修方便。

输油管路应尽可能实现一次自流放空，一般轻油管路应有 3‰的坡度，黏油管路应有

5‰~10‰的坡度。当沿线地形复杂不易实现一次自流放空时，应采取措施，如分段放空或扫线等加以解决。

1.4.3　工艺流程图

油库的工艺流程可以用工艺流程图来表示。工艺流程图是不按比例绘制的，各个设施设备之间的位置关系也可以不受总平面图的约束，以表达清晰、容易看懂为原则。按照绘制方法的不同，一般包括工艺流程方案图、工艺流程轴侧图和工艺流程平面布置与纵断面图三种。

油库工艺流程方案图(俗称方块图)是一种示意图，它简明扼要地反映油库的业务。一般将轻油、黏油分别绘制，如图 1-6 所示。方案图上以方块表示设备和设施；管路尽量平行绘制；拐弯处用直角；尽量避免管路交叉，必须交叉时可用断线绘制；各种阀门、管件均不绘出。

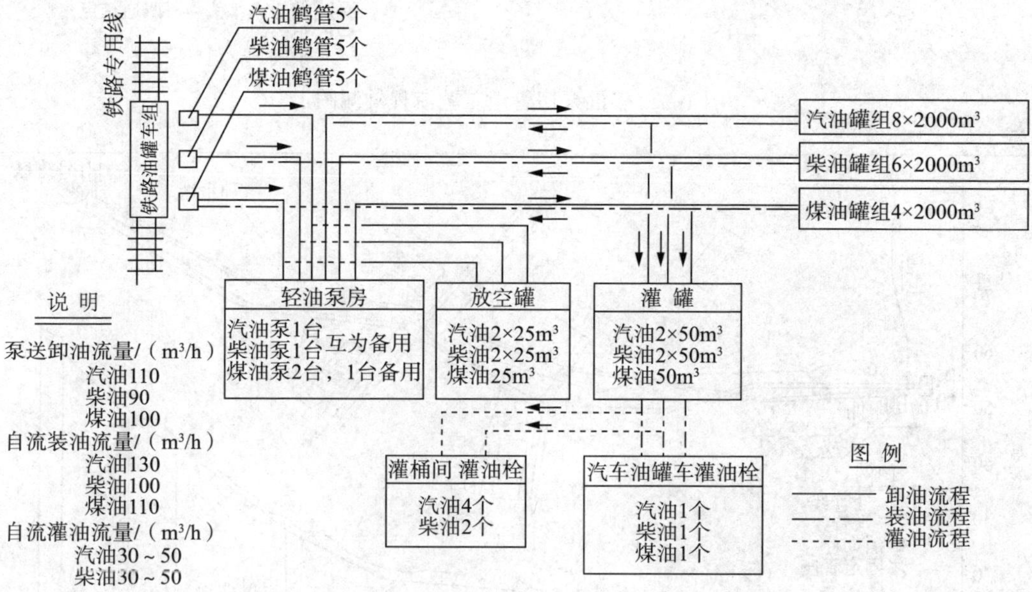

图 1-6　轻油工艺流程方案图

用轴测投影原理绘制的是工艺流程轴测图。由于轴测比较直观，油库中较为常用，如图 1-7 所示。轴测图上绘出了与工艺流程有关的各种设备，如储油罐、管路、输油泵、鹤管、放空罐以及各种主要管件等的相互关系，它反映油库的全部工艺流程，是指导油库建设和技术管理工作的重要图纸。

在工艺流程轴测图上应当标明设备和管线的名称、规格、用途和所输送油料的名称等。工艺流程图比较复杂时，应按作业内容编制流程说明。

将管路平面布置按比例绘制在纵向地形上的图是工艺流程平面布置与纵断面图。如图 1-8所示，它的横坐标代表管路，纵坐标代表高程。纵横坐标常采用不同的比例，管路的里程、高程及坡度等都标注在图中。

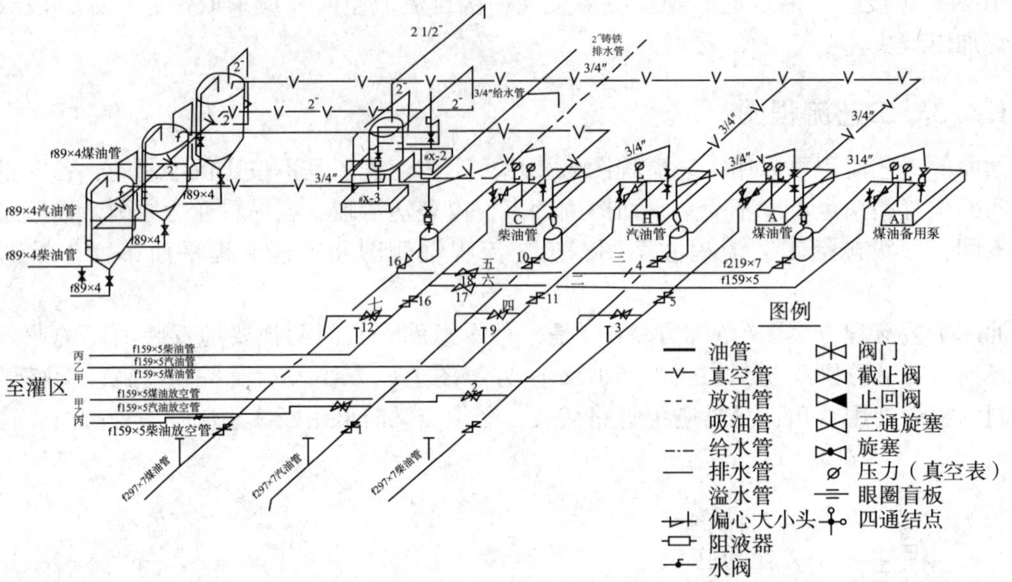

图 1-7　轻油泵房管组工艺流程轴测图

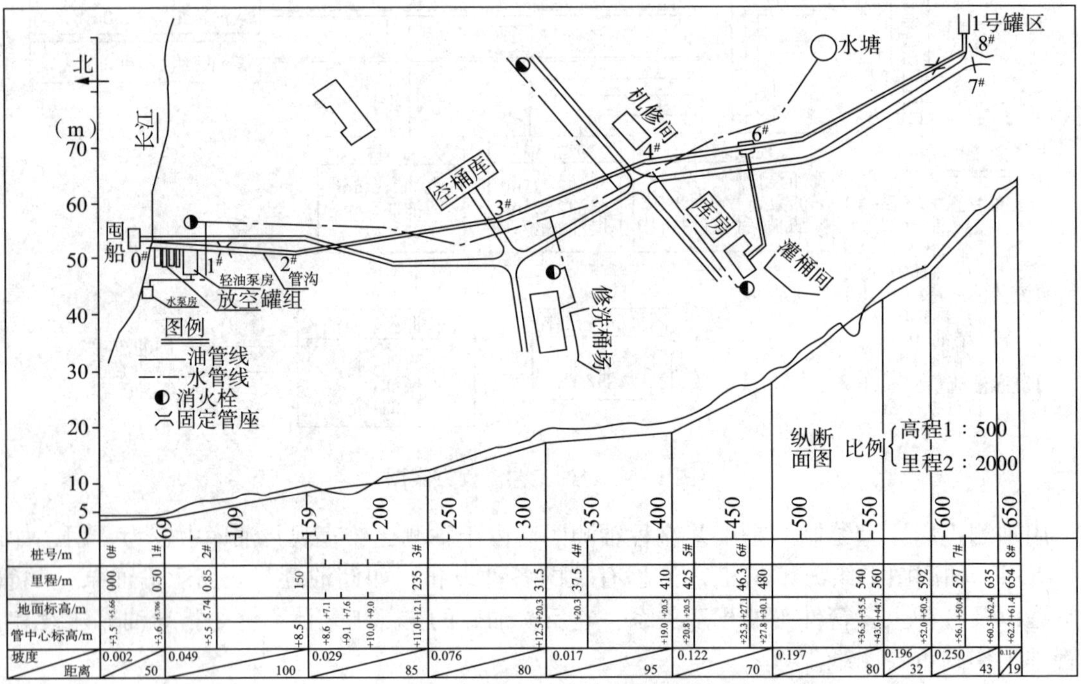

图 1-8　管线平面布置和纵断面图

1.5　油库库址选择

油库库址选择又称为勘察定点，它是一项政策性、技术性很强的工作，是油库建设中一个极为重要的环节。它不仅直接影响油库的建设投资，还会给今后油库的使用与安全带来长远影响。因此，选址时应在满足区域建设规划、环保和安全要求的前提下，综合分析对比。油库的库址选择应根据建设规模、地域环境、油库各区的功能及作业性质、重要程度，以及可能对邻近建(构)筑物的影响或给下游带来的影响等，综合考虑库址的具体位置。并应符合城镇规划、环境保护和防火安全的要求，且交通方便，从宜于建库的场址中，确定出较为合适的库址。

1.5.1　选址过程

选址一般分为图上选点、初勘、复勘、定点等几个环节。

（1）图上选点

根据建库任务书中指定的地区范围，根据地形地域，在比例尺通常为 1∶50000 或 1∶100000 的地图上选 2~3 个宜于建库的场址。

（2）初勘

初勘一般是由其委托设计单位来进行的，是对地形图上的初选点逐一地进行初步的现场踏勘，其目的是核实地形图上所载的地形地貌，并对库址的基本要求进行全面的调查了解。在初勘中，应根据现场踏勘的情况，对初选点做现场总体布置方案，绘制出初选点总体布置示意图。

初勘结束后，应写出初勘报告，报请审议。初勘报告的主要内容包括：勘察的依据；勘察的方向与地区；勘察的时间与参加人员；至少有两个勘察点的地形、地质、交通、水电等情况；拟建油库的容量、型式与主要建筑物概况；对勘察点总体布置、优缺点与存在问题的处理意见，并附以总体布置示意图。

（3）复勘

初勘报告经审议后，为了优化库址需进行全面的研究，进一步修订、完善和充实总体布置方案，并对某些重大问题的处理提出具体意见，以便在初勘的基础上选出更为合适的库址，这时就要进行复勘工作。

初勘是选择库址的基础，复勘是选择库址的关键环节。

复勘中一般应进行地形测量和地质勘探。设计单位应根据设计方案提出地形测量和地质勘探的重点和要求。

（4）定点

通过复勘，根据有关部门的意见，对总体布置方案再做些必要的修订，整理好各种技术资料，并对油库建设提出意见，报请有关职能部门审批。然后，编制油库建设项目建议书，报请国土、规划等有权审批的部门审核批准定点，列入基本建设计划。

1.5.2　选址原则

按有关基本建设的各项方针政策，正确处理选址中出现的各种矛盾，经济合理，生产安全，管理方便，确保油料质量，减少油料损耗，防止污染环境，节约能源。

必须贯彻执行节约用地的原则。

建库地点应力求方便，要注意处理好与周边大型建筑物的关系。

选择库址时要注意周围环境及有关防火和环境保护的规定。

1.5.3 对库址的基本要求

石油库选址应符合《石油库设计规范》(GB 50074)的要求，根据建设规模、地域环境、油库各区的功能及作业性质、重要程度，以及可能与邻近建(构)筑物、设施之间的相互影响等，综合考虑库址的具体位置，并应符合当地国土空间规划、能源规划、环境保护、防火安全和职业卫生的要求，且交通运输应方便。对于特级石油库、一级石油库应远离人口密集区、饮用水水源地、重要交通枢纽等区域，并宜位于邻近城镇或居民区全年最小频率风向的上风侧。企业附属石油库的库址，应结合该企业主体建(构)筑物及设备、设施统一考虑，并应符合城镇或工业区规划、环境保护和防火安全的要求。石油库的库址应具备良好的地质条件，不得选择在有土崩、活动断层、滑坡、沼泽、流沙及泥石流的地区和地下矿藏开采后有可能塌陷的地区。

特级，一、二、三级石油库的库址，不得选在抗震设防烈度为9度及以上的地区。覆土立式油罐区宜在山区、丘陵地区或建成后能与周围地形环境相协调的地带选址。石油库应选在不受洪水、潮水或内涝威胁的地带，当不可避免时，应采取可靠的防洪、排涝措施。一级石油库防洪标准应按重现期不小于100年设计，二、三级石油库防洪标准应按重现期不小于50年设计，四、五级石油库防洪标准应按重现期不小于25年设计。石油库的库址应具备满足生产、消防、生活所需的水源和电源的条件，还应具备污水排放的条件。石油库与库外居住区、公共建筑物、工矿企业、交通线的安全距离，符合表1-13的规定。

石油库的易燃和可燃液体设施与江、河、湖、海岸边的距离应符合以下规定：

① 地上储罐、工业式油罐不应小于30m。

② 覆土卧式储罐和其他设施(装卸码头除外)不应小于20m。

石油库的储罐区、水运装卸码头与架空通信线路(或通信发射塔)、架空电力线路的安全距离，不应小于1.5倍杆(塔)高；石油库的铁路罐车和汽车罐车装卸设施、其他易燃可燃液体设施与架空通信线路(或通信发射塔)、架空电力线路的安全距离，不应小于1倍杆(塔)高；以上各设施与电压不小于35kV的架空电力线路的安全距离，且不应小于30m。石油库的围墙与爆破作业场地(如采石场)的安全距离，不应小于300m。非石油库用的库外埋地电缆与石油库围墙的距离不应小于3m。石油库与石油化工企业之间的距离，应符合《石油化工企业设计防火标准》(GB 50160)的有关规定。石油库与石油储备库之间的距离，应符合《石油储备库设计规范》(GB 50737)的有关规定。石油库与石油天然气站场、长距离输油管道站场之间的距离，应符合《石油天然气工程设计防火规范》(GB 50183)的有关规定。石油库与汽车加油加气加氢站之间的距离，应符合《汽车加油加气加氢站技术标准》(GB 50156)的有关规定。

相邻两个石油库之间的安全距离应符合以下规定：

① 当两个石油库的相邻储罐中较大罐直径大于53m时，两个石油库的相邻储罐之间的安全距离不应小于相邻储罐中较大罐直径，且不应小于80m；

② 当两个石油库的相邻储罐直径小于或等于53m时，两个石油库的任意两个储罐之间的安全距离不应小于其中较大罐直径的1.5倍，对覆土罐且不应小于60m，对储存Ⅰ、Ⅱ级毒性液体的储罐且不应小于50m，对储存其他易燃和可燃液体的储罐且不应小于30m；

③ 两个石油库除储罐之外的建(构)筑物、设施之间的安全距离应按GB 50074的规定增加50%。

表 1-13　石油库与库外居住区、公共建筑物、工矿企业、交通线的安全距离 m

序号	石油库设施名称	石油库等级	库外建(构)筑物和设施名称				
			居住区和公共建筑物	工矿企业	国家铁路线	工业企业铁路线	道路
1	甲 B、乙类液体地上罐组；甲 B、乙类覆土立式油罐；无油气回收设施的甲 B、乙 A 类液体装卸码头	一	100(75)	60	60	35	25
		二	90(45)	50	55	30	20
		三	80(40)	40	50	25	15
		四	70(35)	35	50	25	15
		五	50(35)	30	50	25	15
2	丙类液体地上罐组；丙类覆土立式油罐；乙 B、丙类和采用油气回收设施的甲 B、乙 A 类液体装卸码头；无油气回收设施的甲 B、乙 A 类液体铁路或公路罐车装车设施；其他甲 B、乙类液体设施	一	75(50)	45	45	26	20
		二	68(45)	38	40	23	15
		三	60(40)	30	38	20	15
		四	53(35)	26	38	20	15
		五	38(35)	23	38	20	15
3	覆土卧式油罐；乙 B、丙类和采用油气回收设施的甲 B、乙 A 类液体铁路或公路罐车装车设施；仅有卸车作业的铁路或公路罐车卸车设施；其他丙类液体设施	一	50(50)	30	30	18	18
		二	45(45)	25	28	15	15
		三	40(40)	20	25	15	15
		四	35(35)	18	25	15	15
		五	25(25)	15	25	15	15

注：1. 表中的工矿企业指除石油化工企业、石油库、油气田的油料站场和长距离输油管道的站场以外的企业。其他设施指油气回收设施、泵站、灌桶设施等设置有易燃和可燃液体、气体设备的设施。

2. 表中的安全距离。库内设施有防火堤的储罐区应从防火堤中心线算起，无防火堤的覆土立式油罐应从罐室出入口等孔口算起，无防火堤的覆土卧式油罐应从储罐外壁算起；装卸设施应从装卸车(船)时鹤管口的位置算起；其他设备布置在房间内的，应从房间外墙轴线算起；设备露天布置的(包括设在棚内)，应从设备外缘算起。

3. 表中括号内数字为石油库与少于 100 人或 30 户居住区的安全距离。居住区包括石油库的生活区等民用建筑物。

4. Ⅰ、Ⅱ级毒性液体的储罐等设施与库外居住区、公共建筑物、工矿企业、交通线的最小安全距离，应按相应火灾危险性类别和所在石油库的等级在本表规定的基础上增加 30%。

5. 特级石油库中，非原油类易燃和可燃液体的储罐等设施与库外居住区、公共建筑物、工矿企业、交通线的最小安全距离，应在本表规定的基础上增加 20%。

6. 铁路附属石油库与国家铁路线及工业企业铁路线的距离，应按 GB 50074 表 5.1.3 铁路机车走行线的规定执行。

企业附属石油库与本企业建(构)筑物、交通线等的安全距离，不得小于表 1-14 的规定。

表 1-14　企业附属石油库与本企业建(构)筑物、交通线等的安全距离　　m

库内建(构)筑物和设施		液体类别	企业建(构)筑物等								
			甲类生产厂房	甲类物品库房	乙、丙、丁、戊类生产厂房及物品库房耐火等级			明火或散发火花的地点	厂内铁路	厂内道路	
					一、二	三	四			主要	次要
储罐（TV为罐区总容量/m^3）	$TV \leq 50$	甲B、乙	25	25	12	15	20	25	25	15	10
	$50 < TV \leq 200$		25	25	15	20	25	30	25	15	10
	$200 < TV \leq 1000$		25	25	20	25	30	35	25	15	10
	$1000 < TV \leq 5000$		30	30	25	30	40	40	25	15	10
	$TV \leq 250$	丙	15	15	12	15	20	20	20	10	5
	$250 < TV \leq 1000$		20	20	15	20	25	25	20	10	5
	$1000 < TV \leq 5000$		25	25	20	25	30	30	20	15	10
	$5000 < TV \leq 25000$		30	30	25	30	40	40	25	15	10
油泵房、灌油间		甲B、乙	12	15	12	14	16	30	20	10	5
		丙	12	12	10	12	14	15	12	8	5
桶装液体库房		甲B、乙	15	20	15	20	25	30	30	10	5
		丙	12	15	10	12	14	20	15	8	5
汽车罐车装卸设施		甲B、乙	14	14	15	16	18	30	20	15	15
		丙	10	10	10	12	14	20	10	8	5
其他生产性建筑物		甲B、乙	12	12	10	12	14	25	10	3	3
		丙	9	9	8	9	10	15	8	3	3

注：1. 当甲B、乙类易燃和可燃液体与丙类可燃液体混存时，丙类可燃液体储罐容量可按本规范的规定进行折算计入储罐区总容量。

2. 对于埋地卧式储罐和储存丙B类可燃液体的储罐，本表距离（与厂内次要道路的距离除外）可减少50%，但不得小于10m。

3. 表中未注明的企业建(构)筑物与库内建(构)筑物的安全距离，应按《建筑设计防火规范》（GB 50016）规定的防火距离执行。

4. 企业附属石油库的甲B、乙类易燃和可燃液体储罐总容量大于5000m^3，丙A类可燃液体储罐总容量大于25000m^3时，企业附属石油库与本企业建(构)筑物、交通线等的安全距离，应符合GB 50074的规定。

5. 企业附属石油库仅储存丙B类可燃液体时，可不受本表限制。

除此之外，库区场地的最低设计标高，应高于计算最高洪水位0.5m；油库与飞机场的距离，应符合各机场对净空的要求；油库的位置最好是处于邻近住宅区的下风方向，以免石油蒸气刮向居民区而污染环境；从经济观点来看，商业油库最好靠近城市用户。当重要物品仓库（或堆场）、军事设施、飞机场等，对与石油库的安全距离有特殊要求时，应按有关规定执行或协商解决。

（1）库址地势地形

① 所选的地形有利于油库的经营和降低投资费用。

② 平原地区建库，库址最好具有明显的缓坡地形，以利于油料的自流作业，而且使油库易于排水。

③ 山区建库要尽量利用地形高低的特点，实现油料自流作业。

④ 对于一些隐蔽要求高的油库，注意选择山体肥厚的山沟和既有利于隐蔽又有利于建设的地段，利用山体地势的阻隔和遮挡减小目标，使其不致暴露在外。

（2） 交通运输及水电供应

① 库址应选在交通方便的地方，以利于接卸和输转油料。

② 以铁路运输为主的油库，应靠近有条件接轨的地方。

③ 以公路运输为主的油库，应尽量设置在现有公路附近，以便用较短的距离引入库内，同时也要注意引入公路时最好不要穿越铁路和河渠。

④ 以水运为主的油库，除使油库库址靠近有条件建设装卸油料码头的地方外，还应特别了解码头地区的水深和冲刷情况。

⑤ 油库库址应具备满足生产、消防、生活所需的水源和电源的条件。对防洪排水的条件在选址时就应给予考虑。

⑥ 应同时考虑油库建设、运行不可缺少的动力线和通信线路的架设方便。

1.5.4　附属油库选址的特殊要求

附属油库是为满足本部门需要而设置的油库，如机场油库、舰船基地油库等。这类油库选址除基本要求外，还有特殊要求。

（1） 机场油库

机场油库分为消耗油库和储备油库。消耗油库容量小，库址靠近机场，便于给飞机供油；储备油库容量大，库址远离机场，以保证机场安全。两油库通常用输油管线连接。

（2） 舰船基地油库

舰船基地油库的选址应考虑既方便舰船的加油，又保证基地的安全，应以基地为中心考虑问题。因此储油区通常远离加油码头，用加油管直接通至码头加油口。

1.6　油库总体布置

在选定的油库库址内布置油库各项建筑物、设备和道路的位置以及其标高的工作称为油库的总体布置，又称为总图设计。总体布置包括总平面布置和竖向布置。

1.6.1　总平面布置

总平面布置是在 1 : 1000、1 : 2000 的库址地形图上(局部可采用 1 : 500)布置，确定油库各个区的主要建筑物在平面上的正确位置(同时，兼顾考虑竖向的合理性和经济性)，最后绘出总平面布置图。

1.6.1.1　总平面布置原则

① 便于收发作业。

② 库内油料尽量做到单向流动，避免在库内往返交叉。

③ 合理分区，以便于各种作业安全生产，避免非生产人员来往于工作区域。

④ 库内布置的各种设施，必须符合防火、环保卫生等有关设计规范，确保油库安全。同时力求布置紧凑，减少用地。

⑤ 辅助设施要尽量靠近主要用电、用气位置，以节省投资和经营费用。

⑥ 尽可能利用地形自流作业。

⑦ 油库的对外单位要设置在靠近发放区的地方，以方便提货人员。

⑧ 考虑到油库今后的发展，应适当留有扩建的余地。

1.6.1.2　总平面布置基本方法

（1）铁路区布置

铁路区宜布置在油库的边缘又便于与铁路专用线接轨的地带，且尽量布置在辅助生产区的全年最小频率风向的上风位置，并与库内其他建筑物之间保持一定的安全防火距离，参考《石油库设计规范》(GB 50074—2022 表 5.1.3)，其值不小于规定值。区内用于铁路收发的油泵房，应尽量靠近铁路收发油栈桥。油库的专用铁路线，不宜与石油库出入口的道路相交叉。

（2）水运装卸区布置

水运装卸区的内河装卸油码头应建在其他相邻码头或建筑物的下游，海港装卸油码头不宜与其他码头建在同一港区水域内。若确有困难，可在设有可靠的安全设施的条件下，建在上游或建在同一港区水域。

石油库附属易燃和可燃液体装卸码头的设计除应符合本规范的规定外，尚应符合行业标准《油气化工码头设计防火规范》(JTS 158)的有关规定。

（3）公路装卸区布置

公路装卸区应布置在油库面向公路一侧的出入口附近，并尽量靠近公路干线，以便与公路干线衔接。该区宜设围墙与其他区隔开，并单独设出入口。

（4）储油区布置

储油区是油库的核心要害部位，应布置在安全可靠的地方。储油区的位置应使收发油作业方便，输油管路尽量短。储油区的安全防火问题特别重要。

（5）辅助生产区布置

辅助生产区是为生产服务的，其有关设施应尽量接近生产单位，以利于生产。

（6）行政管理区布置

行政管理区的一些业务部门，一般布置在油库出入口附近，并宜与其他各区用围墙隔离。

（7）库内消防道路

石油库储罐区应设环形消防车道。位于山区或丘陵地带设置环形消防车道有困难的下列罐区或罐组，可设尽头式消防车道：

① 覆土油罐区。

② 储罐单排布置，且储罐单罐容量不大于 5000m^{3}的地上罐组。

③ 四、五级石油库储罐区。

地上储罐组消防车道的设置应符合下列规定：

① 储罐总容量大于或等于 120000m^{3}的单个罐组应设环形消防车道。

② 多个罐组共用一个环形消防车道时，环形消防车道内的罐组储罐总容量不应大于 120000m^3。

③ 同一个环形消防车道内相邻罐组防火堤外堤脚线之间应留有宽度不小于 7m 的消防空地。

④ 总容量大于或等于 120000m^{3}的罐组，至少应有两个路口能使消防车辆进入环形消防车道，并宜设在不同的方位上。

除丙B类液体储罐和单罐容量小于或等于100m³的储罐外，其他易燃和可燃液体储罐至少应与一条消防车道相邻；储罐中心与至少两条消防车道的距离均不应大于120m；条件受限时，储罐中心与最近一条消防车道之间的距离不应大于80m；铁路装卸区应设消防车道，并应平行于铁路装卸线，且宜与库内道路构成环形道路。消防车道与铁路罐车装卸线的距离不应大于80m；汽车罐车装卸设施和灌桶设施，应设置能保证消防车辆顺利接近火灾场地的消防车道；储罐组周边的消防车道路面标高，宜高于防火堤外侧地面的设计标高0.5m及以上。位于地势较高处的消防车道的路堤高度可适当降低，但不宜小于0.3m；消防车道与防火堤外堤脚线之间的距离，不应小于3m；一级石油库的储罐区和装卸区消防车道的宽度不应小于9m，其中路面宽度不应小于7m；覆土立式油罐和其他级别石油库的储罐区、装卸区消防车道的宽度不应小于6m，其中路面宽度不应小于4m；单罐容量大于或等于100000m³的储罐区消防车道应按现行国家标准《石油储备库设计规范》(GB 50737)的有关规定执行。

消防车道的净空高度不应小于5.0m，转弯半径应符合下列规定：

① 特级石油库、地上储罐总容量大于或等于100000m³的石油库，其消防车主干道内缘转弯半径不宜小于15m。

② 含有单罐容量大于50000m³的易燃、可燃液体罐组，其周边消防车道内缘转弯半径不宜小于15m。

③ 其他消防车道内缘转弯半径不宜小于12m。

尽头式消防车道应设置回车场。两个路口间的消防车道长度大于300m时，应在该消防车道的中段设置回车场。

特级和一级石油库，应在罐组周边消防车道上的适当位置，设置不小于15m×10m(含道路)的消防扑救场地。

石油库通向公路的库外道路和车辆出入口的设计应符合下列规定：

① 石油库应设与公路连接的库外道路，其路面宽度不应小于相应级别石油库储罐区的消防车道。

② 石油库通向库外道路的车辆出入口不应少于两处，且宜位于不同的方位。受地域、地形等条件限制时，覆土油罐区和四、五级石油库可只设一处车辆出入口。

③ 储罐区的车辆出入口不应少于两处，且应位于不同的方位。受地域、地形等条件限制时，覆土油罐区和四、五级石油库的储罐区可只设一处车辆出入口。储罐区的车辆出入口宜直接通向库外道路，也可通向行政管理区或公路装卸区。

④ 行政管理区、公路装卸区应设直接通往库外道路的车辆出入口。

运输易燃、可燃液体等危险品的道路，其纵坡不应大于6%。其他道路纵坡设计应符合现行《厂矿道路设计规范》(GBJ 22)的有关规定。

1.6.1.3 防火堤容积确定

防火堤容积确定应符合以下规定：

① 地上储罐组应设防火堤。防火堤内的有效容量，不应小于罐组内一个最大储罐的容量。

② 地上立式储罐的罐壁至防火堤内堤脚线的距离，不应小于罐壁高度的一半。地上卧式储罐的罐壁至防火堤内堤脚线的距离，不应小于3m。依山建设的储罐，可利用山体兼作防火堤，储罐的罐壁至山体的距离最小可为1.5m。

③ 地上储罐组的防火堤实高应高于计算高度0.2m，防火堤高于堤内设计地坪不应小于1.0m，高于堤外设计地坪不应大于3.2m。地上卧式储罐的防火堤应高于堤内设计地坪不小

于0.5m。当地上储罐组防火堤的高度高于2.2m时，应在防火堤顶部每2座储罐之间的适当位置设置灭火救援操作平台，平台尺寸不宜小于2m×2m。

④ 防火堤宜采用土筑防火堤，其堤顶宽度不应小于0.5m。采用土筑防火堤无条件或困难的地区，可选用其他结构形式的防火堤。

⑤ 防火堤应能承受在计算高度范围内所容纳液体的静压力且不应泄漏：防火堤的耐火极限不应低于5.5h。

⑥ 管道穿越防火堤处应采用不燃烧材料严密填实。在雨水沟(管)穿越防火堤处，应设置水封结构并采取排水控制措施。

⑦ 防火堤每一个隔堤区域内均应设置对外人行台阶或坡道，相邻台阶或坡道之间的距离不宜大于60m。

⑧ 立式储罐罐组内应按下列规定设置隔堤和围堰。

多品种的罐组内下列储罐之间应设置隔堤：

a. 甲B类、乙A类液体储罐与其他类可燃液体储罐之间。

b. 水溶性可燃液体储罐与非水溶性可燃液体储罐之间。

c. 相互接触能引起化学反应的可燃液体储罐之间。

d. 助燃剂、强氧化剂及具有腐蚀性液体储罐与可燃液体储罐之间。

非沸溢性甲B类、乙类、丙A类储罐组隔堤内的储罐数量和围堰设置要求，应符合表1-15的规定。

表1-15　非沸溢性甲B类、乙类、丙A类储罐组隔堤内的储罐数量和围堰设置要求

单罐容量 V/m^3	一个隔堤内的储罐数量/座	围堰设置要求
V<5000	≤6	无要求
5000≤V≤20000	≤4	甲B类、乙A类易燃和可燃液体储罐之间，应设置高度不低于300mm的围堰
V>20000	1	无要求

注：当隔堤内的储罐容量不等时，隔堤内的储罐数量按其中一个较大储罐容量计。

e. 隔堤内沸溢性液体储罐的数量不应多于2座。

f. 非沸溢性的丙B类液体储罐之间，可不设置隔堤。

g. 隔堤和围堰应是采用不燃烧材料建造的实体墙，隔堤高度宜为0.5~0.8m。

⑨ 储罐间距规定：

地上储罐组内相邻储罐之间的防火距离不应小于表1-16的规定。

表1-16　地上储罐组内相邻储罐之间的防火距离

储存液体类别	单罐容量不大于300m^3，且总容量不大于1500m^3的立式储罐组	固定顶储罐(单罐容量)			外浮顶、内浮顶储罐	卧式储罐
		≤1000m^3	>1000m^3	≥5000m^3		
甲B类、乙类	2m	0.75D	0.6D		0.4D	0.8m
丙A类	2m	0.4D			0.4D	0.8m
丙B类	2m	2m	5m	0.4D	0.4D与15m的较小值	0.8m

注：1. 表中D为储罐直径。

2. 相邻储罐之间的防火距离应按液体类别、储罐型式分别计算，并应采用两者中的较大值。

⑩ 地上钢制储罐容积应符合以下规定：

a. 地上储罐应采用钢制储罐，并应符合下列规定：

i. 固定顶和储存甲 B 类、乙 A 类易燃和可燃液体内浮顶储罐的内直径不应大于 48m；

ii. 外浮顶储罐单罐容量不应大于 150000m^3；

iii. 储罐罐壁高度不应超过 24m。

b. 储存甲 B 类、乙 A 类原油和成品油，应采用外浮顶储罐、内浮顶储罐和卧式储罐。3 号喷气燃料的最高储存温度低于油料闪点 5℃及以下时，可采用容量小于或等于 10000m^{3}的固定顶储罐。当采用卧式储罐储存甲 B 类、乙 A 类油料时，储存甲 B 类油料卧式储罐的单罐容量不应大于 100m^3，储存乙 A 类油料卧式储罐的单罐容量不应大于 200m^3。储存乙 B 类和丙类液体，可采用固定顶储罐和卧式储罐。

c. 地上储罐应按下列规定成组布置：

i. 甲 B 类、乙类和丙 A 类液体储罐可布置在同一罐组内，丙 B 类油料储罐宜独立设置罐组；

ii. 沸溢性液体储罐不应与非沸溢性液体储罐同组布置；

iii. 立式储罐不宜与卧式储罐布置在同一个储罐组内(工艺附属容器类设备除外)；

iv. 储存Ⅰ、Ⅱ级毒性液体的储罐不应与其他易燃和可燃液体储罐布置在同一罐组内。

d. 地上储罐应按下列规定成组布置：

i. 甲 B 类、乙类和丙 A 类液体储罐可布置在同一罐组内，丙 B 类油料储罐宜独立设置罐组；

ii. 沸溢性液体储罐不应与非沸溢性液体储罐同组布置；

iii. 立式储罐不宜与卧式储罐布置在同一个储罐组内(工艺附属容器类设备除外)；

iv. 储存Ⅰ、Ⅱ级毒性液体的储罐不应与其他易燃和可燃液体储罐布置在同一罐组内。

e. 内浮顶储罐组总容量应符合如下规定：

i. 采用耐火浮顶的内浮顶储罐组不应大于 360000m^3；

ii. 采用非耐火浮顶的内浮顶储罐组不应大于 80000m^3，其中储存丙 A 类液体的内浮顶储罐的容量可按 50%计入罐组的总容量；

iii. 采用耐火浮顶的内浮顶储罐和采用非耐火浮顶的内浮顶储罐组成混合罐组时，其总容量应满足式(1-7)要求：

$$V_1/360000+V_2/80000\leq 1 \tag{1-7}$$

式中　V_1——采用耐火浮顶的内浮顶储罐计算总容量，m^3。

V_2——采用非耐火浮顶的内浮顶储罐计算总容量，m^3，其中储存丙类液体的内浮顶储罐的容量可按 50%计入 V_2。

f. 外浮顶储罐组不应大于 600000m^3。

同一个罐组内的储罐数量应符合下列规定：

i. 当最大单罐容量大于 50000m^3，且储罐双排布置时，数量不应多于 4 座；

ii. 当最大单罐容量大于或等于 10000m^{3}且小于等于 50000m^{3}时，储罐数量不应多于 12 座；

iii. 当最大单罐容量大于或等于 1000m^{3}且小于 10000m^{3}时，储罐数量不应多于 16 座；

iv. 单罐容量小于 1000m^{3}或仅储存丙 B 类液体的罐组，可不限储罐数量。

g. 地上储罐组内，单罐容量小于 $1000m^3$ 的储存丙 B 类液体的储罐不应超过四排；其他储罐不应超过两排。

1.6.2 高程(竖向)布置

在不同的地形条件下，合适地选择确定油库全部建筑物、各项工艺设备和管线的标高，也称为竖向布置。合理利用地形、地势分别设计安排各功能区标高。进行竖向布置和总平面布置时，一定要统筹兼顾。要在保证油库有良好的作业条件前提下，以库内土石方挖填量最小、库内地势利用最好为目的。

石油库场地设计标高，应符合下列规定：

① 库区场地应避免洪水、潮水及内涝水的淹没。

② 对于受洪水、潮水及内涝水威胁的场地，当靠近江河、湖泊等地段时，库区场地的最低设计标高，应比设计频率水位高 0.5m 及以上；当在海岛、沿海地段或潮汐作用明显的河口段时，库区场地的最低设计标高，应比设计频率水位高 1m 及以上。当有波浪侵袭或壅水现象时，尚应加上最大波浪或壅水高度。

③ 当有可靠的防洪排涝措施，且技术经济合理时，库区场地也可低于计算水位。

行政管理区、消防泵房、总变电所宜位于地势相对较高的场地处，或有防止事故状况下流淌火流向该场地的措施。

④ 石油库的围墙设置应符合下列规定：

a. 石油库的储罐区、易燃和可燃液体装卸区与库外区域之间应设实体围墙，库外一侧围墙(含挡土墙)高度不应小于 2.5m，库内一侧不应小于 1.2m。企业附属石油库与本企业毗邻一侧的围墙高度不宜低于 1.8m。

b. 山区或丘陵地带的石油库，四周均设实体围墙，有困难时可只在漏油可能流经的低洼处设实体围墙，在地势较高处可设置镀锌铁丝网等非实体围墙。

c. 石油库临海、邻水侧的围墙，其 1m 高度以上可为铁栅栏围墙。

d. 石油库的储罐区、易燃和可燃液体装卸区与行政管理区之间应设置高度不低于 1.8m 的实体围墙。

e. 围墙应采用不燃材料建造。围墙实体部分的下部不应留有孔洞(集中排水口除外)。

⑤ 石油库的绿化应符合下列规定：

a. 防火堤内不应植树。

b. 消防车道与防火堤之间不宜植树。

c. 绿化不应妨碍消防作业。

d. 在覆土油罐、埋地管道等地下设施顶部或周边绿化时，应选择根部发育较浅，且对地下设施防水层、防腐层不带来损伤的植物。

1.7 油库建设程序

按照我国油库建设程序，从提出项目建议书到油库建成投产，大体上要经过提出任务、编制设计任务书或可行性研究报告、设计、施工、验收与投用等环节。

1.7.1 任务提出

建设油库的任务提出以项目建议书的形式，呈报相关部门审批。项目建议书应包括：建库必要性、建库位置、建库规模和内容、建库条件和建设初步方案、测算投资概算、资金来源、安排项目工期以及进行经济和社会效益分析等。

1.7.2 编制设计任务书或可行性研究报告

根据批准的项目建议书，再编制设计任务书或可行性研究报告，并报上级主管单位审批。设计任务书或可行性研究报告是油库设计的依据。其主要包括以下内容：

① 编制依据及必要性。

② 建库规模和油料储运与供销方案、发展远景。

③ 建库条件及选址方案。

④ 主要协作条件(城建、规划、环保、水电气等)落实情况。

⑤ 建库内容的设计方案。

⑥ 附图、附件及附录。

涉及的国家、行业标准及规范主要有：

《建筑设计防火规范》(GB 50016)

《建筑物防雷设计规范》(GB 50057)

《爆炸和火灾危险环境电力装置设计规范》(GB 50058)

《火灾自动报警系统设计规范》(GB 50116)

《建筑灭火器配置设计规范》(GB 50140)

《泡沫灭火系统设计规范》(GB 50151)

《汽车加油加气站设计与施工规范》(GB 50156)

《石油化工企业设计防火标准》(GB 50160)

《石油天然气工程设计防火规范》(GB 50183)

《河港工程设计规范》(GB 50192)

《输油管道工程设计规范》(GB 50253)

《油气输送管道穿越工程设计规范》(GB 50423)

《油气输送管道跨越工程设计规范》(GB 50459)

《石油化工可燃气体和有毒气体检测报警设计规范》(GB 50493)

《石油储备库设计规范》(GB 50737)

《石油化工污水处理设计规范》(GB 50747)

《油料装卸系统油气回收设施设计规范》(GB 50759)

《厂矿道路设计规范》(GBJ 22)

《职业性接触毒物危害程度分级》(GBZ 230)

《石油化工采暖通风与空气调节设计规范》(SH/T 3004)

《石油化工储运系统罐区设计规范》(SH/T 3007)

《石油化工设备和管道涂料防腐蚀设计规范》(SH/T 3022)

《石油化工泵用过滤器选用、检验及验收》(SH/T 3411)

1.7.3 设计

油库设计是油库建设的重要环节。油库设计的任务是按照设计任务书的要求，在确定的库址范围内，进行油库的总体布置、工艺流程设计、选择油库主要设备、分区和单项设计等，为施工单位提供可以直接用于施工的全套图纸和资料。

油库设计一般分三个阶段进行，即初步设计和完善设计及施工设计等。

初步设计的目的是在选定库址上做出技术上可行的方案，并提出投资额度和主要设备材料，供相关部门审批。初步设计一般包括文字资料和总平面布置图及工艺流程、消防系统、电力系统、给排水系统、热力系统等主要系统方面的图纸。文字资料部分主要叙述油库的总体设计与布置情况以及各主要系统的配置情况等。

初步设计经主管部门审批后，便可根据上级主管部门批复、会议纪要及部门专家意见着手修改、调整、完善相关设计，细化相关设计及专项设计，包含施工图设计等。施工图是工程建设必不可少的技术文件，应满足施工要求。它应包括施工设计说明、总平面布置、总工艺流程以及各主要系统的施工设计图纸。设计的详细、深入、完善有利于工程质量的提升，保障工期进程，减少乃至避免后期的设计变更等。

1.7.4 施工

在设计部门完成了施工图设计，并经过有关单位审查和批准之后，方可进行油库建设施工。

在施工组织设计中，应说明工程的总进度，主要工程的进度和次序，主要工程的工作量和施工方法，以及在施工中的劳力配备、水电供应和施工机具配置等。

在整个施工过程中都要注意施工质量的检查，使各项工程都达到设计要求。各种埋地或管沟工艺管路在下沟前应进行水压试验。工艺、流程及进度符合相关规定要求。甲方、乙方及监理及时沟通、相互配合，掌握进度、保证质量。

施工全部结束后，应由施工单位绘制竣工图，以供油库技术管理和设备维修使用。

1.7.5 验收

根据油库建设所涉及的各项国家或行业建设标准、规范及工艺要求、工程设计、施工设计等对油库工程质量验收。包括：施工过程中进行的工程质量检查；单项工程完工后的验收；隐蔽工程完工后的专项验收；输油设备安装完毕后的试运行等。上述各项验收工作是施工过程中的验收。

待整个工程竣工后，再由专门组成的验收小组、班子成员，全面对油库进行竣工验收。竣工验收的程序是：听取施工情况汇报→现场检查→工程质量评定及问题处理→签署工程验收书→移交工程全部技术资料。

1.7.6 投用

油库竣工验收合格后，便移交使用部门使用。使用之前，还须做好下述工作：

① 清洗油罐及管路，使之保持干净无污物。

② 组织油库专业人员进行业务训练，熟悉油库设备及使用要求，明确各工作岗位的职

责，制定操作规程和各项规章制度。

③ 完善、编制油罐容积表。

④ 进一步检查设备，试收油。试收油后，要做好现场讲解、讲评，总结经验教训，处理好发现和存在的问题，为正式收油做好一切准备工作。

课后习题

1-1　油库为什么要进行分类？

1-2　油库为什么要分级和分区？如何分级和分区？

1-3　按火灾危险性是如何对油料进行分类的？为什么？

1-4　油库是如何定义的？油库的作用如何？

1-5　某油库现有 2 个 3000m^3苯储罐，由于业务需要扩建，需要经营 92#和 95#汽油各 12 万吨，柴油 8 万吨。确定扩建后的油库级别。油料物性见表 1-17。

表 1-17　油料物性

油料	闪点或特性	密度/(t/m^3)	油罐利用系数
92#汽油	25℃	0.78	0.95
95#汽油	25℃	0.78	0.95
柴油	78℃	0.8	0.95
苯	剧毒	0.879	0.9

注：一二级油库周转系数为 10~14；三级以下油库为 15~24。

1-6　某商业油库由轮船运进 92#汽油 24 万吨/年，由火车运进 92#汽油 16 万吨/年，试确定油库库容。已知油罐利用系数为 0.95，储存温度下的油料密度为 0.72t/m^3，油船来油最大间隔为 50 天，火车运输储备天数为 15 天，轮船运输储备天数为 30 天，一年按 360 天计算，一二级油库周转系数为 10~14；三级以下油库为 15~24。

1-7　某油库拟新建一个库区，库区内有 4 个 3000m^3拱顶油罐储存轻柴油(乙 B 类)，油罐的尺寸规格和防火堤的规定见表 1-18 和表 1-19。确定防火堤的高度。

表 1-18　油罐防火距离

储存液体类别	单罐容量不大于 300m^3且总容量不大于 1500m^3的立式油罐组	固定顶储罐(单个容量)			外浮顶、内浮顶储罐	卧式储罐
		≤1000m^3	>1000m^3	≥5000m^3		
甲 B 类 乙类	2m	0.75D	0.6D	0.6D	0.4D	0.8m
丙 A 类	2m	0.4D	0.4D	0.4D	0.4D	0.8m
丙 B 类	2m	2m	5m	0.4D	0.4D 与 15m 的较小值	0.8m

表 1-19 油罐数据

结构形式	油罐公称容量 V/m^3	油罐直径 D/m	油罐高度 H/m
拱顶罐	1000	11.580	10.58
	2000	15.781	11.37
	3000	18.992	11.76
	5000	23.760	12.53
浮顶罐	1000	12.180	9.563
	3000	16.240	14.322
	5000	22.272	14.313

1-8　某油库拟新建一个库区，如图 1-9 所示的库区内有 6 个 $1000m^3$ 拱顶油罐储存柴油（丙 A 类），防火堤和油罐的尺寸规格的规定见表 1-18 和表 1-19，确定防火堤的高度。

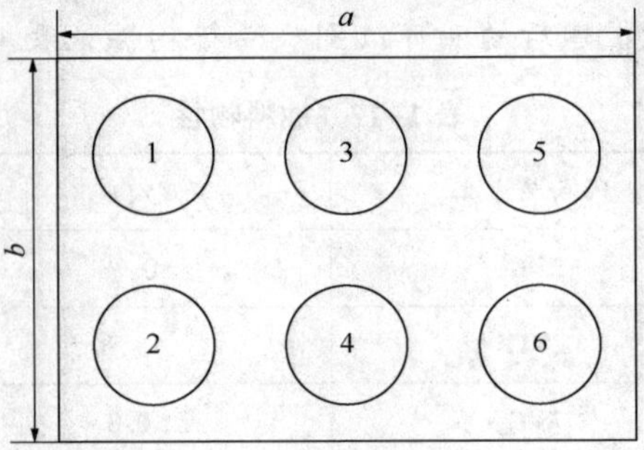

图 1-9　新建库区

第 2 章　装卸油设备与设施

油库大量油料的运输除管道输送外主要依靠铁路运输，靠近江河、沿海的油库则采用水运或水陆联运。油料进库以后，油库进行油料收发作业的场所叫收发油作业区，根据油料运输方式的不同，该区有不同的布置方式。装卸油作业区分为铁路油料装卸区、水运油料装卸区、公路油料装卸区。

2.1　铁路油料装卸区

2.1.1　铁路装卸油系统

铁路装卸油系统根据油料性质，可分为轻油装卸系统和黏油装卸系统。

2.1.1.1　轻油装卸系统

轻油装卸系统由输油系统、真空系统和放空系统三部分组成。采用浸没泵时可不设真空系统。

输油系统的作用在于输转油罐车与储油罐内的油料。它包括装卸油鹤管、集油管、输油管和输油泵等设施。

真空系统的作用在于填充鹤管的虹吸和收净油罐车底油。它包括真空泵、真空罐、真空管线和扫舱短管等。

放空系统的作用是在装卸作业结束后，将管线中的油料放空，以免下次输送其他油料时造成混油或易凝油料冻结于管线中。它包括放空罐和放空管线。输送油料性质相近、不致造成混油损失或冻结时，也可不设放空系统。放空罐多设置在泵房附近，采用地下卧式储罐，以实现自流作业。

2.1.1.2　黏油装卸系统

黏油装卸系统多采用下部装卸，通过卸油臂与输油管线相连，而且多采用吸入能力较强的容积式泵，不需要设置真空系统。但是为了满足油料加热的需求，应设置相应的加热设施。

2.1.2　铁路油罐车装卸油方法

2.1.2.1　卸油

（1）上部卸油

上部卸油是通过鹤管从油罐车上部用泵或虹吸自流的方法卸油，这是目前油库轻质油料广泛采用的方法。

① 泵卸油

卸油系统由泵、鹤管、集油管、真空管线及扫舱管线等组成(图 2-1)。

泵卸油必须具备的条件：保证泵吸入系统充满油料并在鹤管顶点和吸入系统任意部位不

产生气阻。因油库卸轻油多用离心泵，所以必须配有真空系统用来灌泵和抽底油。用泵卸油的优点是从油罐车内卸出的油料可直接由泵送至储油罐，不经过零位罐，减少了蒸发损耗。缺点是当动力、泵和吸入管路等发生故障和遭受破坏时，贻误卸油时间。

② 虹吸自流卸油

如图 2-2 所示，虹吸自流卸油的速度取决于卸油管路的阻力和油罐车与零位罐的高差。当油罐车高于零位罐(或称中继罐)并具有足够的位差时，即可采用虹吸自流卸油。但鹤管必须具有抽真空或填充油料的设备，造成鹤管虹吸和抽净油罐车底油。另外，零位罐的总容量通常等于或稍大于到库每批油罐车的最大装油量。

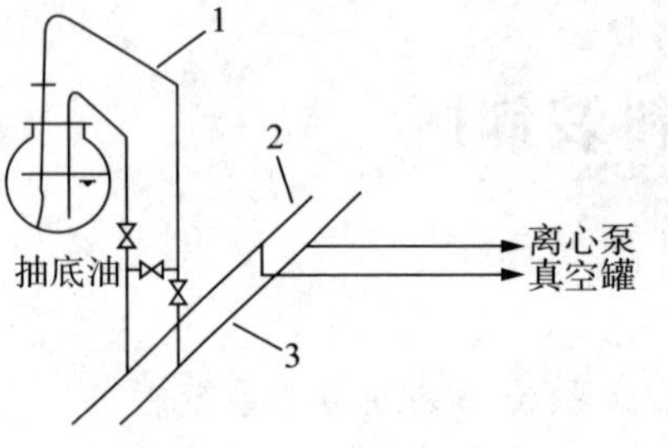

图 2-1 上部泵卸油

1—鹤管；2—真空管；3—集油管

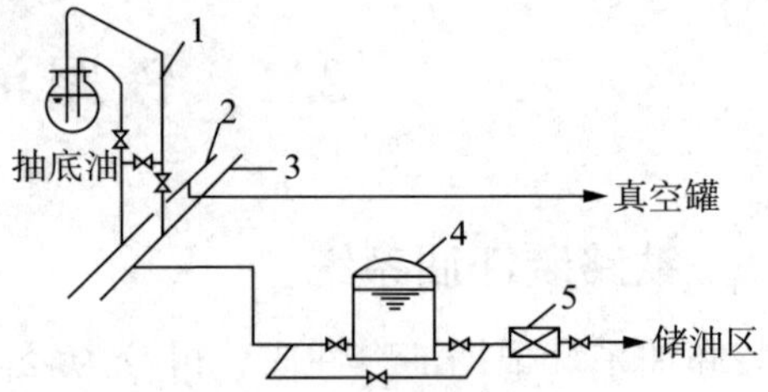

图 2-2 虹吸自流卸油

1—鹤管；2—真空管；3—集油管；4—零位罐；5—离心泵

虹吸自流卸油的优点是故障少，不受泵和动力的影响。缺点是卸油后，再由零位罐继续泵送至储油区，多一次输转，增加了油料蒸发损耗。

③ 潜油泵卸油

潜油泵卸油有气动、电动、液动三种方式。目前液动潜油泵卸油安全可靠、使用较为普遍，液动潜油泵卸油系统(图 2-3)主要包括潜油泵和液压站两大部分。液压站由防爆电动机、液压油泵、油箱、溢流阀及管路附件组成。液压泵是潜油泵的动力源，它的工作原理是把电能转化为液压能，压力油通过油管驱动潜油泵的液压马达，液压马达拖动离心泵运转。由于潜油泵的增压作用，整套卸油装置处于较高油压下，因而可以根本克服卸油过程中的气阻现象发生。但缺点是设备复杂，投资大，液压部分工作液泄漏影响系统正常进行和油料质量等。

(2) 下部卸油

由油罐车下部卸油器直接与吸入系统管路和泵连接，其最大的优点是取消了鹤管，解决了夏天卸轻油时鹤管产生气阻的问题，同时不需要抽真空灌泵和清扫油罐车底油，因而设备隐蔽简单，操作方便(图 2-4)。但油罐车下部卸油器由于经常开关，以及行驶中震动等原因，难保严密，易渗漏，运输途中不安全。目前下部卸油仅限于黏性油料的接卸。

2.1.2.2 装油

装油是卸油的逆过程，通常是利用卸油系统来完成的。根据油罐车和储油罐的相对位置，一般可采用以下三种装油方法，如表 2-1 所示。

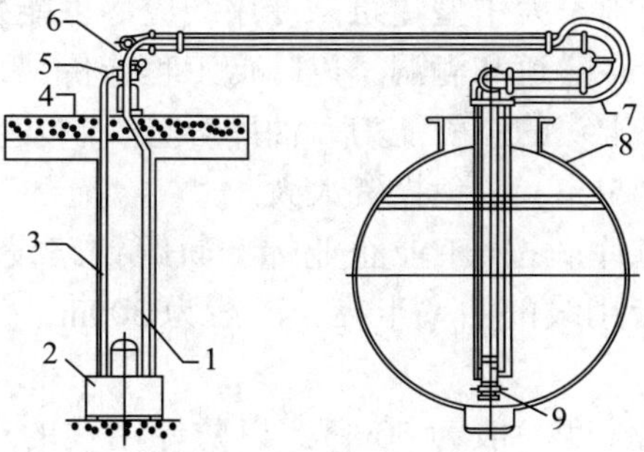

图 2-3　潜油泵卸油

1—压油管；2—液压站；3—回油管；
4—栈桥；5—操作元件；6—鹤管；
7—胶管；8—槽车；9—潜油泵

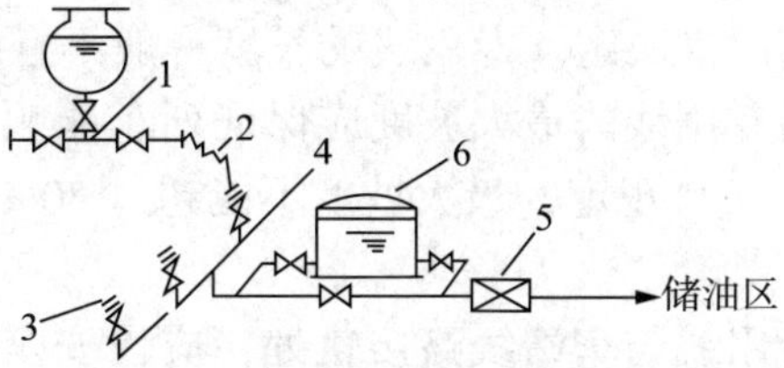

图 2-4　下部卸油

1—油罐车下卸器；2—软管；3—卸油接头；
4—集油管；5—泵；6—零位罐

表 2-1　装油的一般方法

方法	装油流程简图	必须具备的条件和适用性
自流装油	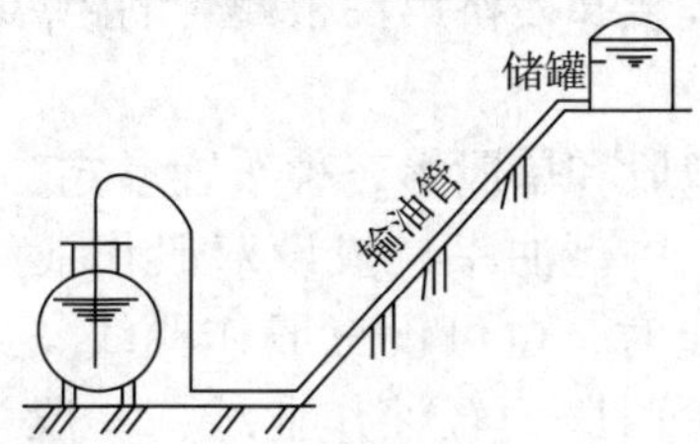	储油罐高于油罐车且有足够的位差时可采用自流装油；一般靠山建造的山洞油罐多数属于这种情况
用泵装油	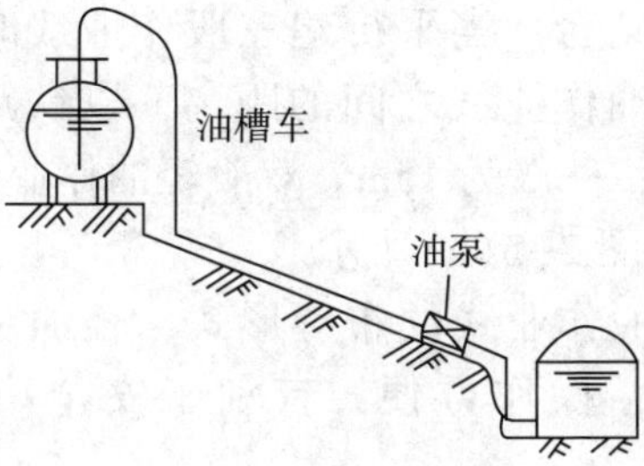	当储油罐高于油罐车的位差很小，或低于油罐车时采用泵装油；一般地方油库多属于这种情况
通过零位罐装油	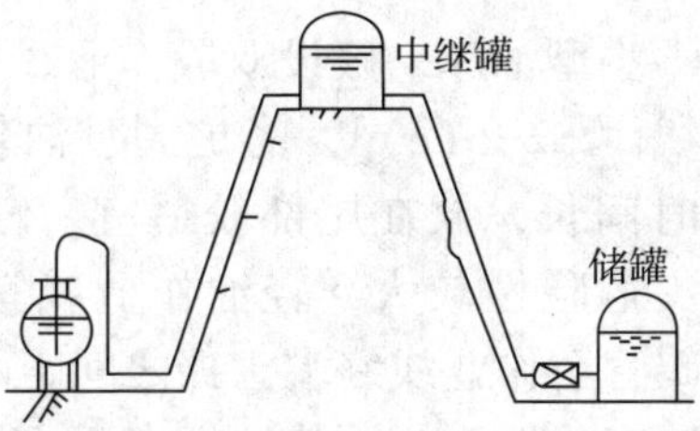	这是上两种方法的结合，主要适用于少量发油或向运油汽车灌装及灌桶作业

2.1.3　铁路油料装卸作业的主要设备与设施

2.1.3.1　铁路专用线

（1）铁路专用线的布置原则

铁路专用线是指从铁路车站到油库的支线的总称，实施收发油作业段称为作业线或作业道。在布置线路时专用线和作业道等都必须符合相关规定。

铁路专用线要少占良田和少迁民房，并避开国家大中型建筑。专用线应尽可能减少土石方工程，避免穿越各种自然障碍，尽量不建桥梁、隧道和涵洞，以降低工程造价。

铁路专用线的长度和作业道的股数根据铁路干线的牵引能力、油库容量、收发量以及地形条件等因素决定。专用线的长度一般不宜超过5km，以免投资太大。

铁路专用线的最大坡度应保证列车能顺利进库。按《工业企业标准轨距铁路设计规范》（GBJ 12—87）规定，最大坡度不能超过30%。专用线的曲率半径，一般为300m，困难地段为200m。

在专用线与车站线路接轨处，应设安全线（长度一般为50m），以防专用线的车辆由于管理不慎溜放冲入车站发生事故。

（2） 作业线的布置形式

作业线是铁路油罐车停放并进行装卸作业的地段。作业线布置是否适当，与作业方便与否和安全防火有直接关系。为便于自流装卸，作业线应敷设在油库的最低或最高处。

作业线应为水平直线，一般为尽端式布置。设在平直线上确有难度时，也可设在半径不小于600m的曲线上。为防止调车时溜车，进作业线前100m也应无坡度。为保证罐车的对位和顺利插取鹤管操作，股道直线段的始端至装卸栈桥第一根鹤管的距离不应小于进库罐车长度的1/2。

油库作业线根据具体条件一般有三股、双股和单股等三种布置形式。

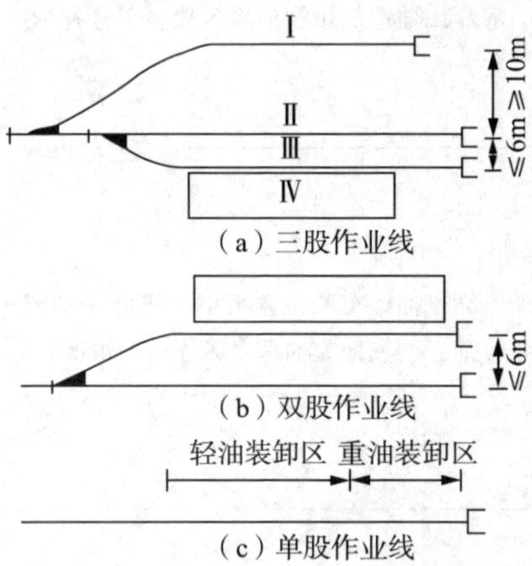

图2-5　油库铁路作业线

Ⅰ. 黏油作业线 Ⅱ. 轻油作业线

Ⅲ. 轻油与桶装共用线 Ⅳ. 桶装油装卸站台

大、中型油库一般设双股作业线，如有黏油散装收发作业时，也可设三股作业线。当设置三股作业线时，其中两股为轻油作业线，一股为黏油作业线，分设两个站台。当平行建三股作业线时，黏油作业线与相邻轻油作业线之间的距离，以铁路中心线计应不小于10m，一般为15m。双股轻油作业线的中心距不大于6m，如图2-5(a)所示。

三股作业线的布置形式，轻油和黏油收发作业互不干扰，操作方便，有利于安全防火，但占地面积较大。

中、小型油库一般设双股作业线[图2-5(b)]或单股作业线[图2-5(c)]。考虑到黏油装卸作业量少，每次作业时间长，放在尾部较适宜。轻油收发作业量较多，火灾危险性较大，轻油作业线宜设在前部。轻油与黏油鹤管的间距应不小于24m。最后一座鹤管至作业线终端土挡之间距不应小于20m。

双股或单股作业线的缺点是轻油、黏油装卸作业互相干扰，调车不方便，特别是桶装油罐车或黏油车在线而轻油罐车发生火灾时，不能及时引出车库区，不利于油库的安全防火。此外，双股作业线推送黏油罐车的机车要穿过轻油作业线，对安全防火也不利。单股作业线只适合于小型油库。

（3） 作业线的技术要求

① 为了便于自流装油，作业线通常设在油库的最低处。作业线的标高是油库竖向布置的依据，习惯上油库的标高常用铁路作业线轨顶标高作为±0.00。

② 为了防止铁路油罐车自行滑动溜车，并保证计量准确，作业线应严格保持水平位置。

③ 为了使作业区的设备建设施工方便和操作方便，作业线应尽量为直线。若因地形条件限制，则作业线的曲率半径应大于 600m，并且要求轨面不设超高，以免油罐车计量不准。

④ 为了及时导走油料装卸作业过程产生的静电，作业线必须有接地装置。双股作业线之间应有适当的坡度，以便排出雨水和偶然洒出的油料。

（4） **作业线的长度**

铁路作业线的长度是指警冲标至作业线终点的长度，如图 2-6 所示。

$$L=L_1+L_2+Nl \tag{2-1}$$

式中 L_1——作业线起端（一般自警冲标算起）至第一辆油罐车始端的距离（规范要求 $L_1 \geqslant 31$m，包括常用大型机车长度 22m，机车至警冲标的安全距离 9m），m；

N——油料一次到库最大罐车总数，若采用双股作业线，取一次到库最大罐车数的一半，当 N 为奇数时，$N=N+1$；

l——油罐车两端车钩内侧距离，一般为 12~12.5m；

L_2——作业线终端车位的末端至作业线终点的距离，一般取 $L_2=20$m。

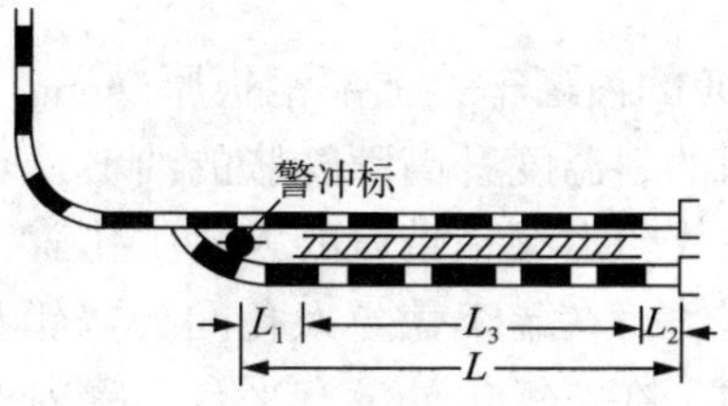

图 2-6　铁路装卸作业线

油料一次到库的油罐车最大数量应根据来油量而定。若无具体规定，应根据油库各种油料的储存量大小、铁路运输的实际情况和输油设备收发量的大小等综合考虑。我国目前运输油料的油罐列车，除去安全隔离车和首车之外，其总长度相当于 30 个油罐车的长度。但是列车进站前有时还在油库附近的枢纽站进行编组，并非整列油罐车进库。因此，一次到库的油罐车数量可参见表 2-2。随着机车牵引能力的提高，一次到库罐车数可能大于表中数量，应根据具体情况确定。

表 2-2　一次到库油罐车数量

库容	油料	
	轻油	黏油
大中型油库	20~40	5~10
小型油库	10~15	3~5

2.1.3.2　货物装卸站台

油库中桶装油料、油料器材和其他物资的装卸，需要设置一个小型的货物装卸站台。站台的主要尺寸应根据装卸量而定。一般站台长 50~100m，宽不小于 6m，一般宽度为 12m 左右，站台地坪标高应高出轨顶标高 1.1m，站台边缘至作业线中心距离为 1.75m。站台地坪标高高出轨顶标高大于 1.1m，站台边缘至作业线中心距离为 1.85m。站台台面要坚实，保证多种气候下都能使用。

站台位置一般选在与公路和罐桶间相联系的地方。站台与公路衔接处的端头应设置坡度不大于 1∶10 的斜坡道，便于车辆上下。

2.1.3.3　铁路油罐车

铁路油罐车是散装油料铁路运输的专用车辆。按其装载油料的性质，可分为轻油、黏油

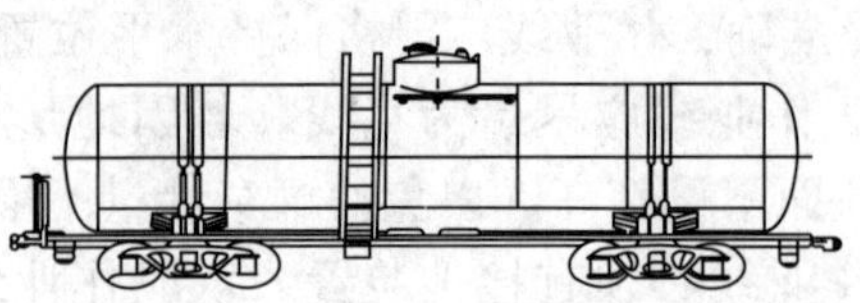

图 2-7　G50 型轻油罐车示意图

罐车两类。其载质量有 30t、50t、60t、80t 多种类型。目前国内大多数使用的是 60t。

铁路油罐车由罐体、油罐附件和底架三部分组成（图 2-7）。罐体是由球形或椭圆形封头与筒体焊接而成。它是由 3~14mm 的钢板焊接制成。通常圆筒下部的钢板要比上部钢板厚 20%~40% 。例如，载质量为 50t 的油罐车，上部钢板厚 9mm，下部及球形头盖钢板为 11mm。罐顶上的空气包用来容纳因油料温度升高而膨胀的油料，空气包的容积为罐容积的 2%~3%，钢板厚度一般为 6mm。空气包上有一带盖的人孔，孔盖为圆形并呈半球状，刚性很大，关闭时利用杠杆和铰链螺栓压紧，在罐车盖与人孔间夹以铅垫保证密封。罐底部略有坡度，并坡向集油窝以便抽净底油。在空气包处设有平台，罐内外皆有扶梯供操作员登车和进入罐车内。

（1）轻油罐车

轻油罐车是运输轻质油料（如汽油、煤油、柴油等）用的。罐体外一般涂成银白色。图 2-7为国产 G50 型 $50m^3$轻油罐车。这种罐车的总容积为 52.5 m^3，有效容积为 50 m^3。

轻油罐车在罐体上装有一个如图 2-8 所示的进气阀和两个如图 2-9 所示的出气阀，以减少运输途中的呼吸损耗并保证安全。其控制压力为 1.5MPa，真空度为 0.2MPa。当罐内外压差迫使气阀阀芯与阀座离开，大气经阀罩和阀体上的孔，并通过阀芯与阀座间的空隙和过滤网进入罐内。当罐内真空度小于 0.2MPa 时，阀芯借弹簧张力与阀座贴合，切断与大气的通路。弹簧张力的大小可借助旋转螺帽来调节。当罐内正压超过 1.5MPa 时，出气阀打开，排出油气混合气体。当压力小于 1.5MPa 时，在弹簧张力的作用下阀芯与阀座压紧。弹簧张力的大小同样可以用旋转螺母来调节。

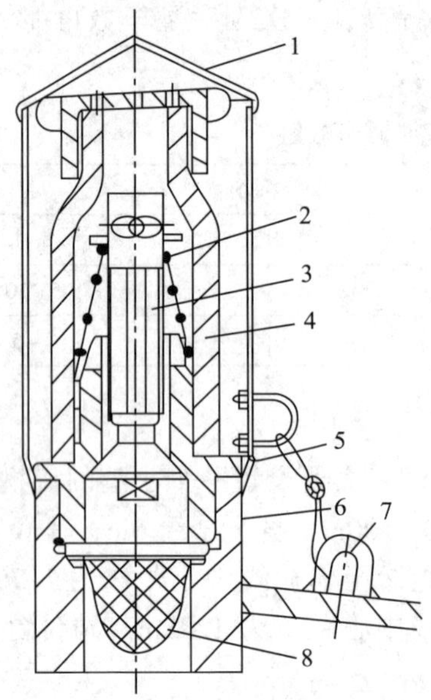

图 2-8　轻油罐车进气阀

1—阀罩；2—弹簧；3—阀芯；4—阀体；5—阀座；6—连接短管；7—铅封环；8—过滤器

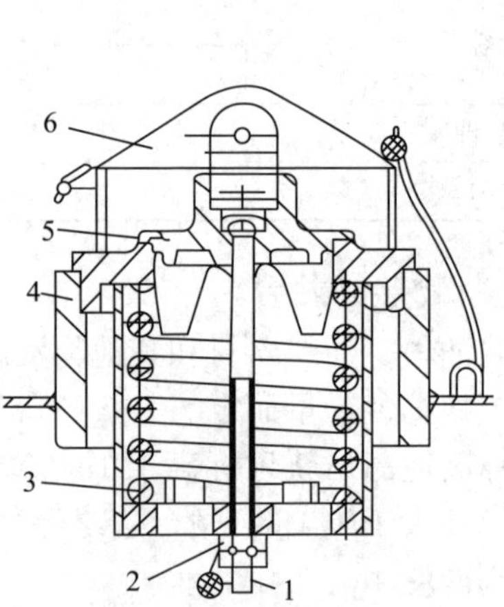

图 2-9　轻油罐车出气阀

1—螺杆；2—螺母；3—弹簧；4—连接短管；5—阀盘；6—阀罩

近年来常采用如图 2-10 所示的呼吸式安全阀。由于它的结构简单，因而取代了进气阀和出气阀。呼吸式安全阀的作用原理和进气阀、出气阀相同。

（2） **黏油罐车**

黏油罐车大多数设有加热装置和排油装置。运输原油的罐车外表涂成黑色，运送成品黏油的罐车涂成黄色。图 2-11 为 G12 型 50 m^3黏油罐车。

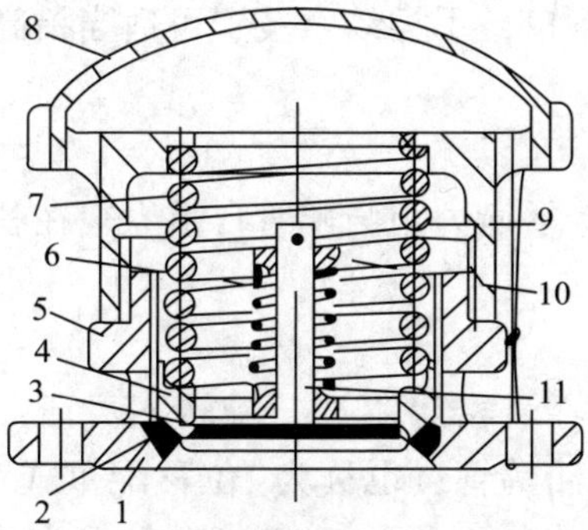

图 2-10　呼吸式安全阀

1—阀罩；2，3—O 形垫圈；4—呼出阀；5—锁螺母；
6—吸入阀弹簧；7—呼出阀弹簧；8—阀盖；9—开口销；
10—上弹簧；11—吸入阀

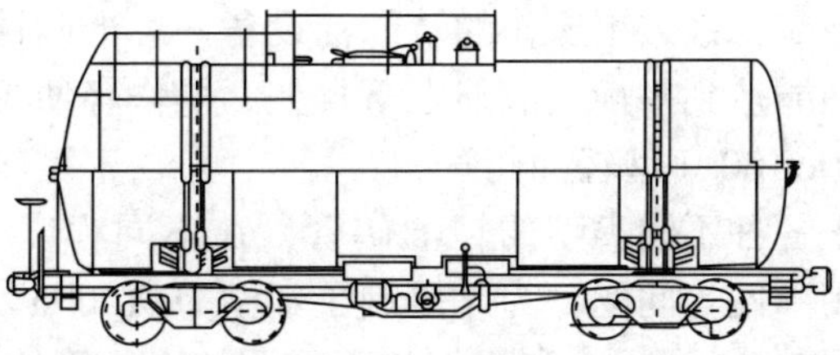

图 2-11　G12 型黏油罐车示意图

罐车加热套为夹层式，呈半圆筒形，焊接在罐体的下部。它的外壳由 5mm 厚的钢板制成，内壳即罐体钢板。夹层的间距为 35mm。罐体总面积为 37.5 m^2，四周用 35mm×35mm 的角钢作为纵向及环向支座。环向支座设有通气槽，以便蒸汽通过和凝结水排出。这种带加热套黏油罐车的加热效果好，比内部有蒸汽加热的黏油罐车快 4~6 倍，缩短了黏油的卸车时间。此外蒸汽损耗量少，操作方便，并且因为蒸汽不与油料直接接触，保证了油料的质量，所以得到广泛应用。

2.1.3.4　油罐车技术指标

（1） **实际载质量**

油罐车可以装载的油料质量，单位以吨计。以罐车有效容积乘以油料密度来计算。

（2） **罐车自重**

油罐车车皮质量，单位以吨计。

（3） **车皮系数**

也称为自重系数，是罐车自重与载质量之比值。车皮系数越小，罐车经济效率越高。车皮系数取决于罐车的材质、结构和容积。

（4） **换长**

以机车两端车钩钩舌内侧 11m 长的 30t 货车为一单位，各机车两端车钩钩舌内侧长度（m）与 11m 货车换算比值叫换长。

（5） **冷却系数**

油罐表面面积与载质量的比值，反映了每吨油料的散热面积。

2.1.3.5　装卸油鹤管

按照油料品种和装卸方式的不同分为鹤管和装卸油短管等。

（1） **鹤管**

鹤管是铁路油罐车上部装卸油料的专用设备，现有回转式、倾倒式、可拆卸插入式、悬臂式、方向式、隧道式及重锤式等多种形式。

航空煤油均为专用鹤管，汽油和柴油可以采用专用鹤管，也可互为备用鹤管。

① 万向式鹤管

万向式鹤管也称固定式万向鹤管，如图 2-12 所示。这种鹤管是由壁厚 1.5mm 以下的薄钢板制成的装卸油短管、上悬臂、斜悬臂、主管，四个转向接头和手摇绞索装置组成。站在栈桥上，手推悬臂，就可以任意调整对准铁路油罐车罐口，手摇绞索装置可适当抬高或降低装卸油短管，操作轻便灵活。

② 自重力矩平衡鹤管

这种鹤管系人工操作的装卸油设备。经准确计算，平衡力矩与鹤管自重力矩在各个角度及部位均能达到平衡，故能上下自如，操作轻便灵活。

③ *DN*100-I 型轻油鹤管

由于各种不同类型的轻油鹤管，在不同程度上存在着密封不严、旋转不灵活、操作笨重、使用不便等问题，为此研制了新型 *DN*100-I 型轻油鹤管，也称为“位移配重式”轻油鹤管，如图 2-13 所示。利用加长管可调整半径管的活动半径。通过 2、3 及转动接头的相互配合可使吸油管自由进出油罐车。利用杠杆平衡原理可使半径管和吸油管上下移动。鹤管能旋转 360°进行双面作业。仅需一人即可在栈桥上操作。

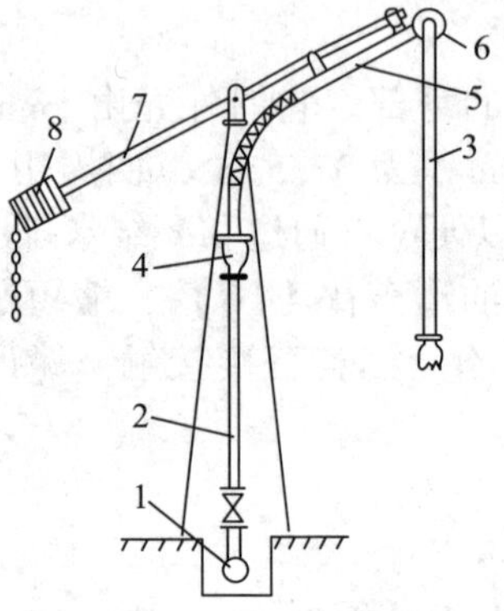

图 2-12　固定式万向鹤管

1—集油管；2—立管；3—短管；
4—旋转接头；5—横管；6—法兰；
7—活动杠杆；8—平衡重

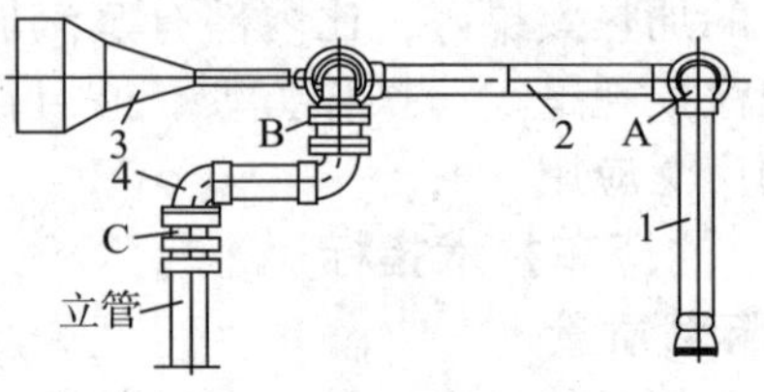

图 2-13　*DN*100 - Ⅰ 型轻油鹤管

1—吸油管；2—半径管；3—位移配重；
4—加长管
A、B、C—转动接头

鹤管位移配重产生的总力矩能满足鹤管停留在任意空间位置时所需要的力矩。该鹤管特点：操作轻便灵活；密封结构合理；鹤管升降方式采用“位移配重”；转动接头采用了标准轴承，规格统一，旋转灵活，使用寿命长，便于制造。

另外，还有气动鹤管、扭簧式鹤管、压簧式鹤管等。它们通过气动、扭簧、压簧等方式平衡或调节扭力，使之转动灵活，操作方便可靠。隧道式鹤管则专为隧道作业区设计。在鹤管一侧有栈桥，可供人员登车作业，装卸油橡胶管平时悬挂在隧道拱顶的滑轮上，使用时放到罐车内。黏油鹤管则专为装卸黏油而设计，除卸油管外，黏油鹤管还有蒸汽胶管活接头，以利与带有加温套的黏油罐车蒸汽进口相接。

（2）罐车下部卸油装置

目前黏油罐车绝大部分是下卸式的，轻油罐车近年来也正在研究和试用下部卸油方式，由于罐车下卸具有油库设备简单、装卸作业简洁方便和节省一定时间等优点，故它是罐车卸油今后研究发展的一个方向。

因铁路油罐车下部卸油器的中心线高出轨面约 50cm，故罐车下卸装置中心线的标高应低于铁路油罐车下部卸油器的中心线，以便将油抽净。

（3）装卸油短管

装卸油短管有橡胶管、薄铁皮管和铝制管。胶管易老化损坏，且摩擦阻力大，但使用时易对准罐车位置；薄铁皮管轻便，价廉，耐用，但管接易漏气；近年来采用铝制管，比薄铁皮管更轻便耐用，也不易漏气和生锈。

2.1.3.6 鹤管数量及布置形式

（1）鹤管数量确定

油库中鹤管总数等于各类油料所需鹤管的总和。某种油料的鹤管数量取决于该种油料一次到库的最大油罐车数，使到库油罐车能一次对位实施装卸。

对于供应（分配）油库，每批次装卸车辆数 N 可按式（2-2）计算：

$$N=\frac{KG}{\tau \rho m V A} \tag{2-2}$$

式中 N——每批次装卸车辆数；

K——铁路装卸不均衡系数，K 的取值可参考表 2-3；

G——某种油料的年装卸量，t/年；

τ——年操作天数，d/年，一般取 360 天/年；

ρ——操作温度下的油料密度，t/m^3；

m——每天作业批数，批/天，装车每天不超过 4 批，卸车每天不超过 5 批；

V——一辆油罐车的容积，m^3，一般取 60m^3；

A——油罐车装满系数，甲 A 类、乙类、丙 A 类油料取 0.9，丙 B 类油料取 0.95。

表 2-3 铁路装卸不均衡系数 K 取值参考表

年装卸量 G/(t/年)	$G<5\times10^4$	$5\times10^4\leqslant G\leqslant5\times10^5$	$G>5\times10^5$	
			装车	卸车
K	2.5~3.0	1.5~2.0	1.2~1.3	1.2~1.6

在确定每种油料所需的鹤管数时，应当考虑装卸油的形式。对单股作业道，某种油料的鹤管数等于该种油料一次到库的最大油库车数。对双股作业道，布置在双股作业道中间的鹤管可以共同使用，因此鹤管数减少一半，即等于该种油料一次到库最大油罐车数的一半。

对于储备油库或大型中转油库，一次到库的油罐车数 N' 还取决于铁路干线机车牵引定数，由式（2-3）计算：

$$N'=\frac{\text{来油铁路干线机车牵引定数}}{\text{一辆油罐车自重+标记载重}} \tag{2-3}$$

最终鹤管数既要满足机车牵引定数要求，又要满足作业量要求。小鹤管的鹤位数应取每批装卸车辆数，装车时轻质油料和重质油料鹤位数不应少于 5 个，卸车鹤位数不应少于 2 个。大鹤管装车栈桥每侧宜设置 1 个鹤位，当两种油料同台装车时 1 个鹤位可设 2 个鹤管，装卸车鹤位宜双侧布置，装车时每个鹤位小鹤管数量不宜超过 3 个，卸车时每个鹤位小鹤管数量不宜超过 2 个，同种油料的鹤管宜布置在同侧。

（2）鹤管布置形式

根据铁路油罐车的长度，同类油料鹤管的间距为 12~12. 5m，一般按 12. 2m 计算。

根据装卸油料的种类和数量的具体情况，油库鹤管有专用单鹤管、双用单鹤管和双鹤管等几种布置形式，具体情况和布置方法如下：

① 专用单鹤管

装卸某种油料的鹤管只与该种油料的集油管相连通。布置时，在铁路作业线一侧的集油管上，每隔 12. 2m 设置一根鹤管，鹤管座中心（即鹤管竖管中心）与作业线中心的距离为 2. 8m，如图 2-14 所示。

② 双用单鹤管

若只有单股作业线时，鹤管布置在作业线的一侧；若有双股作业线时，将鹤管设置在双股作业线中间。鹤管间距均为 12. 2m，鹤管竖管中心与作业线中心的距离为 2. 8m。

③ 双鹤管

大、中型油库一般采用双鹤管式。在双股作业线中间每隔 12. 2m 平行作业线设置一组鹤管，每组鹤管安装两根，每根鹤管分别与装卸不同油料的集油管连接，如图 2-15 所示。

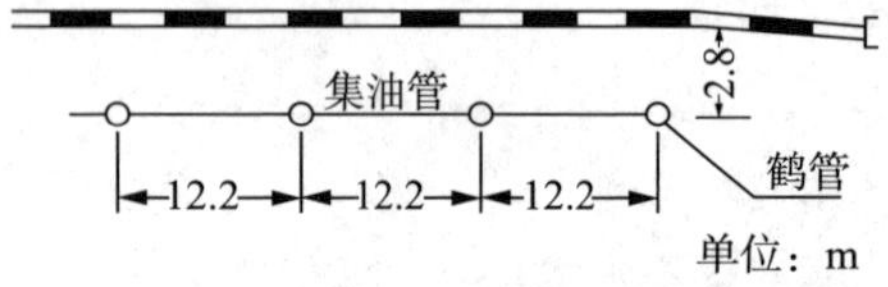

图 2-14　专用单鹤管

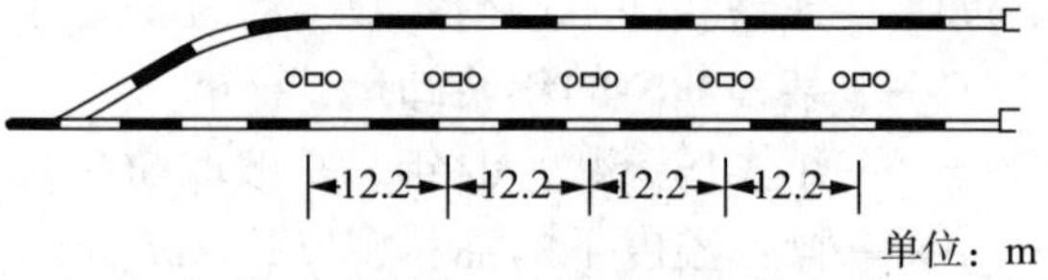

图 2-15　双鹤管布置

鹤管一般安装在混凝土支墩或支柱上。为了保证在电源或泵房遭受破坏时仍能实施油料收发作业，在鹤管下部设一旁通备用法兰接头，平时用盲板封住，供移动式泵机组使用。

2. 1. 3. 7　栈桥

栈桥是为装卸油作业所设的操作台，以改善收发作业时的工作条件。栈桥一般与鹤管建在一起，如图 2-16 所示。栈桥到罐车之间设有踏梯（其倾斜角不大于 60°），操作人员可由此上到油罐车进行操作。

图 2-16　铁路栈桥

1—鹤管；2—集油管；3—栈桥；4—扶梯；5—泵房；6—铁道线；7—栈桥棚顶

在设计和建筑栈桥时，必须注意栈桥上的任何部分都不能伸到规定的铁路限界中去。如有些部件(鹤管、吊梯等)必须伸入到接近限界以内时，该部件要做成旋转式的，在不装卸油时，应位于铁路限界之外。

栈桥有单侧操作和双侧操作两种。在一次卸车量相同的情况下，单侧卸油栈台较双侧者长，且占地多，但可使铁路减少一副道岔，机车调车次数减少一次。

一般大中型油库均采用双侧栈桥，只有一次来车数量很少小型油库才采用单侧栈桥。

栈桥可采用钢结构或钢筋混凝土结构。台面高度一般在铁路轨顶以上 3.4~3.6m，台面宽度为 1.5~2m，单侧使用时可窄些，双侧可以宽些，栈桥上应设有安全栏。栈桥立柱间距应尽量与鹤管间距一致，一般为 6m 或 12m。栈桥两端设有上下栈桥用的 45°斜梯，中间每隔 50~60m 设立梯。

装卸油栈桥长度的计算：

单侧栈桥的长度可按式(2-4)计算：

$$L=nL-\frac{l}{2} \tag{2-4}$$

式中 L——装卸油栈桥的长度，m；

n——每列油罐车的辆数，双侧栈桥时，当 n 为奇数，则 $n=n+1$；

l——每辆油罐车车钩距离的平均值，m。

双侧栈桥的长度可按式(2-5)计算：

$$L=\frac{n-1}{2}l \tag{2-5}$$

2.1.3.8 集油管

集油管是将各个鹤管的来油汇集起来的管线。不同油料有各自的集油管与该油料的鹤管相连接。

用泵卸油时，集油管与泵吸入管相接，油料经泵吸入管直接进泵。自流卸油时，集油管与卸油管相接，油料进入零位油罐后再用泵输送到储油区。

集油管的直径一般比泵的吸入口径大一些，以减少吸入阻力。一般集油管管径等于吸入口管径加上 50mm。

集油管的平面布置，一般是与铁路作业线相平行。对单股作业线，集油管布置在靠泵房一侧，如图 2-17 所示。

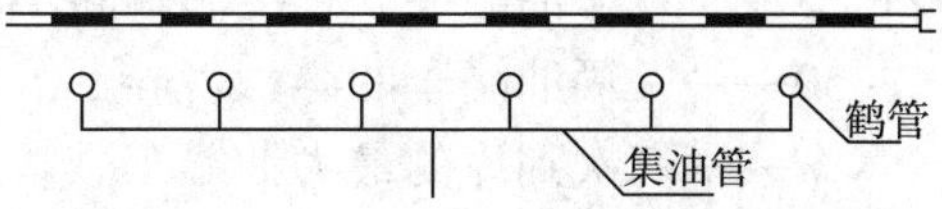

图 2-17　单股作业线集油管布置

对双股作业线，集油管应布置在两股作业线中间，如图 2-18 所示。此时鹤管供两条作业线共用，泵的吸入管需要穿过铁路，施工较麻烦。

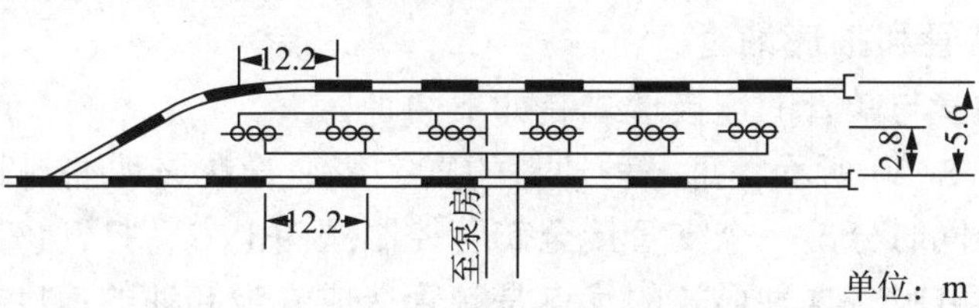

图 2-18　双股作业线集油管布置

当油料品种较多、收发作业量较小、油料质量要求较高时，可以采用如图2-19所示的布置形式。黏油集油管一般采取这种布置形式。

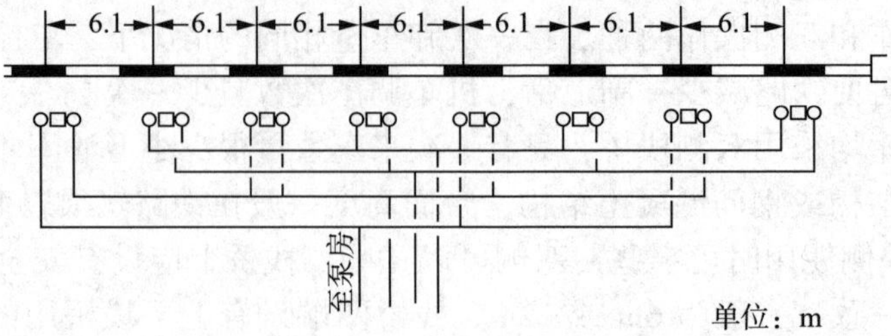

图2-19　黏油集油管布置

集油管的敷设方式，有直接埋土和管沟敷设两种。直接埋土是将集油管直接埋入土中或砂砾石里。其优点是管路受大气温度影响小，施工方便，但检修较麻烦。管沟敷设是将管路敷设在有盖板的管沟内。其优点是检修方便，但造价较高，黏油管路均采用管沟敷设。轻油管路可直接埋土，但目前多采用管沟敷设。

直接埋土时集油管的中心至铁路枕木端部的距离应大于60mm，以免影响铁路安全。集油管管顶的最大标高，应低于铁路道碴厚度的一半以下，以利于铁路排水。

集油管的坡度应大于3‰(对轻油坡度为3‰~5‰，黏油为5‰~10‰)，一般从两端坡向中间，中部与泵吸入管相接，以减少集油管的阻力损失。泵吸入管应连接于集油管下面，以便放空。

集油管的连接，一般采用焊接而不采用法兰连接，尤其是直接埋入土中时更应如此。在特殊情况需用法兰连接时，在连接处应设检查井，以便检修。

2.1.3.9　零位罐

零位罐是为了快速卸油而设置，但并不担负长期储存的任务。零位罐的容量可按一次到库的最大油罐车数考虑，并留有一定安全余量。一般可按式(2-6)计算：

$$V=1.25\times50\times n \tag{2-6}$$

式中　V——零位罐容量，m^3；

1.25——考虑油罐装满程度和输转不均衡等因素的安全系数；

50——一辆油罐车的容积，m^3；

n——一次到库的最大油罐车数。

零位罐的罐底标高及装油高度，既要考虑自流卸油的要求，又要考虑泵的吸入状况，还应考虑地下水位等因素。通常在一定容量下，零位罐的高度较小而直径较大，以统一上述矛盾。

2.1.3.10　真空管和抽底油管

真空管和抽底油管与鹤管的连接形式有如下两种：

第一种形式如图2-20所示，每一种油料的真空集油管在该种油料鹤管处预留一个短管接头，供抽底油用。同时分出一个支管接至鹤管控制阀门上方，打开该支管阀门，即可抽净鹤管中的空气，造成虹吸。这种形式的优点是鹤管造成虹吸卸油的速度很快，油料在虹吸作用下进入泵房或零位罐。这种形式主要用于自流卸油系统。

第二种形式如图 2-21 所示。在离心泵输入口处附近将真空管路与泵吸入管连接。使用时，泵吸入系统的空气由真空系统抽走。这种形式造成虹吸的速度较慢，但离心泵可以避免开阀启动。真空管只作抽底油用。

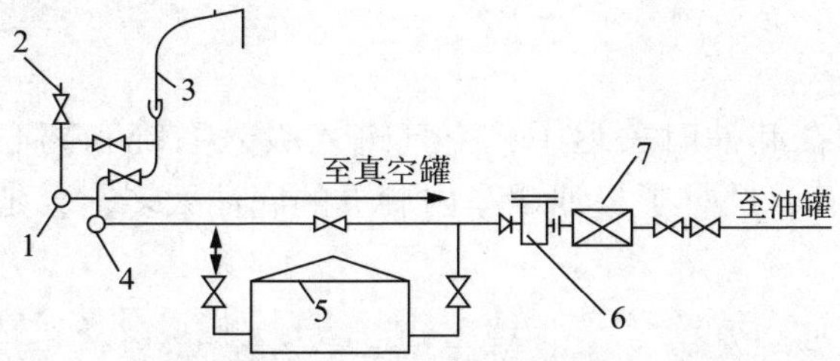

图 2-20　自流卸油真空抽底油系统

1—真空总管；2—抽底油管；3—鹤管；4—集油管；5—零位罐；6—过滤器；7—离心泵

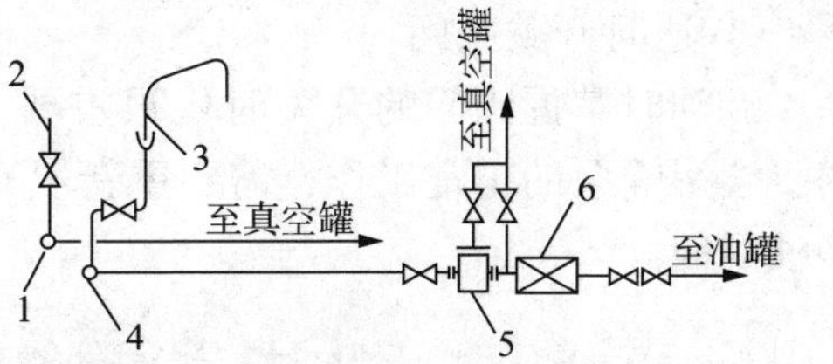

图 2-21　泵流卸油真空抽底油系统

1—真空总管；2—抽底油管；3—鹤管；4—集油管；5—过滤器；6—离心泵

抽底油总管一般采用 2in 钢管，抽底油短管一般采用 1.5in 钢管，在 5~10min 内可以抽吸 $1m^3$ 左右的底油。抽底油管的直径太大则胶管直径也需相应加大而使操作不便；若直径太小，则抽底油的时间要加长。

2.1.3.11　黏油加热管

在黏油装卸区还必须设置蒸汽管路供黏油加热用。蒸汽总管的直径一般为 80~100mm，在每个黏油鹤管处必须预留蒸汽加热短管，其直径一般为 50~80mm。蒸汽进入罐车后，冷凝水自行排走，故装卸区不需设置回水管。

2.1.4　铁路油罐车的装卸

油料的装卸作业是油库的经常性的主要的作业。由于参加这一作业的人员和涉及的设备较多，所以必须统一指挥，加强组织，努力提高操作技能，认真贯彻规章制度，只有这样才能做好装卸油工作。

装卸油作业要求快速、安全、保质、保量。

2.1.4.1　铁路油罐车卸油作业

卸油作业中，虽然每人所操作项目只是一个局部，但对于实现每次卸油作业快速、安全、保质、保量，起着一定作用，所以切不可粗心大意。为了搞好卸油作业，对有关操作人员应明确其职责。

（1）装卸员

装卸员负责油罐车装卸现场的全部操作，如对正货位、连接卸油短管、油罐车静电接地、操作鹤管闸阀、监视油罐车油面、适时转换油罐车以便连续卸油、抽净油罐车底油等工作。在操作中应注意以下几个问题：

① 防止漏气

卸油时，鹤管处于真空状态，漏进空气，会破坏鹤管正常工作甚至断流。最易漏气的地方是旋转填料筒、法兰接头、装卸油短管接头和薄铁皮装卸油短管的焊缝。密封填料缺油干涸时，应注意添加润滑脂或更换填料，紧固法兰螺丝；垫片(橡胶或石棉垫)变形、破损时应及时更换，并在垫片上涂一层润滑脂；薄铁皮管焊缝渗漏时可以涂以环氧树脂或进行气焊焊补。

② 防止堵塞

如装卸油短管为胶管，胶管老化、脱层时易吸堵；当油罐车内有棉纱、破布等异物时也易堵塞，操作时应多加注意，胶管不宜紧贴油罐车底部，应装上卸油嘴，并应经常清洗粗过滤器。

③ 适时开关阀门

卸油时掌握阀门的开关时机很重要。如在卸油时关迟了，空气进入吸入系统和离心泵内，会影响泵的正常工作，需要重新填充鹤管；关早了，油罐车内剩下的底油太多，会延长卸油时间。

实际工作经验：收油时，当甲油罐车的油料卸至约4/5时应逐渐关小鹤管阀门，同时将另一鹤管的阀门打开，卸乙油罐车的油料；当甲油罐车的油料快卸完但又没有露出卸油嘴时即关闭阀门，同时完全打开乙罐车的鹤管阀门。

④ 适当并联鹤管

卸油时同时使用几根鹤管较为合适，要具体情况具体分析，并联鹤管的数目要根据泵的流量大小而定。一般每鹤管以通过约$50m^3/h$的流量较为经济，所以当泵的流量为$50m^3/h$左右时使用一根鹤管为宜，流量为$100m^3/h$左右时使用两根鹤管为宜，以此类推。

⑤ 静电接地

卸轻油尤其是卸航空煤油等时，会产生电位较高的静电。为使鹤管和罐车同电位，并将静电导入土壤中，必须将鹤管上的静电接地，连线的铝质夹子夹在油罐上，注意接触良好。每次使用都应检查夹子及接地是否良好，接头有无松动锈蚀，夹子与油罐车铁架之间应导电良好，不应有油污和锈蚀。

⑥ 其他事项

尽量背风操作；禁止擅自进入油罐车掏底油；认真监视油面；保质保量；要防止混入泥沙和雨雪，要减少晒油和蒸发损失；油罐车的底油要尽力抽净。

（2）司泵员

司泵员负责泵站内的全部操作，如开关管组阀门、检查泵、开真空泵引油、开主油泵卸油、监视油泵运转、开真空泵抽底油等工作。操作中应注意：

① 监视油泵运转

压力表、真空表读数反映了泵的工作情况和卸油作业中的概况。作业中，要时刻注意油泵的声响，掌握轴承、填料的温度，真空表、压力表的读数变化，电动机及电器设备有无过载现象等，发现有不正常现象时，应当机立断，采取有效措施，及时检查处理。

② 适时通风

作业前、作业中及作业后都应进行自然通风或机械通风。

（3）保管员

保管员负责油罐车和油罐的量油、测温，油罐和管路的闸阀操作，沿管路检查，监视油罐的油面变化，放空管路等工作。操作中应注意如下几个问题：

① 认真操作阀门

阀门错开或关阀不严，会发生混油事故；转换油罐不及时，会造成溢油事故。必须集中精力，认真操作。

② 及时测量油位

油罐快装满时，及时准确报告进油情况，以便掌握好转换油罐和停泵时机。作业中及时测量油位，发现油位不正常时，应及时分析检查。

③ 注意放空管路

卸油结束时要放空管路，但常常由于保管员对放空罐容积心中无数，对输油管内油量估计不准确，而造成溢油事故，因此，平时应熟悉每根输油管内的存油数量，在放空前一定要复查放空罐内的存油数量，确实弄清后，再开放空阀门。

（4） 化验员

化验员负责接受油料的质量检查，如做油料外观检查、采样、化验、核对或填写化验单等工作。要求快速准确，避免收错油料而造成混油事故或影响收油速度。

（5） 消防员

消防员负责机车进库检查，布置现场灭火准备工作，检查作业场所的防火安全情况等工作。作业时，有大量的油蒸气存在，同时又有很多“火源”，如进库的机车、泵的原动机，静电失火的可能性，铁工具产生火星等，因此要特别注意防火，做好防火检查和灭火准备工作。例如，检查鹤管的静电接地情况是否合乎要求；检查作业现场有无违反消防规定的现象；检查各处布置的灭火器材是否齐全完好、做好灭火准备等。

2.1.4.2 铁路油罐车装油作业

装油作业实施程序和人员分工与收油作业大致相似，可参照进行。

随着科学技术的发展，油库自动化水平相应提高，许多油库已经引入各类自动控制系统，可以自动控制装卸油，因此装卸员、司泵员、保管员等的操作得到简化，保管员阀门控制交由控制系统负责，司泵员只负责必要时开泵输转放空罐油料，以备装油完毕放空管线。保管员核准油罐车的装油量也交给系统自动完成。

2.2 水运油料装卸

2.2.1 油料装卸油码头选址

油船是在油码头进行装卸的，宜于建造油港码头的港湾或必须满足下列条件：

（1） 地质条件

油港码头的建造必须有较好的地质条件，否则会产生过大的位移或沉降，影响正常使用。一般对岩石、沙土及较硬的黏土等选作油港码头的地基较为合适。

（2） 防波条件

码头尽可能不受波浪的冲击，最好设在河湾或海湾。如无这种条件，就要尽可能采用透空式结构的码头，以减少波浪的反射影响。也可设置专用的防波堤和围栅保护油港码头。

（3） 足够的水域

油港码头应有足够的水域面积，以便设置适当数量的码头供调度油船、拖船用。

（4） 足够的深度

油港码头应有足够的深度，以便能在直接靠近海岸、河岸的地方设置码头，使停靠的最大油船进出安全。在码头处的最低深度为：

$$H=T+Z_1+Z_2+Z_3+Z_4 \tag{2-7}$$

$$Z_2=0.6h-Z_1 \tag{2-8}$$

$$Z_3=0.3(\text{一般河港})\ \text{或}\ Z_3=Kp_1(\text{海港}) \tag{2-9}$$

式中 T——载质量最大的船只的最大吃水深度，m；

Z_1——船底至河底允许的最小富余量，m，一般河港 $Z_1=0.15\sim0.25$m，海港 $Z_1=0.2\sim0.60$m；

Z_2——波浪影响的附加深度，m；

Z_3——船在装卸和航行中吃水差的附加深度，m；

Z_4——考虑江、河、海泥沙淤积的增加量，m，一般取 $Z_4=0.4$m；

h——码头附近最高波浪($Z_2\leqslant0$ 时，Z_2取 0)，m；

K——与航速有关的系数；

p_1——航速，km/h。

(5) 避泥沙淤积

在油港内应尽量避免淤积泥沙，以免不得不常常进行疏浚工程，既影响油船的停靠装卸降低码头使用率，又增加疏浚维护经费。

(6) 控制间距

油港码头应与其他货运码头、客运码头及桥梁等建筑保持一定距离，并尽可能设置在它的下游，以免发生火灾时危及这些建筑的安全。接卸甲、乙类油料的码头与其他建筑之间的距离不得小于 300m。接卸其他油料时，不得小于 200m。当建造在上游时，与其他建筑物间距不少于 3km。

(7) 规模、形式

根据装卸油的作业量大小、油料的品种、船只的吨位，一次停靠的最大吨位、同时停靠的最多船只数及自然条件、防火间距等综合考虑。

(8) 囤船

在水位经常变化，起伏(潮汐)明显地区的油料装卸港口码头，应设置可随水位升降的浮动码头即囤船。囤船有钢质和水泥两种，钢质囤船的抗冲击能力较强，宜安装大型的设施设备；而水泥囤船具有造价低的优势。

2.2.2 装卸工艺

油船装卸可用油船上的泵。如果储油区与油码头之间距离不是很长，彼此高差也不是很大，可用油船上的泵直接将油料泵送到储油罐中。若油码头与储油区之间既有一定高差又有一定距离，一般就在岸边设置零位罐(缓冲罐)，利用船上的泵将油料泵送进零位罐(缓冲罐)，然后通过库内泵站的油泵送到储油区。

在有一定高差的沿海、内河等处，水运油料装油常用自流式。但在有些地方，储罐与码头之间高差很小，距离较远，或需要提高装卸速度就需要有泵送装船。

油轮装卸油工艺应能满足以下基本要求：

① 满足油港装卸作业和适应多种作业的要求；

② 可同时装卸几种油料而不互相干扰；

③ 管线互为备用，能把油料调度到任一条管路中去，不致因某一条管路发生故障而影

响操作；

④ 泵能互为备用，当某台泵出现故障时能照常工作，必要时数台泵可同时工作；

⑤ 发生故障时能迅速切断油路，并考虑有效放空措施。

油船装卸必须在码头上时设置装卸油管路，配置情况如图 2-22 所示，每种油料单独设置一组装卸油管路，一个集油管有若干个分支，支管间距一般为 10m 左右，分支管路的数量和直径、集油管、泵吸入管的直径等，应根据油船、油驳的尺寸、容量和装卸油速度等具体条件确定。在具体配置时，一般将不同油料的几个分支管路（即装卸油短管）设置在一个操作井或操作间内。平时将操作井盖上盖板，使用时打开盖板，接上耐油软管。

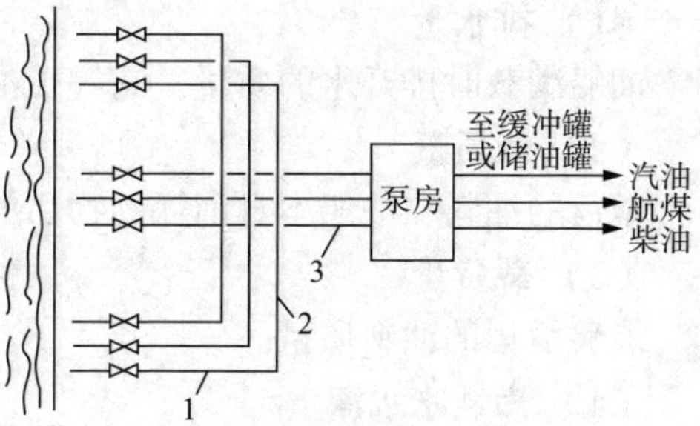

图 2-22　码头装卸油设备示意图

1—分支装卸油管；2—集油管；3—泵吸入管

需要装卸黏油的码头，在操作间还需要配备蒸汽短管。

管线内清扫也称扫线，原油及成品油装卸作业结束后，管线内的剩油都需要扫回油罐，或将输油导管内的残油扫入油船。扫线的目的是防止油料在管线内堆积凝结；避免和下次来油混淆以及便于检修。

扫线介质主要有蒸汽、热水、海水、压缩空气。但蒸汽、热水、海水会增加油料的含水量，影响炼油厂作业。故除汽油外，其他成品油、原油、燃料油料均可用压缩空气扫线。但对管线呈下垂凹形的地方，压缩空气不易将剩油扫清，因此在管线布置时，要注意尽可能避免呈现下垂凹形的死角。

2.2.3　油船

2.2.3.1　油船分类

根据油船有无自航（动力系统）能力，可以把它分为油轮和油驳。

（1）油轮

油轮带有动力设备，可以自航，一般还设有输油、扫舱、加热以及消防等设施。由于各种石油产品的闪点、黏度、密度等特性不同，因而对载运不同种类石油产品油轮的要求也不一样。例如，对载运闪点较低油料的油轮，防火防爆要求严格些；对载运黏度较大油料的油轮，需要大量舱内加温设施，对载运密度较小的油轮，舱容量要求大。

国内海运和内河使用的油轮，可分为万吨以上，3000t 以上和 3000t 以下几种。万吨以上的油轮主要用于海上原油、成品油运输；成品油的海运和内河运输，多以 3000t 以上的油轮为主。

（2）油驳

油驳是指不带动力设备，不能自航的油船，它必须依靠拖船牵引并利用油库的油泵和加热设备进行装卸和加热。油驳按用途来分有海上和内河两类。我国油驳一般都在内河使用，载质量有 100t、300t、400t、600t、1000t、3000t 多种。油驳一般有 6~10 个油舱，并有一套可以相互连通和隔离的管组，有的也可以装卸两种以上的油料，它所载运的油料种类与油轮相同。油驳是单条或多条编队由拖轮拖带或顶推航行，是内河大宗油料和码头、港内货油及燃料油驳运工具。通常，在油驳编队航行中拖带油驳的拖轮，从防火防爆角度上考虑，应该与一般拖轮有所不同，在拖轮上要求有强大能力的消防设施。

2.2.3.2 油船主要技术指标

（1）排水量

油船满载时排开水的质量，它等于油船的自重和载质量之和。

（2）载质量

承运的油料和油船本身消耗的物品的总质量。

（3）载货量

能够承运的油料质量。

（4）满载吃水深

满载时从水面到船底的吃水深度。

（5）满载航速

油船满载时的最大航速。

载质量与排水量之比称为排水量的利用系数，它表示油轮构造的完善程度。利用系数一般为0.65~0.8。表2-4和表2-5为油船的技术规格。

表2-4 油船技术规格

船名	满载排水量/t	长/m	宽/m	高/m	载质量/t	载重吃水深度/m
24000t 油轮	32319	178.6	25.0	12.60	22512	9.5
15000t 油轮	21020	163.4	20.6	11.15	14234	8.8
3000t 成品油船	4911	101.0	12.8	6.50	3029	5.5
1000t 油船	1710	67.42	10.0	4.5	1000	3.9
2400t 成品油船	3220/3670	100.35	13.8	4.8	2000/2450	3.2/3.6
800t 成品油船	1666/1910	83.20	12.5	3.6	840/1040	2.5/2.8
300t 油船	600	43.5	8.2	3.5	300	3.0
50t 油船	112.2	26.8	5.5	1.9	50	1.4

表2-5 内河航运代表性驳船

船别吨级	定额载货量/t	主要尺度/m			吃水深度/m			
		总长	型宽	型深	空船		满载	
					前	后	前	后
400t 级柴油驳	390	45.89	7.34	2.46	0.54	0.54	2.11	2.11
400t 级汽油驳	400	40.00	8.00	2.70	0.30	0.58	2.30	2.36
600t 级柴油驳	640	50.60	8.53	2.90	0.69	0.69	2.50	2.50
600t 级汽油驳	600	56.00	10.00	2.00	0.50	0.50	1.60	1.60
900t 级柴油驳	900	56.34	10.19	3.05	0.50	0.50	2.64	2.64
1000t 级汽油驳	1000	62.00	11.00	3.50	0.40	0.60	2.76	2.76
1500t 级渣油驳	1500	75.00	13.00	3.50			2.60	2.60

2.2.4　油料装卸码头

油船装卸油作业必须建造油料装卸码头。

2.2.4.1　油料装卸码头类型

油料装卸码头主要有近岸式码头、栈桥式固定码头和外海油轮系泊码头三种类型。图 2-23(a)为近岸式固定码头，一般适合于陡峭的海岸地形，它比较容易修建，遭到局部破坏时修复比较快，但停靠的船只少。常见的近岸式码头有固定码头和浮动码头两种。图 2-23(c)为近岸式浮动码头，修建容易，停靠船只多，能随水位的涨落而升降，不受潮汐等影响。图 2-23(b)为栈桥式固定码头，停靠的船只多，但修建困难，受潮汐影响大，破坏后修复慢。

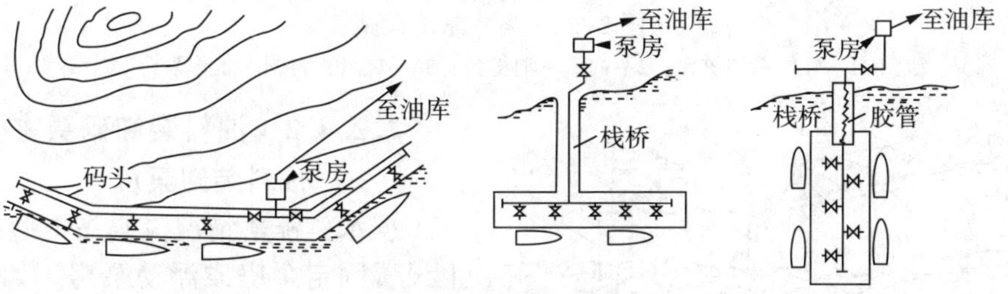

（a）近岸式固定码头　（b）栈桥式固定码头　（c）近岸式浮动码头

图 2-23　油料装卸码头类型

近年来，随着油轮吨位的增加，船型尺寸和吃水深度也相应加大，油码头开始向外海发展。外海油轮系泊码头主要有 3 种形式：浮筒式单点系泊设施、浮筒式多点系泊设施和岛式系泊设施。

浮筒式单点系泊设施如图 2-24 所示，其核心是一个浮筒，浮筒通过一系列的锚链固定在海底。它的特点是船舶不需要抛锚，直接系到装有活动接头的浮筒上。浮筒下方连接输油管道，通过输油软管和油轮上的油管线相接。

浮筒式多点系泊设施如图 2-25 所示，其特点是系泊点由一个变成多个，而且浮筒只用于油轮的系泊停靠，缆绳直接系到浮筒上。输油管线则是从另一个方向，不经过浮筒敷设过来，伸出海面与油轮上面的管线连接。

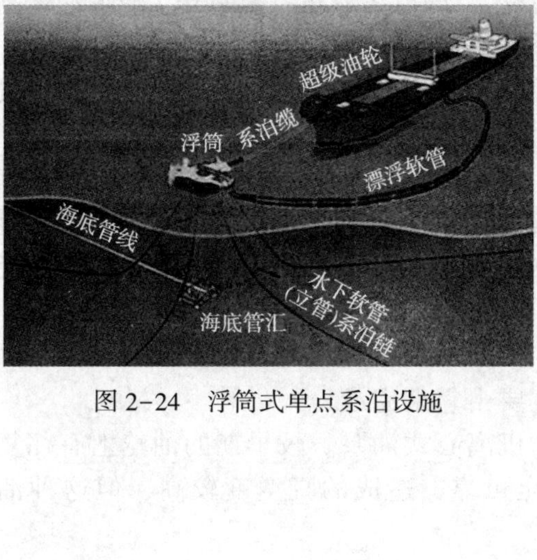

图 2-24　浮筒式单点系泊设施

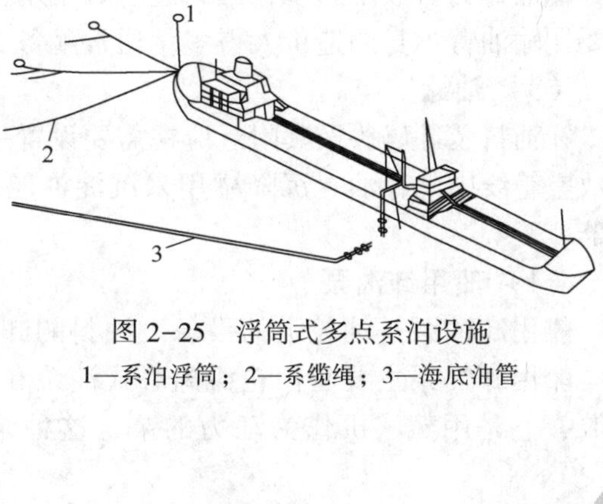

图 2-25　浮筒式多点系泊设施

1—系泊浮筒；2—系缆绳；3—海底油管

岛式系泊设施如图 2-26 所示，它实际上是在深海建造一个人工岛屿，通过一系列钢柱将工作平台、靠船平台直接打到海床上，固定于海底。其主要特点是稳定性和可靠性好，装卸效率高，但建造费用也高。

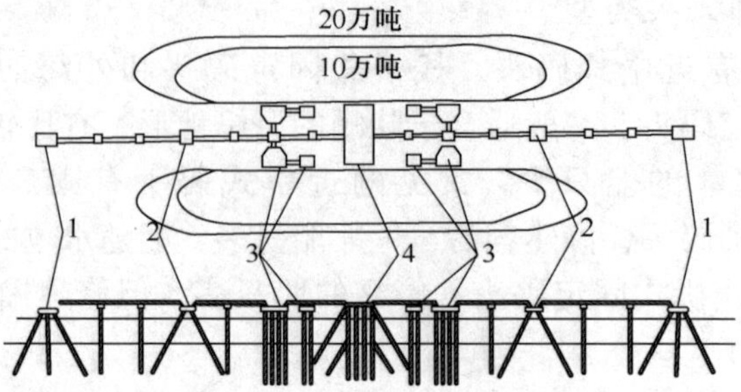

图 2-26　岛式系泊设施

1—外侧系泊桩台；2—内侧系泊桩台；3—靠船桩台；4—工作平台

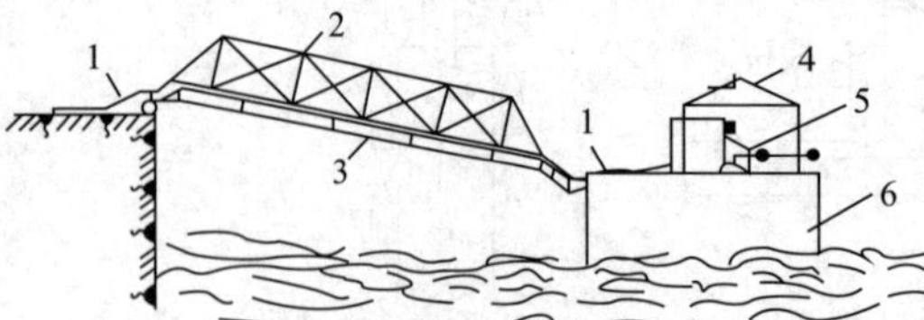

图 2-27　浮动泵房

1—胶管；2—浮桥；3—固定钢管；4—泵站；5—泵；6—囤船

2.2.4.2　油料装卸码头主要设备

（1）油料装卸泵房

据水位涨落情况及码头类型，可以在岸上设置固定泵房或浮动泵房。如图 2-27 所示，它是由安装在泵船上的泵机及其他设备组成的。由于浮动泵房可以随水位涨落而升降，因此用它卸油时有利于保证泵吸入系统的正常工作。

（2）油料装卸导管

油料装卸导管是油船在装卸油过程中与码头管路相连接的导管。油料装卸导管应能适应油船的浮动和深度的变化。中小型油库一般均采用耐油橡胶软管。

输油臂是目前国内外大型油库广泛采用的金属装卸油导管之一。它可以克服橡胶软管普遍存在的装卸效率低、寿命短、易泄漏和劳动强度大等缺点。

输油臂一般由立柱、内臂、外臂、回转接头以及油船接油口连接的快速接头等组成。

当油船停靠码头进行装卸时，输油臂液压系统开始动作，驱动内、外臂迅速达到需要的位置。当快速接管器与油船上集油管法兰连接妥善后，即可将液压系统断开，使输油臂随船自由运动。输油臂可用来装油，也可用来卸油或接卸压舱水。

输油臂的台数不宜多，因为过多时占用栈桥面积要加大，而在深水码头，栈桥的建设费用要比输油臂本身的造价大得多。通常配备 2~6 台输油臂。

（3）油罐

在油料装卸码头及其附近应视需要设置一定容量的放空罐、沉降罐和零位罐。放空罐用于放空管线中的存油。沉降罐用来沉淀油船的扫舱油。黏油放空罐及沉降罐内一般应设加热器。

（4）船用卸油泵

船用卸油泵是油轮上的设备。油料的卸载主要由它来完成。

船用卸油泵主要有汽轮机离心式油泵和电动机离心式油泵。较早期的油轮上有往复式油泵，它是用蒸汽机作为动力的泵，这种泵安全可靠，造成的真空度较高，但这种油泵效率比较低，排量受到限制，满足不了大型或超大型油船的要求。汽轮机离心式油泵是用汽轮机带动的离心泵，和往复泵一样安全可靠；而且排量大(可达 500~1500t/h)，可以连续平稳地运动，因此不但适用中型油船，而且更适应于大型和超大型油船；但它无自吸能力，吸入空气的敏感性大。因此这种泵一般设在舱底，并且当卸油至一定程度后，便停止使用，而启动扫舱泵继续卸油。电动离心式油泵用电动机带动，这种泵除了排量大、能够平稳连续地运行等优点外，效率也高、操纵控制方便，有利于油船自动化等。但是由于油船日趋大型化，要求油泵的排量加大，需要有大功率的电机来带动大排量离心泵，但是船上的电量很难满足这样大功率电动机的需要。因此目前大型油船上选这种油泵的还不多。

此外，装卸油码头上还应有向油船供水、供油、供蒸汽的水管、油管、蒸汽管及压舱水导管，以及通信联络设备和消防用的泡沫导管等消防设备。

2.2.5 油码头泊位数量的计算

设在通航期内，油料的输入量为 Q_1，输出量为 Q_2，油船的平均容量为 V_c，则在通航期间油船的到岸数量为：

$$n_0=n_1+n_2=\frac{Q_1}{\rho_c V_{c1}}+\frac{Q_2}{\rho_c V_{c2}} \tag{2-10}$$

式中 n_0——油船的到岸数量，只；

n_1、n_2——输入和输出油料的油轮的数量，只；

ρ_c——油料的平均密度，t/m^3；

V_{c1}、V_{c2}——输入和输出油轮的平均容量，m^3。

但由于气象、航行及其他条件的限制，油轮的到岸不可能均匀，因此，船只到岸的计算数量应为：

$$n'=n_0K \tag{2-11}$$

式中 K——应根据实际情况，并考虑当地气象及航行的特殊条件选用，在很多情况下 K 是比较大的数值，可在 2.6 以上。

如果油料输入输出不均匀，则船只到岸的计算数量应为：

$$n'=n_1'+n_2'=\left(\frac{Q_1K_1}{\rho_c V_{c1}}+\frac{Q_2K_2}{\rho_c V_{c2}}\right)K \tag{2-12}$$

式中 K_1、K_2——油料输入、输出不均匀系数，$K_1=\frac{G_{max1}}{G_{c1}}$、$K_2=\frac{G_{max2}}{G_{c2}}$；

G_{max1}，G_{max2}——按月计，油料最大的输入或输出量，t；

G_{c1}，G_{c2}——按月计，油料平均的输入或输出量，t；

K——船只到岸的不均匀系数，$K=\frac{n_{max}}{n_i}$；

n_{max}——按月计，最大的入港油船数；

n_i——按月计，计划入港油船数。

当通航期为 T 时，计算船只到岸的时间间隔：

$$t_1=\frac{T}{n_1'}=\frac{T\rho_c V_{c1}}{Q_1 K_1 K} \tag{2-13}$$

$$t_2=\frac{T}{n_2'}=\frac{T\rho_c V_{c2}}{Q_2 K_2 K} \tag{2-14}$$

在 t 时间内，每只到岸油船皆应完成装卸油工作，卸油作业时停泊时间系由下述时间组成：

① 油船驶进系船设备的时间、靠岸时间及系船时间，$\tau_1=0.25\sim1.5$h。

② 连接装卸油导管所需时间，$\tau_2=0.2\sim0.5$h。

③ 在油泵全负荷时，油料的卸出时间：

$$\tau_3=\frac{\alpha V_c}{Q_h} \tag{2-15}$$

式中　α——用卸油泵卸出的油量与油船总容量的百分数。对于低黏度的油料，$\alpha=0.95\sim0.97$；黏油及易凝油料，$\alpha=0.92\sim0.95$。

Q_h——卸油泵的平均输送量，m^3/h。

④ 从油船中清除剩余油料所需时间：

$$\tau_4=\frac{(1-\alpha)V_c}{q_h} \tag{2-16}$$

式中　q_h——扫舱泵的平均输送量，m^3/h。

⑤ 加热油船中油料所需的时间 τ_5。它取决于船外的水温、大气温度和石油产品性能及加热设备的能力。

⑥ 卸开导管，解开绳索及船只离岸的时间，$\tau_6=0.25\sim0.5$h。

因此，卸油作业的全部停泊时间为 $\sum\tau_{i1}$。而装油作业停泊时间为 $\sum\tau_{i2}$。其计算方法与卸油作业类似，但 $\tau_4=\tau_5=0$，τ_3 按式(2-17)计算：

$$\tau_3=\frac{V_c}{Q_h'} \tag{2-17}$$

式中　Q_h'——油库内装油泵平均输送量，m^3/h。

显然，如果 $\sum\tau_{i1}>t_1$ 或 $\sum\tau_{i2}>t_2$ 时，则一个泊位是不够的，此时泊位的数量：

$$N_1=\frac{\sum\tau_{i1}}{t_1};\ N_2=\frac{\sum\tau_{i2}}{t_2} \tag{2-18}$$

当计算出的泊位数量为小数时，则进为整数。

泊位的长度一般大于船只 10～15m。

2.2.6　油船装卸作业

油船装载量大，能同时盛装不同品种的油料，但易受海上风浪、潮汐、水位深浅、码头大小等客观条件的影响，因此在进行油船油料装卸时，应根据这些客观条件，结合铁路油罐车油料装卸的程序组织实施。其特点是：

① 得知油船将要到达码头的通知后，除检查主设备、临时连接软管、码头系缆设备、码头与油库的通信联络设备外，还要对接受(或发出)油料油罐的原有油料数量进行测量，以便最后确定接收或发出油料的数量。

② 为使油船在海上航行平稳安全，往返行驶都应有一定载重，即油舱中没有油料时，

便将海水装入以压舱。因此，装油时必须将油舱内的海水排干净，卸油时要逐舱试水测量，若积水过多，应先抽水至沉降罐，然后再卸油。

③ 准确计量。在装卸油料前，除对接收或发出油料的油罐存油量作出报告外，还要使全程管路抽空或注满油料，不然装卸油料后很难准确算出收发量，这是由于油船油料的收发是以油库油罐收发数量为依据的。

④ 码头与船上临时胶管的连接必须安全可靠。装卸油时，船体会受到风浪或潮汐的影响而上下波动，因此连接码头和船的临时胶管要留有足够的长度，并在通过船舷处搭跳板或用绳索吊起，不得放在栏杆上，以免因船体上下波动将胶管磨损或拉断。

⑤ 油船油料的装卸，是油船和油库双方共同参加的工作。因此，一定要互相配合，协同动作。若联系不紧密，动作不协调，就会发生损坏设备和造成跑油的事故。

当利用油船上油泵卸油时，船上一切阀门的开、关，油泵的开、停，均由船方负责。船外的一切操作，均由油库负责。开始作业，双方要同时发出操作信号，可用旗语，用红、绿灯或用步话机联系，双方按规定信号严格操作。

⑥ 降低泵速清舱。当油船各舱油面普遍距舱底 30cm 左右时，可将泵速降低，多用辅助泵清舱。清舱方法：可将水打入油舱中，再将油、水一起打出，经油水分离器分离后，把油输入油罐中。

⑦ 装卸油作业结束后，需放空管路内剩油。放空管内剩油的目的在于：防止黏油在管中凝结；避免与下次来油混淆；防止温度变化胀坏管路以及便于检修等。

2.3 汽车油罐车油料装卸

2.3.1 汽车油罐车油料装卸工艺

公路油料装卸区应布置在油库面向公路的一侧，油库出入口附近，并尽量靠近公路干线，以便与公路干线衔接，该区是外来人员和车辆来往较多的区域，宜设围墙与其他各区隔开，应设单独的出入口，外来车辆不可驶入其他各区，出入方便，比较安全。

可分以下两种类型：

（1） 完全依靠汽车油罐车运输油料的油库

这种类型的油库，油料装卸油方法主要有自流装卸油(图 2-28)和泵卸油(图 2-29)两种。在地形条件许可的情况下，装卸油均可实现自流作业。若受地形限制，一般采用泵卸油、自流装油。

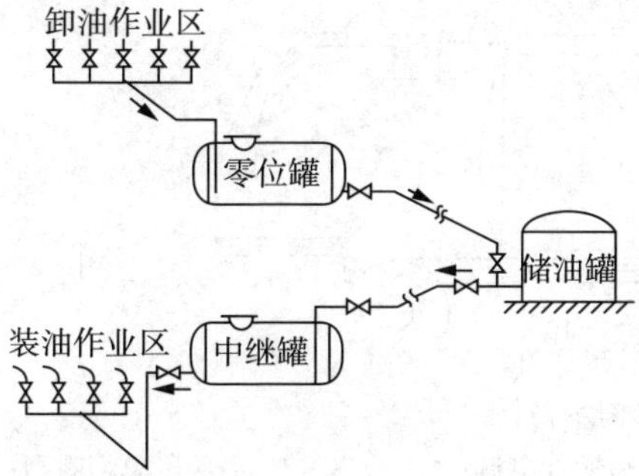

图 2-28　自流装卸油流程

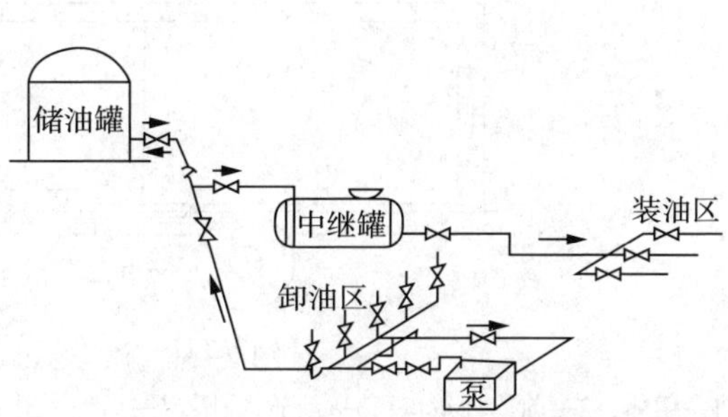

图 2-29　泵卸油、自流装油流程

（2）以铁路和水运为主，兼有汽车油罐车和油桶作业的油库

目前大中型油库均属于此类型油库。根据地形条件的不同有自流灌装和泵送灌装两种方法。由于汽车油罐车的容量较小，灌装连续性不强，所以应尽可能采用自流灌装。在山区和丘陵地带，如地形选择得当，利用高位储油罐很容易实现自流作业。在平地若无地形可利用，一般可先将油料泵送到高架罐，再利用高差自流装车或灌桶。随着科学技术的发展，油库管理技术水平的提高，一些油库已经采用管道泵直接输送灌装工艺。这种方式省去了高架罐这一中间输转环节，减少了占地和基建费用，消除了通过高架罐灌油时的“大呼吸”损耗。为了防止流速过大和水击，相应地采用减压措施和变频调速等技术措施。

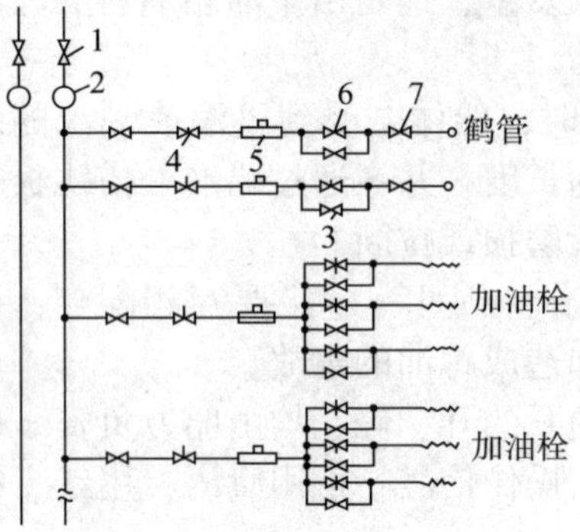

图 2-30　轻油工艺流程

1—来油控制总阀；2—油气分离器；3—手动闸阀；4—恒流阀；5—流量表；6—电磁阀；7—球阀或蝶阀

轻油灌装必须具备过滤器、流量计、恒流阀、鹤管、加油枪等设备，如图 2-30 所示。

汽车油罐车目前主要采用上部装油，下部装油待技术成熟后将会得到推广应用。汽车油罐车的灌装计量，多采用流量计等动态计量，若采用油料灌装自流设备，则可以进行自动定量灌装，这是目前的发展方向。

接收汽车油罐车进油的小型油库，通常采用下部自流卸油，然后通过输油泵将油料从零位罐输送到储油罐，其工艺设备主要是管组及快速接头和胶管。

2.3.2　汽车罐车油料装卸设备与设施

2.3.2.1　汽车油罐车

汽车油罐车是散装油料公路运输的工具，对小宗油料或不通火车、不靠江河的一些地区，这种运输工具起到主要的作用。一般的汽车油罐车罐体由 3mm 厚的钢板制成，把罐车隔成 3 个可以相通的隔间，以减轻油料在运输途中的水力冲击。罐体前装有量油孔，并有导尺筒直通罐底；罐车中部设有人孔及安全阀；罐车底有排水阀、排油阀。罐车配有扶梯、手摇泵、二氧化碳灭火器和拖地铁链等(图 2-31)。并配有带快速接头的 $\phi53\times300$ 耐油胶管两根。当长途运油时，为了防止油料从下部卸油口泄漏，许多运油车把下部卸油口堵死，而从上部装卸油。

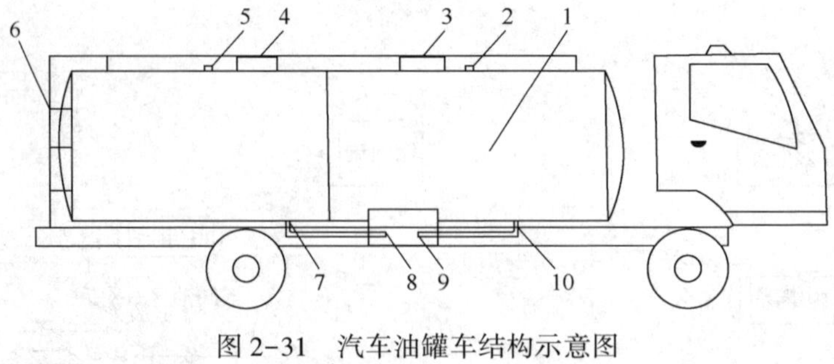

图 2-31　汽车油罐车结构示意图

1—罐体；2—前舱计量口；3—前舱人孔；4—后舱人孔；5—后舱计量口；6—扶梯；7—后舱紧急切断阀；8—后舱卸油口；9—前舱卸油口；10—前舱紧急切断阀

现代汽车油罐车常常备有安全保护设施、精确控制油料数量设备等。汽车油罐车的容量趋于大型化，目前已有 8t、12t、15t、25t 等大容量的汽车油罐车投入使用。

2.3.2.2 汽车罐车油料装卸鹤管

向汽车油罐车装汽油、煤油和柴油等油料时，应采用能插到油罐车底部的上部灌油鹤管。这样，即可减少油料的蒸发损耗又可减少静电积聚。当罐车无下卸器时用上卸鹤管亦可卸油。用上部卸油鹤管卸油时，应尽量采用自吸式离心泵卸油，这样可以使卸油操作简单、方便。图 2-32 为油罐车底部装油鹤管。图 2-33 为压簧式汽车油罐车油料装卸鹤管。为了防止上部装油时溢油事故的发生，可以在鹤管上安装防溢阀。

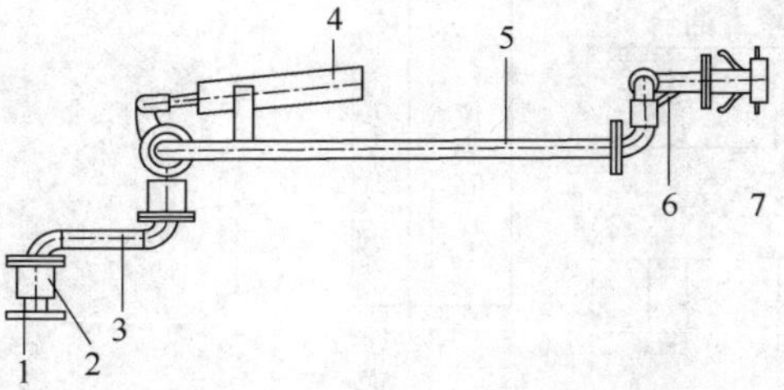

图 2-32 油罐车底部装油鹤管

1—接口法兰；2—回转器；3—内臂；4—平衡器；5—外臂；6—支撑弹簧；7—快速接头

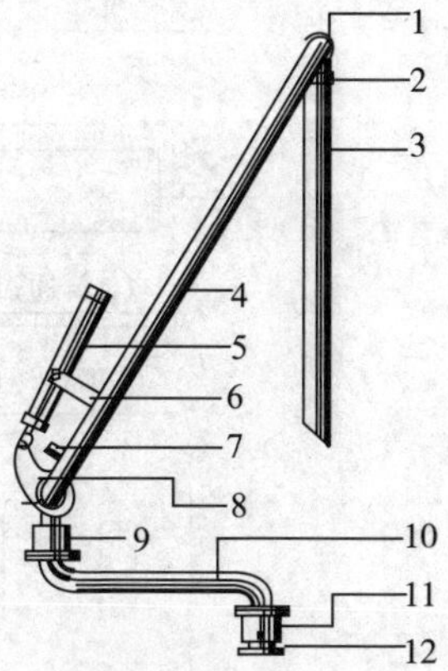

图 2-33 压簧式汽车油罐车油料装卸鹤管

1—头部回转器；2—螺纹接头；3—垂直管；4—长臂；5—平衡器；6—支架；7—负压阀；8—耳片；9—中间回转器；10—短臂；11—水平回转器；12—法兰

汽车油罐车装油鹤管数应根据所装油料的数量和种类确定，其计算公式为：

$$N=\frac{KG}{\rho VAm\tau} \tag{2-19}$$

式中 N——每种油料的装卸油鹤管数，个；

G——每种油料的年装油量，t/年；

K——装车不均衡系数，考虑车辆运输距离、来车不均衡性等因素，取 1.1~1.3；

ρ——油料密度，t/m^3；

V——油槽车容积，m^3；

A——装车系数，液化气取 0.8~0.85，其他油料取 0.9~0.95；

m——每小时装车个数，对于 4m^3 取 5~8min/车，8m^3 取 10~15min/车，等车 5~10min，因此 V=4m^3，m=3~5 个/h，V=8m^3，m=2~3 个/h；

τ——每年装车作业工时间(一年取 360 天，每天 6~8h)，h/年。

2.3.2.3 汽车油罐车发油台(亭)

为了便于向运油车队发油，油库中一般均修建汽车油罐车发油台，在站台上设置鹤管、流量表、过滤器等。站台高度应便于人员登车操作，汽车油罐车灌装一般在发油台上进行。在站台上加盖上防雨棚，用以改善操作人员的工作条件。发油台有通过式、倒车式、旁通式、圆盘式、云桥式等型式，其中最常见的为通过式[图2-34(a)、图2-34(b)]及倒车式发油台[图2-34(c)]。通过式栈桥上置发油台的配置可使汽车油罐车直接通过鹤管灌装，这种发油台因无须调车，故汽车停顿时间短，占地面积少，但同一时间装车的数量少，所以当装车频繁或油料种类较多时受到一定的限制。倒车式发油台可同时灌装多辆汽车油罐车和多种油料，但停靠车时间长，占用的场地大。

若向单个汽车油罐车装油，一般由单独的汽车油罐车装油鹤管来进行。对于小型商业油库，由于装车任务少，所以多采用单个鹤管装油。

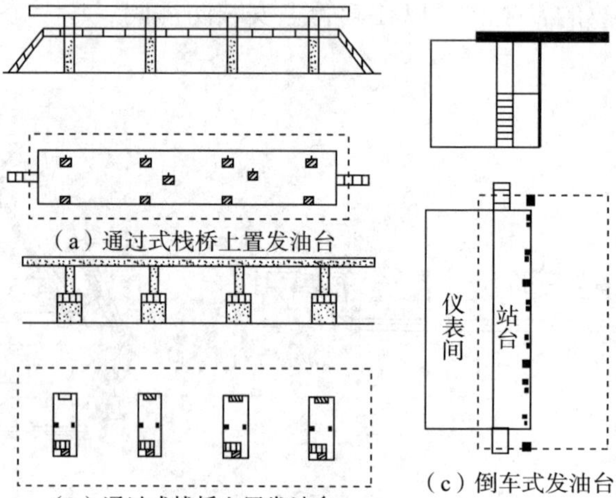

（a）通过式栈桥上置发油台

（b）通过式栈桥上置发油台

（c）倒车式发油台

图2-34　汽车油罐车发油台类型示意图

2.3.2.4　汽车油罐车卸油井

卸油井主要供汽车油罐车下部卸油。自流卸油时，集油管路和输油管路的坡度≥1%，以利于管中油料的放空、收净。部分小型油库及加油站常用。

2.3.2.5　中继罐

部分山地或小型油库，卸油时的零位罐，因地理位置相对较高也称中继罐或灌装罐，可以采用立式钢油罐或卧式钢油罐。对汽车油罐车装油或灌桶，多采用卧式钢油罐。中继罐的容量根据油库的任务和规模确定。一般情况下中继罐的容量略大于一天的最大装油量。中继罐的高度应当满足最大装油量的需要，如果需要可以架高，高架卧式钢油罐的支座由砖石砌成或由混凝土浇筑而成。支座数目由计算确定。罐身需有一定的坡度(1%)，以便排空罐内油料。

2.3.2.6　自动控制系统

轻油灌装广泛采用了自动控制系统。目前轻油灌装自动控制系统种类较多，发展也很快，但其主要构成、原理及功能大同小异。

通用型轻油灌装控制系统，其原理是通过现场的一次仪表实时采集油料的体积流量、密度、油罐车的接地电阻、液位、最高点状态等参数，并根据间接测量处理方法获得油料质量，从而在执行设备的配合下实现对各位置鹤管的灌装控制，并将实发数据回送给开票室计算机。

以通用型轻油灌装自控装置为主要设备的油料灌装自控系统，由计算机、打印机、数据远传收发器、开票软件等构成开票机；由符合STD总线或PC总线标准的工业控制模板构成通用型轻油灌装自控装置。整个测控系统可同时独立控制多路发油，现场仪表由外部显示器、腰轮流量计、温度计、二段式电动调节阀/电磁阀、油泵、防静电接地钳等构成。

控制系统的工作流程：购油人员在开票室办理购油手续，即开票室管理机录入发油数据，打印发油凭证，并自动将发油数据通过远传收发器送到控制装置。购油车到发油现场后，控制室对发油凭证和控制装置接收到的数据进行自动核对，正确无误后，才对到位就绪的购油车进行自动控制发油。发油结束后，控制装置将实发数据回传给开票室开票机，开票机接收数据并自动完成存储和账目管理。

2.3.3 汽车油罐车灌装作业程序

① 油罐车按规定行驶到油罐车台前，发动机熄灭后，油库的保管员应检查油罐车的油罐是否清洁，设备是否完好。如不符合要求，应立即进行清理等工作，待符合要求后，才可装油。

② 司泵员向来库装油单位索取加油单，了解装油的品种及数量。同时应检查油罐车的接地是否良好，防止发生静电放电、产生火花的危险。

③ 操作员放下装油鹤管，并插入注油口中。鹤管应插至接近底部或液面以下。罐口应盖上罩布，以减少蒸发损耗和防止灰尘杂质落入罐内。

④ 待以上准备工作做好后，即可开始给汽车油罐车装油。

⑤ 在灌装过程中，应注意计量表的读数，当快到所需装油数量时，应减低装油速度，待到所需装油数量时，应立即停止，并记下装油数量。

⑥ 装油完毕，提出鹤管，升到原来停放位置，同时盖好油罐的罐盖。

⑦ 填好加油单。汽车油罐车离开装油场地。

2.3.4 汽车油罐车安全防护措施

2.3.4.1 汽车油罐车进入发油区的注意事项

① 卸油汽车必须事前将排气管用防火帽罩住，方可进入发油区，停车后马上关闭发动机，装卸时不准开动发动机。

② 在装卸油料时，必须接好预先准备好的接地线，以消除静电。

③ 汽车油罐车的灌油口盖必须用有色金属等撞击时不产生火花的金属制作。灌油时鹤管必须放高于车底 20~30cm 处。

④ 必须严密不漏，渗漏车禁止灌油。

⑤ 必须配备一定数量的消防灭火器材。

⑥ 所使用的灌桶工具必须是撞击时不产生火花的金属制成。

⑦ 汽车油罐车行驶时，焊在车体上的链条应经常保持接地，以导除油料在油罐车中因颠簸、震荡所产生的静电荷及汽车油罐车轮胎与大地摩擦所产生的静电荷。

2.3.4.2 汽车油罐车火灾扑救

（1）初起火灾的扑救方法

当铁器碰撞油罐车罐口、静电放电或外来飞火引起油罐车罐口火灾时，在油罐车完好无损的情况下，可采用窒息灭火法。即用石棉毡或其他覆盖物将罐盖严，在缺氧的条件下，燃烧就会停止。如果一时找不到覆盖物也不要惊慌，只要用油罐车罐盖盖住，同样会收到灭火的效果。将罐盖盖住后，如果能用泡沫或水枪喷射车的四周边缘，就更为理想。

油罐车已被烧得温度过高时，应首先对油罐车加以冷却。冷却时每一辆油罐车必须不少于两支水枪喷射水流。待冷却到救火人员可以接近时，用覆盖法灭火。要用水枪保护灭火人员，防止烧伤。

（2） 油料外溢、蔓流燃烧火灾的扑救方法

油料因油罐车倾斜、颠簸振荡、油罐车渗漏破损等原因外溢并蔓流燃烧时，在有排水沟的处所，应将燃烧的液体排入沟内，然后用泡沫灭火。在没有排水沟的处所，应在燃烧区附近挖一深沟，使燃烧的液体流入沟内燃烧，以缩小燃烧面积。如果来不及挖沟，应在燃烧区筑起简易土堤，控制火场，防止蔓延，然后采取四面包围的战术，用开花水流或喷雾水流或泡沫扑灭。如果在场救火人员较多，可发动群众用沙、土掩埋燃烧的油火，同样会减弱火势，缩小燃烧面积。

（3） 油罐车大面积火灾的扑救方法

由于汽车油罐车颠簸或一车着火引燃多车的大面积汽车油罐车火灾，必须集中优势打歼灭战，采取堵截包围、穿插分割、逐个消灭的战术以及灵活多样的灭火方法。扑救此种火灾，首先用沙土筑起土堤，把溢流在地面的油火控制在较小的范围之内，防止它到处蔓流，与此同时，应组织力量将未燃烧的物料、车辆疏散到安全地带。如果燃烧的油罐车严重威胁附近的建筑物或构筑物，在可能的条件下，可在水枪的掩护下将油罐车拖至安全地点扑救。但在油罐内油火喷溅或外溢时，不宜这样做，因为这样反而会扩大火灾。在扑救时，如果灭火力量不足，可先控制火势；如果尚有扑救能力，可先行扑救上风方向及对邻近未燃烧油罐车威胁最大的油罐车。在灭火力量形成压倒优势时，可划分成数个战斗段，穿插分割，逐个灭火。所谓压倒优势，就是说每辆着火油罐车所配备的水枪必须在两支以上，用强力水流的冲击力量打熄火焰。对地面上的火焰可用水枪、泡沫、沙土扑救。更多内容见第 9 章。

2.4　油桶灌装

桶装(也称整装)油料(包含润滑油、燃料油、专用油)是目前仍然保留的一种常见供应形式。因此，大多数油库均有油桶灌装设备。

2.4.1　油桶的类型

油桶是储存油料的小型容器。

通常使用的油桶有 200L 圆桶、30L 扁桶，它们的主要技术数据如表 2-6 所示。

表 2-6　油桶规格

名称	理论容积/L	主要尺寸/mm			
		高	宽	长	直径
200L 圆桶	213±2	900±3			560±2
30L 扁桶	30. 2±1	439±1	206±1	416±1	

在 200L 圆桶顶上有 500mm 和 9mm 的大小口各一个，大小口上都装有螺丝塞盖，如图 2-35 所示。大口用于灌装或倒出油料，小口用于进出空气。有些油桶只设大口而无小口。专门装润滑脂用的 200L 圆桶，桶顶全开口，装有大盖。

30L 扁桶体积小，质量坚固，适用于向交通不便的山区经营网点运送油料。

除以上 3 种容积外，还有 150L、100L、90L、75L、56L、20L、10L、5L、3L 等不同容积的油桶，但较少使用。

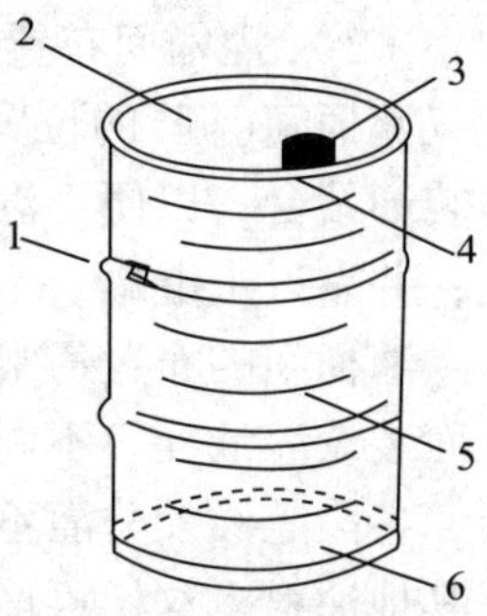

图 2-35 200L 圆桶

1—腰箍；2—桶盖；3—桶口；4—桶身卷边；5—小筋；6—桶底

2.4.2 油桶灌装设施设备

灌桶设施设备主要有灌装储罐、灌装泵房、灌桶间、计量室、空桶堆放场地、重桶库房(棚)、桶装(整装)装卸车站台、码头及叉车、吊车等。

根据《石油库设计规范》(GB 50074—2022)，油桶灌装所需的空桶堆放场地、重桶库房(棚)、收发油桶站台场地应合力布局，避免油桶搬运作业交叉和往返，以利于操作、互不干扰。

空、重桶的堆放，应满足灌装作业及油桶收发作业的要求。空桶的堆放量宜为 1 天的灌装量，重桶宜为 3 天的灌装量。空桶宜卧式堆码，码层宜为 3 层，且不得超过 6 层。重桶应立式堆码，机械堆码时，甲 B 类液体不得超过 2 层，乙类和丙 A 类液体不得超过 3 层，丙 B 类液体不得超过 4 层。人工堆码时，各类液体均不得超过 2 层。

2.4.3 油桶灌装

（1） 灌装流程

油桶灌装作业一般在灌桶间内进行。油料从油罐到灌桶间可以采用自流或泵送的方法。当储油罐与灌桶间的距离较近，并且高差适当时，可以从储油罐向灌桶间直接自流灌装。当储油罐与灌桶间距离较远时，为便于操作，一般在灌桶间附近设置灌装罐(中继罐)。油料从储油罐自流(或泵送)至灌装罐后，再从灌装罐向灌桶间自流灌装。轻油灌桶间的流程如图 2-36 所示。加油栓的数量根据需要确定。若采用容积法灌桶，在每个加油栓处均应安装流量表或计量罐。

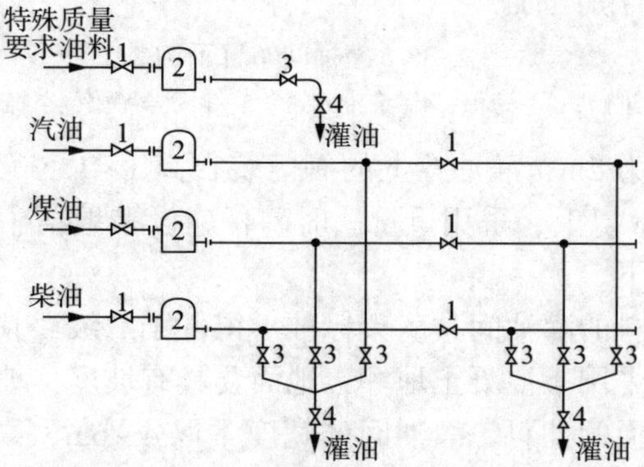

图 2-36 轻油灌桶间的流程

1—闸阀；2—油气分离器；3—球形阀；4—转芯阀

（2）**灌桶间布置**

灌桶间(棚)的位置应考虑交通运输方便等条件，一般可布置在公路两旁并靠近铁路货物装卸站台，以便于汽车运输或由铁路转运。为了能自流灌桶，灌桶间一般宜设在较低之处，并靠近中继罐。

灌桶间的布置通常是空桶从一个方向进，从另一方向出。灌油总管横穿灌桶间的中央，下面装设灌油栓。不同油料的灌油管分布在不同的区域并相互连通，平时用阀门相隔并加盲板，各段灌油栓分灌不同油料。如遇业务变化需要，打开中间的分段阀门，各段灌油栓可改灌其他油料。这样可增加灌油栓使用的灵活性。每个灌油栓都与几种油料的灌油总管接通，这种布置可节省灌桶间面积和减少灌油栓数目。

图 2-37 与图 2-38 是灌桶间的两种布置形式示例。

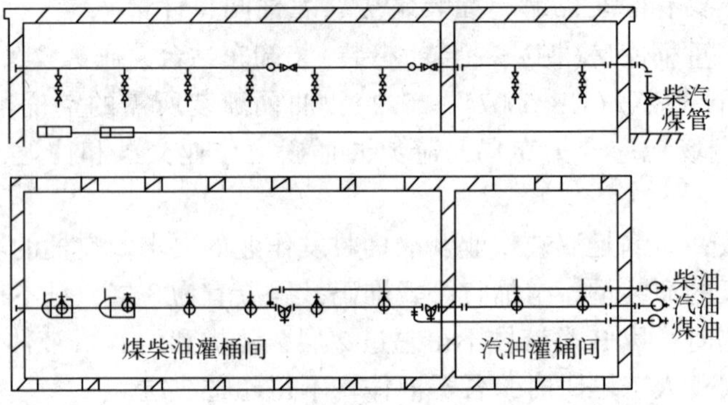

图 2-37　灌桶间布置示例 1

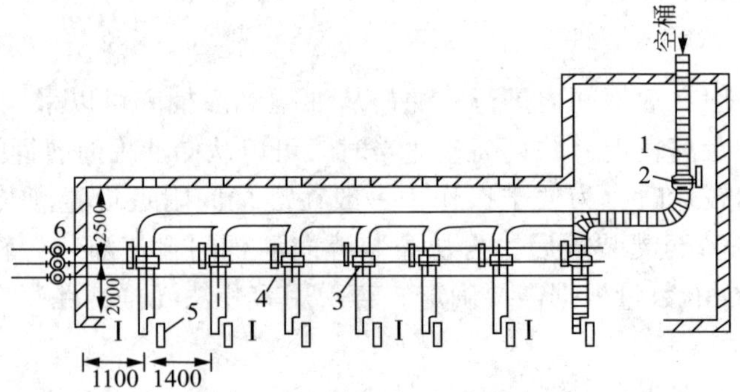

图 2-38　灌桶间布置示例 2

1—辊床；2—空桶过磅；3—磅秤；4—灌油管道；5—卧倒器(放倒空桶)；6—油气分离器

灌油栓的相互距离应为 2m，灌油栓上的阀门装在高 1~1.5m 处以便操作。灌油总管横穿灌油间中部时应离地 2m 以上，采用重量法时磅秤应设在地槽中，磅秤面高出地面 1.2cm 左右，以便于油桶推上推下。

灌装一、二类轻质油料的灌油间其耐火标准不得低于二级，其余油料的灌油间耐火标准可低于三级。灌油间一般采用素混凝土地坪，地面要具有坡度，坡向集油沟及集油井，以便收集因灌油不慎而洒至地面的油料。灌油间的宽度常取 4~6m，高为 3.3~3.5m。每装一个灌油栓所需的建筑面积为 $8m^3$。灌油间窗户照明面积与地坪面积之比不应小于 1∶6。为了排出油蒸气，灌油间应装设自然或强制通风设备，每小时换气次数应不小于 8~12 次。灌油间的门宽应不小于 2m×2.1m。室内禁止采用明火取暖。

用流量表进行容积计量灌桶时，灌桶间流程更加简单，在流量表后面管路上接软管和移动式手动灌油栓(加油枪)，可直接向汽车上空桶灌油，灌桶间应带有 1.1m 高的汽车停靠站台，以方便人员上、下汽车作业。

(3) 灌油栓数的确定

灌油栓是灌桶作业的主要设施，其数量 n 应满足灌桶作业的要求，可按式(2-20)计算：

$$n=\frac{K_1 G}{mqK\rho T} \tag{2-20}$$

式中 G——某种油料的平均年灌装量，t/a；

K_1——灌装不均衡系数，有桶装库房 $K_1=1.1\sim1.2$，无桶装库房 $K_1=1.5\sim1.8$；

q——灌油栓的流量，m^3/h；

K——灌油栓的利用系数，$K=0.5$；

T——灌油栓每天工作的时间，h；

ρ——灌装油料的密度，t/m^3；

m——灌油年工作天数，d。

2.4.4 油桶灌装计量

2.4.4.1 质量法

质量法是以磅秤为主，通过对油罐灌油前后的称量达到计量的目的，如图 2-39 所示。

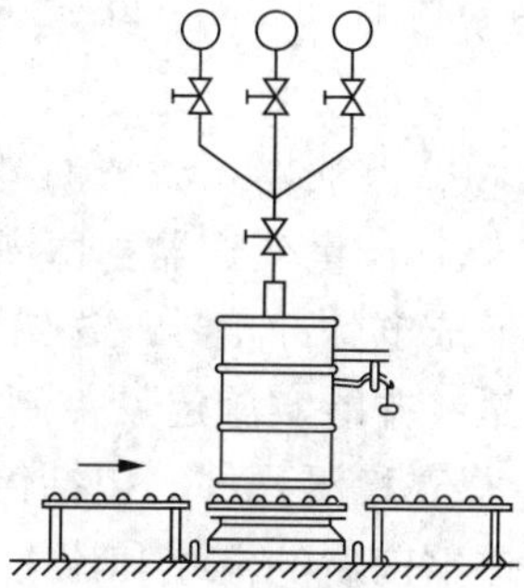

图 2-39　质量法灌桶示意图

常用的质量灌桶法设备主要采用普通转芯阀(直径一般为 32mm)来灌装油料。为了防止转芯阀严密性不好而在停止灌桶时发生渗漏，常在转芯阀上方的注油管上增设球阀，在注油管的下端加一段铜皮或白铁皮的套子。灌油时把套子塞入油桶口内，以减少油沫飞溅。此外，为了节省灌油间的建筑面积，可以把一个灌油栓与几根平行的灌桶集油管相连，使几种油料共用一个灌油栓，但必须注意，有特殊质量要求的油料，如高级润滑油等，必须设专用灌油栓，不得与其他油料共用。油桶上下磅秤，均在辊床上移动，以节省人力。

2.4.4.2 容积法

容积法是以标准容积计量罐或计量表来计量油料的。

利用标准计量罐进行容积法计量时，常将两个计量罐并联使用，当一个计量罐向油桶灌油时，另一个计量罐收油，相互交替使用。两个计量罐的交替操作是在装油管、放油管和连接计量罐的管路相交点上安装四通转芯阀来控制的。计量罐是一个精确的计量仪器，上面标有刻度，并装有专门的容积调节器。计量罐顶部装有通气阀，供装油或放油时排出气体或吸入空气之用。由于利用标记计量罐进行容积计量的方法罐桶速度慢，操作也不方便，所以已渐渐被流量表代替。

利用流量表法进行容积法灌桶具有迅速轻便等优点，并且易于自动控制，目前已得到广泛推广。常用的是腰轮流量计。为了便于检修，流量计应接旁通管。流量计前面应装有过滤器，以防止油中含有杂质损坏仪表。流量表前面的输油管上应装设油气分离器。适用于轻质油的油气分离器，当含水、含气的油料进入分离器后，由于流速降低和离心力的作用，油料中所含的水和气体得到分离。分离器除了能阻止气体和水进入流量计影响其精度外，还能滤除进入流量计的杂质，以免流量表被磨损失灵。

如果把流量计和移动式手动灌油栓联合应用，就可在火车棚车和卡车上直接向空桶灌油，避免了搬运重桶的繁重劳动。移动式手动灌油栓是一个用软管连接的灌油嘴，其上装有弹簧和手柄，压下手柄进行灌油。当手柄上未加任何力量时，弹簧的压力使阀处于关闭状态。

2.4.4.3 灌桶自动化

为了减轻劳动强度，提高效率，目前国内已普遍使用自动控制的灌桶方法，其中电子定量灌装是较成功的一种，如图2-40所示。这种方法是利用电子仪表和涡轮流量计等对灌桶作业进行自动控制。电子定量灌油装置由涡轮流量变送器(称为一次仪表)和电子定量灌装设备(称为二次仪表)组成，统称“电子定量灌装仪”。基本结构原理介绍如下：

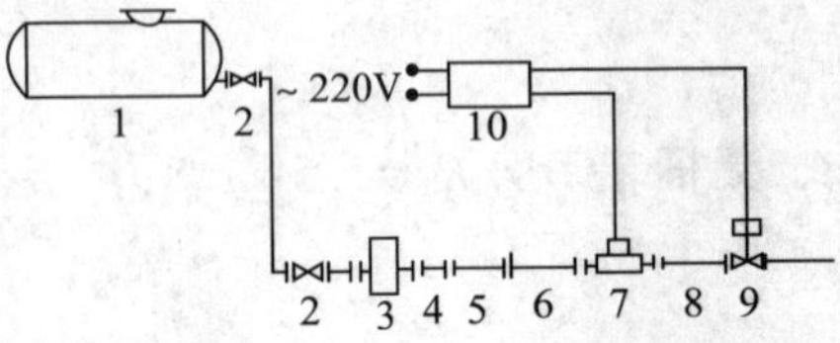

图2-40　灌桶自动化示意图

1—灌装罐；2—手动闸阀；3—滤油器；4—倍数段；5—整流段；6—直管段；7—流量变送器；8—直管段；9—电动阀(电磁阀)；10—电子定量灌装设备

① 灌装罐：供给一定压力范围的油料。

② 手动闸阀：控制油路。

③ 滤油器：滤清油料，防止机械杂质进入变送器。

④ 流量变送器：由灌装罐来油经手动闸阀、滤油器进入流量变送器，并通过它把流量转换成电脉冲信号，送给电子定量灌装设备。该设备可以测量流体瞬时流量，也能累积油料总量，并能实施定量控制。

⑤ 稳压元件：包括倍数段、整流段、变送器前直管段和后直管段。其作用是使油料在变送器前后的流线和流态稳定，以提高计量的准确性。按仪表的作用要求，仪表前后的直管段越长越好，但往往受场地限制，直管段不能过长。为使油料尽快稳定而采用倍数段和整流段来达到上述目的。倍数段和整流段的长度均应大于或等于2倍管径。根据使用经验，变送器前直管段大于或等于10倍管径：后直管段长度应大于或等于5倍管径。

⑥ 二次仪表：与一次仪表配合使用，其作用是将一次仪表发出的电脉冲信号积算或转换为体积流量数。该表可灌装汽车罐车或灌桶。灌桶时，在仪表上定好每桶容积和需装桶的数量后，可以自动定量灌桶。

除采用电子仪表和流量计对灌桶进行自动控制外，近年来油库也逐步推广使用称重传感设备与电子控制仪表进行灌桶的自动控制。其原理是：空桶放在称重传感设备上后，控制设备可立即称重并显示，若给出灌桶信号，则迅速自动打开油路上的段位电磁阀，达到一定重量后段位电磁阀动作，开度减少；当达到极限重量时，段位电磁阀立即关闭，完成一个油桶的灌装全过程。

2.4.5 灌桶作业

油桶一般采用自流灌装，所以操作比较简单、容易，特别是联合使用流量表计量和移动式手动灌油栓时，那就更为方便，它可以直接在汽车上对空桶进行油料灌装。其程序为：

① 当装有空桶(须清洁完好，适于灌装油料)的汽车停置在灌桶间平台前面时，向来库

灌装油料的单位索取加油单，了解灌装油料的品种及数量。

② 拧开空桶桶盖，并将带有移动式手动灌油栓的胶管拖到汽车上，再把移动式手动灌油栓的油管插入灌油桶内，然后压下移动式手动灌油栓的手柄，油料即注入桶内。当装到油桶的安全容量时，立即松开手柄，停止灌油。

③ 灌装完毕后，拖回胶管，放回原处。

④ 记下流量表的读数，填好加油单，或付完款后，汽车方可离开场地。

如果采用质量法灌桶，则灌装程序为：

① 将空桶移至灌油栓下面的磅秤上，称其空桶质量，计算需要灌装的质量(一般汽油 145kg、柴油 160kg、润滑油 170kg)，调整好砝码。

② 拧开桶盖，将灌油栓的套管放入桶内，打开灌油栓的球阀，即可灌油。当磅秤的砝码端将要升起时，应逐渐关小阀门，待砝码端自动升起时，立即关闭阀门。

③ 提起套筒，加上垫圈，拧紧桶盖，将重桶卧倒推至汽车上。最后算出总的加油数量，填好加油单，或付完款后汽车方可离开场地。

2.4.6 桶装油料的收发

2.4.6.1 桶装油料装卸方法

油桶装卸方法，通常采用下列几种：

（1） 经铁路装卸台装卸

当铁路棚车靠近站台后，在棚车与站台之间搭上木板用推滚的方式进行装卸。

（2） 经公路装卸平台装卸

汽车运输的桶装油料多数利用桶装平台进行装卸。装卸平台可采用木材或其他材料进行修建，平台应与汽车车厢底板同高。

（3） 用吊车装卸

舰艇船舶多利用吊车装卸油料。吊装时应注意用吊爪抓紧油桶，并注意船艇的稳度。舱底应先准备木板垫好，尽可能固定稳妥。

（4） 经跳板装卸

火车、汽车运输的桶装油料，在缺乏装卸台的情况下，可用两块跳板进行装卸。跳板的一端带有坚固的铁钩，以便钩牢车厢，防止滑落。如果是卸车，还应在地底铺以旧轮胎或草垫，以免损坏桶皮。

2.4.6.2 桶装油料接收

（1） 接收前准备工作

根据入库油料品种、数量，预先安排好库房或露天存放场地，并进行清扫整理；准备作业用具，如磅秤、手摇泵、跳板、旧轮胎、垫圈、开桶扳手及准备倒桶用的空桶、消防器材等。

（2） 接收时工作

车厢入库后，应核对车号、车数、铅封、交运单、货票、油料合格证(或质量证明单)等单据的项目，是否齐全相等；启封或打开箱门时，应待油气散后，才能进行作业。此时应注意安全，防止打开车厢时油桶滚出伤人。卸油桶时应利用装卸台、跳板或其他卸油设备，防止油桶从车上滚下来撞击损坏。卸下的油桶，应依据发货单，清点品名、规格、桶数、查对标记、渗漏等情况，逐桶过磅，填写磅单，一式两份。过磅如与原装数量不相符，则按实际量接收，并将此情况汇报油料部门。还要验明油桶的类型、质量等级，抽样检测油桶底水、杂质，采样化验油料质量。

（3）接收后工作

办理入库手续；按不同品种规格分别堆置存放；登记保管账；按规定处理渗漏、损、溢；擦拭设备及工具，清理现场。

2.4.6.3 桶装油料发出

桶装油料发出时，应根据“先到先发”的原则。先发早期进库的油料，后发储存时间不长、质量衰减小的油料，有利于油料周转循环。

待发重桶，应检查油桶标记、桶盖、垫圈等是否完整，桶数是否正确，有无渗漏痕迹。一般应做到好桶宜远，次桶宜近，有渗漏的桶不用。

根据油库的装卸设备条件，采用适当的办法，把油桶装到车(船)上。

油桶装完后，应再清点桶数一次，然后铅封好车门，并将发货单、化验单等证件随车交给收油单位。

2.4.7 桶装油料的仓库面积计算

仓库面积是根据业务需要的桶油储存量来决定的，短期存放灌装好的油桶起平衡灌桶和桶油收发的作用，存储容量要根据油桶的收发和运输条件的具体情况分析而定。

计算公式：

$$F\frac{Q}{n\rho dk\alpha} \tag{2-21}$$

式中 Q——存储量，起调节作用的按1~3天灌装量计算，桶来桶去的取1~1.5月的量，t；

n——堆码层数；

ρ——油料密度，t/m^3；

d——卧式平放，d为油桶直径0.56m，立放取0.9m；

k——油桶装满系数=油桶体积/油桶占长方形体积，取0.6~0.612；

α——仓库面积利用系数，取0.3~0.4。

课后习题

2-1 简述铁路装卸油系统的分类及设施组成。

2-2 灌桶方法有哪些？各有什么优缺点？

2-3 简述铁路油罐车的类型及特点。

2-4 汽车装车台的类型及优缺点有哪些？

2-5 铁路作业线的布置要求有哪些？

2-6 水路装卸油的设施包含什么？各起什么作用？

2-7 简述油船的种类及其使用场合。

2-8 油港及码头选址应考虑哪些因素？

2-9 油船装卸油流程设计应遵循哪些原则？

2-10 试画出铁路下卸流程图和轻油自流装车流程图。

第3章　油库泵站

油库泵站是油库的一个重要组成部分，是油库进、出油料的关键设备区之一。根据不同的性质油库、工艺流程、地形地貌及油料的进出，而设计油库泵站。油库泵站既可建成厂房式(简称泵房)也可建成棚房式(简称泵棚)，泵棚有利于采光通风。

3.1　泵站分类及布置

3.1.1　泵站分类和建筑要求

3.1.1.1　泵站类型及特点

泵站的类型是根据油料的性质、输送方式、建筑形式和所承担的任务等确定的。

① 按照输送油料的性质，可分为轻油泵站和黏油泵站。因为汽油、煤油、柴油易燃、易爆、易产生静电、黏度小，对泵站的建筑和泵站内的设备有着基本的共同要求，所以将它们放在一个泵站内，称为轻油泵站。润滑油、锅炉燃料油等的黏度大，不易输送，虽然可燃，但不爆炸，对泵站的建筑防火要求比轻油泵站低，泵的类型也不同，将它们放在另一个泵站内，称为黏油泵站。

② 按照油料的输送方式，可分为固定泵站、浮动泵站和移动泵站。从铁路油罐车来油的油库，一般多用固定泵站；从油船、油驳来油的内河或沿海油库，常用浮动泵站或要与岸上固定泵站配合；对于军事、特警的临时补给点，常采用移动泵站。

③ 按照泵站的建筑形式，固定泵站可分为地上、半地下及地下(包括洞库)三种形式。由于防护和隐蔽上的要求或者为了保证油泵工作时的正常吸入高度，一般可将泵站建成半地下式，有条件的则放在洞库内。

④ 按照泵站所承担的任务，可分为收发油泵站和输转泵站。收发油泵站担负收发油任务，输转泵站担负油库内油料的输转等任务。

油库泵站的类型较多，但其基本功能都是输送油料，而各种油库的泵站又具有其各自的作业特点，因此其作业对工艺流程、设备和建筑方面的要求各不相同。例如，成品油储备库，油料在库内储存时间长、周转少，其泵站的作业特点是泵机组利用率低，流程和设备就比较简单；供应库或分配油库的泵站输送油料品种较多，周转较为频繁，而每次收发量不一定很大，因此其泵机组需考虑备用问题，并要求流程灵活、便于操作。

3.1.1.2　泵站位置及构筑要求

泵站位置的选择一般遵循以下原则：

① 泵站位置应选择地质条件较好、地下水位低的地方，而且要避开洪水冲刷和地下水浸渍的地区，以防洪水破坏泵站或泵站积水影响作业。

② 在满足油库工艺要求的前提下，应尽量缩短输油管路，以节约投资。

③ 固定泵站的位置一般在油库中地势较低的地方，靠近铁路专用线，并在作业线的中间地段，以减少集油管及泵吸入系统的阻力损失，同时考虑到防火安全，轻油泵站距作业线中心一般不小于10m。

④ 从油船、油驳来油的内河各沿海油库，泵站应设在油船、油驳的停泊点。浮动泵站建在趸船上，不受水位涨落的影响，能与油船保持一定的相近位置，以保证泵正常吸入条件得到满足。

⑤ 泵站应与锅炉房、机修间等有明火的区域保持一定的安全距离。

轻油泵站的建筑结构、通风和照明、防爆应符合下列要求：

① 必须用耐火材料建成单层建筑，地面须用不燃烧和受金属撞击时不产生火花的材料铺成。泵站层高一般不小于3.5m。

② 泵站应设外开门，以在油气爆炸时起到减压作用和方便人员撤离。建筑面积小于$100m^2$的泵站，设一个外开门，大于$100m^2$的泵站，不应少于2个外开门，门的尺寸应满足设备最大部件的出入要求，不得小于1.2m×2m（宽×高）。

③ 泵站地坪高一般低于铁路作业线轨顶标高。当泵站地坪低于地下水位时，要做防水处理。防水处理常采用两种方法：一是做排水沟；二是在泵站内做整体式防水层。管路穿墙处，要设防水过墙装置。泵站内地坪有1%的坡度，坡向下水道，以便洗刷排污，在下水道出口处应设隔油池。

④ 泵机组的基础不应与泵站的墙基连接，以免泵站受到泵的振动影响。泵基础多用混凝土基础。

⑤ 泵站内必须有良好的通风设备，以便及时排出油蒸气。输送含硫、闪点在45℃以下的轻油泵站，最好采用机械通风。泵站的换气次数一般不少于10~15次/h，当有含硫油料时，换气次数需达25~30次。

⑥ 泵站内要有足够的自然采光，门、窗户采光面积不宜小于其建筑面积的15%，窗台高度相对于室外地坪，应不大于0.9m。

⑦ 泵站内的启动、控制设备等电气设备均应采用防爆式结构。在泵站的附属建筑物中，可以布置10kV以下的变电所、配电间、控制测量仪表室、工作人员休息间及通风间，这些房间必须与泵站隔开。

对于黏油泵站，由于黏油的性质比较稳定、闪点高、挥发性小，因此没有那么严格的防爆要求。其他要求与轻油泵站相同。

3.1.2 泵站工艺设备布置

3.1.2.1 泵机组布置

通常遵循便于操作和便于维修的原则进行泵机组的布置。泵机组数目不多时，可沿墙单排布置，电动机端部至墙壁或墙柱的距离，一般应满足行人、泵和电动机的搬动和安装以及电动机检修时抽芯的要求，因此其净距不宜小于1.5m。泵机组数目较多时，可顺两面墙排成两列，中间通道不小于2m，以便操作通行和放置拆卸下来的油泵部件。相邻泵机座之间净距不应小于较大泵机组机底宽度的1.5倍。泵机组与墙之间距离不得小于1m。泵管组的位置离泵站不得小于1m。图3-1是轻油泵站平面布置的一个示例。

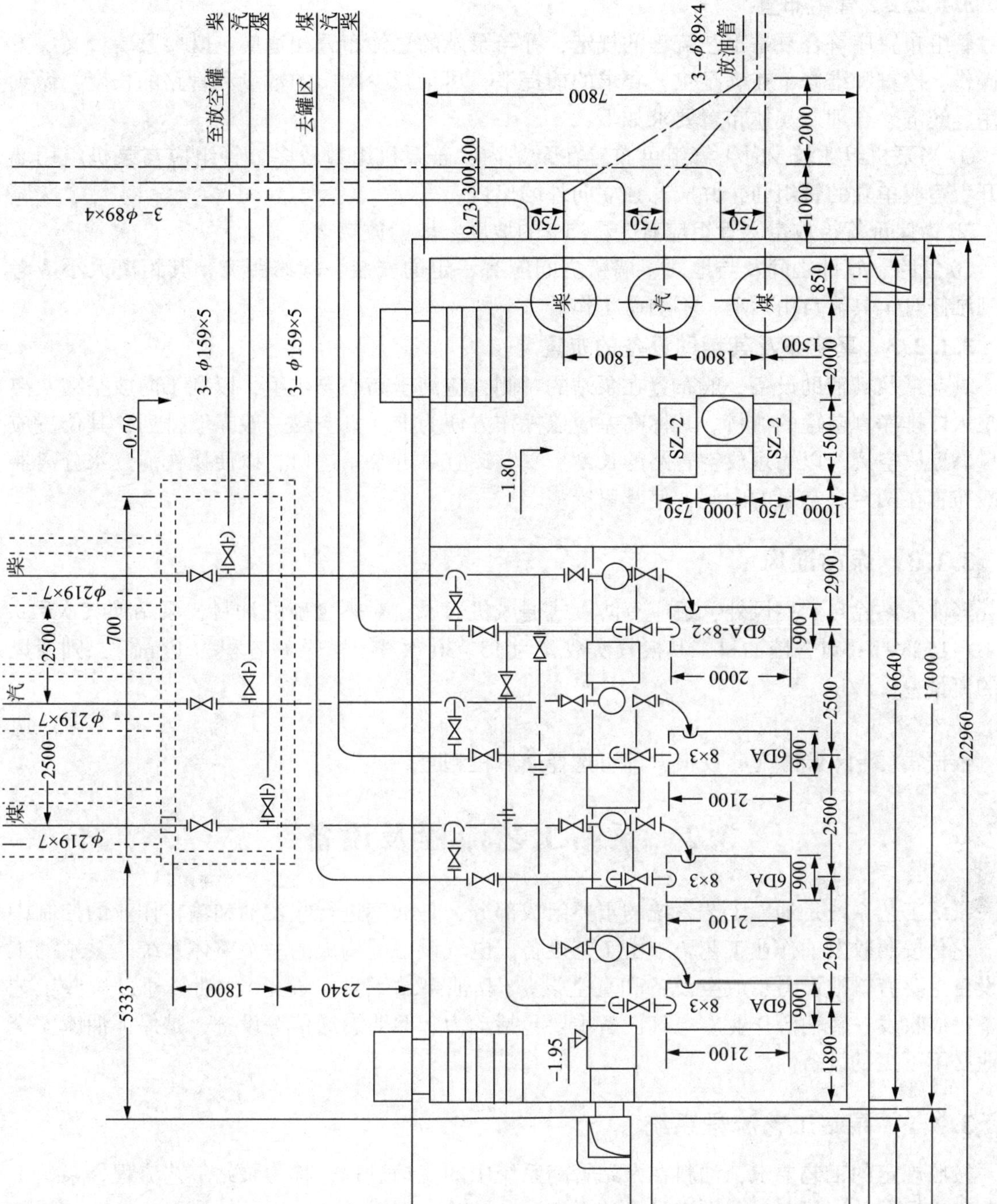

图3-1 轻油泵站平面布置示例

3.1.2.2 管组布置

管组布置应符合泵站工艺流程的规定，并与泵站的总体布置相适应。既要紧凑，又要方便操作、检查和维修，在满足工艺要求的前提下，尽量减少阀门的数量和管路的长度，做到实用、经济、合理。具体布置要求如下：

① 当泵机组数较少时，管组可布置在泵站内；若泵机组数较多，管组应与泵机组用墙隔开，建成单独的管组间，并应有独立向外的出口。

② 为保证管组放空，管组应有3%~5%的坡度，坡向放空罐。

③ 管路、管件之间及与地面、墙壁之间应有一定的安装、检修距离，其距离大小应考虑到维修时工具能自由活动，不妨碍工作。

3.1.2.3 真空泵及其辅助设备的布置

真空泵及其辅助设备一般布置在泵站的一侧，应高于离心泵机组，以利于向放空罐及离心泵入口排净真空罐的油料。其标高差应以操作方便为准。真空罐一般靠墙排列，其位置应尽量靠近放空罐，以缩短放空管路的长度。真空罐宜靠近泵站进口，以便操作。汽水分离器一般布置在两台真空泵的中间，使其紧凑。

3.1.3 泵站通风

轻油泵站除自然通风外，还应有防爆式通风机通风。对不含硫的油料，泵站换气次数 n 为10~15次/h；对含硫油料，其换气次数 n 为15~30次/h。若泵站容积为 $V(m^3)$，则通风机的流量 $Q(m^3/h)$：

$$Q=nV \tag{3-1}$$

依据式(3-1)求得流量 Q 值，即可选择通风机型号。

3.2 泵站工艺流程及设备

泵站工艺系统是油库工艺系统的重要组成部分，是油库进行收发油和输转作业的控制中心。它是按照收发油作业工艺要求由工艺设备、电气设备等构成的一个整体系统。泵站的工艺设备主要有输油设备、放空设备和真空设备(黏油泵站无真空设备)，油料通过这些工艺设备完成收发、转输等作业。电气设备主要包括动力、照明、通信等设备，是保证油库安全作业必不可少的设备。

3.2.1 泵站工艺流程系统

按照规定的工艺要求，油料在泵站管路系统中的流动过程，称为泵站工艺流程。泵站工艺流程应根据油库任务，分别满足收油、发油、转输、倒罐、放空以及油罐车、油船和放空罐底油、清扫等作业的工艺要求。泵站的工艺流程是油库工艺流程的一个重要组成部分。

（1）基本要求

泵站的工艺流程应与该泵站所担负的任务相适应。在确定泵站流程时，应首先明确该泵站所担负的任务。例如，是收油、发油，还是收发油兼有；是否有库内转输任务。泵机组有否串、并联运行的要求等。泵站工艺流程应符合下列原则：

① 满足其所担负的作业要求，能快速、安全、保质保量地完成油料的收发任务。

② 操作方便，调度灵活。能同时装卸几种油料，互不干扰；根据油料性质，管路互为备用，能将油料调度到备用管路中去而不混油；泵能互为备用，某一台泵发生故障或检修时，不影响作业的进行；必要时泵能串、并联运行；发生故障或检修时，能迅速切断油路，并有充分的放空设施。

③ 经济节约，能用较少设备完成多种任务，并能适应多种作业要求。从经济节约的原则来说，在泵站工艺流程中应体现一管多用，一泵多用。从操作方面、调度灵活出发，则要求专管专用，专泵专用。这个矛盾首先应统一在满足油库主要任务的要求上。在这个前提下，根据具体情况，制定出既符合经济节约原则，又满足灵活方便要求的泵站工艺流程。必须指出，某些油料之间允许有一定比例的混合而不影响其质量。表 3-1 中列出了几种油料混合的允许浓度，可供参考。除航空煤油和航空汽油外，输送一般油料在不超过混油允许浓度的情况下，是可以一管多用、一泵多用的。

表 3-1　油料混油的允许浓度

油料名称	最大允许混入浓度(质量分数)/%			
	航空煤油	柴油		拖拉机煤油
		夏用	冬用	
航空煤油	—	1.0	5.0	
夏用柴油(闪点 t=65℃)	1.0	—	0.5	0.5
冬用柴油(闪点 t=45℃)	6.0	55	—	10
拖拉机煤油	任何数量	1.5	3.0	—

（2） 几个典型泵站工艺流程

图 3-2 是一些油库采用的轻油泵站工艺流程。其特点是：专管专用，专泵专用，同时可装或卸四种油料而互不干扰；航空煤油与航空汽油共设一台备用泵，车用汽油与轻柴油共设一台备用泵；两台备用泵可分别与其所备用的正常工作泵串联工作；各台泵只担负收油任务，发油采取自流方式作业。

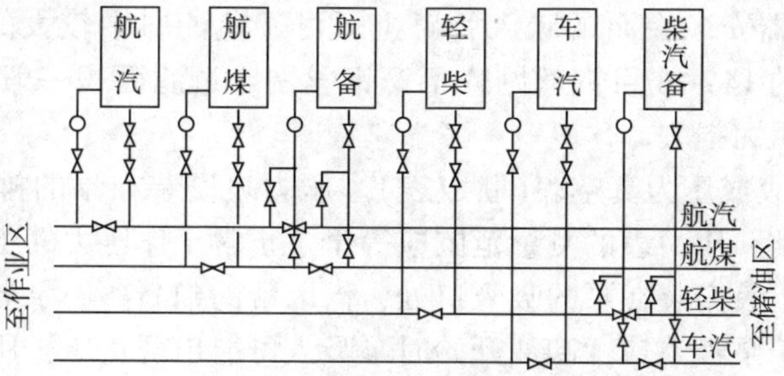

图 3-2　轻油泵站工艺流程

图 3-3 是另一种油库广泛采用的轻油泵站定型工艺流程。其特点是：专管专用，专泵专用，泵卸油，自流装油；可同时装或卸三种油料，互不干扰；轻柴油泵与车用汽油泵互为备用，航空煤油单独设一台备用泵；航空油料与地面油料之间的管路，平时由眼圈盲板隔开，特殊情况下拆开盲板后各台泵可代用。该流程基本体现了操作方便、调度灵活和经济节约的原则，因此较为广泛采用。

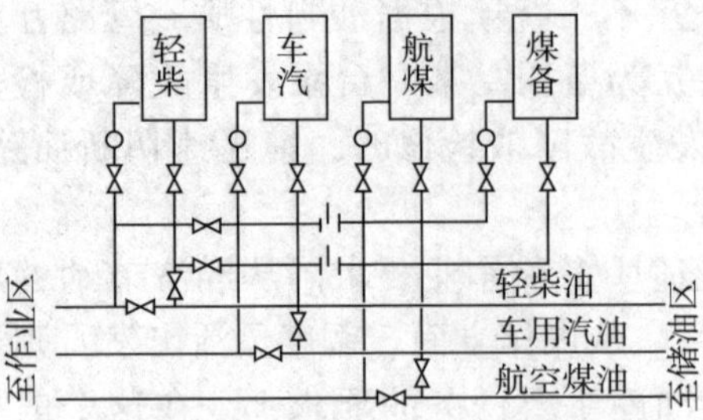

图 3-3　轻油泵站定型工艺流程

图 3-4 是目前油库泵站采用较多的一种标准工艺流程。其设计简单、排列整齐、操作方便，不管泵装、泵卸或将油料转到什么地方，进出泵站的管路都与泵前的两条汇油管按同一方式连接。泵间的汇油管可由眼圈盲板或阀门隔开。正常输油时，各泵输送各自规定的油料。相邻两泵互为备用，当泵机发生故障时，可打开阀门或调换盲板，由另一台泵代输。

图 3-5 是黏油泵站的工艺流程。特点是：专管专用，专泵专用，各泵互为备用，可用任一台泵装卸任一种油料；可同时装卸 4 种油料而互不干扰；可自流发油或用泵发油。其操作灵活，但所用阀门多，管路多。

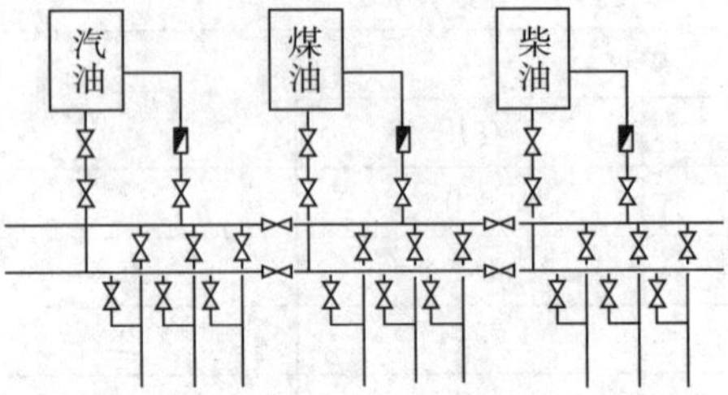

图 3-4　轻油泵站标准工艺流程

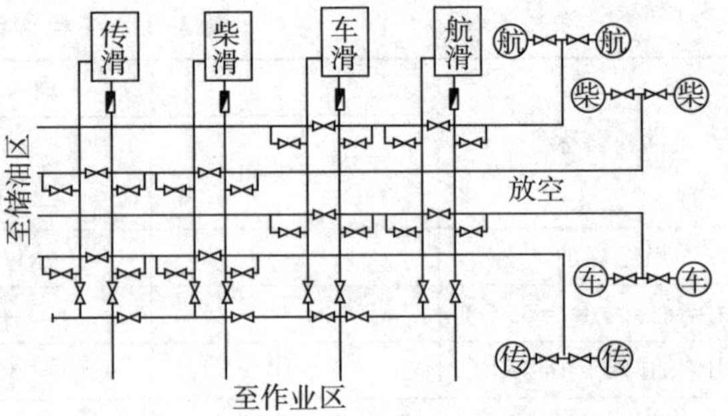

图 3-5　黏油泵站示意图

（3）泵站机组及附属设备

① 输油泵机组。轻油泵站一般安装电动机和离心泵机组。个别油库房安装有柴油机和离心泵机组，作为停电时的备用泵。柴油机与离心泵之间应有防爆墙隔开。

黏油泵站的输油泵主要采用容积泵。当流量较小时，一般采用齿轮泵；流量较大时，宜采用三螺杆泵。

② 滤油器。滤油器安装在泵的吸入管路上，可避免油料中较大的机械杂质进入泵内。其滤网是经防锈处理的 14~16 目钢丝网或不锈钢丝网。过滤面积一般为吸入管路截面积的 5~6 倍以上，以减小阻力损失。

③ 压力表、真空表或压力真空表(联成表)。压力表安装在泵的排出口处，借以帮助判断离心泵工作是否正常。压力表的测量范围应等于泵正常工作压力的 1.5 倍。

压力真空表或真空表安装在泵的吸入口处，借以帮助判断离心泵灌注及工作状况。由于铁路油罐车的液面高于泵吸入口，卸油开始时泵吸入可能出现正压，所以一般安装压力真空表，其测量范围为真空度 0~760mmHg，压力 0.1MPa 即可。

④ 偏心大小头。为了减小离心泵吸入管路的阻力损失，通常使吸入管路的直径大于泵吸入口径。由偏心大小头连接吸入管与泵入口，有利于排出吸入管中的空气和油蒸气。

⑤ 止回阀。为防止停泵时油料倒流，应在泵排出口安装止回阀。

⑥ 闸阀。在泵入口前滤油器与汇油管之间安装的闸阀，称为吸入闸阀，主要用于泵不运转或维修时隔断滤油器与管路的通道。

在泵出口止回阀与汇油管之间安装的闸阀，称为排出闸阀，主要用于切断液流和调节流量。排出闸阀的公称压力应等于最大工作压力。

为防止泵站发生意外事故，人员不能进入而需要紧急停止输油，可在距离泵站输油方向 15~20m 处的输油管线上，设置应急闸门，并有明显标志。

⑦ 眼圈盲板与三通。根据流程需要，在泵的吸入管路和排出管路上设置眼圈盲板和朝天三通。眼圈盲板流程主要用于特殊情况下切断或开通管路；朝天三通平时用盲板封死，停电时打开盲板后连接临时管道，可用柴油机泵收油。

3.2.2 泵站真空系统

轻油泵站大多数采用离心泵。由于离心泵启动前需要先灌泵，因此在铁路油罐车或油船的卸油泵站中，一般都设置真空系统。

（1）真空系统的主要作用

① 启动离心泵之前，为离心泵吸入系统引油和灌泵；

② 卸油末期，抽吸油罐车或油船底油和扫舱。

黏油罐车多采用下部卸油，而且是用容积泵卸油，因此不需设置真空系统。

（2）真空系统工艺流程

真空系统由真空泵、真空罐、气水分离器和真空管路及附件组成。对于 SZ 型和 SZB 型两类真空泵，其流程分别如图 3-6 和图 3-7 所示。

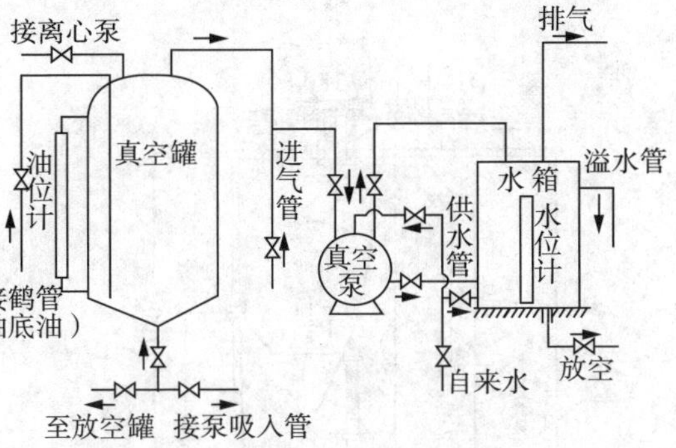

图 3-6 SZ 型真空泵及其流程

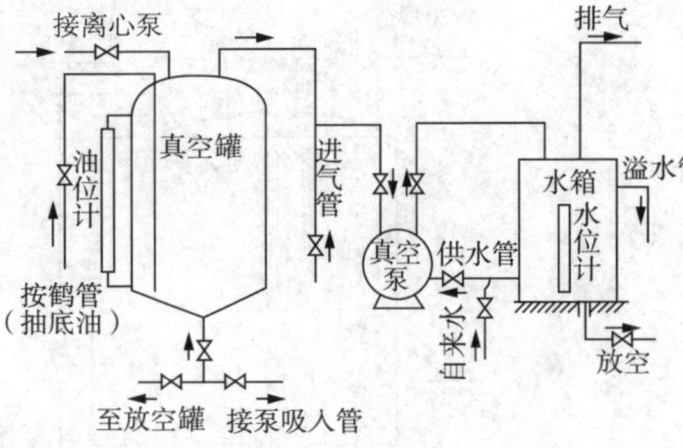

图 3-7 SZB 型真空泵及其流程

油库泵房真空系统一般采用水环式真空泵以获得所需的真空度。为了保证真空泵内形成水环和循环冷却，在真空泵的排出管线上串联安装一个汽水分离器，在这里留下真空泵排出废气中所夹带的水滴，并可将它们再送回真空泵。为了保证真空泵的操作平稳可靠和防止油料进入真空泵，在真空泵的吸入管线上设置真空罐。真空系统的所有真空管线都汇集在真空罐上。真空罐连通离心泵，是为了引油灌泵（工作时，真空泵首先将真空罐抽至一定真空度后，打开真空管线上的阀门，即可将离心泵和它的吸入管线中的空气抽入真空罐内，同时油罐车中的油料在大气压的作用下便进入离心泵和它的吸入管路）；连通鹤管与扫舱管是为了造成虹吸和抽吸底油；真空罐上接装的进气管，是为了放空真空罐时通大气用的。真空罐底部的闸阀可使罐内的油料排放到放空罐或离心泵的吸入管线，使在卸油的同时将真空罐内油料输送至储罐中。

（3）主要设备

① 真空泵。油库常用叶片式水环真空泵。主要有 SZB 和 SZ 型两种类型。前者用于小型

油库，后者用于大、中型油库，且一般选用两台，其中一台备用。

② 真空罐。真空罐安装于真空泵的吸入管路上。真空泵为离心泵及其吸入管路抽真空、引油以及抽油罐车底油，这一工作实际上是通过真空罐来完成的，主要起隔离和缓冲作用。它在保证抽吸真空度的同时，防止油料进入真空泵，并使操作简单、方便。

真空罐的容积与所选用的真空泵的抽气能力相适应。许多油库采用 1.8m^3 的真空罐（图 3-8）。抽油罐车底油的进油管应由真空罐顶部接入，并通至真空罐的下部。在真空罐内的进油管段上钻许多小孔，使油料能较平缓地进入真空罐内。罐顶 *DN*20 的真空管接口是供安装真空表用的。真空罐顶部进油管和下部排油管可采用 *DN*80 的白铁管或 ϕ89×4.5 的无缝钢管。真空泵吸入管采用 *DN*50 的白铁管。连接离心泵的真空管采用 *DN*30 的白铁管。进气短管采用 *DN*25 的白铁管，接在真空泵吸入管上。液面计为 *DN*15 的玻璃管。

真空罐的数量根据油料品种来定，每种油料应单独设一个真空罐，专罐专用，防止混油。

③ 汽水分离器（水箱），如图 3-9 所示。汽水分离器安装于真空泵的排出管路上，两台真空泵可供用一个汽水分离器。汽水分离器的上部进气口与真空泵排出口用 *DN*50 白铁管相连。排气口与 *DN*50 或 *DN*65 的排气管相接，将含有油蒸气的气体引至泵站处或回收冷凝部分油蒸气后再排放。自来水上水管和通真空泵的供水管均采用 *DN*20 的白铁管。溢水管和水位计均为 *DN*15 的管子。

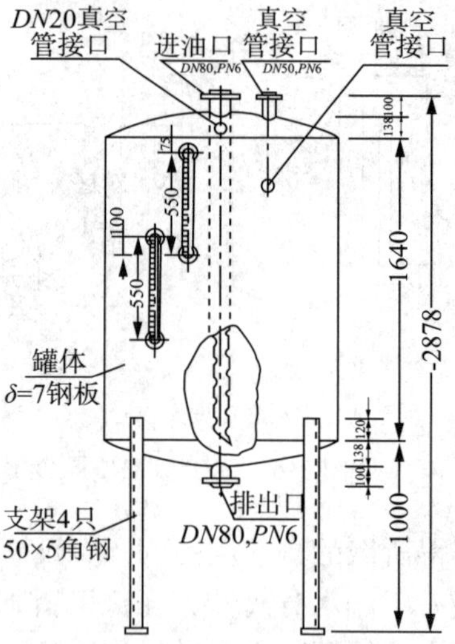

图 3-8　1.8m^3 真空罐

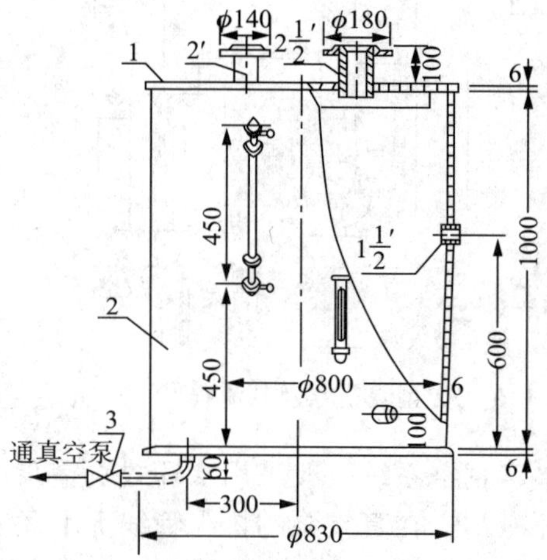

图 3-9　汽水分离器

④ 阻液器。阻液器安装于水环式真空泵的吸入口管路上，起阻止泵内水窜进真空管路内的作用。如因操作失误，在停泵前未先关吸入口管路上的阀门，而使泵内的水串进真空管路内时，由于真空吸力的作用，水上升到筒体内，浮球浮起将上部短管口堵住。阻液器由短管、筒体和浮球等组成，如图 3-10 所示。

⑤ 窥视器（图 3-11）。窥视器既可安装于离心泵吸入口的真空管路上，也可安装于离心泵吸入管路的滤油器上部真空管路上。窥视器由管接头、压盖和有机玻璃窥视体组成。当油料上升至窥视器时，说明离心泵与吸入管路、滤油器上部的空气已抽净，此时可启动离心泵工作。

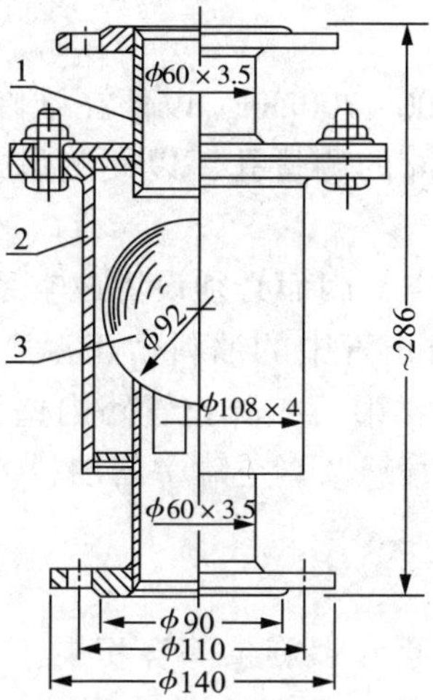

图 3-10　*DN*50 阻液器

1—短管；2—筒体；3—浮球

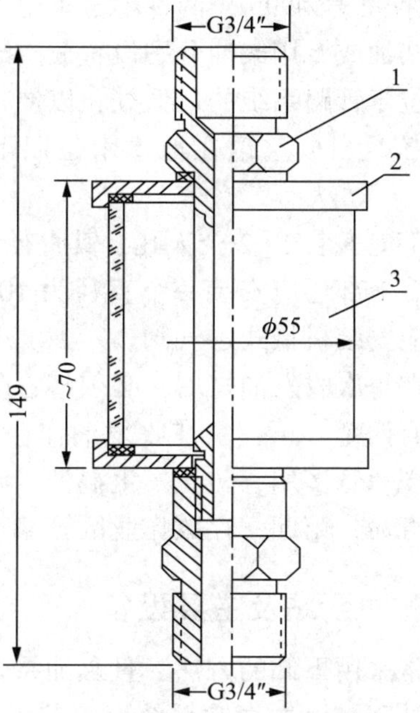

图 3-11　3/4in 窥视器

1—管接头；2—压盖；3—窥视体

⑥ 转芯阀。转芯阀安装于真空罐的抽底油管路和进气短管上。其作用是：当真空罐中油料快满时或在 2/3 的位置时，迅速切断进油管路，防止溢油；而当真空罐中油料需要放空时，它能迅速打开进气短管，使真空罐内与大气连通。

3.2.3　放空系统

（1）放空工艺要求

为防止环境温度升高时，管路中的油料体积膨胀而胀坏管路，同时也因检修管路及设备或防止混油和跑油事故，通常在每次收发或输转作业后或进行检修之前，都应将输油管路系统中的油料放空，因此设置放空系统来收集管路中的油料。输油系统的管路和设备均应考虑放空工艺，各段管路均应以不小于 3‰的坡度坡向放空罐。作业区的管路、抽底油管和真空罐中的油料均应能顺利放至放空罐中。伸入放空罐内的管路应尽量靠近罐底，以不堵塞管口为准，以利于抽出油料和防止静电积聚。

（2）放空罐

油库中的放空罐常采用卧式钢罐，其容积根据所需放空的某种油料的管路容积确定，一般按管路容积的 1.5 倍计算，即：

$$V=\frac{1.5\pi d^2 L}{4} \tag{3-2}$$

式中　V——放空罐容积，m^3；

d——管路内径，m；

L——某种油料管路长度，m。

放空罐的数量应根据储存油料品种和牌号来确定，每种牌号的油料至少设一个放空罐。

例如，计划储存92号和95号两种牌号车用汽油时至少应设两个车用汽油的放空罐。柴油应按轻柴油、重柴油或专用柴油分别设置放空罐，以免混油。

放空罐应位于管路系统的最低处，以便自流放空。通常直接埋入地下，故一般须进行强度和稳定性校核。当放空罐在地下水位以下时，还应进行抗浮验算，并采取一定的抗浮措施。

放空罐上部应安装1~2个人孔，其直径一般为500~700mm，以便在维修和清洗时进人和通风。放空罐上部还应安装一个直径为100~150mm的测量孔，以便测量罐中油面高度。为了油罐安全应安装机械式透气阀。

输油管路在每次收发油之后，必须将管中油料放空，因而必须设置放空系统，归结放空系统作用主要有四个：第一，在收发油作业之后，防止管中的油料由于温度升高而胀破管路；第二，实现一管多用，防止发生混油、跑油事故；第三，防止管路内壁受油料的腐蚀，延长管路使用寿命；第四，存放作业区管路、抽底油管路及真空罐中的油料。

3.2.4 黏油泵站及主要设备

由于黏油常采用下卸的方法，且黏油泵多为齿轮泵和螺旋泵等容积泵，具有自吸能力，因此，黏油泵站不需设立真空系统。工艺流程只包括输油系统和放空系统。对无下卸器罐车，可采用鹤管上的手摇往复泵抽吸罐车底油。

黏油泵站的输油泵，当油量较小时，一般采用KCB-300型人字齿轮泵；流量较大时，宜采用3G或3U形三螺旋泵。泵的吸入系统安装有真空表、偏心大小头、黏油过滤器(一般为方形)和吸入闸阀。在排出系统安装有压力表、大小头和排出闸阀。

黏油泵站的电动机，一般采用封闭式三相异步电动机。但考虑到油料加温时可能析出油蒸气，也可采用隔爆型矿用防爆电动机，其他电器设备也按此要求选用。

油库中储存的润滑油料种较多，输油管线常按如下分组：

1组　车用润滑油(6号、10号、15号等)　2组　柴油机油(11号、14号等)

3组　航空润滑油(8号、20号等)　4组　齿轮油(冬用、夏用、通用)

5组　其他机油(机械油、汽缸油、压缩机油等)

油库中主要是1~4组润滑油。每组油料各设一台专用泵，每两台互为备用。每一牌号油料均应设放空罐。

3.2.5 加热或保温系统

在气候较寒冷的地区，考虑到油料需加热和保温输送，在黏油泵站内设置相应的加热或保温系统，如管路保温层及热源供给装置等。在严寒地区，放空罐应考虑设置加热器，以保证放空罐中油料能顺利抽出。(加热部分见第6章)

3.2.6 电气设备

泵站电气设备包括电动机、启动按钮、照明灯具等。它们的防爆性能均应满足所输送油料的防爆要求，并按照相关标准进行配置。

3.2.6.1 防爆电器设备的类型

据防爆电器标准(GB/T 3836系列)，防爆电器设备分为：隔爆型(标志d)、增安型(标志 e)、本质安全型(i)、正压外壳型(标志 p)、油浸型(标志 o)、充砂型(标志 q)、无火花型(标志 n)、浇封型(标志 m)、气密型(标志 h)、特殊型(标志 s)等。油库常用的是隔爆型。

3.2.6.2 爆炸性混合物的分级和分组

根据《建筑设计防火规范》(GB 50016—2006)，按各类油料闪点、属性等因素，分为甲、乙、丙、丁、戊类危险性生产场所，油库泵房火灾危险性大，多属于前两类(可参考该规范表 3.1.3)。我国按爆炸混合物性质分为三类：Ⅰ类——甲烷；Ⅱ类——工业气体(如工厂爆炸性气体、蒸气、薄雾)；Ⅲ类——工业粉尘(如爆炸性粉尘、易燃纤维)。根据《爆炸危险环境电力装置设计规范》(GB 50058—2014)，各种爆炸性混合物按最大试验安全间隙、最小点燃电流及引燃温度分组，以便配置相应的电气设备。安全间隙的大小反映了爆炸气体混合物的传爆能力，间隙愈小，其传爆能力就愈强。最小点燃电流反映了点燃混合物的最低电流量。爆炸性混合物不需要用明火即能引燃的最低的温度称为引燃温度。引燃温度愈低的物质愈容易引燃。爆炸性气体混合物按引燃温度的高低，分为 T_1、T_2、T_3、T_4、T_5、T_6 六组。

在选用电气设备时，应先查明样本或产品目录中所属的分级分组，按要求和样本或产品目录的级、组选用。

3.2.6.3 防爆电气设备的性能和标志

为了适应不同爆炸性混合物的场所，电气设备按爆炸性混合物的级、组别和防爆类型，制成具有不同防爆性能的产品。防爆电气设备的防爆标志内容包括：防爆型式+设备类别+(气体类别)+温度类别。

(1) 防爆型式

隔爆型：Exd；增安型：Exe；正压型：Exp；本安型：Exia、Exib；油浸型：Exo；充砂型：Exq；浇封型：Exm；无火花型：Exn；特殊型：Exs 等。

(2) 设备类别

爆炸性气体环境用电气设备分为：Ⅰ类：煤矿井下用电气设备；Ⅱ类：除煤矿外的其他爆炸性气体环境用电气设备；Ⅱ类隔爆型“d”和本质安全型“i”电气设备又分为ⅡA、ⅡB、和ⅡC类及可燃性粉尘环境用电气设备。

(3) 气体类别

爆炸性气体、液体蒸气、薄雾被点燃的难易程度也标志着其爆炸危险程度的高低，它用最小点燃电流比表示。

(4) 温度类别

电气设备按其引燃温度分为 $T_1 \sim T_6$ 组，T_1：$t>450℃$；T_2：$300℃<t\leqslant 450℃$；T_3：$200℃<t\leqslant 300℃$；T_4：$135℃<t\leqslant 200℃$；T_5：$100℃<t\leqslant 135℃$；T_6：$85℃<t\leqslant 100℃$。

3.2.6.4 防爆电气设备的选用

轻油泵站的电气设备，根据不同油料蒸气混合物的爆炸性、油库设计使用经验，输送航空煤油、汽油和轻柴油的泵站，可选用隔爆、本安、增安等类型。

同时输送汽油、煤油和柴油时，各种电器设备必须按汽油的防爆要求选用，有些产品没有与防爆要求相对应的防爆等级，则应选用防爆等级较高的电器设备。

3.3 油库常用泵

泵是输送液体的机械，它的作用是将电机等原动机的机械能转化为液体的机械能（位能、压力能和速度能），达到液体输送的目的。在石油工业上它是重要的机械设备，在油库生产作业中必不可少。

泵的种类很多，目前油库中常用的输油泵有离心泵、齿轮泵、螺杆泵、水环式真空泵等几种。离心泵常用于输送汽油、煤油、柴油等；齿轮泵、螺杆泵用于输送滑油、重质燃料油等；水环式真空泵用于为离心泵及其吸入系统抽真空引油和抽吸罐车底油。

3.3.1 离心泵

（1）离心泵工作原理

当泵内灌满液体时，由于叶轮高速旋转，液体在叶片的作用下，产生离心力，此离心力驱使叶轮内的液体沿叶片流道涌向叶轮的出口。经过蜗壳形压力室至扩散管排出。液体在叶轮下获得能量，使压力能和速度能均增加，并依靠此能量将液体输送到工作地点。

在液体被甩向叶轮出口的同时，叶轮中心形成低压，这样叶轮中心和吸入管内的液体之间就产生了压差，液体便在这个压差作用下不断补充到泵内，使泵连续地工作。值得注意的是，离心泵在工作时，泵内不能有空气。因为空气密度小，叶轮在空气中旋转时，不能造成必要的真空度，“吸力”不足以吸上进水管的液体，因此在开泵前必须灌泵，使泵的吸入系统内充满液体，工作中也不能漏气，这是离心泵正常工作的必要条件。同时从离心泵的工作原理可以看出，离心泵是依靠叶轮旋转时产生的离心力提高液体能量的机械，这也可说明离心泵名称的由来。

离心泵基本上有3部分：吸入部分、叶轮、排出部分，这3部分合在一起构成了液体在离心泵的流经通道。

离心泵具有结构简单、紧凑、占地面积小、可与原动机直接相连、流量均匀、工作时无惯性力、价格低廉、管理方便等优点，在油库中应用最广泛，除必须选用容积泵的情况外，大都采用离心泵。

（2）离心泵的分类

按叶轮的吸入方式分：

① 单吸式离心泵。液体从一侧进入叶轮。单吸式离心泵构造简单，制造容易，但叶轮两边所受液体的压力不同，产生了轴向力。

② 双吸式离心泵。液体从两侧进入叶轮。双吸式离心泵构造复杂，制造困难，且因叶轮两面吸水，在汇合处有水击现象。主要优点：流量大，并且减小了轴向推力。主要用于大流量水泵。

按叶轮数目分：

① 单级离心泵：只有一个叶轮，扬程较低。

② 多级离心泵：具有两个或两个以上的叶轮工作，可以产生较高的扬程。

按叶轮的结构分：

① 开式叶轮离心泵

叶轮前后没有盖板，适宜输送污浊液体，如污水泵、泥浆泵等。

② 半开式离心泵

半开式离心泵的叶轮只有后盖板，适宜输送一定黏性、容易沉淀或含有杂质的液体。

③ 闭式叶轮离心泵

叶轮的两面都有盖板，适用于输送无杂质的液体，如清水、轻油等。这种泵在油库应用最普遍。

按用途分：

① 油泵：输送温度在200℃以下的原油或油料。

② 热油泵：输送温度在200~400℃的原油或油料。

③ 清水泵：输送80℃以下清水。

④ 其他泵：酸泵、碱泵、防水泵等。

（3）离心泵的性能参数

离心泵的性能常用性能参数来表示。

① 流量Q。流量是指泵在单位时间内输出的液体量，通常用符号Q表示。体积流量的单位用L/s或m^3/h表示。

② 扬程H。泵的扬程是指单位质量液体经过泵后所获得的能量，又叫压头。单位是N·m/N或mH_2O，习惯简称m。

③ 功率N。功率系指单位时间内所做功的大小。泵的功率可分为有效功率、轴功率和原动机功率。

有效功率：单位时间内对通过泵的液体所做的功，也就是泵的输出功率，用$N_{有效}$表示，可以根据泵的扬程H、流量Q和所输送液体的密度ρ计算：

$$N_{有效}=QH\rho g \tag{3-3}$$

泵的轴功率$N_{轴}$：原动机传给泵的功率。

原动机功率N：一般情况就是指泵的铭牌上所标明的功率。但有的泵上指出“轴功率”，这时所需要的电动机的功率可按式(3-4)计算：

$$N=KN_{轴} \tag{3-4}$$

④ 泵效率η。泵的有效功率与轴功率之比就是泵的效率：

$$\eta=N_{有效}/N_{轴} \tag{3-5}$$

泵的效率越高，说明泵中的能量损失越小，泵的性能就越好，泵的工作越经济。

⑤ 转速n。转速系指泵轴每分钟的转数，单位为转/min。一定的转速，产生一定的流量Q、扬程H，并对应着一定的轴功率，当转速改变时，流量Q、扬程H以及轴功率$N_{轴}$都将随之改变。

⑥ 允许吸入真空高度和允许汽蚀余量。允许吸入真空高度和允许汽蚀余量是衡量泵的吸入性能的两个参数。一般水泵用允许吸入真空高度表示，油泵用允许汽蚀余量表示。

汽蚀的产生主要是由于泵的吸入管安装高度过高、大气压力低(如高原地区)、被输送液体蒸气压过大等原因造成。在防止汽蚀的措施中，重要的一环是正确确定泵吸入管安装高度。

为了使泵的吸入口不产生汽蚀，泵吸入口处的真空高度必须小于泵的允许吸入真空高度。

泵的允许汽蚀余量是指从泵的吸入口至发生汽蚀点之间液体流动时允许的能量损失值。泵的汽蚀余量只与流量和泵吸入室及叶轮入口形状有关(与外界条件无关)，直接反映吸入性能的好坏，允许汽蚀余量越小，吸入性能越好。

泵的允许吸入真空高度和允许汽蚀余量主要用来确定泵的安装高度。

3.3.2 齿轮泵

齿轮泵属于容积式回转泵的一种，它一般用于输送具有润滑性能的液体。在我国油库中，齿轮泵用于输送黏油，如润滑油和专用燃料油等。

齿轮泵的工作原理：泵壳内装有互相啮合的主动齿轮和从动齿轮。由于两个齿轮是互相啮合的，并且齿轮和泵壳、齿轮与泵盖之间的间隙很小(大约为0.1~0.12mm)，因此吸入口和排出口是隔开的。当主动齿轮转动时带动从动齿轮以相反方向旋转。在吸入口处，轮齿逐渐分开，齿穴空了出来，使容积增大，压力降低，将油料吸入。吸入的油料在齿穴中被齿轮沿着泵壳带到排出口，在排出口处齿轮重新啮合，使容积缩小，压力增高，将齿穴中的油料挤入排出管中。

齿轮泵按齿型分正齿轮和人字齿轮，人字齿轮泵的齿轮啮合呈逐渐式，接触面积较大，工作平稳，流量均匀，效率较高，使用寿命较长，允许转速也比正齿轮泵稍高，流量相对较大的齿轮泵几乎都是人字齿轮泵。

齿轮泵各部分都靠吸入的油料润滑，所以齿轮泵不能长期空转和用来抽注汽油、煤油等黏度小的油料，在使用之前(特别是长期停用的泵)要向泵内灌一些所要输送的油料，使齿轮得到润滑并密封间隙，用来抽注黏油时，油温不能太低，否则黏度大的黏油不容易进入泵内，使泵得不到足够的润滑，而发出嘈杂的声响并加速泵的磨损。

齿轮泵主要适用于小流量黏油的输送。

3.3.3 螺杆泵

螺杆泵一般用于输送黏油，如各种润滑油、专用燃料油或重柴油。它具有流量大(0.5~2000m^3/h)、排出压力高(40MPa)、效率高和工作平稳的特点。

螺杆泵按螺杆数分单螺杆泵、双螺杆泵和三螺杆泵；按吸入方式分单吸式和双吸式；按泵轴位置分卧式和立式泵。

螺杆泵是容积泵，它利用泵体和2~3根互相啮合的螺杆，将螺杆齿穴分隔成一个个彼此隔离的空腔，带着液体像一个螺母一样，沿着螺杆轴向移动，把液体从吸入室输送到排出室中。

由于液体在泵内无搅拌地、连续地做轴向移动，因此螺杆泵是用来输送黏油的最好的一种泵，它装置简单，尺寸小，流量均匀稳定，没有脉冲现象，又由于主动螺杆不向从动螺杆传递扭矩，并且在互相啮合的螺杆之间保持有一层油膜，使螺杆泵在运转时振动小、噪声小。具有能与电动机直接连接、效率高(η=0.85~0.9)等一系列优点。

作为容积泵，螺杆泵内吸入室和排出室应严密地隔开，因此，螺杆的加工要求较高，螺杆与泵体以及螺杆与螺杆之间都应是线接触，否则就有液体倒流，降低了容积效率。

螺杆泵启动前，需向泵注少量油料，起密封和润滑作用。在运转中，停泵前都不允许关闭排出阀。

3.3.4 真空泵

水环式真空泵主要用来给离心泵及其吸入系统抽真空引油和抽吸油罐车底油。目前使用较多的水环式真空泵有 SZ 型和 SZB 型。它们的结构形式有所不同，但工作原理是相同的。

水环式真空泵是一种有旋转叶轮的容积泵，叶轮偏心地安装于泵壳内。启动前先向泵内灌一定的液体(一般是水)，当叶轮旋转时，叶片带动泵内液体旋转，由于离心力的作用，液体被甩至泵体内壁形成一个旋转水环，因为叶轮是偏心安装，叶轮轮毂和水环之间形成月牙形空间，此空间被叶轮叶片分成一个个独立的空间。叶轮在吸气口的前半转中，水好像活塞一样，逐渐地离开轮毂，叶片与水环之间的空间由小到大，造成真空，吸入气体。叶轮在排气口的后半转中，水又像活塞一样逐渐地向轮毂逼近，叶片与水环之间空间自大到小，气体被压缩后从排气口排出。叶轮每旋转一周，相邻两叶片与水环之间，都经过由小到大，再由大到小的变化过程，由此达到吸气和排气作用。

SZ 型水环式真空泵用来抽真空时，最高真空度可达 97%。

真空泵一般用清水作为工作液，冬季严寒季节，可用轻柴油作为泵的工作液。

3.3.5 常用泵的选择

(1) 离心泵

输油离心泵选择时，首先要确定输送油料的性质和泵的工作参数。油料的性质主要包括与选泵有关的一些参数，如在输送温度下油料的黏度、蒸气压、腐蚀性、密度等等。当输送油料确定后，便可从相应手册查得或按有关的公式计算。泵的工作参数包括流量、扬程、吸入高度等，根据油库工艺要求和位置条件等加以确定。

在输油系统中，泵与管路组成一个统一的水力系统。在此水力系统中，管路及泵任何一方工作状况的变化，都会破坏原有的系统的能量平衡，而重新建立新的能量平衡。只有当泵供给的能量，刚好满足管路消耗的能量时，泵和管路系统才处于平衡工作状态。

油库输油用泵主要用于收发油料，泵的流量多由车、船所要求的装卸时间决定。要求装卸车、船的时间短，则泵的流量就要求大；反之，装卸车、船的允许时间长，则泵的流量就可以小些。

离心泵的选择与校核是至关重要的，下面就对其进行讨论。

由管径和摩阻计算可以初步选泵，但是需要校核泵的工作点的效率是否在高效区，因此校核泵的工作点十分重要。

① 管道特性曲线确定

由 $h=\sum\beta\dfrac{Q^{2-m}v^{m}}{d^{5-m}}L+\Delta Z$ ，可得出 $h=AQ^{2-m}+B$(其中 A、B 为系数和常数项)。

式中，ΔZ 选取见图 3-12。

从图 3-12 可以看出：

a. 吸入液位高，排出液位低，流量 Q 最大；

b. 吸入液位低，排出液位高，扬程 H 最大(流量最小)；

c. 吸入液位中，排出液位中，选泵工况；

d. 吸入液位低，排出液位低，吸入最危险工况，即泵入口真空度最大；

e. 吸入液位高，排出液位高，泵出口压力最大。

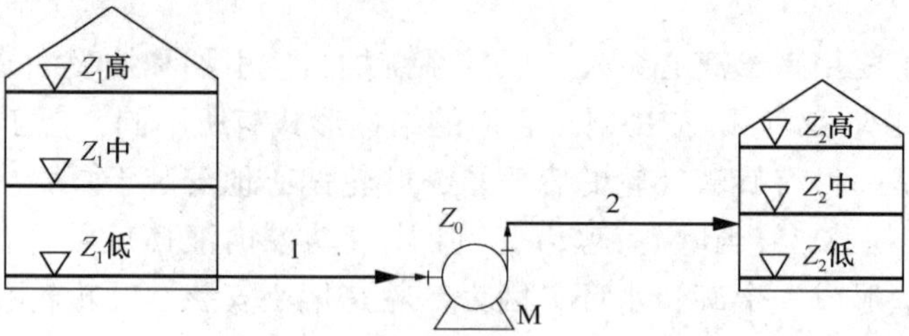

图 3-12　位差选取示意图

② 泵的特性曲线确定

$$H=iL+\Delta Z \tag{3-6}$$

式中　H——泵所需的扬程，m；

i——输油管路的水力坡降，m/m；

L——输油管路的计算长度，m；

ΔZ——输油管终点与起点的高度，m 。

③ 利用最小二乘法回归泵的特性曲线

$$H=aQ_i'+b \tag{3-7}$$

式中　$Q_i'=Q_i^{2-m}$

$$a=\frac{\sum Q_i'H_i\cdot\sum Q_i'-\sum H_i\cdot Q_i'^2}{(\sum Q_i')^2-n(\sum Q_i'^2)}$$

$$b=\frac{\sum Q_i'\cdot\sum H_i-n\sum Q_i'H_i}{(\sum Q_i')^2-n(\sum Q_i'^2)}$$

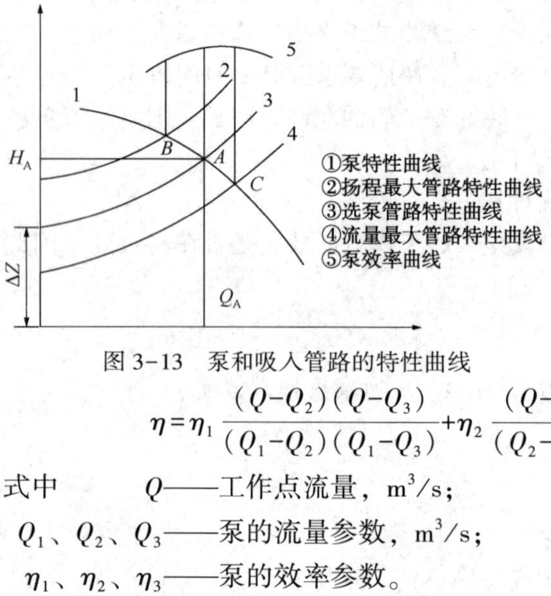

图 3-13　泵和吸入管路的特性曲线

④ 工作点流量

由 $h=AQ^{2-m}+B$ 及 $H=aQ^{2-m}+b$ 在同一坐标系中，按同一比例分别绘出如图 3-13 所示的管路特性曲线及泵的特性曲线，这两条曲线的交点 A 便是泵与管路处于平衡状态时的工作点。Q_A 为泵的工作流量，H_A 为泵的扬程。

⑤ 工作点的摩阻

$$h_{工}=AQ^{2-m} \tag{3-8}$$

⑥ 工作点效率

$$\eta=\eta_1\frac{(Q-Q_2)(Q-Q_3)}{(Q_1-Q_2)(Q_1-Q_3)}+\eta_2\frac{(Q-Q_1)(Q-Q_3)}{(Q_2-Q_1)(Q_2-Q_3)}+\eta_3\frac{(Q-Q_1)(Q-Q_2)}{(Q_3-Q_1)(Q_3-Q_2)} \tag{3-9}$$

式中　Q——工作点流量，m^3/s；

Q_1、Q_2、Q_3——泵的流量参数，m^3/s；

η_1、η_2、η_3——泵的效率参数。

由此得最大效率 η_{max} 及工作点的效率 η，当最大效率大于工作点效率时，此泵合适。否则需要重新选泵。

由图 3-13 可知：泵的工作区域为曲线 2 和 4 之间，因此，泵最好都在高效区工作，如不满足，至少应有两点在高效区域，且 C 点优于 B 点。

⑦ 计算工作点的允许吸入真空高度

$$H_{x.sh}=H_{x.sh1}\frac{(Q-Q_2)(Q-Q_3)}{(Q_1-Q_2)(Q_1-Q_3)}+H_{x.sh2}\frac{(Q-Q_1)(Q-Q_3)}{(Q_2-Q_1)(Q_2-Q_3)}+H_{x,sh3}\frac{(Q-Q_1)(Q-Q_2)}{(Q_3-Q_1)(Q_3-Q_2)} \tag{3-10}$$

式中　$H_{x.sh}$——工作点的允许吸入真空高度，m；

$H_{x.sh1}$、$H_{x.sh2}$、$H_{x.sh3}$——不同流量时泵的允许吸入真空高度参数，m。

⑧ 离心泵特性的换算

当油料黏度小于 50cSt($5.0\times10^{-5}m^2/s$)时，

$$\Delta h_y \approx \Delta h_{sh} \tag{3-11}$$

当油料黏度大于或等于 50cSt($5.0\times10^{-5}m^2/s$)时，

$$\Delta h_y = K_{\Delta h}\Delta h_{sh} \tag{3-12}$$

式中　Δh_y、Δh_{sh}——分别为输油和输水时泵的汽蚀余量，m；

$K_{\Delta h}$——汽蚀余量的换算系数，m。

⑨ 输送高蒸气压油料时泵的允许吸入高度

$$H_x=\frac{P_a-P_v}{\rho g}+\frac{v^2}{2g}-\Delta h \tag{3-13}$$

式中　H_x——泵的允许吸入高度，m；

P_a——吸入端液面上的绝对压力，Pa；

Δh——泵的允许汽蚀余量，m。

泵样本给出的允许吸入高度在标准大气压下，以 20℃的水为输送介质，由实验可得式(3-14)：

$$H_{x.sh}=10+\frac{v^2}{2g}-\Delta h_{sh} \tag{3-14}$$

当利用离心泵输送原油、汽油等高蒸气压油料时，油料蒸气压对允许吸入高度的影响不可忽略，而速度又很小可以忽略。则上式可改写为：

$$H_{xy}=\frac{P_a-P_v}{\rho g}-\Delta h_y \tag{3-15}$$

式中　下角标“y”表示输油时的参数。

输送汽油时，由于其与水的黏度相差不多，则可近似认为

$$\Delta h_y=\Delta h_{sh} \tag{3-16}$$

所以输送油料黏度小于 $5.0\times10^{-5}m^2/s$ 时，可按式(3-17)计算泵的允许吸入高度

$$H_{xy}=\frac{P_a-P_y}{\rho_y g}+H_{x.sh}-10 \tag{3-17}$$

式中　H_{xy}——输油时泵的允许吸入高度，m；

$H_{x.sh}$——输水时泵的允许吸入高度，$H_{x.sh}=10-\Delta h_{sh}$，m；

Δh_{sh}——输水时泵的允许汽蚀余量，m；

P_a——当地大气压，Pa；

P_y——输油温度下油料的饱和蒸气压，Pa；

ρ_y——输送油料的密度，kg/m^3。

⑩ 计算泵的安装高度

为使离心泵正常工作，必须使离心泵的允许吸入高度大于吸入管所消耗的能量，即

$$H_{xy} \geqslant H_n \tag{3-18}$$

由水力学可知，由吸入罐液面至泵的入口所消耗的能量

$$H_n = h_{工} + \Delta Z \tag{3-19}$$

式中 $h_{工}$——吸入管路的摩阻损失，m；

ΔZ——泵轴中心至吸入罐液面的标高差，$\Delta Z = Z_2 - Z_1$，m；

Z_2——泵轴中心的高度，m；

Z_1——吸入罐液面的高度，m。

由此便可求得泵轴中心的允许安装高度

$$Z_2 \leqslant \frac{P_a - P_y}{\rho_y g} + H_{x.sh} - h_{工} - 10 + Z_1 \tag{3-20}$$

令 $Z_2' = \frac{P_a - P_y}{\rho_y g} + H_{x.sh} - h_{工} - 10 + Z_1$，若 $Z_2' \geqslant 0$，则 $Z_2 = 0$；若 $Z_2' < 0$，则 $Z_2 = Z_2'$。

选泵与泵的校核计算程序框图如图 3-14 所示。

（2）容积泵

油库中输送黏度较高的油料，主要采用容积泵(齿轮泵、螺杆泵、往复泵等)。

容积泵的选择可根据油库输送黏油的种类、性质以及收发、储存、输转量等确定。相对收发量较小时可选齿轮泵，较大时可选螺杆泵。

往复泵具有效率高，并且黏度增高时对效率影响不大的特点。由于往复泵是以泵内容积变化来工作的，不仅能抽油，而且能抽气，所以它有较强的“干吸”能力，开泵之前，即使泵及吸入管是空的，它也能把空气抽吸上来。往复泵的主要缺点是结构复杂，排量不均匀，不能与电动机、柴油机等直接连接。一般油库很少使用，常应用于钻井工程。

容积泵的选择需要考虑两个方面，分别为流量和压力。

对于流量而言，需要满足：

$$Q \geqslant Q_{业}$$

式中 Q——泵的实际排量；

$Q_{业}$——业务流量。

对于压力而言，需要满足：

$$P \geqslant P_{业}$$

式中 P——泵的实际排出压力(额定压力)；

$P_{业}$——泵在实际工况下的排压。

3.3.6 几种常用泵比较

表 3-2 和表 3-3 对油库常用泵的主要优缺点、适用范围及常用泵的工作性能进行了一

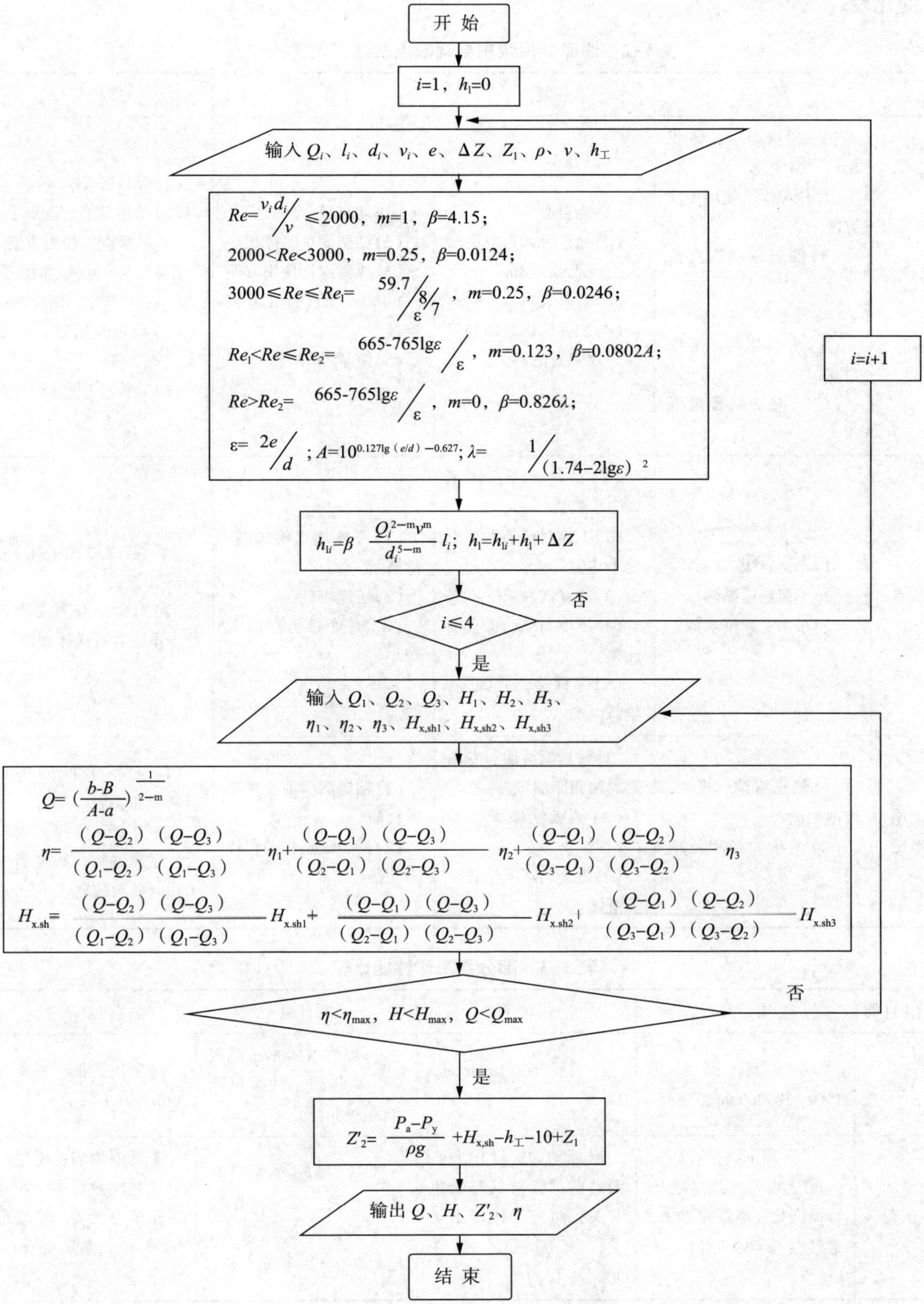

图 3-14 泵的选择与校核程序框图

定的比较。

表 3-2　油库常用泵主要优缺点及适用范围比较

	离心泵	往复泵	齿轮泵	螺杆泵
优点	(1)结构简单，体积小，价格便宜 (2)故障少，使用维修方便 (3)能与原动机直接连接 (4)转速高 (5)流量均匀，工作可靠； (6)流量和扬程范围很大	(1)能自吸 (2)允许吸入真空高度大，一般可达 8m (3)效率高 (4)能够输送黏油和轻油，效率变化不大	(1)能自吸 (2)结构简单，体积小 (3)故障少，使用方便 (4)能与原动机直接连接 (5)流量均匀	(1)能自吸 (2)结构简单，体积小 (3)故障少，使用方便 (4)能与原动机直接连接 (5)工作平稳，流量均匀 (6)流量和扬程范围很大，效率高 (7)能够输送黏油和轻油
缺点	(1)不能自吸 (2)不能输送黏油 (3)小型泵效率较低	(1)结构复杂，体积大，价格贵 (2)工作时振动大，流量不均匀 (3)往复次数低 (4)不能与原动机直接连接 (5)零件多，故障多，检修困难	(1)零件加工要求高，价格贵 (2)转速较低 (3)流量和扬程范围较小	(1)零件加工要求高，价格贵 (2)对输送介质要求很严，不能含有固体颗粒
适用范围	(1)输送汽油、煤油、柴油和清水 (2)流量和扬程范围很大	(1)输送润滑油、专用燃料油和柴油 (2)抽吸油罐车底油(小型泵) (3)适合高压下输送少量液体	(1)输送润滑油、专用燃料油 (2)适合流量和扬程较小的场合	(1)输送润滑油、专用燃料油和柴油 (2)流量和扬程范围很大，在高扬程、大流量下工作时效率较高

表 3-3　部分泵工作性能比较

工作性能	离心泵	齿轮泵	螺杆泵	往复泵
转速	转速高，通常为 1500~3000r/min 或更高	一般在 1500r/min 以下	一般在 1500r/min 以下，某些较小的泵可达 3000r/min	往复次数低，通常在 140r/min 以下
流量	流量均匀；流量随扬程而变化；流量范围大，通常在 10~350m³/h	流量均匀，但比离心泵差些；流量只与转速有关，而与工作压力无关；流量小，常在 30m³/h 以内	流量均匀；流量只与转速有关，而与工作压力无关；流量范围大，通常在 0.52~300m³/h	流量不均匀；流量只与往复次数有关，而与工作压力无关；流量范围较小，通常为 10~50m³/h

续表

工作性能	离心泵	齿轮泵	螺杆泵	往复泵
扬程	扬程与流量有关，在一定流量下只能供给一定扬程；单级泵扬程一般为 10~80m，多级泵扬程可达 300m 以上	扬程由输送高度和管路阻力决定；当泵和管路有足够的强度、原动机有足够的功率时，扬程可相应增高；使用工作压力一般在 0.4MPa 以下	扬程由输送高度和管路阻力决定；当泵和管路有足够的强度、原动机有足够的功率时，扬程可相应增高；使用工作压力一般在 0.4~1MPa	扬程由输送高度和管路阻力决定；当泵和管路有足够的强度、原动机有足够的功率时，扬程可相应增高；使用工作压力一般在 1MPa 以下
功率	功率范围大，可达 500kW	功率一般在 10kW 以内	功率范围大，可在 500kW 以内	功率小，一般在 20kW
效率	效率一般为 0.50 ~ 0.90；在额定流量下效率最高，随流量变化，效率也降低	效率一般为 0.60 ~ 0.90；工作压力很高时，效率会降低	效率一般为 0.80~0.90	效率一般为 0.72 ~ 0.93；在不同工作压力下，效率仍保持较大值
允许吸入真空高度	一般为 4.5~7m，最大可达 8m	一般在 6.5m 以下	一般为 4.5~6m	一般可达 8m

课后习题

3-1　油库泵房的分类有哪些方式？各有什么类型？

3-2　油库泵站位置的选择一般遵循哪些原则？

3-3　轻油泵站的建筑结构、通风和照明、防爆应符合哪些要求？

3-4　泵站工艺流程应符合哪些原则？

3-5　简述真空系统的组成及其作用。

3-6　如何完成水环式真空系统的引油灌泵和扫舱？

3-7　简述油库常用泵及其适用场合。

3-8　试画出轻油泵房的标准工艺流程图。

3-9　如何防止泵发生汽蚀现象？

3-10　如何计算离心泵的最大安装高度？

第4章　管路系统

油库的收油、发油和输转等作业都是靠整个管路系统和泵机组配合工作来完成的。管路在油库输油系统中占有很重要的地位，它把输油、储油设备有机地联系在一起，成为一个完整的输油、储油系统，通过各管路通道与泵的运转顺利完成油料的卸载、灌装、输转和加注等作业。油库的给排水、洗修桶、黏油加热等辅助作业，也与各类管路有密切的联系。

油库管路按业务范围可以分为输油管路和辅助管路两大类。用于输送汽油、煤油、柴油等轻质油料的输油管路系统称为轻油管路；用于输送各类润滑油和专用燃料油的输油管路统称为黏油管路。输油管路按其敷设形式还可以分为地上管路、地下管路和管沟管路。辅助管路用以输送其他介质，可分为透气管、通风管、水管、蒸汽管和下水管等。

油库管路主要由直管、管件和阀门等组成。通常依据油库业务要求构成工艺流程所需要的管路系统。

本章以输油管路为重点，兼顾说明其他各类管路的一些特殊问题。

4.1　油库常用管材及配件

管路一般由管子、阀门及附件等部分组成，通过这三部分便可构成油库工艺流程所需要的管路系统，完成预定的输送任务。

4.1.1　常用管材

油库常用管材一般为钢管、耐油胶管、铸铁管等。通常钢管用于输送各种油料、水和水蒸气；耐油胶管用于运油车(船)装卸油的连接软管或临时输油管路，铸铁管则用于给排水和消防管路。

(1) 钢管

油库钢管常用优质碳素钢(10、20、Q295、Q345、Q390、Q420、Q460)及部分耐热钢(12Cr2Mo、15Cr5Mo)、不锈钢(1Cr18Ni9、1Cr18Ni9Ti)等制造。钢管按其制造方法不同，分为无缝钢管和焊接钢管两类。

① 无缝钢管。油库常用的是热轧普通无缝钢管，由优质碳素钢制造，是将初轧后的柱状钢锭直接穿孔、轧管、整形而成。由于加工上保证了管截面周围的机械性能比较均匀，因而具有壁薄、承压高、重量轻、使用安全可靠等优点，故多用于工作压力高，作业频繁的主输油管路以及消防、加热蒸汽等部分管路。可查阅《输送流体用无缝钢管》(GB/T 8163—2018)及《无缝钢管尺寸、外形、重量及允许偏差》(GB/T 17395—2008)。

无缝钢管规格的标称方法是外径乘壁厚，如：$\phi108\times4$，其中 ϕ——直径代号；108——外径，mm；4——壁厚，mm。

无缝钢管外形、壁厚等分为普通钢管、精密钢管和不锈钢管。外径分为系列1(通用系列）、系列 2（非通用系列）和系列 3（少数专用系列）。

上述普通无缝钢管常采用 10、20 及 Q345 号等钢材制造，长度 4~12m 不等，承压一般在 2~4MPa 之间。油库部分常用钢管规格见表 4-1，由于油库普通钢管规格繁多，更多规格等查阅《无缝钢管尺寸、外形、重量及允许偏差》（GB/T 17395—2008）。

②焊接钢管。又称水煤气钢管，是先将钢板卷成圆筒，焊接而成。焊缝有对接和搭接两种，直径较大者，常以螺旋形焊制。焊接钢管价格较便宜，管壁厚度较均匀，适宜较大直径的管子。焊接钢管的缺点是焊缝强度相对较低。因此，承压能力较低。一般只有 1~1.6MPa。其规格用公称直径 *DN* 表示，单位用 mm，公称直径是名义尺寸，它表示钢管直径范围，既不等于管外径，也不等于管内径，通常是与管外径相接近的整数值。

焊接钢管外形、壁厚等分为普通焊接钢管、精密焊接钢管和不锈钢焊接钢管。根据外径分为系列 1（通用、推荐选用系列）、系列 2（非通用系列）和系列 3（少数专用系列）。油库部分常用焊接钢管规格见表 4-2，由于油库采用钢管规格较多，更多规格等查阅《焊接钢管尺寸及单位长度重量》（GB/T 21835—2008）。

（2） 耐油胶管

油库常用胶管有耐油夹布胶管（耐油平滑胶管）、耐油螺旋胶管和输油钢丝编织胶管三种。它们均由丁腈橡胶制成。按功用可以分为承压胶管、吸引胶管和排吸胶管等。胶管的直径用管内径的毫米数标称。使用时根据操作压力选用相应的胶管。压力要选用适中，若耐压能力过高，不仅价格高，而且胶管质量增加、管体增硬、弯曲性能差、使用不便；选择过低则会导致胶管破裂。

① 耐油夹布胶管。耐油夹布胶管由内外和中间胶布组成，工作压力一般为 1MPa，用于低压输油。

② 耐油螺旋胶管。耐油螺旋胶管由胶管和内外层或中间螺旋钢丝组成，工作压力一般为 0.5MPa，可作为压力输送和吸入管用。

③ 输油钢丝编织胶管。输油钢丝编织胶管的钢丝较细，外表面螺纹痕迹明显，它与平滑胶管相似。这种胶管比螺旋轻一倍，工作压力高一倍，真空度为 80kPa，胶管变形直径椭圆度不大于 20%。

④ 波纹金属软管。波纹金属软管主要由金属波纹管体、不锈钢丝网套和接头件组成，在管路或油罐等相关设备中间起软连接作用，并补偿相对位移；还可在泵进出口起减震和消除噪声的作用。通常有普通型和专用型波纹金属软管。普通型波纹金属软管的规格有 *DN*15~400，*PN*0.6~35MPa。专用型波纹金属软管有储罐用和泵用等多种类型。

（3） 铸铁管

铸铁管根据铸造方法可分为连续铸铁管和离心铸铁管，其中离心铸铁管又分为砂型和金属型两种。按材质可分为灰口铸铁管和球墨铸铁管。灰口铸铁管采用承插式或法兰盘式接口形式；球墨铸铁管与灰口铸铁管相比，强度大、韧性好、管壁薄、金属用量少、能承受较高的压力，是铸铁管材的发展方向。按功能又可分为柔性接口和刚性接口两种，柔性接口用橡胶圈密封。铸铁管的规格一般以公称直径表示，常见的有 *DN*50、*DN*75、*DN*100、*DN*125、*DN*150、*DN*200 等。铸铁管制造简单，成本低廉，耐腐蚀性强，作为地面、地下低压管路非常合适，一般用于油库给排水，消防和冷却水系统管路。

表 4-1　部分普通钢管的外径、壁厚及单位长度理论质量

外径/mm			壁厚/mm														
系列 1	系列 2	系列 3	(2.9)3.0	3.2	3.5(3.6)	4.0	4.5	5.0	(5.4)5.5	6.0	(6.3)6.5	7.0(7.1)	7.5	8.0	8.5	(8.8)9.0	9.5	10
			单位长度理论质量/(kg/m)															
		30	2.00	2.11	2.29	2.56	2.83	3.08	3.32	3.55	3.77	3.97	4.16	4.34				
	32(31.8)		2.15	2.27	2.46	2.76	3.05	3.33	3.59	3.85	4.09	4.32	4.53	4.74				
34(33.7)			2.29	2.43	2.63	2.96	3.27	3.58	3.87	4.14	4.41	4.66	4.90	5.13				
		35	2.37	2.51	2.72	3.06	3.38	3.70	4.00	4.29	4.57	4.83	5.09	5.33	5.56	5.77		
	38		2.59	2.75	2.98	3.35	3.72	4.07	4.41	4.74	5.05	5.35	5.64	5.92	6.18	6.44	6.68	6.91
	40		2.74	2.90	3.15	3.55	3.94	4.32	4.68	5.03	5.37	5.70	6.01	6.31	6.60	6.88	7.15	7.40
42(42.4)			2.89	3.06	3.32	3.75	4.16	4.56	4.95	5.33	5.69	6.04	6.38	6 71	7.02	7.38	7.61	7.89
		45(44.5)	3.11	3.30	3.58	4.04	4.49	4.93	5.36	5.77	6.17	6.56	6.94	7.30	7.65	7.99	8.32	8.63
48(48.3)			3.33	3.54	3.84	4.34	4.83	5.30	5.76	6.21	6.65	7.08	7.49	7.89	8.28	8.66	9.02	9.37
	51		3.55	3.77	4.10	4.64	5.16	5.67	6.17	6.66	7.13	7.60	8.05	8.48	8.91	9.38	9.72	10.11
		54	3.77	4.01	4.36	4.93	5.49	6.04	6.58	7.10	7.61	8.11	8.60	9.08	9.54	9.99	10.43	10.85
	57		4.00	4.25	4.62	5.23	5.83	6.41	6.99	7.55	8.10	8.63	9.16	9.67	10.17	10.65	11.13	11.59
60(60.3)			4.22	4.48	4.88	5.52	6.16	6.78	7.39	7.99	8.58	9.15	9.71	10.26	10.80	11.32	11.83	12.33
	63(63.5)		4.44	4.72	5.14	5.82	6.49	7.15	7.80	8.43	9.06	9.67	10.27	10.85	11.42	11.99	12.53	13.07
	65		4.59	4.88	5.31	6.02	6.71	7.40	8.07	8.73	9.38	10.01	10.64	11.25	11.84	12.43	13.00	13.56
	68		4.81	5.11	5.57	6.31	7.05	7.77	8.48	9.17	9.86	10.53	11.19	11.84	12.47	13.10	13.71	14.30
	70		4.96	5.27	5.74	6.51	7.27	8.02	8.75	9.47	10.18	10.88	11.56	12.23	12.89	13.54	14.17	14.80
		73	5.18	5.51	6.00	6.81	7.60	8.38	9.16	9.91	10.66	11.39	12.11	12.82	13.52	14.21	14.88	15.54
76(76.1)			5.40	5.75	6.26	7.10	7.93	8.75	9.56	10.36	11.14	11.91	12.67	13.42	14.15	14.87	15.58	16.28
	77		5.47	5.82	6.34	7.20	8.05	8.88	9.70	10.51	11.30	12.08	12.85	13.61	14.36	15.09	15.81	16.52
	80		5.70	6.06	6.60	7.50	8.38	9.25	10.11	10.95	11.78	12.60	13.41	14.21	14.99	15.76	16.52	17.26

表 4-2　部分焊接钢管尺寸及单位长度质量

系列			壁厚/mm																		
系列 1			0.5	0.6	0.8	1.0	1.2	1.4		1.6		1.8		2.0		2.3		2.6		2.9	
系列 2									1.5		1.7		1.9		2.2		2.4		2.8		3.1
外径/mm			单位长度理论质量/(kg/m)																		
系列 1	系列 2	系列 3																			
42.4			0.517	0.619	0.821	1.02	1.22	1.42	1.51	1.61	1.71	1.80	1.90	1.99	2.18	2.27	2.37	2.55	2.73	2.82	3.00
		44.5	0.543	0.650	0.862	1.07	1.28	1.49	1.59	1.69	1.79	1.90	2.00	2.10	2.29	2.39	2.49	2.69	2.88	2.98	3.17
48.3				0.706	0.937	1.17	1.39	1.62	1.73	1.84	1.95	2.06	2.17	2.28	2.50	2.61	2.72	2.93	3.14	3.25	3.46
	51			0.746	0.990	1.23	1.47	1.71	1.83	1.95	2.07	2.18	2.30	2.42	2.65	2.76	2.88	3.10	3.33	3.44	3.66
		54		0.79	1.05	1.31	1.56	1.82	1.94	2.07	2.19	2.32	2.44	2.56	2.81	2.93	3.05	3.30	3.54	3.65	3.89
	57			0.835	1.11	1.38	1.65	1.92	2.05	2.19	2.32	2.45	2.58	2.71	2.97	3.10	3.23	3.49	3.74	3.87	4.12
60.3				0.883	1.17	1.46	1.75	2.03	2.18	2.32	2.46	2.60	2.74	2.88	3.15	3.29	3.43	3.70	3.97	4.11	4.37
	63.5			0.931	1.24	1.54	1.84	2.14	2.29	2.44	2.59	2.74	2.89	3.03	3.33	3.47	3.62	3.90	4.19	4.33	4.62
	70				1.37	1.70	2.04	2.37	2.53	2.70	2.86	3.03	3.19	3.35	3.68	3.84	4.00	4.32	4.64	4.80	5.11
		73			1.42	1.78	2.12	2.47	2.64	2.82	2.99	3.16	3.33	3.50	3.84	4.01	4.18	4.51	4.85	5.01	5.34
76.1					1.49	1.85	2.22	2.58	2.76	2.94	3.12	3.30	3.48	3.65	4.01	4.19	4.36	4.71	5.06	5.24	5.58
		82.5			1.61	2.01	2.41	2.80	3.00	3.19	3.39	3.58	3.78	3.97	4.36	4.55	4.74	5.12	5.50	5.69	6.07
88.9					1.74	2.17	2.60	3.02	3.23	3.44	3.66	3.87	4.08	4.29	4.70	4.91	5.12	5.53	5.95	6.15	6.56
	101.6						2.97	3.46	3.70	3.95	4.19	4.43	4.67	4.91	5.39	5.63	5.87	6.35	6.82	7.06	7.53
		108					3.16	3.68	3.94	4.20	4.46	4.71	4.97	5.23	5.74	6.00	6.25	6.76	7.26	7.52	8.02
114.3							3.35	3.90	4.17	4.45	4.72	4.99	5.27	5.54	6.08	6.35	6.62	7.16	7.70	7.97	8.50
	127									4.95	5.25	5.56	5.86	6.17	6.77	7.07	7.37	7.98	8.58	8.88	9.47
	133									5.18	5.50	5.82	6.14	6.46	7.10	7.41	7.73	8.36	8.99	9.30	9.93
139.7										5.45	5.79	6.12	6.46	6.79	7.46	7.79	8.13	8.79	9.45	9.78	10.44
		141.3								5.51	5.85	6.19	6.53	6.87	7.55	7.88	8.22	8.89	9.56	9.90	10.57
		152.4								5.95	6.32	6.69	7.05	7.42	8.15	8.51	8.88	9.61	10.33	10.69	11.41
		159								6.21	6.59	6.98	7.36	7.74	8.51	8.89	9.27	10.03	10.79	11.16	11.92

油库管材的选择，要综合考虑工艺技术要求、市场管材供应和经济费用等。管径的选择，除计算外，也可参考表4-3根据不同流量初选管径。

表4-3 常用轻油管路流量范围

管径/in	流量范围/(m^3/h)	管径/in	流量范围/(m^3/h)
2	5~20	5	70~100
3	20~40	6	100~150
4	50~70	8	150~250

注：1in=25.4mm。

4.1.2 常用附件

管路附件是管路的重要组成部分。依据附件用途，可分为连接管件、阀门、其他附件三大类。

（1）连接管件

管路按照工艺要求由管子、各类管件和阀门等相互连接而成。其连接方式一般有螺纹连接、法兰连接和焊接三种，一般油库以焊接和法兰连接为主。法兰连接使用于需要拆卸和与泵、阀门的结合处，螺纹连接一般只适用于2in以下的管路。因此，应根据具体情况选择不同连接管子的方法。

连接管件的方法很多，常用的有法兰、管箍、活接头、弯头、三通、四通、大小头、丝堵等。这些管件有铸件和焊接件，对于输油管路，一般采用焊接管件。

直径大于*DN*50的管路，常用焊接进行连接。焊接是管路连接应用最广泛的一种形式，它施工方便、坚固、严密、使用可靠，并能节约钢材。使用中不需拆卸的管段都可采用焊接这种连接方式。

管子与阀门或设备的连接以及需要拆卸的管段都采用法兰连接。法兰在油库工艺系统中应用非常广泛，是组成管路系统的重要管件之一。目前，机泵、阀门等设备的对应法兰均采用管路标准法兰，有螺纹法兰、平焊法兰、插入焊接法兰、松套法兰、对焊法兰和盲板法兰多种类型(图4-1)。平焊法兰适用于压力、温度波动不严重的情况。由于平焊法兰在焊接装配中较易对准，且价格低廉，因此被广泛采用。盲板法兰用于封闭管路或阀件的一端。

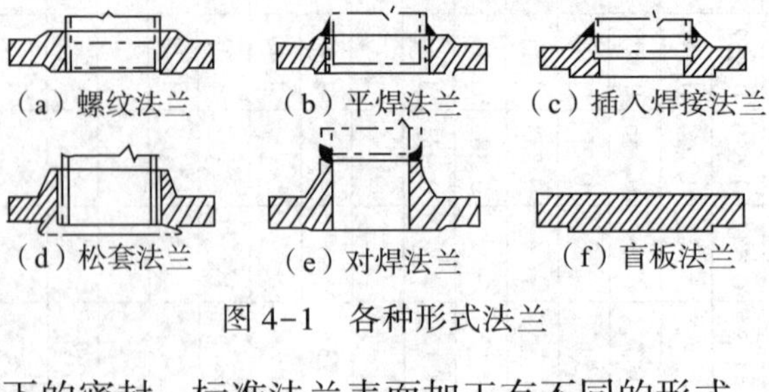

图4-1 各种形式法兰

为了适应各种情况下的密封，标准法兰表面加工有不同的形式。具有突起面的法兰是最广泛应用的一种，它的突起表面有时加工有螺旋形或同心圆的沟槽，称为水线。安装时，垫片在外力作用下嵌入沟槽，保证端面密封。采用非金属垫片时，法兰面上有无水线对密封性能影响不大。因此，新加工的法兰可不车制水线。具有这种表面的法兰，称为光滑面平焊法兰、光滑面对焊法兰等。目前，法兰已标准化、系列化，只需根据管路输送介质、操作压力和操作温度予以选用。

（2）阀门

① 阀门的种类。阀门是用来控制各种管路和设备内的气体、液体通路和流量的一种机械装置，种类繁多。按用途分化工、石油、电站阀等；按介质分水、空气、蒸气阀等；有的按材质分铸铁、铸钢、锻钢阀等；有的按连接方式分，有的按温度分。我国是按压力和结构来区分的。

按压力分：低压阀门　≤1.6MPa

　　　　　中压阀门　>1.6MPa <10MPa

　　　　　高压阀门　≥10MPa

按结构分：旋塞阀、闸阀、截止阀、球阀、止回阀、节流阀、蝶阀、安全阀、减压阀等。

② 阀门产品型号的编制方法。闸阀及其他通用阀门产品的型号由 6 个单元组成，用于表明阀门产品的类别，驱动种类，连接和结构形式，密封圈和衬里的结构，公称压力和阀体的材料。

第一单元：第一单元用汉语拼音字母表示阀门的种类，如表 4-4 所示。

第二单元：第二单元表明驱动方式，用阿拉伯数字表示驱动种类，若为手轮、手柄或扳手等直接驱动或自动阀门则取消本单元，如表 4-5 所示。

第三单元：第三单元用两位阿拉伯数字表示阀门的连接形式和结构形式，其中一位阿拉伯数字表示阀门的连接形式，第二位数字表示结构形式，因阀门类别不同而异，如表 4-6、表 4-7 所示。

第四单元：第四单元表示密封圈或衬里材料，用汉语拼音字母表示，如表 4-8 所示。

第五单元：第五单元表示公称压力，单位为 MPa，用数字直接表示，并用短线与前四单元隔开，公称压力如下：

1　2.5　6　10　16　25　40　64　100　160　200　320

第六单元：第六单元用汉语拼音字母表示阀体材料，如表 4-9 所示，对于 $p \leq 1.6$MPa 的灰铸铁阀门，$p \geq 25$MPa 的碳素钢阀门则省略本单元。

表 4-4　阀门类别代号

阀门名称	代号	阀门名称	代号
闸阀	Z	减压阀	Y
截止阀	J	节流阀	L
止回阀	H	蝶阀	D
旋塞阀	X	隔膜阀	C
疏水阀	S	球阀	Q
安全阀	A		

表 4-5　阀门驱动种类代号

驱动种类	代号	驱动种类	代号
涡轮传动驱动	3	液压	7
正齿轮传动驱动	4	电磁	8
伞齿轮传动	5	电动机	9
气动驱动	6		

表 4-6　阀门连接形式的代号

连接形式	代号	连接形式	代号
内螺纹	1	法兰	5(杠杆安全阀)
外螺纹	2	焊接	6
法兰	3(弹簧安全阀)	对夹	7
法兰	4		

表 4-7(a)　闸阀结构形式的代号

结构形式	代号	结构形式	代号
明杆楔式单闸阀	1	暗杆楔式单闸阀	5
明杆楔式双闸阀	2	暗杆楔式双闸阀	6
明杆平行式单闸阀	3	暗杆平行式单闸阀	7
明杆平行式双闸阀	4	暗杆平行式双闸阀	8

表 4-7(b)　截止阀、节流阀结构形式的代号

结构形式	代号	结构形式	代号
直通式(铸造)	1	直流式	5
角式(铸造)	2	无填料直通式	6
直通式(锻造)	3	压力计用	7
角式(锻造)	4		

表 4-7(c)　止回阀结构形式的代号

结构形式	代号	结构形式	代号
直通升降式(铸造)	1	单瓣旋启式	4
立式升降式	2	多瓣旋启式	5
直通升降式(锻造)	3		

表 4-7(d)　旋塞阀结构形式的代号

结构形式	代号	结构形式	代号
直通式	1	油封式	6
调节式	2	三通油封式	7
直通填料式	3	四通油封式	8
三通填料式	4	液面指示器	9
四通填料式	5		

表 4-7(e) 减压阀结构形式的代号

结构形式	代号	结构形式	代号
外弹簧薄膜式	1	波纹管式	4
内弹簧薄膜式	2	杠杆弹簧式	5
膜片活塞式	3	气垫薄膜式	6

表 4-7(f) 弹簧安全阀结构形式的代号

结构形式		代号
带散热器全启式		0
封闭	微启式	1
	全启式	2
	带扳手微启式	3
	带扳手全启式	4
不封闭	带扳手微启式	5
	带扳手全启式	6

表 4-8 密封圈或衬里材料的代号

材料名称	代号	材料名称	代号
铜(黄铜或青铜)	T	尼龙	NS
合金钢(耐酸钢或不锈钢)	H	皮革	P
渗碳钢	D	无密封圈	W
巴氏合金	B	衬胶	CJ
硬质合金	Y	衬铅	CQ
铝合金	L	塑料	S
橡胶	X	酚醛塑料	SD
硬橡胶	J	搪瓷	TC
聚四氟乙烯	SA		

阀门产品型号编制如下：

Z45T—10K

其中 Z——表示阀门类别为闸阀；

4——表示手动，第二单元驱动方式已省略，为第三单元的代号，连接方式为法兰；

5——表示闸阀结构形式为暗杆楔式单闸板；

T——表示密封圈或衬里材料为铜；

10——阀门的公称压力；

K——阀体材料为可锻铸铁。

表 4-9 阀门材料的代号

材料名称	代号	材料名称	代号
灰铸铁	Z	铬钼合金钢	I
可锻铸铁	K	铬镍钛钢	P
球墨铸铁	Q	铬镍钛钼钢	R
硅铁	G	铬钼钒合金钢	V
铜合金	T	铅合金	B
碳钢	C	铝合金	L

③ 阀门产品规格

a. 闸阀

闸阀在输油管路上使用最多，阻力损失小，能用于调节流量。闸阀一般用于公称直径在*DN*50以上大口径管路，它是油库输油管路系统中使用最多的一类阀门。其阀座与阀板平行，闸板通过手轮随阀杆垂直升降而切断或开通流道，流体沿管路轴线流动。因此，摩擦阻力损失小，能准确、缓和地调节流量。但由于调节通道方式、性能的不足，一般主要用作开闭阀件，而不作调节流量用。

根据阀杆和闸板构造不同，闸阀可细分为明杆式或暗杆式、楔式单闸板、平行式双闸板、弹性闸板等多种闸阀。

明杆式闸阀开闭明显，可减少发生混油、跑油等操作事故的可能性，它在油库中使用较多。但其阀杆要升降，需留一定空间。图4-2所示为明杆楔式双闸板闸阀。

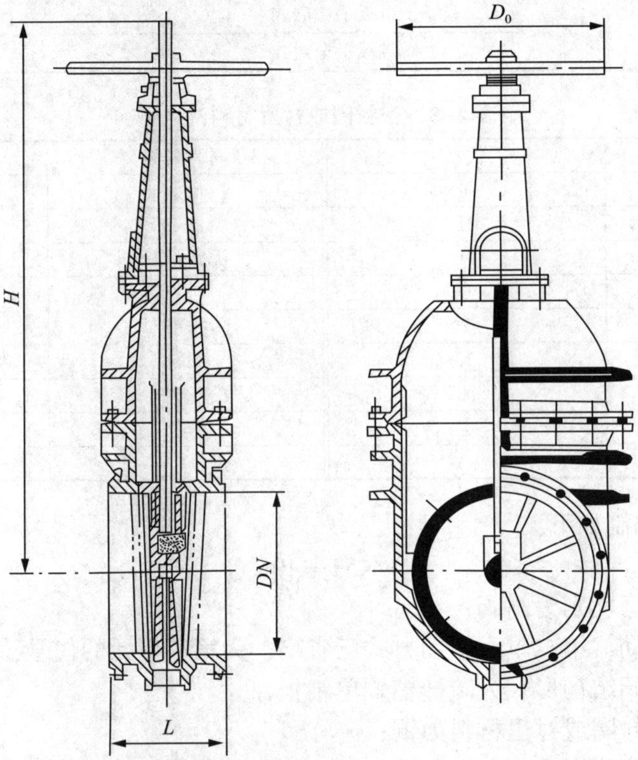

图4-2　明杆楔式双闸板闸阀

暗杆闸阀的阀件不需升降，主要用于安装空间有限的管段。使用和管理中需明确阀门的开闭标记，以防操作错误，造成事故。

楔式单闸板闸阀的闸板为一楔形整体。阀座密封面与中心通路线成一倾斜面，构成一楔形槽，关闭时闸板下到槽中。高温时，密封性能较差。楔式双闸板闸阀的闸板由两块绞结组成，关闭式闸板间的球面顶心将闸板紧压阀座上，因此其密封性能较好，适用于开闭频繁的管路及对密封面磨损较大的介质输送管路。

平行式双闸板闸阀的阀板由两块平行板组成，密封面的加工和检修比其他形式的闸阀简单，但密封性较其他形式差，适用于温度和压力较低的管路。图4-3为Z44T-10型平行式双闸板闸阀，图 4-4 为 Z45T-10 型暗杆楔式单闸阀。

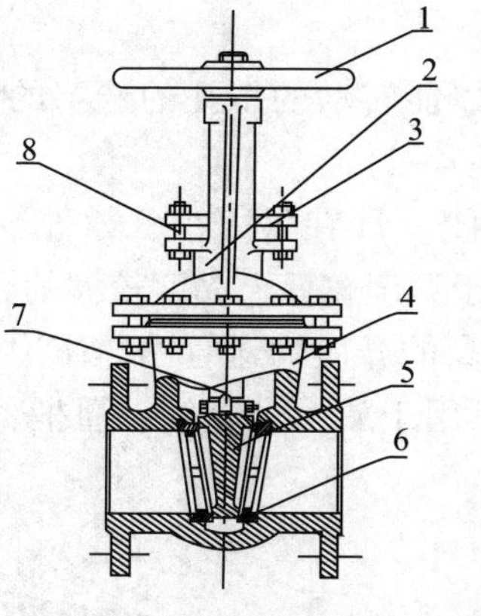

图 4-3 Z44T-10 型平行式双闸板闸阀

1—手轮；2—阀盖；3—填料压盖；4—阀体；5—闸板；6—密封圈；7—阀杆；8—压盖螺栓

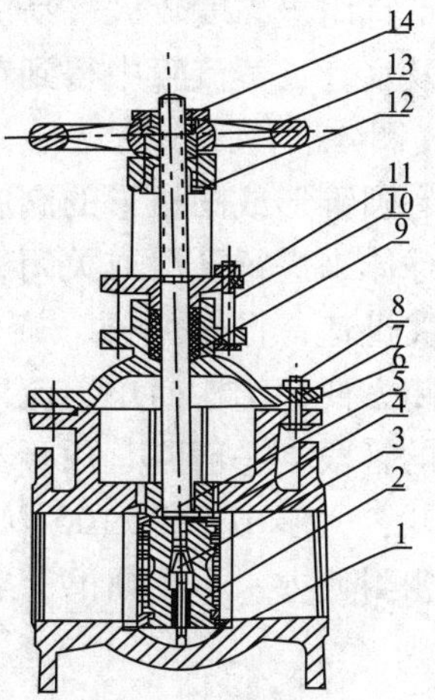

图 4-4 Z45T-10 型暗杆楔式单闸阀

1—阀体；2—闸板；3—顶楔；4—阀体密封圈；5—阀杆；6—法兰；7—石棉垫片；8—法兰螺栓；9—填料；10—压盖螺栓；11—填料压盖；12—阀杆衬套；13—手轮；14—阀杆螺母

弹性闸板闸阀沿闸板周边厚度中部有一环形槽或两块闸板从背面中间部分组焊成，它比楔式单闸板闸阀的密封性好，如图 4-5 所示。

b. 截止阀

截止阀密封性能好，但阻力损失大，常用于 3in 以下的输油管路或水管、蒸汽管路上，全开或全闭，一般不用于调节或节流，如图 4-6 所示。

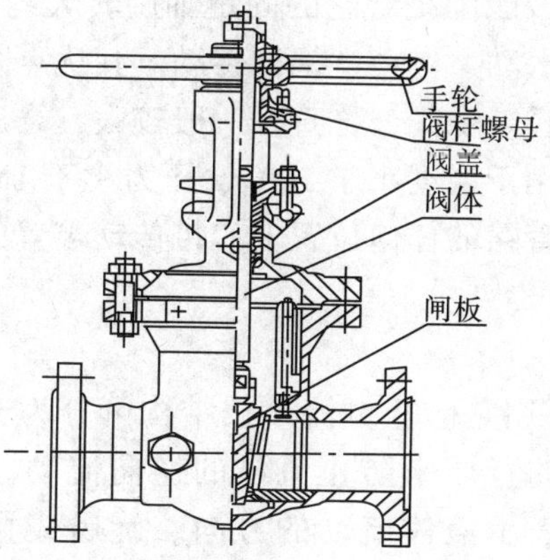

图 4-5 弹性闸阀

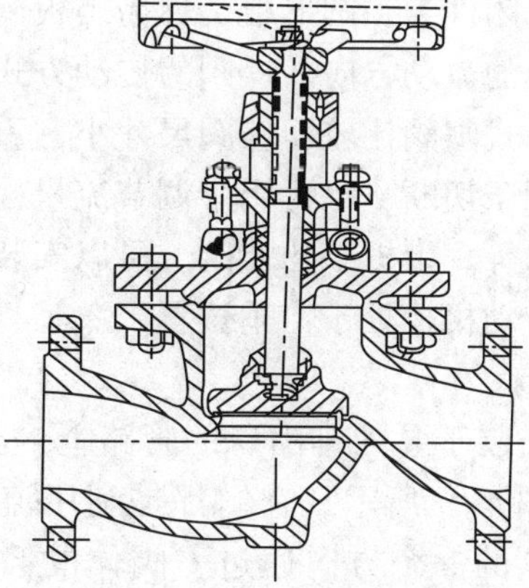

图 4-6 法兰截止阀

截止阀的阀芯垂直落于阀座上，阀座与管路中心线平行，流体在阀内流动时呈 S 形，所以流动阻力比较大。

截止阀可用于调节流量，其阀芯上升与流量有一定比例关系。当主要用作调节时，可采用节流阀，节流阀的结构是将截止阀的盘形阀做成抛物状。

截止阀的优点是操作方便，结构简单，便于制造和检修，价格便宜。适用于蒸汽等介质的输送管路，不宜用于黏度较大、易沉淀的介质输送管路。这种阀在输送非黏性油料的小口径管路中，以及水管、蒸汽管中得到普遍应用。

c. 转芯阀(图 4-7)

阀体内具有圆锥形或圆柱形的阀座。阀座内塞以能转动的带孔的选塞的阀件叫转芯阀，如果旋塞做成球体来进行开启或关闭，便叫球阀(图 4-8)。

转芯阀开关迅速，操作方便，旋转 90°即可开闭。具有阻力小、零件少、重量轻等特点。转芯阀开闭方便，结构简单，流体阻力小，适于温度较低、黏度较大的介质输送管路和要求开关迅速的管段，一般不宜用于蒸汽和温度较高的介质输送管路。压力高或管径大时，转动困难。因此，大多用于 *DN*100 以下的管路。可用于放水、放气、灌桶、液面指示器等处。其缺点是密封性差，不易研磨，容易卡死。

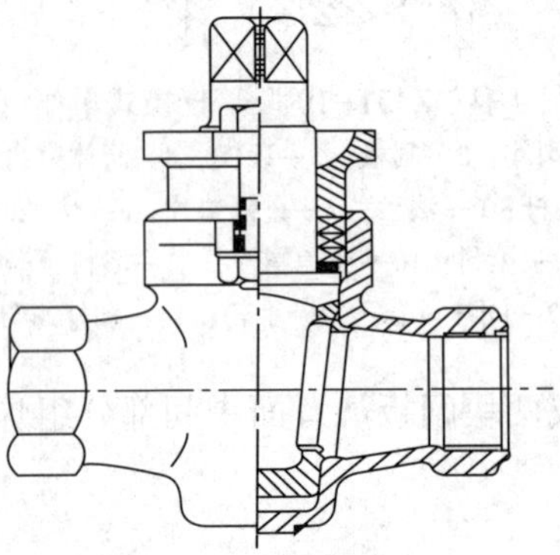

图 4-7　转芯阀

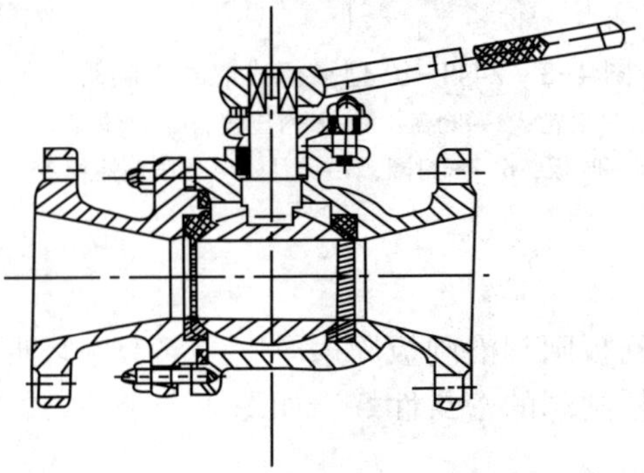

图 4-8　球阀

d. 蝶阀

蝶阀的开闭件为一圆形板，称为蝶板。蝶板能围绕着它的固定轴旋转大约 90°，该固定轴垂直于流体的流动方向。蝶阀的传动方式有手动、电动、蜗杆传动。其优点是与同公称压力等级的平行式闸阀比较，蝶阀尺寸小、重量轻。蝶阀公称直径一般较大，开启力小，开关较快。主要用于切断，也可用于调节流量，适用于温度小于 50℃、压力小于 1MPa 的气体或液体介质及水等。带扳手的蝶阀，可以安装在管路的任何位置上，带传动装置的蝶阀，应直立安装，使传动机构处于铅垂位置。

e. 止回阀

止回阀安装于泵的排出口的管路上，其作用是防止倒流。按结构可分为升降式和旋启式两种，如图 4-9 所示。它们都是利用流体的背压来防止流体的逆向流动。即止回阀只允许流体从阀的一个方向通过，阀体的箭头表示液体流动的方向。旋启式止回阀是以铰链作为支点，阀盘作弧形运动，当流体逆流时，阀盘便盖于阀座上，阻止流体回流。其流动阻力小，可装在水平、垂直、倾斜的管路上。升降式止回阀只能安装在水平管路上，以保证阀在垂直方向上运动。

f. 安全阀

安全阀主要用于高压容器、胀油管、容积泵出口管路等处，以防超压，保证安全。在管路上常用弹簧式安全阀，锅炉上常用杠杆重锤式单向阀。阀盘被弹簧压紧在阀座上，当进口压力超过允许压力时，就压缩弹簧，顶起阀盘，使液体回流，降低出口压力，其控制压力可按需要调节，如图 4-10 所示。

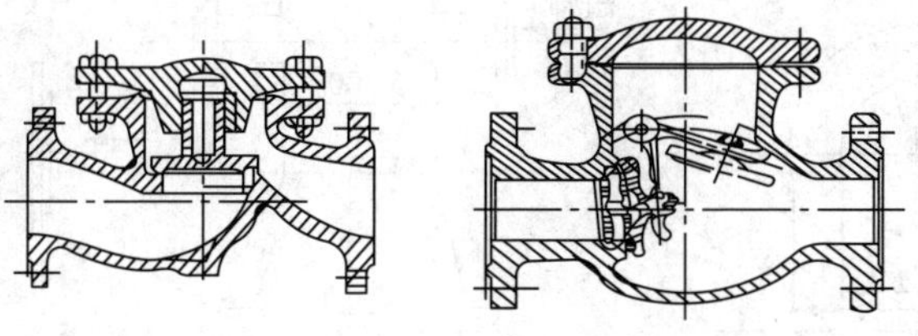

（a）升降式止回阀　　（b）旋启式止回阀

图 4-9　止回阀

g. 底阀

底阀用于离心泵垂直吸入管末端，泵停止工作时，防止液体倒流，以减少灌泵次数。如油库离心泵启动频繁，安装底阀，可提高工作效率，而且滤网还可起到粗滤、护泵的作用。其缺点是流体阻力损失大，底阀按结构也有升降式与旋启式两种。

h. 眼圈盲板

眼圈盲板安装在管路连接法兰之间，用于封闭管路。通常用于泵房管组及油罐底油管和进出油管的连接处，即管路在眼圈盲板处既要可通，又不需要经常开通的管段。眼圈盲板结构如图 4-11 所示。

除以上几种阀门外，还有由各种动力驱动开闭的电动阀、电磁阀、电液阀、气动阀，用于自动控制的调节阀等等。

通常根据输送介质、操作压力、操作温度和使用条件，查阅有关产品目录和样本来选择阀门。

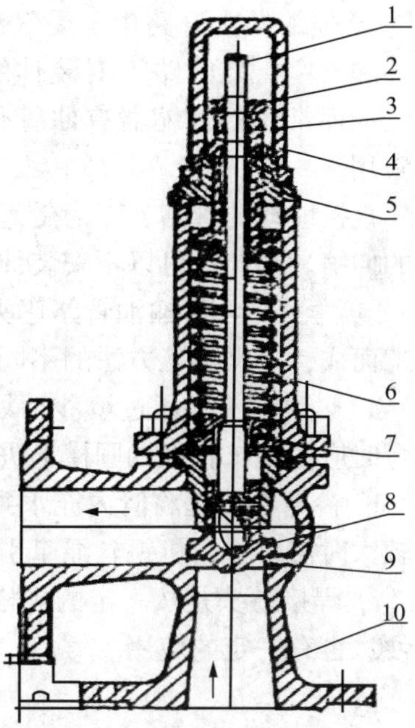

图 4-10　弹簧式安全阀

1—调节螺杆；2—调节螺帽；3—导向支架；4—盖；5—弹簧上座；6—弹簧；7—弹簧下座；8—阀盖；9—阀座；10—外壳

（3） 其他附件

① 过滤器(图 4-12)。过滤器是管路系统中不可缺少的附件，它安装在管路上，能除去流体中的固体杂质，使机械设备、仪表能正常工作和运转，起到稳定工艺过程、保障安全运行、使流体更加纯净的作用。

输油管路上如不设置过滤器，在管路较低段和阀门内会沉积油料中的杂质，从而堵塞管路和减少阀门内过流截面。若机械杂质进入泵内，既会加速泵磨损，又会影响泵正常工作。因此，通常在泵吸入管上装有过滤器，亦称粗滤器。机场给飞机加油时，为保证航空油料的纯净，在泵出口管段上或加油栓管路上装有航空油料脱水过滤器，作为管路或加油车加油的最后一道精滤。

过滤器内金属滤网的面积一般为管路截面积的 5~6 倍；滤网每平方米的孔数，根据过滤要求选定；过滤器的上盖焊有 3/4 真空管路接口，壳底焊有 3/4 放油口；清洗时，将上盖打开进行；组装后用 0. 3MPa 压力试验其严密性。

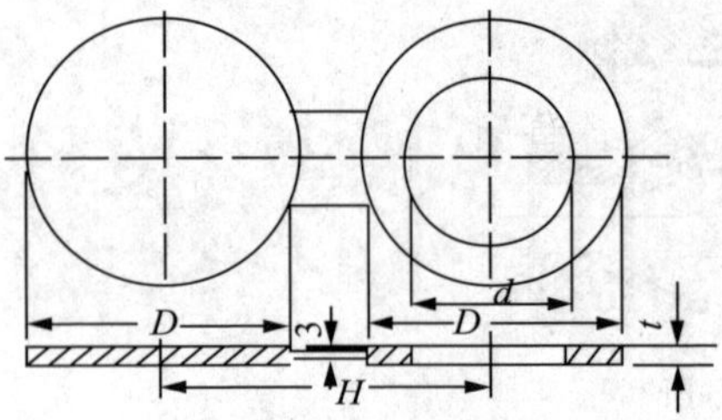

图 4-11　眼圈盲板

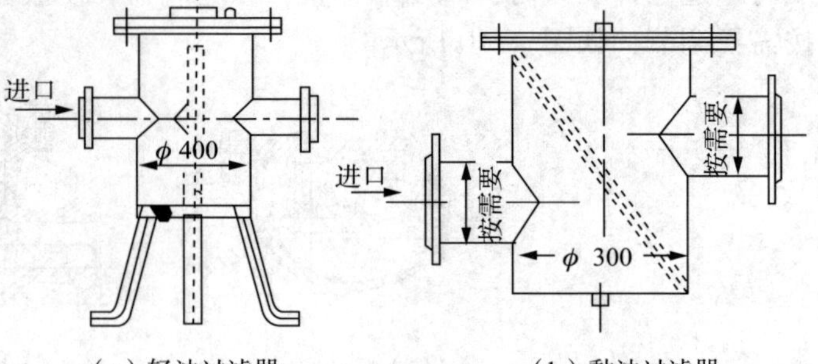

（a）轻油过滤器　　（b）黏油过滤器

图 4-12　过滤器

② 伸缩器。管路由于受气温和油温的影响，受热伸长，遇冷缩短。为避免损坏管子、管件和支座，在管路上安装伸缩器，亦称伸缩器，允许管路遇冷受热时在一定范围内伸缩。油库常用的伸缩器有曲管伸缩器、填料伸缩器和波纹伸缩器，其中以曲管伸缩器最为常用。

直接埋地的管路，因为受气温影响小，而且管子与土壤之间有很大的摩擦力，阻碍了管路的伸缩。因此，可以不安装伸缩器。

③ 弯头。油库输油管路弯头，除采用少量的铸造弯头外，大部分是用无缝钢管在现场加工而成，根据加工方法的不同，可分为热煨弯头、冷弯弯头、焊接弯头等。

a. 热煨弯头是通过填沙、划线、加热、煨弯、检查、校正和除沙等步骤加工完成的。煨弯时应在要求直径的圆模上进行，将管子一端固定，另一端加热煨弯。

b. 冷弯弯头是将管内充水并加压至2.5~4MPa，在胎模上弯制。小管径可手工操作，管径较大时需要卷扬机钢丝绳牵引。

c. 焊接弯头是按一定的规格角度下料后焊接完成的。焊接弯头虽然阻力较大，但制造方便，也有一定的应用。

4.2　管路水力计算

油库管网与长输管线不同，库内管线是为了保障油料的安全收发输转，达到按油库工艺要求接卸、存放、发送的目的。库内管线的计算是按工艺流程要求，经济合理地选择管径，计算各管路的水力损失，校核管壁强度，以便选择泵组以及原动机等。

4.2.1　管径选择

管径的选择必须全面考虑各方面的利弊，既要保证一定的流速，又要符合经济要求，使操作管理方便，输油成本尽可能地节省。根据经验，一般库内管线流速以1~2m/s左右为宜。外输管线流速可取1~3m/s。在初步设计时，可参考表4-10推荐的经济流速。管径计算公式为

$$d=\sqrt{\frac{4Q}{\pi v}} \tag{4-1}$$

式中　d——管路内径，m；

Q——管路流量，m^3/s；

v——油料流速，m/s。

表 4-10　不同黏度的油料在管路中的经济流速

黏度		经济流速/(m/s)	
运动黏度/(10^{-6} m^2/s)	条件黏度/°BY	吸入管路	排出管路
1~2	1~2	1.5	2.5
2~28	2~4	1.3	2.0
28~72	4~10	1.2	1.5
72~146	10~20	1.1	1.2
146~438	20~60	1.0	1.1
438~977	60~120	0.8	1.0

4.2.2　管路阻力损失

（1）沿程阻力损失

据达西公式计算管路阻力损失：

$$h_f=\lambda \frac{L}{d}\frac{v^2}{2g} \tag{4-2}$$

式中　h_f——管路阻力损失，m；

λ——管路沿程水力摩阻系数；

g——重力加速度，$9.81m/s^2$；

v——油料流速，m/s；

d——管路内径，m；

L——管路计算长度(管路实际长度与各管件当量长度之和)，m。

想要获得较为准确的沿程摩阻就必须正确选择水力摩阻系数 λ，λ 是雷诺数 Re 和相对粗糙度 ε 的函数，即：

$$\lambda=f(Re, \varepsilon)$$

其中，雷诺数

$$Re=\frac{vd}{\upsilon}=\frac{4Q}{\pi d\upsilon} \tag{4-3}$$

相对粗糙度

$$\varepsilon=\frac{2e}{d} \tag{4-4}$$

式中　υ——油料的运动黏度，m^2/s；

Q——油料在管路中的体积流量，m^3/s；

e——管壁的相对粗糙度，m。

（2）流态的确定

雷诺数标志着油料流动过程中，惯性力与黏滞力之比。

① 当 $Re<2000$ 时，为层流。黏滞力起主要作用，则

$$\lambda=\frac{64}{Re} \tag{4-5}$$

② 当 $3000<Re<Re_1=\frac{59.7}{\varepsilon^{8/7}}$时，为水力光滑区。黏滞力起主要作用，则

$$\lambda=\frac{0.3164}{\sqrt[4]{Re}} \tag{4-6}$$

③ 当$Re_1<Re<Re_2=\frac{665-765\lg\varepsilon}{\varepsilon}$时，为混合摩擦区。惯性力黏滞力起作用，则

$$\frac{1}{\sqrt{\lambda}}=-1.8\lg\left[\frac{6.8}{Re}+\left(\frac{\varepsilon}{7.4}\right)^{1.11}\right] \tag{4-7}$$

④ 当 $Re>Re_2$时，阻力平方区或粗糙区。惯性力起主要作用，则

$$\lambda=\frac{1}{(1.74-2\lg\varepsilon)^2} \tag{4-8}$$

⑤ $2000<Re<3000$ 时，为过渡区。流态不稳定。黏滞力起主要作用，则

$$\lambda=\frac{0.16}{\sqrt[4]{Re}} \tag{4-9}$$

（3）列宾宗公式

应用达西公式计算摩阻有些时候不方便，因此，在达西公式基础上推出列宾宗公式。紊流区摩阻系数 λ 的表达式：

$$\lambda=\frac{A}{Re^m} \tag{4-10}$$

并将此式，以及 $v=\frac{4Q}{\pi d^2}$和 $Re=\frac{4Q}{\pi d\upsilon}$代入达西公式，得

$$h_f=\frac{8A}{4^m g\pi^{2-m}}\cdot\frac{Q^{2-m}\upsilon^m}{d^{5-m}}\cdot L \tag{4-11}$$

令 $\beta=\frac{8A}{4^m g\pi^{2-m}}$，则

$$h_f=\beta\cdot\frac{Q^{2-m}\upsilon^m}{d^{5-m}}\cdot L \tag{4-12}$$

式中，系数 β 和指数 m 根据不同流态由表 4-11 确定，$A=10^{0.127\lg\left(\frac{\varepsilon}{d}\right)-0.627}$。

表 4-11　系数 β 和 m

流态	β	m
层流	4.15	1
过渡区	0.0124	0.25
紊流水力光滑区	0.0246	0.25
紊流混合摩擦区	0.0802A	0.123
紊流水力粗糙区	0.0826λ	0

4.2.3　卸油管路阻力计算

在油库中铁路装卸油过程主要包括集油管、输油管和鹤管三部分。而输油管包括排出管

路和吸入管路两部分。鹤管和集油管在不同段落上的流量也不同。离输油管段越近其流量越大。在摩阻计算中，这一点需要考虑。

（1）排出管路的摩阻计算

① 首先要确定油料(以汽油为例)在年平均温度下的黏度：

$$\nu^{t}=\nu^{20}\mathrm{e}^{-u(t-20)} \tag{4-13}$$

式中 t——油料的年平均输送温度,℃；

ν^{t}——油料在年平均温度下的黏度，m^2/s；

ν^{20}——油料在 20℃时的黏度，m^2/s；

u——油料的黏温指数。

年平均温度时的黏度查表 4-10，可得到排出管径的经济流速。

当计算温度确定油料的黏度时，油料的计算温度一般取推荐温度或加热温度。对汽油，一般取年平均温度；对原油，在选泵时取最冷月大气的平均温度，校核时取最热月大气的平均温度；对其他油料，取最冷月大气的平均温度。

② 根据鹤管数 n 和火车的容积 V 确定管道的输量 Q(m^3/s)：

当 n 大于 4 时

$$Q=\frac{4V}{3600} \tag{4-14}$$

当 n 小于 4 时

$$Q=\frac{nV}{3600} \tag{4-15}$$

③ 由管道输送量 Q 及管道经济流速 v，按式(4-1)可确定排出管径。

④ 计算油料流动的雷诺数，从而确定油料的流态。

⑤ 根据列宾宗公式计算出排出管路的摩阻。

（2）吸入管路的摩阻计算

吸入管路计算方法相对排出管路计算，唯一不同的是由油料的黏度选取经济流速时，吸入管路的流速较小，以防止发生汽蚀现象，其他计算步骤与排出管路一致。

（3）集油管路的摩阻计算

集油管路的管径比吸入管路的管径大 50mm，所以计算吸入管路的管径直接加上 50mm，即为集油管路管径。

设集油管的直径为 d，全长为 $2L$。输油管和集油管中点相连，鹤管间距为 l，流量为 q，则输油管流量为 $2Q$，$2n$ 个鹤管。示意图如图 4-13 所示。

1-2 段摩阻：

$$h_1=\beta\cdot\frac{q^{2-m}v^{m}}{d^{5-m}}\cdot l \tag{4-16}$$

2-3 段摩阻：

$$h_2=\beta\cdot\frac{(2q)^{2-m}v^{m}}{d^{5-m}}\cdot l \tag{4-17}$$

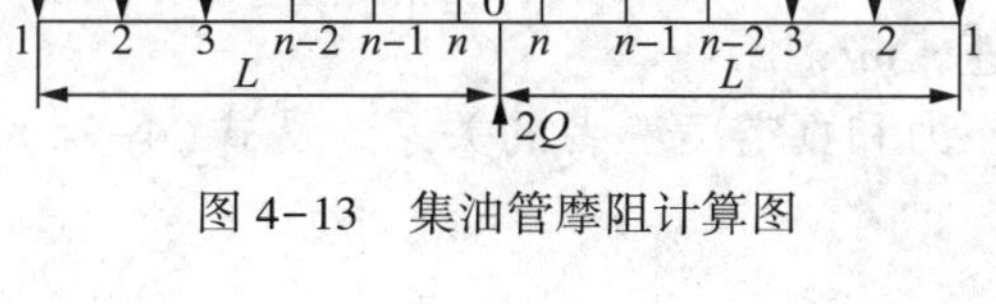

图 4-13 集油管摩阻计算图

n-0 段摩阻：
$$h_n=\beta\cdot\frac{(nq)^{2-m}v^m}{d^{5-m}}\cdot l \tag{4-18}$$

消耗在集油管上的总摩阻：
$$h=h_1+h_2+\cdots+h_n=\beta\cdot\frac{q^{2-m}v^m}{d^{5-m}}\cdot(1^{2-m}+2^{2-m}+\cdots+n^{2-m})l \tag{4-19}$$

层流时，$m=1$，$\beta=\frac{128}{\pi g}$
$$h_{ce}=\frac{128}{\pi g}\cdot\frac{qv}{d^4}\cdot\frac{n(n+1)}{2}l \tag{4-20}$$

紊流时，$m=0$，$\beta=\frac{8\lambda}{\pi^2 g}$
$$h_{we}=\frac{8\lambda}{\pi^2 g}\cdot\frac{q^2}{d^5}\cdot\frac{n(n+1)(2n+1)}{3!}l \tag{4-21}$$

因为 $nq=Q$，且当 n 较大时，$(n+1)l\approx l$，$2n+1\approx 2n$。则式(4-21)化简为：
$$h_{ce}\approx\frac{1}{2}\cdot\frac{128}{\pi g}\cdot\frac{qv}{d^4}\cdot l=\frac{1}{2}H \tag{4-22}$$
$$h_{we}\approx\frac{1}{3}\cdot\frac{8\lambda}{\pi^2 g}\cdot\frac{q^2}{d^5}\cdot l=\frac{1}{3}H \tag{4-23}$$

以此计算结果可以看出，层流时集油管的摩阻为同样长度输油管摩阻的$\frac{1}{2}$、紊流时的$\frac{1}{3}$。

（4） 鹤管的摩阻计算

火车卸油鹤管管径一般取 100mm，其余计算方法同排出管径的计算相同。

（5） 排出管路的总摩阻

把上述各段管路的摩阻叠加到一起即可。程序框图如图 4-14 所示，其中 $i=1\sim4$，分别代表泵前、泵后、集油管与鹤管。

（6） 对油料管路进行校核计算

初定油管的直径并进行管路布置后，必须对输油管路进行校核，以防止卸油时发生气阻断流现象或泵发生汽蚀现象。

在卸油系统中，任意一点剩余压力(绝对压力)H_{sh}可用式(4-24)表示：
$$H_{sh}=H_a-\Delta Z-h-\frac{v_g^2-v_c^2}{2g} \tag{4-24}$$

式中 H_a——已接卸油料油柱表示的当地大气压，m；

ΔZ——计算点与油罐车液面的标高差，当该点高于油罐车液面时，ΔZ 为正，反之为负，m；

h——从油罐车到计算点管路摩阻，m；

v_g——计算点的流速，m/s。

根据大气压力，剩余压力和真空度三者的关系，从式(4-24)可以得到管路中任意一点的真空度。

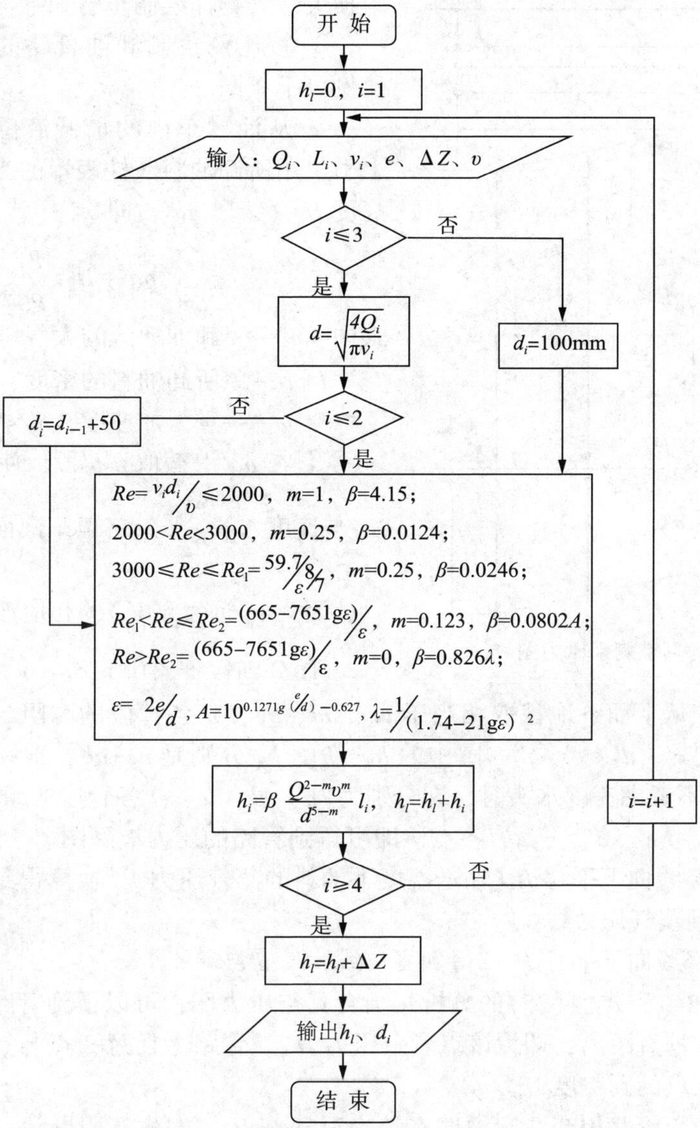

图 4-14 火车卸油系统水力计算程序框图

$$H_{zh}=H_a-H_{sh}=\Delta Z+h+\frac{v_g^2-v_c^2}{2g} \tag{4-25}$$

当接卸油蒸气压力较高时，当卸油管路中的某一点的剩余压力 H_{sh} 等于或小于输送油料的蒸气压力 H_y 时，则卸油管路在该点就会发生汽化，并形成气袋隔住油流，从而破坏离心泵和正常输入，这种现象称为气阻断流。因此为保证卸油系统的正常工作，必须使管路上任意一点的剩余压力都大于输送温度下油料的饱和蒸气压，即 $H_{sh}>H_y$，防止出现气阻断流现象。同时还必须使输入口处的真空度 H_{zh} 小于油泵的允许吸入真空度[H_{zh}]，以免发生离心泵的气阻现象。

为满足上述条件，通常采用绘制真空压力图的方法。使真空剩余压力图(图 4-15)按卸油最不利的情况绘制，即卸油车位最低的情况下。在绘制时，首先算出卸油流量下各段的摩

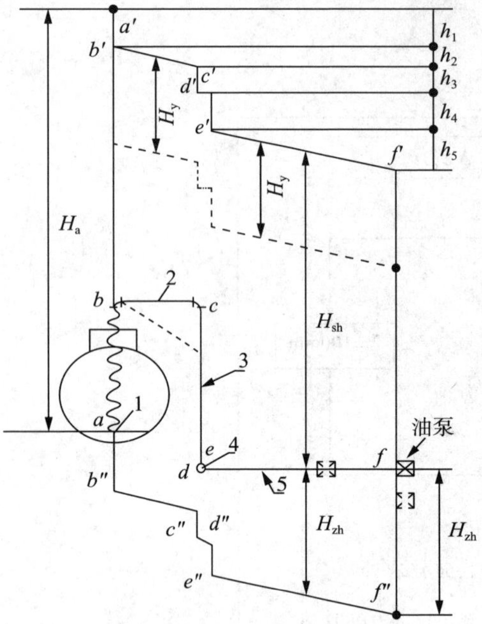

图 4-15　真空剩余压力图

阻损失，其具体绘制步骤如下：

① 按比例绘制卸油管路的纵断面图，横纵比例可不相同。

② 从油罐车内的最低液位，即罐车底部向上引出用所卸油料液柱表示的当地大气压的液柱高度 H_a，线段 aa'，即

$$aa'=H_a=\frac{p_a}{\rho g} \tag{4-26}$$

式中　p_a——卸油地区的大气压力，Pa；

ρ——所卸油料的密度，kg/m^3；

g——重力加速度，m/s^2。

③ 在 aa' 上截取 $a'b'$ 段，使其等于 ab 段摩阻 H_{ab} 与速度水头 $\frac{v_{ab}^2}{2g}$（忽略罐车液面下降的速度水头 $\frac{v_c^2}{2g}$，因为 v_{ab} 远大于 v_c）的相应液柱高度 h_1。

④ 分别在管路中 c、d、e、f 各点的垂线上，由 a' 点的水平线，从上而下地截取相当于 ac、ad、ae、af 各管段的摩阻与其速度水头之和相当的液柱，得到 c'、d'、e'、f'；图中的 h_2、h_3、h_4 分别是 $ac-ab$、$ad-ac$、$ae-ad$、$af-ae$ 相对应的液柱（在不考虑速度水头时，即分别为 bc、cd、de、ef 各管段的摩阻）。

⑤ 连接 a'、b'、c'、d'、e'、f' 各点，即可得到管路的压力坡降图。

⑥ 将压力迫降线向下平移 H_y（输送温度下油料的蒸气压力 P_y 换算得到的液面高度 $H_y=p_y/\rho_y g$），由此得到蒸气压力线。

⑦ 将压力坡降线向下平移 H_a，得到真空线 $ab''c''d''e''f''$。

通过对式（4-24）和式（4-25）的分析，结合真空压力图，可以得到管路上任意一点与压力坡降线相应点的垂直距离，即为该点剩余压力 H_{sh}。管路上任意一点与真空线上对应点的垂直距离，即为该点的真空度 H_{zh}。

若蒸气压力线与管路相交，则说明在该点后 $H_{zh}<H_y$，发生气阻断流；若真空线与管路相交，则说明在该点后吸入头部能吸上；在泵入口处 $H_{zh}>[H_{zh}]$，泵将产生汽蚀。在卸油系统中很容易出现危险点，即鹤管最高点与吸入管路靠近泵的点 c。为了解决以上问题，可以采取如下措施：

a. 改变鹤管形式，降低鹤管高度；

b. 将交点前的管径增大，减少管路的摩阻损失；

c. 降低卸油温度，减小蒸气压力；

d. 采用压力卸车，增加 H_a，进而提高各管段的剩余压力；

e. 量取泵入口真空度，若大于 $[H_{zh}]$，则向前移泵或降低泵的高度；

f. 缩小泵出口管径或用阀节流。增加泵出口摩阻，使流量减小，泵的入口摩阻也减小。但必须以降低卸车速度为代价。

4.2.4　自流发油系统计算

油库向铁路油罐车、油船、汽车油罐车发油的管路，在地形条件允许时，通常采用自流发油系统。其中，向铁路油罐车、油船发油的流量较大，一般从储存区油罐直接由输油管路发油。向汽车油罐车发油流量较小，作业频繁，一般在作业区另建容量较小的中继罐和发油管路。因此，铁路油罐车、油船自流发油管的水力计算，主要是对输油管路进行校核。

从储存区油罐向铁路油罐车、油轮或油驳自流发油时，与由铁路油罐车、油轮或油驳收油采用的是同一管路系统。因此，只需对由收油条件选定的管路系统进行发油流量的校核。流量应满足要求或保证在允许范围内。流量太小，完成不了发油任务；流量太大，油料流速太大，易产生静电和发生水击。通常使发油流量与收油流量大致相等。

自流发油时，管路两端液面的高差全部用以克服油料在管路中流动时的阻力损失。某一个油罐发油时，其高差和管路长度与其他油罐可能不同，自流发油流量也不同。即使同一油罐，由于罐内液面和油罐车液面的高差在变化，自流发油流量也不同。校核时，需找出自流发油的最大流量和最小流量，并应满足任务流量要求。自流发油管路系统如图 4-16 所示。

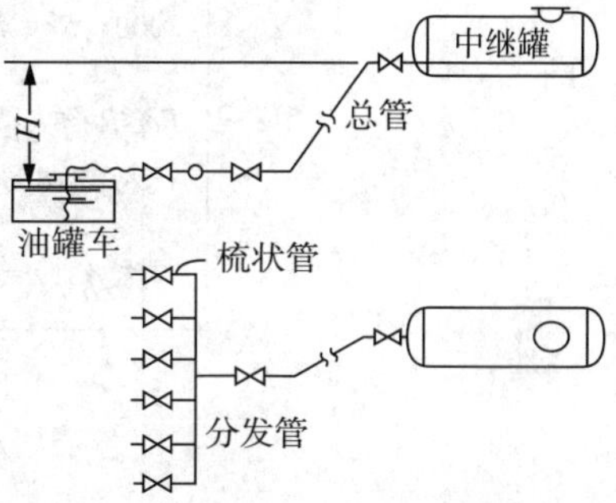

图 4-16　自流发油管路系统

自流发油管路的流量可以用计算法或查表法求得。

（1）计算法

在油库装油作业过程中，可以通过自流、泵送及自流与泵送联合的方式来实现。地理条件允许的情况下，尽量采用自流装车，以节约能源。

自由作业的计算步骤与前面基本相同，只是管径的确定方法不同。其计算过程表示为如下几步：

① 由黏度公式计算油料在计算温度下的黏度。

② 由于装车流量及时间已知，因此自留作业装车时油料的流速可以计算出来。这时可以假设油料的流态，从而确定 m 和 β 的值。再用达西公式即可计算出管径。其计算公式可表示为：

$$d=\left(\frac{\beta Q^{2-m}\nu^{m}L}{\Delta Z}\right)^{\frac{1}{5-m}} \tag{4-27}$$

式中　ΔZ——管内液面到装油鹤管出口之间的高差，m。

③ 由已计算出的管径，校核油料假定流态是否符合。若校核所得的 m 和 β 的值与假定流态值相同，则原假定流态成立，此管径可行（自流卸油程序框图如图 4-17 所示）。反之，则不成立，还要重复此过程，直至合理为止。

④ 管径校核成功后，可根据达西公式进行摩阻计算。

（2）查表法

首先根据已确定的管路高差、管长和管件情况，计算其水力坡度：

$$i=H/L \tag{4-28}$$

式中　H——管路高差，m；

　　　L——管路的计算长度，m。

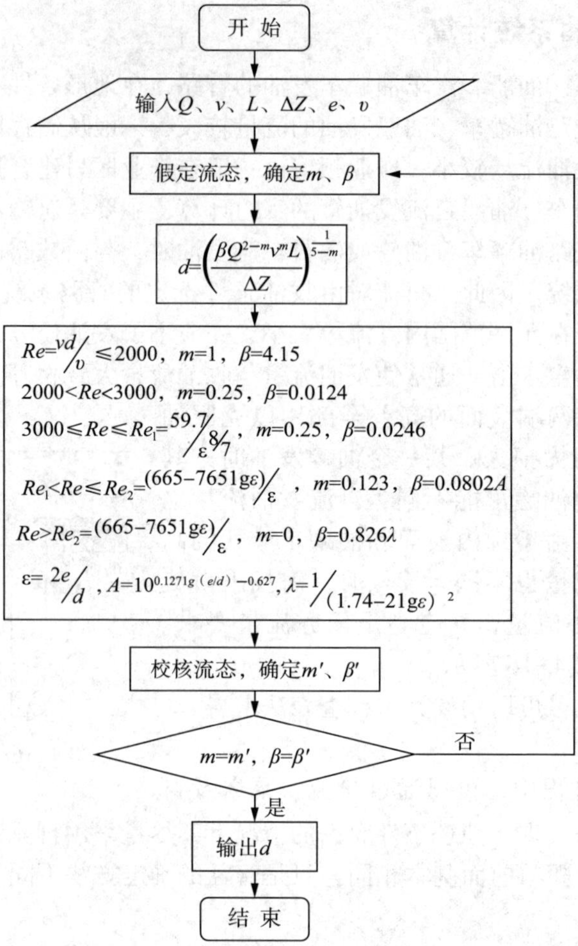

图 4-17　自流卸油水力计算程序框图

然后依据已确定的管路直径、油料黏度和所求出的水力坡度，从水力坡度表中查出该管路系统的自流发油流量。

当管路内径与表中直径不一致时，应先查出修正系数 A，将计算出的 i 值换算成水力坡度表中对应直径的水力坡度 i_0，即

$$i_0 = i/A \tag{4-29}$$

然后根据修正后的水力坡度 i_0、油料黏度 υ 和管路直径 d 查出相应的流量 Q。

自流发油流量校核时，若出现流量过大或过小的情况，可用下列方法解决：

① 改变管路高差。管路高差越大，自流发油流量越大。改变管路高差便可以改变自流管路的流量。管路高差的改变主要通过改变储油罐的标高实现。只要地形允许，应首先采用此方法。

② 增设发油泵。当受地形限制，管路高差较小而使发油流量不能满足要求时，可以在储存区增设发油泵，以加大管路流量。通常在收发油作业区与储存区之间的高差太小的情况下采用此方法。

③ 改变管路直径。当管路长度和高差一致时，管路直径越大，自流发油的流量越大。因此，可以改变管路或个别管段的直径来改变管路流量。管路或管段直径改变后，在保持要

求的收油流量时，被改变直径的管路或管段中的流速与经济流速相差较大。油库一般尽量不采用此种方法。

4.2.5 管壁厚度

管壁厚度和管材的不同，关系到能否满足输送压力、流量下的安全运行，因此需要对其进行强度计算。

管壁厚度与管路输送压力、温度以及选用管材和管径有关。当金属管的壁厚 δ 小于 $D/4$ 时，受内压管路的壁厚可由式(4-30)求得。

$$\delta=\frac{PD}{2(\varphi[\sigma]+KP)}+C \tag{4-30}$$

式中 P——操作压力，Pa；

D——管外径，m；

φ——焊缝系数，无缝钢管 φ 取 1，焊接钢管 φ 取 0.8；

$[\sigma]$——在不同温度下钢材的许用应力，Pa(常用的几种管材许用应力值见表 4-12)；

K——修整系数，一般取 0.4；

C——管壁厚度附加值，包括钢管制造负偏差、腐蚀余量及螺纹深度。负偏差及螺纹深度的参考值列于表 4-13 和表 4-14。

表 4-12 常用管材的许用应力

钢号	适用温度/℃	常用机械性能		温度/℃								
		抗拉强度/MPa	屈服极限/MPa	≤150	200	250	300	350	400	425	450	475
Q235	0~300	373	235	108	98	88	78	74				
10 钢管	-40~450	334	206	108	98	88	83	75	66	60	49	
20 钢管	-40~450	392	245	127	118	108	98	90	81	75	61	
16Mn	-40~475	(510)	(343)	172	167	157	146	137	124	93	66	42

注：表中带括号的数值参考。

表 4-13 无缝钢管的负偏差

钢管种类	壁厚/mm	壁厚负偏差/%	钢管种类	壁厚/mm	壁厚负偏差/%
冷拔(冷轧)钢管	>1	-10	热孔钢管	3.5~20	-15~12.5

表 4-14 圆锥状管螺纹深度

螺纹标称/in	1/2	3/4	1	$1\frac{1}{4}$	$1\frac{1}{2}$	2	3	4	5	6
螺纹深度/mm	1.162	1.162	1.479	1.479	1.479	1.479	1.479	1.479	1.479	1.479

4.3 管路的热应力及其补偿

管路由于使用与敷设时的温度不同，其长度将发生伸长或缩短。温度升高，管路伸长；温度下降，管路缩短，这种现象就是热变形。管路两端受到约束，热胀冷缩将使管路产生很大的应力，这种因温度变化而产生的应力，称为热应力。热应力过大，将导致管路或管路连接设备的破坏，因此需要采取适当措施，防止热应力造成事故。

4.3.1 管路的热变形和热应力

（1）热伸长量计算

一般物体都有热胀冷缩的性质，管路也不例外。地面无约束管路的热变形量：

$$L_1=\alpha L(t_{用}-t_{安}) \tag{4-31}$$

式中 L_1——管路的热伸长量，正值表示伸长量，m；

L——管原长，m；

$t_{用}$——使用时的温度,℃；

$t_{安}$——管安装时的温度,℃；

α——线膨胀系数，对于碳钢，$\alpha\approx12\times10^{-6}$ 1/℃。

（2）管路的热应力

如果管路可以随温度变化自由伸缩，则管路中不会产生热应力。但是如果管路两端固定，而管路温度变化，则根据材料力学胡克定律可以用式(4-32)求得热应力：

$$\sigma_t=L_1/LE=\alpha E(t_{用}-t_{安}) \tag{4-32}$$

式中 E——管路材料的弹性模数，MPa；

σ_t——热应力，MPa。

可以看出，当管材性质和安装及使用条件一定时，热应力只取决于管路的约束条件和结构形式，即仅与管材的性质、温差及约束条件有关。

管路两端固定时，热应力最大；能完全自由伸缩时，则不产生热应力。实际管路中这两种情况都很少出现，往往都是既有约束，又不完全约束。约束越强，伸缩的可能越小，热应力就越大；反之，热应力就越小。因此，可用管路系统变形的可能性来衡量其热应力的大小。这种可能性称为弹性。管系热胀冷缩的可能性越大，也就是管系的弹性越大，热应力也就越小。管系的弹性取决于管路的形状、尺寸、壁厚、弹性模数等一系列因素。可以通过提高管系的弹性来减小其热应力。

4.3.2 管路的热补偿

当管路的热应力超过其许用应力时，需要采取相应措施来减少热应力，否则可能导致管路断裂或损坏管路连接设备等，造成事故。消除或减小管路热应力的基本方法就是使管路有自由伸缩的余地。通过增加管路系统的柔性来减小热应力，简称热补偿。通常有自体补偿和伸缩器补偿两种形式。

（1）管路的自体补偿

根据地形条件，在布置管路时利用平面或立面的自然弯曲，或者人为地增加管路的拐弯，以补偿管路的热伸长，减少热应力，称为管路的自体补偿。常见的自体补偿有 90°L 形、非 90°L 形和 Z 形三种形式(图 4-18)。

① L 形补偿。L 形补偿由管道构成，即短臂 L_1 和长臂 L_2 组成，L_1、L_2 之间的夹角 θ 为 90°~120°(图 4-19)。温度变化时，在短臂的固定支座上产生最大弯曲应力；在长臂轴向产生最大轴向推力。

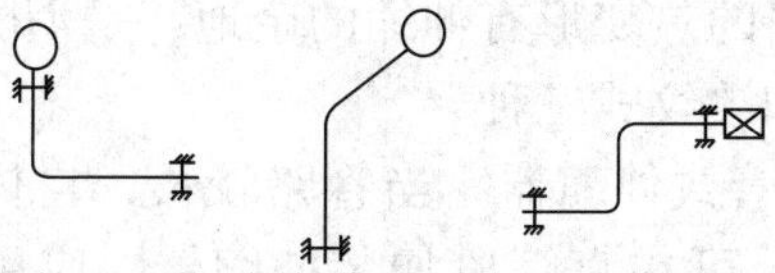

图 4-18　管路自体补偿类型

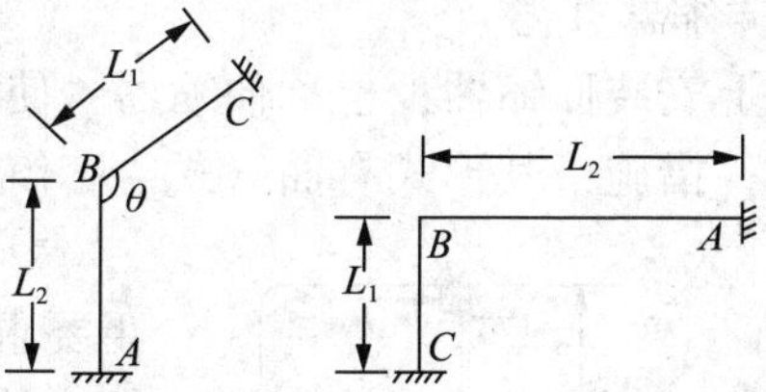

图 4-19　L 形管路自体伸缩器

最大弯曲应力按式(4-33)计算：

$$\delta_{wmax}=1.5\Delta L_1\cdot E\cdot D\left(\frac{\frac{K+1}{\sin\theta}+\frac{\text{ctan}\theta(K+3)}{K+1}}{L_1^2}\right) \tag{4-33}$$

式中　ΔL_1——短臂的伸缩量，m；

E——管材的弹性系数，MPa；

D——管子外径，m；

K——自体补偿的长臂与短臂之比，$K=L_2/L_1$；

θ——长臂与短臂之间的夹角。

当 $\theta=90°$时，自体补偿的最大弯曲应力计算公式：

$$\delta_{wmax}=\frac{1.5\Delta L_1\cdot E\cdot D(K+1)}{L_1^2} \tag{4-34}$$

管材的许用应力一般取为$[\delta_w]=80$MPa。

自体补偿的最大轴向推力可按式(4-35)计算：

$$P_{xmax}=\frac{3\Delta L_1 EJ(K+1)}{L_1^3} \tag{4-35}$$

式中，$J=\pi(D^4-d^4)/64$，为管子的截面惯性矩，其余符号同前式。

L 形自体补偿的短臂长度控制在 5~20m 范围内；长臂控制在 50~70m 范围内；长臂与短臂之比 $K=2.5$~10，一般取 $K=5$ 左右。

② Z 形补偿。Z 形管段自体补偿由短臂 L_1、长臂 L_2 及横臂 L 组成(图 4-20)。

温度变化时，Z 形管段的最大弯曲应力产生在短臂的两端，其值按式(4-36)计算：

$$\delta_{wmax}=\frac{6(\Delta L_1+\Delta L_2)\cdot E\cdot D}{(12K+1)L^2} \tag{4-36}$$

图 4-20　Z 形伸缩器

式中　ΔL_1——短臂伸缩量，m；

ΔL_2——长臂伸缩量，m；

L——横臂长度，m；

K——短臂与横臂之比，$K=L_1/L$。

最大轴向推力按式(4-37)计算：

$$P_{xmax}=\frac{12(\Delta L_1+\Delta L_2)\cdot E\cdot J}{(12K+1)L^3} \quad (4-37)$$

Z形自体补偿的横臂长度控制在15～20m，短臂一般控制在40m以内，长臂在50～150m范围内。

（2）伸缩器补偿

在管路上安装伸缩器，也称伸缩器，使管路的热变形有伸缩的余地，是消除或减少管路热应力的另一措施，其形式有曲管式、套筒式和波纹式三种。

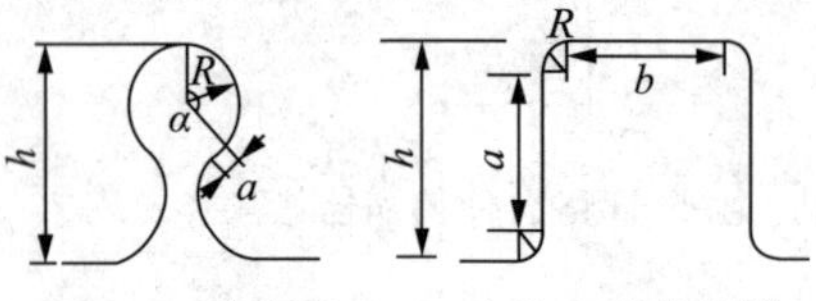

图4-21　Π形及Ω形伸缩器

① 曲管式伸缩器。当管路较长、自体补偿不能满足要求时，可在直管段加装伸缩器，应用最广的是曲管式伸缩器。曲管式伸缩器是将直管弯成一定的几何形状，如Π形、Ω形。曲管式伸缩器的作用原理是利用刚性较小的曲管的弹性变形来补偿直管部分的伸长量。其具体做法是将直管弯成如图4-21所示的几何形状和结构后，直接焊接在所需补偿的直管段上。

曲管式伸缩器是利用柔性较大的曲管发生弹性变形来补偿直管的热胀冷缩，因而管材应为无缝钢管制成。

Π形伸缩器主要用于输油管路，其结构尺寸：

$$R=4D \quad (4-38)$$

$$\alpha=h-8D \quad (4-39)$$

式中　R——曲管的弯曲半径，m；

D——管外径，m。

Ω形伸缩器主要用于蒸汽管路，其结构尺寸一般为：

$$\alpha=75° \quad (4-40)$$

$$R=4D_w \quad (4-41)$$

$$\alpha=\frac{0.966[h-2R(1+\cos a)]}{\sin a-(h-10D_w)} \quad (4-42)$$

Π形伸缩器的结构尺寸都已经分析计算并整理成图形与数据构成的图表(表4-15)。

式中　a——伸缩器宽度，即开度，m；

b——伸缩器高度，m；

c——伸缩器连接处直管段长度，通常$c=2D_w$，m；

R——弯曲段中心线半径，通常$R\geqslant 4D_w$，m；

l——伸缩器总长度，$l=a+2c+2R$，m(为方便下料，按式中计算之数值精确到厘米即可，毫米数四舍五入)；

A——伸缩器横臂上直管段长度，$A=a-2R$，m；

B——伸缩器竖臂上直管段长度，$B=b-2R$，m。

一般只需计算出所需补偿管段的伸缩量ΔL，就可从表4-15中查得所应安装伸缩器的结构尺寸。

表 4-15 Π 形伸缩器补偿量及尺寸表 mm

图例		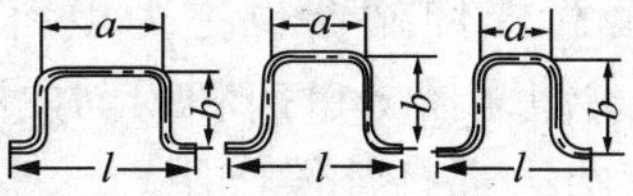													
管径		ϕ60×3.5		ϕ76×3.5		ϕ89×3.5		ϕ108×4		ϕ133×4		ϕ159×4.5		ϕ219×6	
弯头半径 R		240		304		358		432		532		636		876	
ΔL	型号	a	b	a	b	a	b	a	b	a	b	a	b	a	b
	Ⅰ	820	650												
25	Ⅱ	700	700												
	Ⅲ	620	750												
	Ⅰ	1280	880	1250	930	1290	1000	1400	1130	1550	1300	1550	1400		
50	Ⅱ	980	980	1000	1000	1050	1050	1200	1200	1300	1300	1400	1400		
	Ⅲ	780	1080	860	1100	930	1150	1060	1250	1200	1300	1350	1400		
	Ⅰ	1720	1100	1700	1150	1730	1220	1800	1350	2050	1550	2080	1680	2450	2100
75	Ⅱ	1300	1300	1300	1300	1350	1350	1450	1450	1600	1600	1750	1750	2100	2100
	Ⅲ	970	1450	1030	1450	1110	1500	1260	1650	1410	1750	1550	1800	1950	2100
	Ⅰ	2020	1250	2000	1300	2130	1420	2350	1600	2450	1750	2650	1950	2850	2500
100	Ⅱ	1500	1500	1500	1500	1600	1600	1700	1700	1900	1900	2050	2050	2380	2380
	Ⅲ	1070	1650	1180	1700	1280	1850	1460	2050	1600	2100	1750	2200	2080	2400
	Ⅰ	2520	1500	2600	1600	2790	1750	2950	1900	3250	2150	2550	2400	3150	2700
150	Ⅱ	1800	1800	1850	1850	2000	2000	2150	2150	2450	2450	2600	2600	2950	2950
	Ⅲ	1290	2100	1460	2300	1560	2450	1760	2650	1960	2800	2080	2880	2480	3200
	Ⅰ	3020	1750	3100	1850	3390	2050	3550	2200	3950	2500	4350	2800	4550	3150
200	Ⅱ	2100	2100	2200	2200	2350	2350	2550	2550	2800	2800	3050	3050	3500	3500
	Ⅲ	1480	2400	1680	2750	1860	3000	2060	3250	2200	3300	2400	3500	2850	3900
	Ⅰ			3500	2050	3900	2300	4050	2450	4550	2800	4950	3100	5250	3500
250	Ⅱ			2450	2450	2700	2700	2850	2850	3200	3200	3500	3500	4000	4000
	Ⅲ			1900	3150	2110	3500	2350	3800	2450	3900	2750	4200	3180	4600

为了减小 Π 形伸缩器的结构尺寸，减少占地面积，选用时应考虑施工中的冷拉安装，也称为冷紧安装。一般冷紧长度为伸缩量的50%时，其补偿量可增加 1 倍，从而选用较小的 Π 形伸缩器可以达到较大的补偿能力。目前 Π 形伸缩器冷拉安装法已在施工中普遍采用。

Π 形伸缩器因温度变化引起的最大弯曲应力和最大轴向推力分别按式(4-43)、式(4-44)计算：

$$\Delta_{\mathrm{wmax}}=\frac{1.5\Delta L\cdot E\cdot D}{(3K+1)b^2} \tag{4-43}$$

$$P_{\mathrm{xmax}}=\frac{\Delta L\cdot E\cdot J}{\left(\frac{b}{6}+\frac{a}{2}\right)b^2} \tag{4-44}$$

式中 ΔL——伸缩器的补偿能力，根据所补偿管段的伸缩量计算而得，m；

b——伸缩器高度，m；

K——伸缩器宽度与高度之比，$K=a/b$。

② 套筒式伸缩器。套筒式伸缩器也称为填料筒式伸缩器，由外套管和里面管体组成，如图 4-22 所示。填料筒式伸缩器分单向和双向两种。单向伸缩器允许一端的管体在套筒内自由滑动，而双向伸缩器两边都有补偿作用。

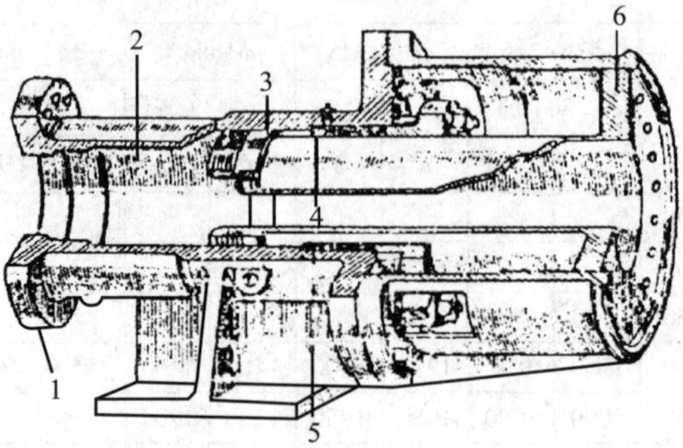

图 4-22　套筒式伸缩器

1—法兰盘；2—伸缩器套筒；3—限制器；4—金属垫环；5—填料；6—伸缩器管体

该伸缩器由管体和滑动套筒组成，利用填料保证伸缩时的严密性。为防止套筒由于油料压力自管体内拔出，管体上装有防止脱落的凸缘。

当管路上有闸阀时，套筒伸缩器因导管内压力不平衡，管路终端的固定支座将承受一个不平衡推力：

$$N=\frac{\pi D^2}{4}P \tag{4-45}$$

式中　D——管外径，m；

P——管内压力，Pa。

当管径较大时，这个不平衡推力是相当大的。

套筒伸缩器一般用在小压力(1MPa)和大口径(*DN*150 以上)的管路上，因为在小口径管路上使用时，管路本身垂曲性很大，会使伸缩器歪斜而卡住。

填料筒式伸缩器优点：结构简单、紧凑，补偿能力大，使用时不需做复杂的计算。缺点：严密性较差，必须更换填料，支点沉陷时，有卡住的危险。因此，轻油管路上较少使用。

③ 波纹式伸缩器(图 4-23)。波纹式伸缩器由许多个压制的波纹组成，每个波纹的伸缩能力为 5～8mm，其结构简单、严密、体积小，适用于场地受限制的地方，如储罐进出油管与输油管连接处、泵吸排管段等，主要起吸收管系位移、罐体下沉位移和振动等作用。

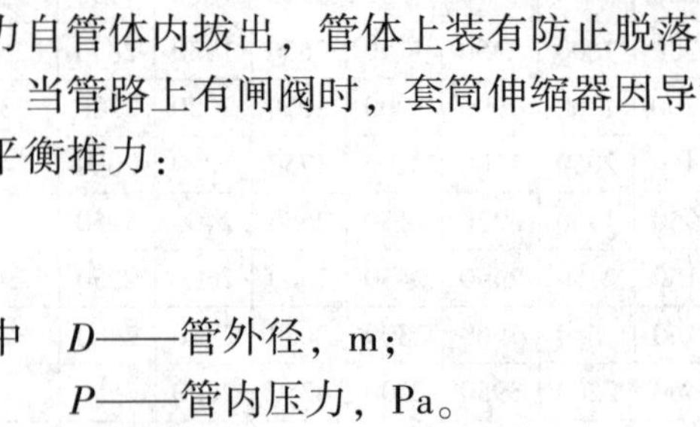

图 4-23　波纹式伸缩器

4.4　管路支座及跨度

管路支座通常由支座和支墩两部分组成，如图 4-24 所示。支座用钢材制作，固定于支墩上。支墩根据受力情况，可以用砖、石砌筑，或用混凝土、钢筋混凝土浇筑。

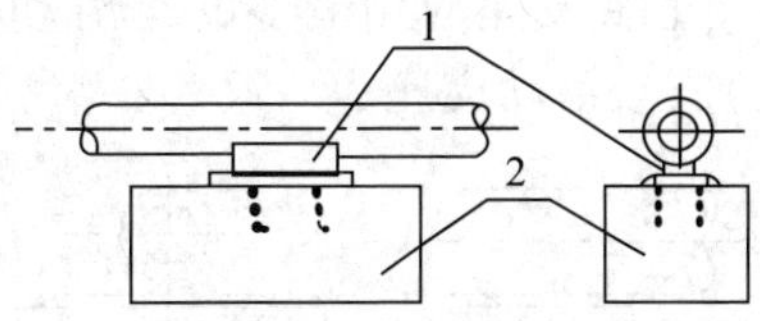

图 4-24 管路支座
1—支座；2—支墩

4.4.1 支座的类型和配置

管路支座分为固定支座、滑动支座和导向支座 3 种类型。

（1）固定支座

固定支座的作用是不允许管路有横向和轴向移动，隔绝各管段发生位移后可能形成的相互干扰，防止因管路产生位移而损坏与其连接的设备。

通常在下列部位设置固定支座：自体补偿管段的端点；伸缩器补偿管段的端点；管路系统中要求位置不动的部位，如三通、油罐进出油管等。

固定支座一般有两种形式：一种是梁式结构，用于管沟内，安装时将型钢梁或钢筋混凝土梁固定于管沟内的两侧墙上；另一种是混凝土或钢筋混凝土支墩。

管路与固定支座的固定方法一般有 3 种：管托、管卡挡块和绝缘管卡，如图 4-25 所示。

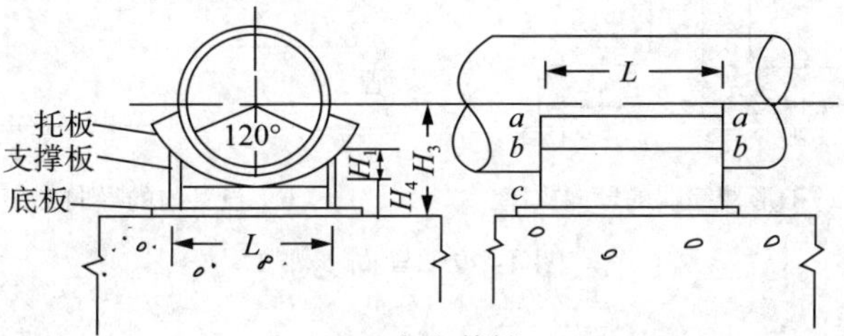

（a）管托

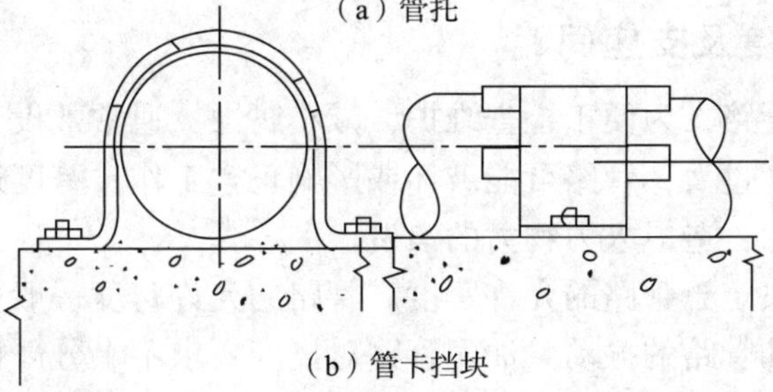
（b）管卡挡块

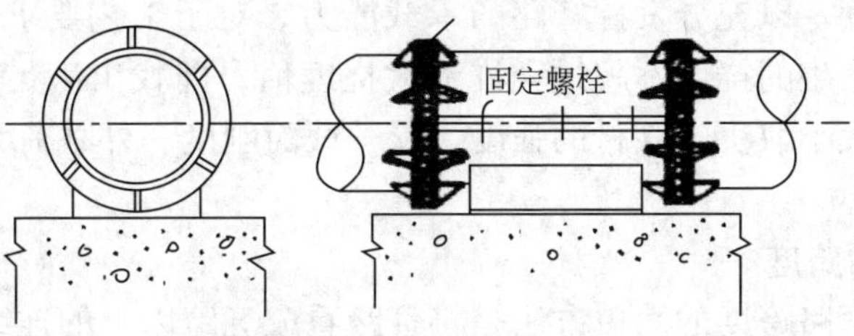

（c）绝缘管卡

图 4-25 固定支座

（2）滑动支座

滑动支座主要是起支撑作用，允许管路在支座上沿轴向移动，同时也允许一定范围的横向移动。

管路支座应用最多的是滑动支座。通常在两个固定支座之间按管路要求的间距(即跨度)安装滑动支座。

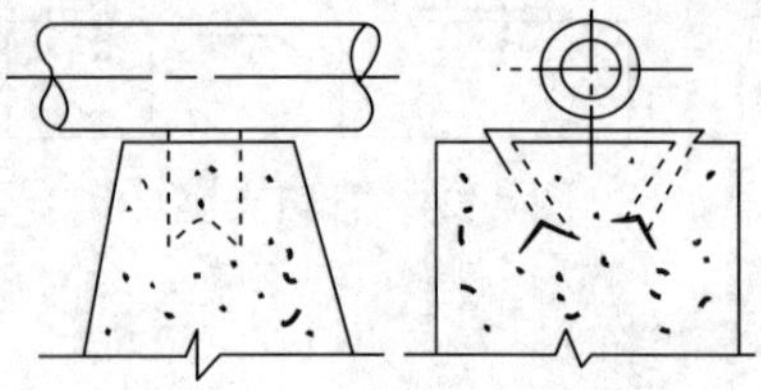

图 4-26　滑动支座

滑动支座一般用混凝土或砖石砌筑而成，在顶面埋置扁铁，管路支撑在扁铁上，如图 4-26所示。保温管路可在支座处加设管托。管沟内的滑动支座还可采用吊杆、角钢悬臂梁、三角支架等。自体补偿管段弯管处的滑动支座应适当加宽，以适应较大的横向位移。

（3）导向支座

导向支座只允许管路在支座上做轴向移动，而不允许有径向移动，用于要求管路只做轴向移动的场合。在 Π 形伸缩器的两侧安装导向支座(图 4-27)，可以有效地将管路的伸缩量导向 Π 形伸缩器。在需要限制管路横向移动的地方也必须设导向支座。管路与导向支座之间的相对移动可以是滑动或滚动，支座处安装滚轮或滚轴。

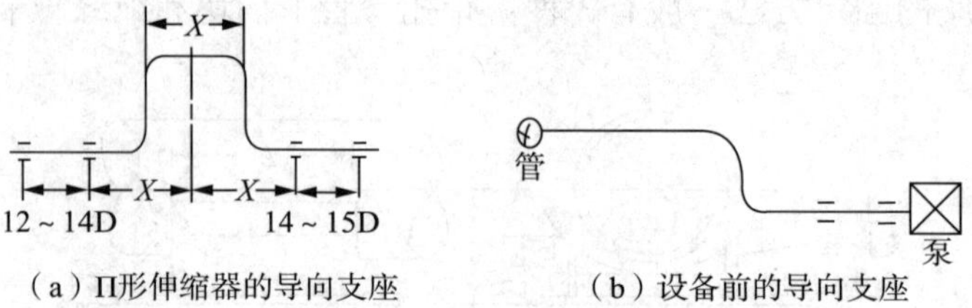

（a）Π形伸缩器的导向支座　（b）设备前的导向支座

图 4-27　导向支座

4.4.2　管路跨度及支座间距

地上管路和管沟管路，为便于检查维护，减小腐蚀，通常敷设于支座上。相邻两支座间的距离称为跨度，跨度过大，管路可能破坏或影响正常工作；跨度过小，则需增加许多不必要的支座，使投资增加，造成人力物力的浪费。

管路支座的间距决定于管路的允许跨度。管路的允许跨度一般从 3 个方面来确定：管路的强度、管路的挠度和管路的振动。油库管路对挠度要求不十分严格，并且也没有较大的振动源，因此油库管路通常是由管路的强度要求确定其跨度，即找出外载荷作用下管路不会遭到破坏的最大允许跨度，以充分发挥管路的承载能力。对于工艺要求收发油后放空的管路，还需规定管路跨度所产生的挠度不超过允许最大挠度值，即找出满足刚度要求的管路跨度，所以管路允许跨度的大小取决于管材的强度、管子截面刚度、外载荷大小、管路敷设坡度及允许最大挠度。

（1）强度允许的跨度

按强度要求计算管路跨度的简单方法是将管路看成五跨以上的连续梁，这时管路跨度可由材料力学并考虑塑性变形求得

$$L=\sqrt{\frac{15[\delta]W\varphi}{q}} \tag{4-46}$$

式中　W——管路截面的截面系数，$W=\dfrac{\pi(D^4-d^4)}{32D}$，$m^3$；

φ——管路的横向焊缝系数；

q——作用于管路上的线荷载，N/m，包括自重、热绝缘层重、输送介质重和风、雪载荷等；

$[\delta]$——管路的许用应力，Pa。

管路的边跨，为了与中跨有同等强度，取：

$$L_b=\sqrt{\frac{10[\delta]W\varphi}{q}} \tag{4-47}$$

管路中，除管路末端是边跨外，凡在管路上安装有设备，如伸缩器等，破坏了管路连续性的管段，均认为是边跨。

水平弯管的跨度按式(4-48)计算：

$$L_W=\sqrt{\frac{6.67[\delta]W\varphi}{q}} \tag{4-48}$$

或

$$L_W=0.67L \tag{4-49}$$

（2）刚度允许的跨度

管路在一定跨度下总有一定挠度。敷设输油管路时，应根据工艺要求，将挠度限制在规定范围以内。对不允许管内存油、能自流完全排空的管路，不允许存在反坡现象，即管路挠度应小于或等于管路敷设坡度所形成的垂度，如图 4-28 所示。

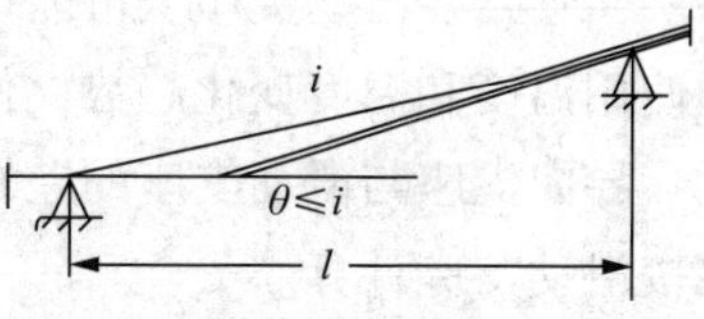

图 4-28 管路挠度

不允许有反坡的管路应按式(4-50)计算其满足刚度要求的允许跨度：

$$L=5\sqrt[3]{\frac{E_j}{q}i} \tag{4-50}$$

式中 E_j——管路的抗弯刚度；

i——管路的坡度；

q——作用于管路的线荷载，包括自重、热绝缘层重、输送介质重和风、雪荷载等。

其边跨按式(4-51)计算：

$$L_b=\sqrt[3]{\frac{48E_j}{q}i} \tag{4-51}$$

（3）支座间距

管路支座的间距应同时满足强度要求和刚度要求，即支座间距应小于或等于跨度和刚度允许的跨度。当强度允许的跨度与刚度允许的跨度不相等时，应取两值中较小值作为确定支座间距的依据。

4.4.3 管路对支座的作用力

根据支座对管路的约束情况，管路对支座的作用力也不同。

活动支座可分为滑动和滚动两类。滑动支座比较简单，但摩擦阻力较大，因而管路热胀冷缩时对支座水平推力也较大。

作为近似计算，管路作用于支座上的垂直荷载，可取单位长度管路的自重、热绝缘层和输送介质重量与跨长的乘积，即：

$$Q=qL \tag{4-52}$$

式中 q——管路自重、热绝缘层和输送介质等的单位长度重量，N/m；

L——管路跨度，m。

作用于滑动支座上的水平荷载：

$$N=\mu qL \tag{4-53}$$

式中 μ——摩擦系数。钢对钢 $\mu=0.3$；钢对混凝土 $\mu=0.6$；铁对铁和铁对钢 $\mu=0.35$。

作用于滚动支座上的水平荷载：

$$N=\frac{qL(\mu_k+\mu r)}{R} \tag{4-54}$$

式中 μ_k——滚动摩擦系数，对于粗加工的钢滚与钢管接触可取 $\mu_k=0.05$；

r——滚轴轴颈半径，cm；

R——滚轴半径，cm。

当管路在滑动支座上可能产生横向位移时，除了保证支座的横向尺寸外，还应根据管路的使用温度和温度变化趋势，使管路处于支座的适当位置上。

导向支座与滑动支座的差别，主要是横向不能移动，因此管路作用于这种支座上的荷载也按滑动支座计算。

固定支座完全约束了管路的移动，因此作用于其上的荷载应视管路弹性和工作状况确定。对于装有Π形伸缩器的管路，当管路中相邻伸缩器间没有阀门时，作用于固定支座上的水平推力：

$$N=P_1-0.8P_2 \tag{4-55}$$

P_1 和 P_2 是管路作用在固定支座左右两面的作用力，该作用力是管路的弹性反力和管路的中间支座(从固定支座到伸缩器间的所有滑动支座和导向支座)的摩擦阻力之和：

$$P_1 = P_{t1} + 0.8\Sigma P_{m1} \tag{4-56}$$

$$P_2 = P_{t2} + 0.8\Sigma P_{m2} \tag{4-57}$$

式中 P_{t1}、P_{t2}——相应于 P_1、P_2 端的管路弹性反力，Pa；

P_{m1}、P_{m2}——相应于 P_1、P_2 端的管路与支座间的摩擦阻力，Pa。

当管路中的相邻伸缩器间有阀门时，这个推力便成为：

$$N=P_1 \tag{4-58}$$

这时 P_1 是管路充液端的弹性反力和中间支座摩擦阻力之和，因为未充液端不产生弹性反力和摩擦阻力。

对套筒式和波纹管式伸缩器，由于其自体对内压不能平衡，当伸缩器之间有阀门存在时，还要考虑这个不平衡力，这时：

$$N=P_1+P_n \tag{4-59}$$

式中 P_n——管路的不平衡内压力，$P_n=\pi d^2P_0/4$，Pa；

P_0——管路的操作压力，Pa；

d——管内径，m。

4.5 管路安装及使用

4.5.1 管路的敷设形式

油库内管路有地上敷设、管沟敷设和埋地敷设 3 种方式。

地上敷设是将管路放置在地面管墩或管架上。这种敷设方法的优点是建设费用低，易于维护检修，不受土壤腐蚀；其缺点是库区管线较多时，管线来往穿插，妨碍交通，防护能力差，易遭破坏，受气温变化的影响大。

管沟敷设是将管路安装在混凝土、砖、石砌筑成的管沟内，管沟上设置钢筋混凝土盖板，上面浅覆土或不覆土，检修时揭开盖板进行操作。管沟敷设的优点是受大气温度影响较小，对泵吸入管路正常运行有利，油库地面无管路，便于操作；其缺点是造价高，建筑材料消耗大，管沟内空气潮湿，易腐蚀管路。一般轻油管路、长距离管路无特殊要求时，均不用管沟敷设。管沟敷设适用于短距离加热输送黏油的管路及蒸汽管。

埋地敷设是将管路直接埋在地下土壤里，这种敷设方式通常用于较长的管路敷设，例如山洞油库和地下隐蔽库的储存区和装卸区之间的输油管路。埋地敷设的优点主要是隐蔽，有一定防护能力，建设费用较低，而且管路周围土壤是管路的天然保护层和绝缘层，使管路不易受外界损伤，减少热能损失，管路温差引起的轴向变形小，一般不需设伸缩器；其缺点是土石方施工量大，一旦发生渗漏，不易发觉，维修困难，在腐蚀性强的地区易受腐蚀。

管路的敷设方法使用上各有利弊，而且各油库的地形地质条件和布局也不一致，因此不能说某一方法就好。设计时要根据油库地区的地下水位、土壤性质、气候条件和管网的特点，灵活应用。例如，地下水位高，土壤腐蚀性强，则不宜敷设地下管路；若油库管线较多，管网纵横交错，而又是车辆和行人必经之地，便可考虑管沟不进行地上敷设，应作跨线桥涵。总之需要具体分析，进行经济性对比后合理选用。并且整个油库也不一定全部是地上或管沟敷设，可以根据油库特点，在不同区域或不同管线，采用不同的敷设方式。

4.5.2 管路的敷设要求

（1）敷设间距

油库管路在库内的走向，应按一定方位整齐排列，尽量避免交叉。管路间距按规范规定的最小间隔排列，一般其净间距为 100~150mm，这是考虑管路安装和维修时需要的最小距离。地下输油管路与其他管路交叉跨越时，应尽量从其他管路下面穿过，相距为 0.5m；与电缆交叉跨越时，管路必须敷设在电缆上面，其间距为 0.3m。

（2）穿越保护

管路穿越墙壁、沟壁、检查井壁时，不能将管路固定在墙壁上，应当留一定的间距或设置套管，套管与管路之间用石棉掺水泥填塞。管路穿越墙壁处不允许有焊缝。穿越公路和铁路时，管路应敷设在保护套管内，套管可采用钢管或钢筋混凝土管(图 4-29)。

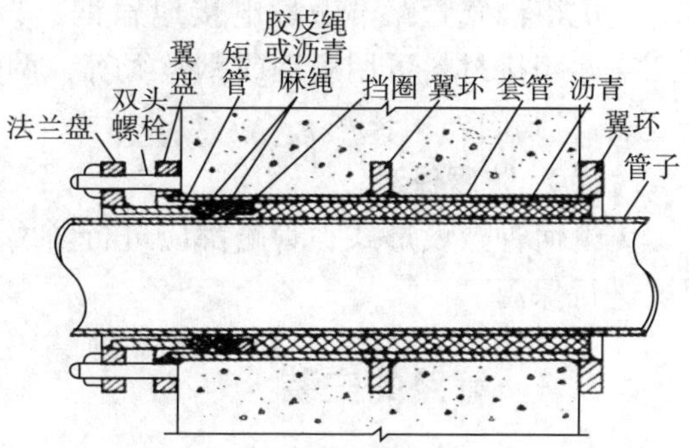

图 4-29 管路穿墙防水结构

（3） **保持一定坡度**

为了排尽管路内的油料，应力求管路向泵房方向保持一定顺坡，避免出现反向坡度。一般轻油管路的坡度为3‰~5‰，黏油管路的坡度为5‰~10‰。

（4） **油泵吸入管路**

油泵吸入管路的敷设应注意保证油泵的正吸入头，以免发生汽蚀。因此，应尽量使吸入管路的长度最短，分支管路、弯头及其他配件最少。油泵入口处要使用偏心大小头，其上部保持水平。为了保证油泵正常工作，敷设管路时应使进入油泵的流体不致出现涡流。为此，最好在吸入口前设置一长度不小于3倍管径的直管。采用双吸离心泵时，这个直管段的长度应取7~10倍管径。

（5） **安全距离**

管路靠近或通过建筑物时，应留出一定安全距离，以防发生事故时因互相影响而扩大事故范围。

（6） **敷设伸缩器**

管路敷设除利用本身的转弯作为管路热胀冷缩自体补偿，应尽量减少折点和转弯，以减少液流冲击作用和阻力损失。地上管路和管沟管路必须设置伸缩器。

（7） **检查井**

地下管路在安装闸阀、法兰、伸缩器的管段和管路分支处，均应设检查井。在比较长的裸管段也应设置一定数量的检查井，检查井内管路以法兰连接，以便分段拆开进行翻修。裸管部分检查井的间距，视管路长短而定，一般每100~300m应设置一个检查井。

（8） **管沟分类**

不允许将轻油管与蒸汽管路及电缆线敷设在同一管沟内。黏油管路、蒸汽管路及回水管路可设在同一管沟内。

（9） **防静电**

轻油管路应设置防静电接地装置，其接地电阻一般在100Ω，接地极不少于3根，呈环状布置。

下坑道设静电接地扁钢，与每个罐体焊接，焊接点不得少于两处。在坑道口部母线与各道门的穿墙套管焊接，然后接至接地极。在口部适当位置做一镀锌活接头，以螺栓连接。下坑道输油管路与静电接地母线之间，每隔20m或两头有法兰的每个管段处焊接一次。平等管路间距小于1m时每隔20m或每段管互相跨接一次。

上坑道油气管路不做静电接地扁钢，只需将每对法兰、每个阀门、防火器等做挠性跨接。挠性跨接材料可用扁钢或钢丝绳等，两头焊接在管路上，并做防腐处理，跨接线长度为1m左右，阀门处稍长些。

（10） **防腐保温**

无论何种敷设形式，管路都应进行防腐处理。黏油管路和蒸汽管路还应根据需要包扎保温层进行保温。

4.5.3 管路的安装

（1） **管路施工基本方法**

输油管路由一根根管子连接而成，管路的连接方法有焊接连接、法兰连接和丝扣管箍连接。其中，丝扣管箍连接只适用于水、煤气钢管。焊接和法兰连接是输油管路广泛采用的连接方法。当管材选好之后，输油管路是否严密不漏，就取决于连接质量。

① 焊接连接。管路焊接处的焊缝质量与焊接材料有很大关系。电焊材料，即焊条应满足如下要求：焊接金属的机械性能和化学成分应与母材相当；在任何位置上具有良好的施焊性能。用焊条电弧焊焊接管路时，可根据所用材质选用焊条。

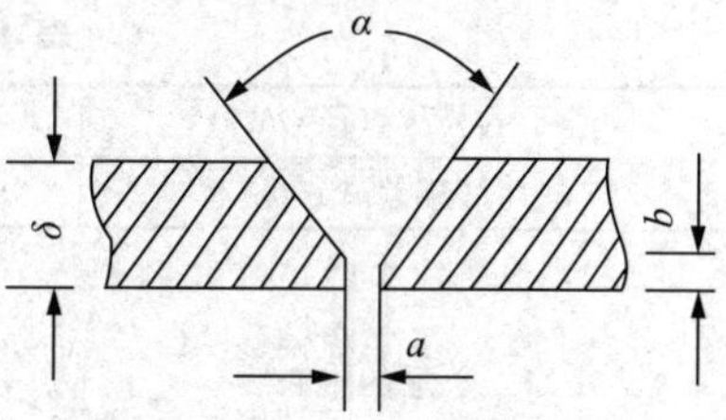

图 4-30　V 形坡口

输油管路采用的焊接接头在焊接前应予加工并符合焊接要求，壁厚 4mm 以上的管子用 V 形坡口，如图 4-30 所示，其间隙、钝边及坡口角度按表 4-16 中的尺寸确定。

表 4-16　V 形坡口尺寸

壁厚 δ/mm	间隙 α/mm	钝边 b/mm	坡口角度 α
3.5~8	2.5~3.0	0.5~1.0	60°~70°
9~12	3~4	1.5~2.0	60°±5°

② 法兰连接。法兰连接在输油管路中的应用也很广泛，尤其是管路与阀门、泵等设备的连接处必须用法兰连接。其优点是综合强度高、拆卸方便。法兰的种类很多，已标准化，使用时可按管子的公称直径和公称压力进行选择。

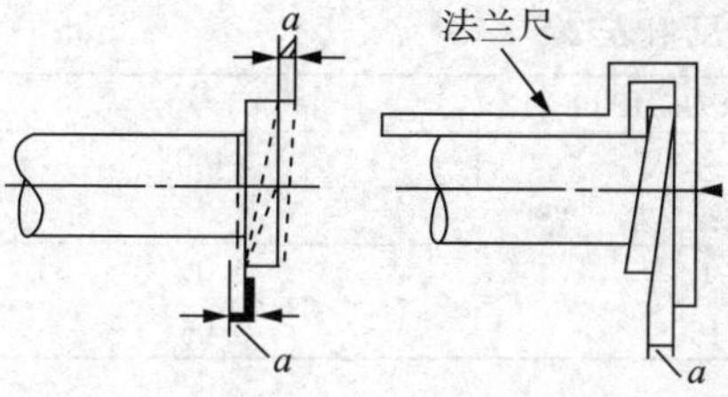

图 4-31　用法兰尺检查法兰垂直度

我国油库中，油料输送压力一般不很大，属中低压管路，多采用焊接式法兰。以法兰连接管子时应按下述技术要求进行：

a. 法兰端面与管子中心线要垂直，可用法兰尺检查其垂直度，如图 4-31 所示。检查时，用塞尺测量法兰尺和法兰端面之间的间隙（沿圆周测量），此间隙即为法兰端面与管子中心线之间的垂直度偏差，其允许值见表 4-17。

表 4-17　法兰端面与管子中心线之间的垂直度的允许偏差　mm

管子的公称直径 DN		100	125	150	200	250	300	350
允许偏差 α	工作压力≤4MPa	±2	±2	±2	±2	±2	±2.5	±2.5
	工作压力>4 MPa	±1	±1	±1	±1	±1		

b. 法兰螺栓孔与管子横断面中心线之间的周向偏移（图 4-32）不应大于表 4-18 所示的允许偏差值。

表 4-18　法兰螺栓孔与管子横断面中心线之间的周向偏移的允许偏差　mm

螺栓孔的直径	18	23	27	34	41
允许偏差 δ	±1	±1	±1	±1.5	±2

c. 法兰上两个相邻螺栓之间的距离偏差不应大于表 4-19 所列的值。螺栓孔之间的距离按直线距离测量(图 4-33)。

表 4-19　法兰螺栓孔距离的允许偏差　　mm

管子的公称直径 *DN*	≤125	>125
允许偏差 Δ*A*	±0. 5	±1

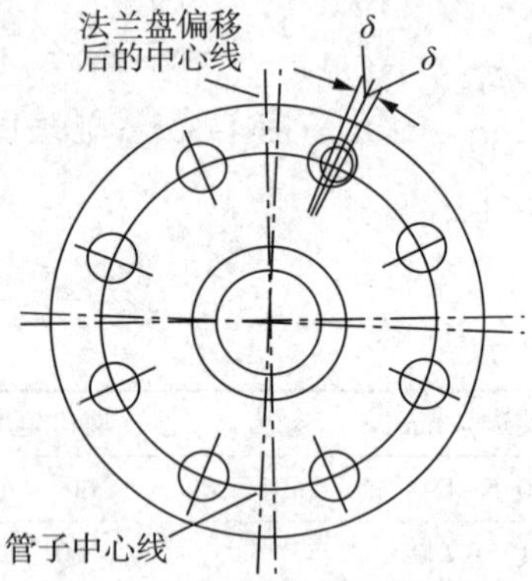

图 4-32　法兰螺栓孔周向偏移

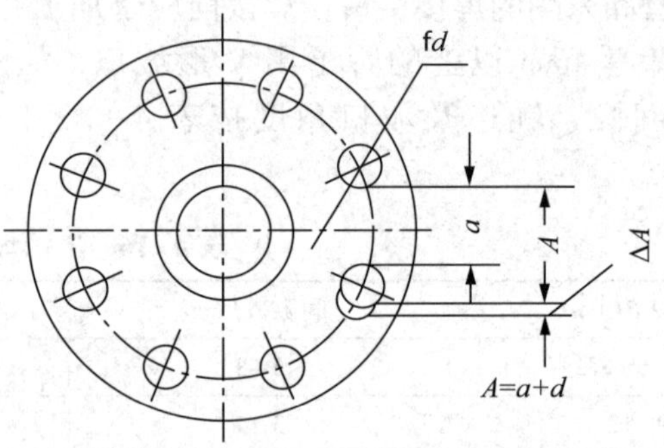

图 4-33　法兰螺栓孔间距及偏差

d. 两个对接法兰的端面之间应互相平行，其平行度偏差(图 4-34)不应大于表 4-20 所列的允许值。

表 4-20　对接法兰端面之间的平行度偏差 Δ*S*　　mm

公称直径 *DN*	工作压力/MPa		
	>1. 6	1. 6~4. 0	>4. 0
	允许偏差 Δ*S*		
≤100	0. 2	0. 1	0. 05
>100	0. 3	0. 15	0. 05

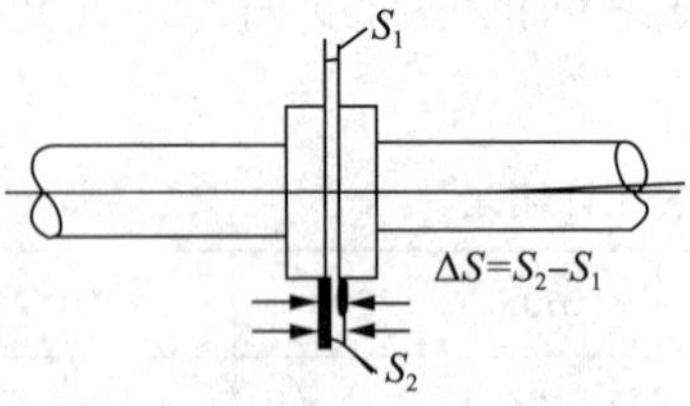

图 4-34　对接法兰端面之间平行度偏差(按圆周测量)

e. 法兰的密封面必须加工光滑，不得有径向方向的沟槽等缺陷。

（2）管路安装技术要求

① 管路安装前，首先应将管子内部的焊渣、污物、沙石等清扫干净，严防堵塞；管沟内有积水时，应先将积水抽净，并按设计要求清理沟底。管路附件在安装前应按照规范进行试压，以确保其强度和严密性合格。

② 所有工艺管路应按设计要求的轴线、标高和坡度进行安装，不得有反坡或扭曲现象。管路安装应保证每一段或两个固定点间管段的中心线成一直线，每 10m 长度容许偏差不大于 15mm，全长在水平面上的偏差不大于 50mm，立管垂直偏差不大于 10mm，标高偏差±5mm。

③ 穿过墙壁、地板的管路焊口，应设在建筑物之外，其距离不小于 200mm。管路应牢靠地架设在支座上，不应有间隙；焊口距支座边缘不小于管径，且至少不得小于 200mm；法兰距支座边缘也不小于 200mm；支管离焊缝应在 100mm 以上。支管与干管的马鞍形连接，其对口处应互相垂直，在 200mm 范围内，用直角尺检查，其间隙不得超过 2mm。

④ 安装有缝钢管，应将纵缝位置设在易于检查的方向；对焊时，应使两管的纵向焊缝错开 100mm 以上。

⑤ 管路用丝扣连接时，丝扣应整齐，无毛刺、歪斜、乱扣等现象。装配丝扣时，应有 1/3 的长度能用手旋入标准件内，不得有过松过紧等现象。丝扣紧固后，必须外露 2~3 扣。对于介质为热水、空气的管路，允许在丝扣上绕缠一层麻丝，但对其他管路，不得有任何绕缠物。

⑥ 管路安装中的起点和终点两端，如不能立即连接，应用木塞或盲板临时封闭，以保护坡口和防止杂物进入管内；管路连通前应用铁丝缠布拉刷干净。当管子不够设计长度时，可加设一段短管，但当公称直径大于 100mm 时，短管长度不得小于 200mm；公称直径小于或等于 100mm 时，不得小于 100mm。

⑦ 套管应在管路分段试压合格后安装，套管的焊接应牢固、严密。对通过路基或长度超过 2m 的套管，应进行试压，试验压力不小于 1.0MPa。

⑧ 法兰接口螺栓应露出螺帽外，其露出长度应小于螺栓直径 1/2，法兰的最后连接应在管路调整后进行，并放入永久性垫片，垫片安装前，应两面涂以 30 号润滑油调和的黑铅粉。法兰垫片每拆卸一次，即应更换新品，并不得使用倾斜双层垫片，垫片上不得涂铅油。

⑨ 安装 Π 形伸缩器时，应注意管与管之间和管与管沟壁之间的距离，保证管路有伸缩余地。一般，冬季安装的管路、热油管路及蒸汽管路应冷拉 $\Delta/2$，夏季安装的管路应冷压 $\Delta/2$，Δ 为伸缩器的伸缩量。Π 形伸缩器应与管路坡度相适应，垂直臂应水平安装，其倾斜度只能在平行臂上得到保证。

⑩ 安装阀门时，应将闸板关闭，并注意手柄的方位，以便开关，但闸阀的手轮不得垂直向下装设。安装单向阀、球心阀时，应注意其流向，不得反装。安全阀在安装前，应根据设计要求调整到闭启压力。

4.5.4　管路的验收

管路验收在安装完毕后进行。验收工作是确保管路质量、保证使用安全的重要环节，必须充分重视。管路安装时不合格之处，均应在管路使用之前处理完毕。管路验收主要包括外观检查和试压。

（1）外观检查

管路应当符合敷设要求和安装要求，管路支座、静电接地等均应符合设计要求。应重点检查管路接头。

① 平焊钢法兰用 T 形焊法焊到管子上的焊接接头，应全部做外观检查。

② 焊缝及邻近焊缝的金属不应有裂纹；焊缝表面应光滑，在周围没有显著的不平和孔隙；从焊缝金属到焊件间要平滑过渡，没有金属堆积现象；手工焊接时，焊缝加厚值不小于 1mm 及不超过壁厚的 30%，仰焊时其加厚值不应小于 2mm 及不超过管壁厚度的 40%；焊缝截面尺寸如图 4-35 所示，并满足表 4-21 中所列的规定值；气孔、夹杂物和折断面未焊透的总深度不应超过管壁厚度的 10%。

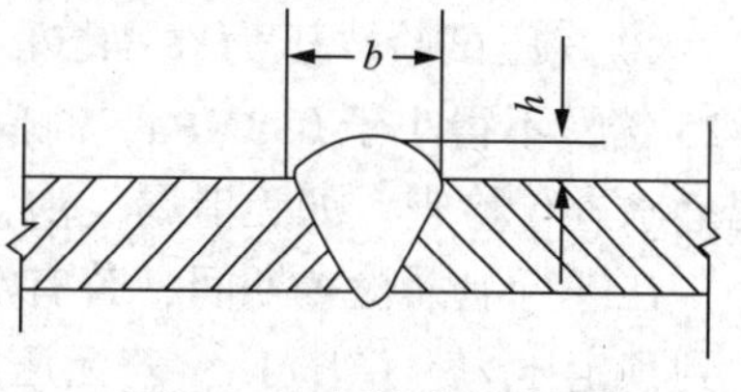

图 4-35　焊缝截面尺寸

③ 当焊缝上外观缺陷部分的长度不超过周围长的30%时，允许采取部分铲去缺陷的方法；否则接头应报废，割掉重焊。

表 4-21　焊缝截面尺寸　mm

管壁厚度	b	h
3	6~8	1~2
4	8~19	
5	10~12	
6	12~15	

（2）管路试压

管路安装完毕并经外观检查合格后，在投入使用前必须进行试压，检查其严密性及耐压强度。油库管路一般均采用水压试验，试验压力由式(4-60)计算：

$$P=\frac{1.5p[\sigma]}{[\sigma_t]} \tag{4-60}$$

式中　P——设计压力，Pa；

$[\sigma]$——常温下的许用应力，Pa；

$[\sigma_t]$——设计温度下的许用应力，Pa。

试压前应对管路内部进行清洗，以便洗掉安装时残留在管内的氧化皮、焊条头及铁渣等杂物。对于公称直径小于150mm的，可用水清洗；当公称直径大于150mm时可用压缩空气吹扫，其介质流速越高越好，一般不小于0.8 m/s，冲洗压力不得低于1/4的工作压力，这样才能保证管壁上的杂质被剥落洗出。吹扫的时间约10~15min。吹扫的排气短管的直径是吹扫管子本身直径的50%~60%，排气短管装置在吹扫管段末端。不管水冲洗还是压缩空气吹扫，都应由管路的高处向低处进行。凡是吹扫或冲洗不到的死角，如泵房内的管组，在管路吹扫完毕后，应拆开进行人工擦洗。同时对每个阀门应卸下清洗干净，以防关闭不严。

管路清洗后，即可进行试压，方法如下：

① 水压试验。分段水压试验：试验压力应等于工作压力的1.5倍，试验时间保持5min，降到工作压力，然后在焊缝周围，离焊缝15~20mm处，用1~1.5kg手锤轻轻敲击，检查管路无漏水和湿润现象，则分段水压试验为合格。螺旋焊接管及有缝管在分段水压试验时应特别注意检查螺旋焊缝和纵向焊缝是否渗漏。

总体水压试验：试验压力为工作压力的1.25倍，不得小于0.5MPa，持续2h，压力下降不超过工作压力的10%，则可认为总体水压试验合格。

② 气压试验。压力在1MPa以下的管路，可进行气压试验，试验压力为工作压力的1.25倍，不得小于0.3MPa，时间保持30min，降至工作压力，在管路焊接和法兰连接处涂肥皂水进行检查，如无泄漏气泡，则气压试验合格。

在进行泄漏检查期间，若有泄漏发生，则应进行补修，待确认无泄漏后，再进行升压，达到预定压力，稳压1h，若无压力降，则为合格。

管路外观检查和试压合格后，即可交付使用。管路验收时，应提交下列文件：

a. 设计图纸及修改通知单；

b. 隐蔽工程验收记录；

c. 材料证明书；

d. 焊缝接口试验及焊接工作日记；

e. 管路水压试验记录。

（3） 其他

泵房管路的吸入管路在设计时，应尽量使它的路程最短，分支管路、弯头及其他配件最少。

为了不使油泵产生汽蚀，安装时还要注意在吸入管中不形成气袋。油泵入口处的大小头要使用偏心大小头，其上部保持水平。

为了保证油泵正常工作，敷管时还要使进入油泵的流体不出现涡流。因为泵的入口一发生涡流，就破坏了叶轮的流动特性，这样不仅会产生噪声，还不能发挥其原有性能，并缩短了泵的使用寿命。为防止这种情况发生，最好是在吸入口前设置一长度不小于 3 倍管径的直管。当采用双吸式离心泵时，这个直管径段的长度应取为 7~10 倍管径。

油库管路使用时，往往有暂时不放的情况，这时管路内充满了油料，由于大气温度变化或暴晒，管路压力将因油料的膨胀而上升，若管路没有泄压装置，可能会造成管路漏油（特别是法兰连接处），或阀门开不开，甚至引起管路破裂。表 4-22 是一条 12in 管路由温度变化而引起的管内压力变化。

表 4-22 温度变化引起的管路压力上升值

管路初温/℃	管路终温/℃	平均油温/℃	管内压力上升值/MPa	1000m 管路内体积膨胀量/m^3
10	11	10.51	0.783	0.0623
10	12	11.88	1.296	0.1247
10	13	12.16	2.025	0.1972
10	14	12.51	2.835	0.2595
10	15	13.22	3.78	0.3118

因此，对于不放空的管路，要在适当地方装置旁通管，例如向油罐上部作回油管等，以解除这种膨胀压力。

管路建成投产之前，还应对管路的施工质量和工程要求进行必要的检查，其中包括使用材质是否符合设计要求，特别是对于高温和低温状态下的一些管路，更要认真核对。

4.5.5 管路的正确使用

管路的正确使用是十分重要的。如果能按照管路技术的要求和操作规则，正确使用，积极维护，定期检修，就可以延长使用期限，节约大量资金。

在管路的正确使用上，应做到以下几点：

（1） 熟悉情况

为了正确使用管路，必须熟悉管路布置、管路的结构、连接形式、坡度方向；管路规格及质量、技术状况；阀门位置及作用；地下管路分布位置等情况。还应绘制平面流程示意图，以指导操作。

（2） 正确操作

正确操作就应建立必要的制度，按操作规程办事，这是防止事故发生的有力措施。例如开关阀门，错开或关闭不严、不及时，就会发生混油、跑油事故。排出管阀门未开，便启动容积泵，管路则可能超压。开关阀门过猛会使液流脱节，产生水击现象，破坏管路和管件。

（3）放空管路

操作完毕，必须及时放空管路，因为放空管路有下述意义：

① 防止因阀门渗漏，使油料窜混；

② 避免黏油凝结在管内，影响输转；

③ 保证管路安全。

如果管路中存油，当温度升高时，油料的膨胀大于管体金属的膨胀，使管路压力增高，引起管路渗漏(如法兰连接处等)，闸阀开启困难，以至胀裂管路。对于密封管内充满油料，在温升1℃时的膨胀压力可增加0.7MPa。因此，在管路的适当位置应安装胀油管或安全阀，连通油罐气体空间或放空罐。对输转作业频繁的油库，如航空兵场站油库，因业务需要，管路多不放空，但应注意此类事故，可在管路上安装安全阀等。

（4）防止渗漏

法兰、焊缝、阀门填料、伸缩器填料等处，是管路渗漏的薄弱环节，应经常检查和维护，适时更换法兰垫片和阀门填料。

地上管路的渗漏，比较直观，容易发现。但地下管路检漏比较困难，目前还没有方便可靠的检漏仪和方法，这就要求工作中切实掌握地下管路的技术状况。通常根据下列症状来判断地下管路是否漏油：

① 收发油时泵出口压力表读数是否有突然下降或比正常读数小的现象，进口处真空表的读数是否相应增加；

② 一次作业中收油或发油是否有不正常的差额；

③ 平时管内有无流水般的声响；

④ 通过管路的地面有无油迹，周围植物生长是否正常。

上述方法在管路大量漏油时，是能及时发现的，但微小渗漏时，就不易发现了。为了防止长期漏油的损失，地下输油管路应进行周期性的试压，以发现管路有无渗漏现象。

（5）适时清洗

管路经过一定时间使用后，在管路的内表面上会覆盖一层铁锈或自油料中析出的沉淀物，这样就会减少管路横截面积，并增加液体阻力，降低输送能力，所以，管路使用一定时间后，必须根据情况适时清洗。

（6）减少腐蚀

除了采取应有的防腐措施外，平时应经常检查管路锈蚀情况，发现脱漆处，应及时补漆。为防止管路底部锈蚀，在可能时，结合大修可转动管段，使其腹面向上。管路周围的污水、杂草应随时清除。地下管路在使用一定年限后，应在腐蚀严重地段挖坑检查地下管路腐蚀情况，以采取相应措施。

另外，还应检查支座、管沟的状况，修理其损坏部分；检查管路的防静电接地装置的连接是否牢靠，有无严重腐蚀现象。寒冷地区，入冬前应放净闸阀或管路低凹处的积水，以防冻裂。

4.5.6 管路设备保温

为了减少黏油管路、蒸汽管路的热损失，防止黏油在管路中凝结，常在管路上包一层保温材料进行保温。

（1）保温结构的要求

保温结构由保温层和保护层两部分组成。正确地选择保温结构，将直接关系到保温效果、投资费用、能量消耗以及使用年限等，因此对保温结构有如下要求：

① 保证热损失不超过最大允许散热量，热损失取决于保温材料的导热系数，导热系数越小，保温层厚度就越薄，因此应选用导热系数较小的材料做保温材料。

② 保温结构应有足够的机械强度。保温结构要能承受自重及外力的冲击，要能在受风力、雪载荷、空气温度波动及雨水的情况不至于脱落，以保证结构的整体性，所以要选用有一定机械强度的保温材料。

③ 要有良好的保护层。要能保证外部的水蒸气、雨水以及潮湿泥土的水分不能进入保温材料内。因水分进入保温材料后，不仅使保温材料的导热系数增加，还会使保温材料变软、腐烂、发霉，降低机械强度，破坏保温结构的完整性，同时也增加了散热损失。通常采用铁皮或油毡玻璃布做防护层。

④ 保温层结构要简单、易于施工和维修方便，同时尽量减少材料的消耗量和尽量做到保温层结构外表整齐美观。

（2）保温层厚度的确定

管路保温层厚度是根据管路敷设位置、输送介质的温度、保温材料的种类等确定的。

确定保温层厚度时，既要考虑管路热损失的减小，也要照顾到使保温的投资费用不能过高，以便从经济核算来确定最适宜的厚度。但对室内管路，其保温厚度不能过小，必须使保温层表面温度保持在50~70℃，以便符合安全要求。

保温层厚度可根据《工业锅炉房设计手册》选定。

保温材料的性质影响保温层厚度的大小，在选用时，也不是越厚越好，应使保温层厚度不超过《工业锅炉房设计手册》提供的最大允许值。

（3）保温材料

保温材料按导热系数的大小可分为四级：一级保温材料导热系数不大于0.07，二级保温材料导热系数0.07~0.1，二级保温材料导热系数0.1~0.15，四级保温材料导热系数0.15~0.18。

① 保温材料的要求：

a. 导热系数小[λ 在0.1kcal/(m·h·℃)以下]；

b. 容重在450 kg/m^{3}以下；

c. 具有一定的强度，一般应能承受0.3MPa以上的压力；

d. 能耐一定温度，对潮湿、水分的浸蚀有一定的抵抗力(即不能因为温度和水分的作用，引起保温材料强度降低、脆化、腐烂或导热系数明显增大)；

e. 不应含有对管路有腐蚀性的物质(例如含硫过多的炉渣受潮后会产生硫酸)；

f. 造价低，施工方便，不易燃烧；此外，在采用涂抹式保温时，还要求保温材料与管路有一定的粘结力。

② 常用保温材料。常用的保温材料有玻璃棉毡、矿渣棉毡、水泥蛭石管壳、石棉硅藻土、水泥泡沫混凝土等产品，其物性见表4-23。

表 4-23 常用保温材料的密度和导热系数

材料名称	密度 ρ/(kg/m^3)	导热系数 λ/[W/(m·K)]
玻璃棉毡	100~160	0.041~0.058
矿渣棉毡	130~250	0.041~0.070
石棉硅藻土	280~380	0.070~0.081
水泥蛭石管壳	430~500	0.088~0.140
沥青蛭石管壳	350~400	0.081~0.105
水泥泡沫混凝土	400~450	0.093~0.140
粉煤灰泡沫混凝土	300~700	0.151~0.163
聚氨酯硬质泡沫塑料	< 65	0.026~0.028

(4) 保温层施工

管路保温层由防腐层、主保温层、保护壳(也即修饰或防水层)组成。

管路外表经过清除铁锈、污垢后，涂红丹两道作为防腐层，然后包扎保温材料，包扎方法视保温材料不同而异，常用包扎方法见表 4-24。

表 4-24 不同保温材料的包扎方法

保温材料	主要包扎方法
石棉硅藻土	涂抹
矿渣棉	缠裹、填塞
泡沫混凝土	预制块浇灌
石棉绳	缠裹
石棉纤维	涂抹、填塞
蛭石水泥	预制块

注：1. 涂抹法——将保温材料用水调和成泥状，分层涂抹在管路上，每层厚度 10~15mm，待前一层干后才可涂上第二层，管径大于 6in 时，应用铁丝骨架加固，有条件时，最好包以 ϕ0.8~1.5、网孔 50mm×50mm~100mm×100mm 的镀锌铁丝网。最后在保温层外包以防水层，即用油纸、油毡等包扎，并涂沥青层防水。或在保温层外只涂抹石棉水泥、石灰浆等护面即可。

2. 预制块法——按照管外径大小，先将保温材料做成半圆形预制瓦块，长度一般为 400~700mm。将预制块拼在管路周围，拼分缝应错开，间隙不应大于 5mm，用石棉纤维等干燥的保温材料填塞。预制块用 1.2mm 镀锌铁丝扎牢，每两块预制块至少扎两道。预制块内径也可大于管外径，施工时使管路置于两瓦块中间，在瓦块与管壁之间填充矿渣棉、玻璃棉、石棉纤维等松散保温材料并捣实，以增加保温效果。

3. 缠裹法——把石棉绳缠在管路上用铁丝扎牢。

4. 填塞法——保温材料填塞在铁丝网和管路之间，铁丝网支承在支承环上，支承环由预制块和圆钢制成。铁丝网网孔 10mm×10mm~20mm×20mm，用 ϕ0.8~1.2 镀锌铁丝编成。

5. 浇灌法——将泡沫混凝土(用石棉水泥或蛭石水泥时方法同)等按比例调和好后，一次浇灌成型。

4.5.7 管路设备维护

管路及其附件设备，要经常进行检查保养，做到：管路、阀门和各种连接件无渗漏、无松动、无油污、无脱漆，保持设备处于良好状态。

输油前，对管路、阀门应普遍检查一次，在输油过程中应有专人巡回检查，平时也应适时检查，冬季应加强检查。

检查阀门时，应注意外壳是否有裂纹，轴杆填料处有无渗漏现象。为了防止不经常使用的阀门锈蚀塞紧，应定期保养转动一下。各种阀件要按规定压力定期试压，当发现关闭不严、不灵、渗漏和其他管件有损坏现象时，必须立即修复或更换。

经常检查管路设备法兰连接处所有螺帽是否紧固，螺帽底面与法兰盘背面必须密合，螺栓端部应露出螺帽 2~4 道丝扣，不可有遗漏螺栓或垫片的现象。应沿管路逐一定期检查。

经常检查管路有无脱漆锈蚀情况。发现脱漆处，应及时除锈补漆。管路外部局部涂漆，一般是每年一次，雨季前后进行，全部涂漆需视情况而定。要特别注意焊接处的锈蚀情况。为了防止在地面上的管路底部锈蚀，在不影响任务的情况下，可结合大修将各管段转动一下，使其腹面向上。

地下管每年应有重点的分段检查几个点，然后确定保养范围。经常检查管路周围是否清洁，如有油渍、积水和杂草易燃物，应及时清除。注意支座、管沟的构造状况，若发现有损坏现象，应及时修理。

应经常检查静电接地装置是否牢靠，有无锈蚀现象。接地电阻是否稳定，因其会随土壤的干湿程度和静电接地极的腐蚀情况而变化，所以要定期检查。油库油管路、油气管路的静电接地电阻不大于 100Ω。若电阻值超过 100Ω，可采用下列方法减小电阻：由于土壤干燥造成的，可设法保持土壤潮湿，即在接地周围埋一些木炭以保持水分，或在接地线周围或撒或埋一些食盐以增加导电能力；由于接地极锈蚀严重造成的，可除去旧接地极锈垢或换上新接地极，也可采用增加接地极数目的方法来减小电阻。

课后习题

4-1　某油库对加热后油料进行装车作业，已知油料加热后的黏度为 $5\times10^{-4}\ m^2/s$，油罐车体积为 $60m^3$，装车时间为 60min，试确定输油主管最大管径。

4-2　某油库进行装车作业，油罐车容积为 $60m^3$，要求在 40min 内装完，试确定泵的流量。流程和尺寸见图 4-36。主管道内径为 200mm，鹤管直径为 100mm，绝对粗糙度 $e=0.2mm$。油料黏度为 $1.5\times10^{-5}m^2/s$，假设鹤管流态相同或水力摩阻系数相同。

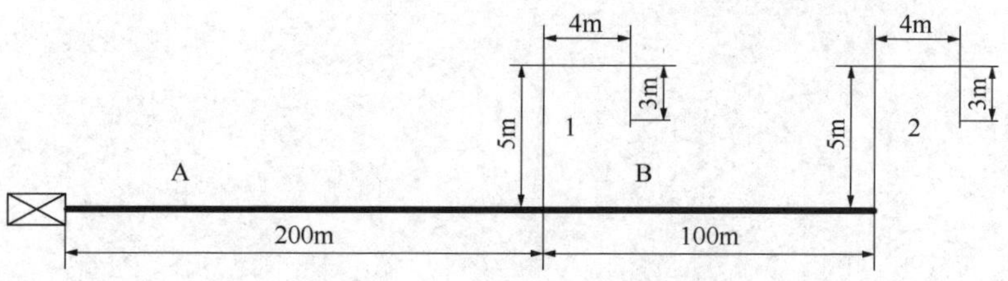

图 4-36　油库进行装车作业流程及尺寸

4-3　某油库拟建一卸车泵房，具体条件见图4-37。知当地大气压力为10m水柱，夏季油罐车卸油操作最高油温为39℃，该温度下汽油的饱和蒸气压为6.9m水柱，查泵样本得知泵输送清水时的允许吸入真空度 $H_{xsh}=6m$。试求在保证泵不产生气蚀的情况下泵房距吸入点的距离 L 为多少米？（油料密度为720kg/m^3，水力坡降 $i=0.15$）

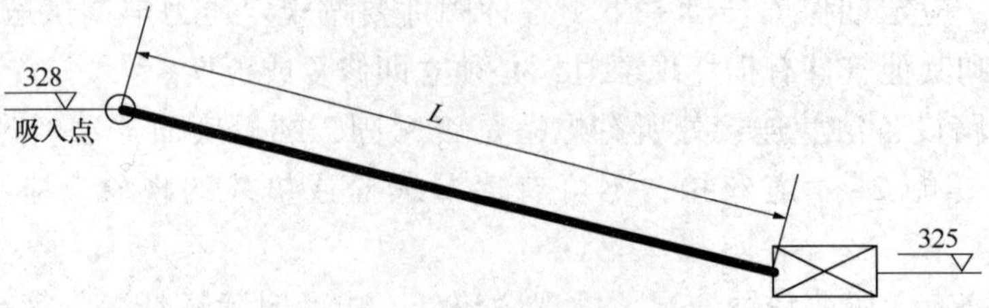

图4-37　油库拟建一卸车泵房具体条件

第5章 储油设备及管理

储油区储存有大量的油料，是油库散装油料的主要储存地，是油库的重点保护区域。在油库所属各区域中，往往储油区占地面积最大，投资比例最高，常占油库总投资的一半以上。因此，储油区的设施和设备必须符合工艺要求，保证安全储油、方便操作、有利于管理和节省投资。

5.1 油罐发展概况及类型

5.1.1 发展背景

近几十年来，油罐的设计与施工技术都有了较快的发展。从世界范围来讲，这一状况与国际上的能源发展有关，由于能源需求的不断攀升，油料依靠进口增加了油料的储备量。英国的储备政策规定要有90天的储油量，法国规定要有90天的储油量，德国规定要有70天的储油量。由于储油量的增加，就迫使许多国家建造更多更大的油罐，这一需求促进了油罐生产的发展，使油罐的设计和施工技术进一步发展和深化。

5.1.2 发展趋势及特点

随着我国对石油的依赖程度不断提高，石油消耗量保持着较高的状态，并且在短期很难有下降的趋势。为了使国民经济快速发展，每年仍需大量进口石油。为此，建造超大型和大型的原油储罐已经成为战略石油储备的必然发展趋势。1960~1970年，委内瑞拉、日本和沙特阿拉伯等国相继建成150000m^3、160000m^3、240000m^3的大型浮顶油罐，在欧洲也出现了容量超过$30\times10^4m^3$的立式储液罐。1970年，我国的大型浮顶油罐建设才开始，并且在2000年以前从设计到施工都处于学习和摸索阶段。2003年，中国开始筹备建设首个石油储备基地；2005年，中国在江苏仪征第一次建成$15\times10^4m^3$超大型油罐。由以上看出，油罐发展的总趋势是走向大型化，油罐大型化主要有以下特点：

（1）节省钢材

表5-1为单位容积油罐所需钢材的净重，其中5×10^4t及更小的油罐数据是根据我国1973年以前油罐的实际情况算出的。大于5×10^4t的油罐是根据国外有关资料算出的。

表5-1 油罐单位容积所需钢材质量

油罐容积/m^3	单位容积所需钢材质量/(kg/m^3)
5000	26.2
10000	23.0
20000	21.5
50000	19.2
100000	15.0
200000	10.0

根据日本的统计资料，如 15×10^4t 油罐单位容积所投入的金属为 100%，则 10×10^4t 为 105%，5×10^4t 为 125%，1×10^4t 为 150%。

由此可以看出，油罐容积越大，单位容积所耗费钢材量越少，即越节省钢材。

（2） 节省投资

第七届世界石油大会提供了以下资料：如准备建一个 40×10^4t 的油库，若由 4 台 10×10^4t 油罐组成的造价为 100%；则由 8 台 5×10^4t 油罐组成的造价为 109%；由 10 台 4×10^4t 油罐组成的造价为 119%；由 20 台 2×10^4t 油罐组成的造价为 141%。

由以上资料可以看出，一座油库，由大油罐组成要比由小油罐组成节约投资。

（3） 占地面积小

因罐与罐之间要有防火距离，所以在总容积相同的情况下，几台大罐比一群小罐的占地面积要节省得多。

（4） 便于操作管理

几台大罐比一群小罐在检尺、维护、安保、管理等方面都比较方便。

（5） 节省配件和罐区管网

几台大罐比一群小罐库区管网要简单得多，而且罐前的阀门、仪表、消防设施、油罐配件等数量也都得减少。

由以上可以看出，油罐的大型化具有许多优点，这也就是出现这种发展趋势的动力。目前，油库的结构与几十年前相比已大有改观，由油罐的“小而多”变为“大而少”，这也是衡量油罐设计、研究、建造等方面技术水平高低的标志之一。

5.1.3　油罐大型化过程中遇到的问题

首先，油罐大型化以后，危险性加大了。这里所说的危险性有两层含义：一是油罐大了以后，一旦出现事故危害性大；二是油罐大了以后，如无相应的技术措施则易产生危险。因此要求油罐在研究、设计、施工、验收、管理等方面更加慎重。

危险性加大主要表现在以下方面：

（1） 基础要求提高

油罐大了以后，油罐基础所占的面积大了，部分大型油罐基础直径在 100m 以上。在这样大的面积上，要找到完全均匀的工程地质状况往往是比较困难的。某事故原油罐底板焊缝断裂造成油料瞬时大量泄漏。查找事故原因：就是油罐基础处理不好，不均匀沉陷造成罐体受损破裂。

（2） 钢材要求提高

油罐大了以后，罐壁板相应加厚了，所选用的材料屈服极限增高了，这两者都会造成材料冲击韧性下降的趋势，材料冲击韧性及切口脆性的变化都使得罐壁产生破坏的可能性增加。

（3） 抗地质灾害能力降低

地震等地质灾害对大型油罐的破坏非常大。我国海域地震及唐山地震也使许多油罐遭到不同程度的破坏。由于地耐力的限制，故罐高有一定的限制，大型油罐 D/H 值较大，而径高比 D/H 越大则在地震时与油罐一致运动的那部分储液所占的比例越小，因此参与晃动的那部分储液所占的比例越大。

5.1.4　油罐类型

油罐既是储存油料的重要设备，也是油库的重要设备之一。对油罐的主要要求是：不渗漏，不影响油料质量，经久耐用，施工方便，安全可靠，经济节约。储油区的主体就是由若干油罐组成的，油罐很少受自然条件和地理位置的制约，单个油罐的容量可以从几十立方米至十几万立方米。储油容量可以根据需要灵活确定。油罐类型如图 5-1 所示。

- 油罐类型
  - 按安装位置分
    - 地上油罐
    - 半地下油罐
    - 地下隐藏油罐
  - 按护体结构分
    - 山洞油罐
      - 离空油罐
      - 离壁油罐
    - 掩体油罐
    - 掩埋油罐
  - 按罐体材料分
    - 金属油罐
    - 非金属油罐
  - 按结构形状分
    - 立式圆柱形油罐
      - 顶的形式
        - 拱顶油罐
        - 准球顶油罐
        - 无力矩顶油罐
        - 浮顶油罐
        - 内浮顶油罐
      - 底的形式
        - 平底罐
        - 锥底罐
    - 卧式圆柱形油罐
      - 平端头油罐
      - 锥形端头油罐
      - 碟形端头油罐
      - 球形端头油罐
    - 特殊形状油罐
      - 球形油罐
      - 滴状油罐

图 5-1　油罐类型

油罐按其安装位置不同，可分为地上油罐、半地下油罐、地下隐藏油罐 3 类。

地上油罐建于地面上，便于施工、操作和维修，造价低，管理方便。缺点是占地面积大、油料蒸发损耗较严重、火灾危险性大。一般的商业油库、油田和炼油厂的附属油库和工厂企业的附属油库多建造地上油罐。

半地下和地下油罐宜采用非金属材料建造，这是因为采用非金属材料不但抗压强度高，而且可以节省钢材；若采用钢板建造这类油罐，则需要用石材或钢筋混凝土在油罐周围建造护体。半地下和地下油罐广泛用于城市汽车加油站和军用隐蔽油库。

油罐按其罐体材料不同，可分为金属油罐和非金属油罐两大类。金属油罐主要用钢材建造，钢制油罐的主要优点：不易产生裂纹，不渗漏，能承受较高的内压、安装施工迅速、大小形状不受限制，便于维修等。但存在易受腐蚀、易增加轻油蒸发损耗，储存黏油加温时易损失热量，降低加温效率等缺点。非金属油罐，目前主要有混凝土结构内表面粘贴或喷涂防渗材料油罐、水封油罐和橡胶软体油罐3类。金属油罐和非金属油罐相比，具有造价低、施工方便、易于做到不渗不漏、保证油料质量和清洗方便、容易检修等优点，在油库中得到广泛应用。因此，本章主要介绍金属油罐的构造和主要附属设备，以及使用维护等有关问题。

油罐按其形状不同，可分为立式圆柱形油罐、卧式圆柱形油罐和特殊形状油罐3大类。立式圆柱形油罐占大多数，对大型油罐更是如此。卧式圆柱形油罐一般容积较小，但承压能力高，易于运输，有利于工厂化制造，多用来储存需求量不大的油料，或用于工厂、农村的小型油库。特殊形状油罐有球形油罐和滴状油罐等，这类油罐的特点是受力状况好、承压能力高、降低油料蒸发损耗效果显著，但是该类油罐施工困难，目前只有球形油罐被广泛应用于储存液化气和某些高挥发性的化工产品。

油库设计时在选择油罐类型上，应综合考虑油库类型、油料性质、周转频繁程度、储油容量、建设投资和建造材料供应情况等多种因素。在钢材供应比较充分，而且具备钢罐施工技术力量的情况下，应优先选用钢罐。对于民用中转油库、分配油库及一般企业附属油库，宜选用地上油罐；对于要求隐蔽或要求具备一定防护能力的油库，如国家储备库、某些军用油库，宜选用山洞油罐、地下油罐或半地下油罐。挥发性较低或不挥发的油料，宜选用固定顶拱顶罐；易挥发轻油油料，如汽油、煤油、航煤等宜选用浮顶罐；如果要求储量较大且周转频繁时，可优先选用浮顶罐。

5.2 钢油罐

钢质油罐是目前应用最广泛的储油容器。早期的钢质油罐，壳板之间多采用铆接或螺栓连接。这类钢质油罐拆迁方便，但施工麻烦，严密性较差。目前几乎全部被焊接钢质油罐所取代。

制作钢油罐的板材，一般采用Q235普通碳素钢等。板材的化学成分和机械性能应符合《碳素结构钢》(GB/T 700—2016)要求，碳含量应在0.17%~0.22%范围内，硫含量不应超过0.05%，磷含量不应超过0.045%。焊接油罐所用的焊条与钢板对应，应符合《碳钢焊条》(GB/T 5117—2012)的相应各项质量指标。常用板材的规格尺寸为1500mm×6000mm(板厚大于4mm)或1200mm×6000mm(板厚4mm)。对于容量超过1×10^4t的大型油罐，为降低壁厚和便于施工，下面几圈钢板或全部钢板可采用高强度低合金钢板，如16Mn钢板等。

5.2.1 立式圆柱形钢油罐

立式圆柱形钢油罐由底板、壁板、顶板及油罐附件组成。其罐壁部分的外形为母线垂直于地面的圆柱体。按照罐顶的结构形式，立式圆柱形钢油罐又分为很多种，其中目前应用最广泛的是拱顶油罐和内、外浮顶油罐。立式圆柱形钢油罐的设计容量从一百立方米到几十万立方米不等。不管容量大小或罐顶结构形式如何，立式圆柱形钢油罐一般都是在现场焊接安装，底板直接铺在油罐基础上，其基础、底板、壁板的做法基本相同。下面主要根据立式圆柱形钢油罐的组成介绍相关基础知识，有关油罐的强度设计问题，请参阅管道及储罐强度设计相关内容。

（1） 油罐基础

油罐基础是油罐壳体本身和所储油料重量的直接承载物，并将这些载荷传递给地基土壤。建造油罐处的地基土壤，内摩擦角应不小于30°，要求地质情况均一，土壤耐压，根据油罐高度确定，一般为10~18t/m²，地下水位最好低于基槽底面30cm。地质条件不良的地方不宜建罐，如必须在这种地方建罐，则应对地基做特殊处理，以防发生不均匀沉陷或基础破坏。

根据罐底结构形状的不同，基础上部形状有平底罐基础和锥底罐基础两种。

平底油罐基础的一般做法是最下层为素土层，往上是灰土层、沙垫层和沥青沙防腐层。素土层是由开挖好的基槽底面上的素土夯实而成。灰土层是将石灰和土以3∶7的比例掺和后铺平夯实，用以增强罐基的稳定性，也可以采用碎砖三合土夯实来代替灰土层。沙垫层是采用含泥量不大于5%的粗沙或中沙铺成，厚20~30cm。沙的毛细管作用小，地下水穿过沙垫层上升的高度不超过15cm，因此沙垫层起到防止罐底潮湿并减轻罐底腐蚀的作用。另外，沙颗粒间的粘结力小，具有弹性，当油罐不均匀沉陷不严重时，能起到限制不均匀沉陷进一步发展的作用。沥青沙层一般厚8cm，沥青沙是用杂质含量不超过4%的中沙或细沙同沥青加热搅拌均匀而成。沥青常采用30号石油沥青，每立方米干沙大约加150kg沥青。沥青沙起到防止底板腐蚀的作用。沥青沙层随着沙垫层铺成中心高周边低的圆锥形，锥形高度取为基础半径的1.5%，以便基础正常沉陷后使罐底趋于水平。理论分析表明油罐基础的中心沉陷必然比周边大。

油罐装油后，基础将发生下沉。随地基土壤孔隙比的不同，油罐的沉陷量也不同，严重时下沉量可达数十厘米，甚至更多。因此，在进行油罐基础设计时，需根据勘测资料计算地基沉陷量，并做好油罐与管路的弹性连接，以免油罐下沉时扯断管路。沙质土的沉陷较快，一般在油罐试水阶段基础沉陷就可达到稳定。油罐注水试验应持续72h，要求基础均匀沉降，沉降量应不超过50mm，72h后如发现基础仍有明显沉降，就应延长注水试验时间。在软地基建造油罐时，如设计上允许基础有较大的沉陷，沉陷量可不受50mm的限制。考虑到基础沉陷和为了排水方便，油罐基础必须高出地面至少40cm，且沉陷后仍高出地面，以防在基础处积水。在土质较软的地区建罐，设计上允许基础有较大的沉陷时，可在沙基础外围做钢筋混凝土圈梁，以防基础下沉时罐底四周的沙垫层被挤出，建筑在岩石基础上的油罐，罐基无须另行加强，但为了填平开挖的毛石茬口和利于排水，可铺5~10cm厚的低标号混凝土，找平后再铺8cm厚的沥青沙，并要求罐基高出周围地坪至少5cm。

锥形罐底基础的做法基本同上述方法。只是其上部需借助模具形成与锥形罐底相吻合的倒锥形凹面，由周边向中心形成1∶20的坡度，并在中心部位构成一圆形集污坑，同时应保证与罐底良好接触，并使罐体及液体压力通过基础均匀传至地基土层。

（2） 油罐底板

立式圆柱形油罐的底板并不承受很大的力，油料和罐体本身的重量均经底板直接作用在基础上。底板的外表面与基础接触，容易受潮；底板的内表面又经常接触油料中沉积的水分和杂质，容易受到腐蚀；再因底板不易检查和修理，所以，尽管它不受力，一般仍采用4~6mm的钢板，而容积5000m³的油罐，采用8mm厚的钢板。罐底周边与壁板连接处应力比较复杂，因此底板边缘的边板采用较厚的钢板。容积不超过3000m³的油罐，边板取4~6mm；容积为5000~50000m³的油罐，边板厚度取8~12mm。

根据对储油质量及工艺的不同要求，通常有平底和倒锥底两种结构形状的罐底。按照我国的习惯做法，当油罐内径不超过12.5m时，平底可采用由矩形的中幅板和边缘板组成的条形排版方式，如图5-2所示的a型；当油罐内径超过12.5m时，平底可采用周边为弓形边缘板的排版方式，如图5-2所示的b型。通常从中间向周边依次搭接铺设。

锥底的构成如图5-3所示。其板厚比平底略厚，一般为6~8mm，中心集污槽板厚8mm。

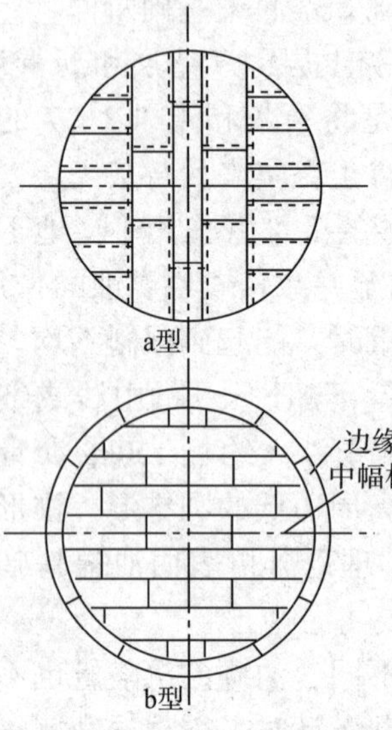

图5-2　平排油罐底板类型

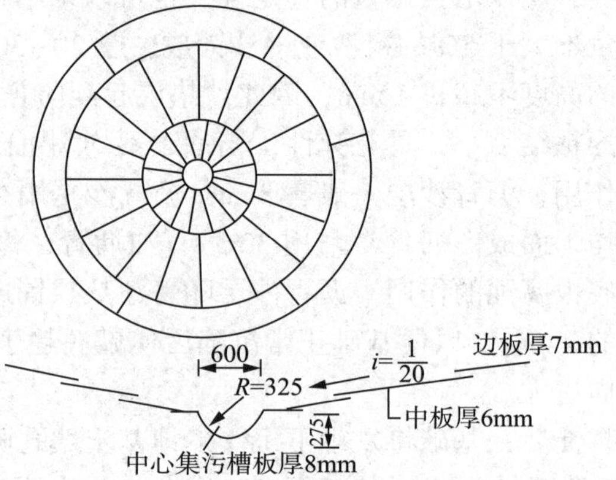

图5-3　油罐锥底结构示意图

（3）罐壁

罐壁是油罐的主要受力构件，它在液体压力的作用下承受环向拉应力。液体压力是随液面高度的增加而增大的，壁板下部的环向拉力大于上部，因此在等应力原则下由计算决定的罐壁厚度，上面小，下面大，罐壁底圈的厚度最大。我国现行设计中采用的罐壁顶圈板厚度即壁板的最小厚度是根据油罐容积确定的，容积不大于3000m^3的油罐采用4~5mm，容积为5000~10000 m^3的油罐采用5~7mm，容积为20000~50000 m^3的油罐采用8~10mm。由于油罐焊接后很难对焊缝进行焊后热处理，因此要以不进行焊后热处理并保证焊接质量为前提来限制油罐的最大厚度。我国建造的50000m^3，其最大罐壁厚为32mm。

罐壁的竖向焊缝都采用对接，环向焊缝则根据工艺要求可以是搭接，也可以是对接。上下圈板之间的排列方式有交互式、套筒式、对接式和混合式，如图5-4所示。

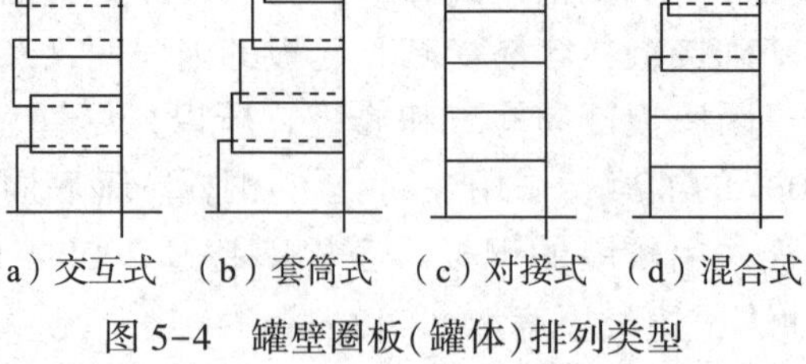

（a）交互式　（b）套筒式　（c）对接式　（d）混合式

图5-4　罐壁圈板(罐体)排列类型

交互式过去用于铆接油罐，由于安装不方便，现在已极少使用，只是在具有相同球缺形顶底的立式圆柱形油罐上才采用这种方式，以使顶底具有相同直径并便于下料和施工。套筒式是将上面的圈板伸入下面圈板里面，圈板的环向焊缝采用搭接，罐圈直径越往上越小。套筒式施工方便，焊接质量容易保证，所以应用广泛。对接式是上下圈板之间的环向焊缝对接，使整个油罐上下的内直径一致。对接式对施工要求较高，主要用于浮顶罐，以保证浮顶上下运动时具有相同的密封间隙。混合式是下面几圈采用对接式，上面用套筒式。混合式过去用于大容积油罐，因为其下面几圈钢板很厚，用搭接的方法不易保证焊接质量。这种排列方式目前已不再采用。

对接焊缝在钢板厚度等于或大于 6mm 时，为保证焊接质量，应开坡口。相邻圈板的竖向焊缝应相互错开，其间距应不小于 500mm。上下圈板搭接高度应不小于 5 倍罐壁厚度。通常钢板搭接焊时，搭接宽度应为 6~8 倍的板厚，常取 35~60mm。

（4）罐顶

根据顶部形状、结构的不同，可分为拱顶、准球顶、锥顶、无力矩、浮顶等。20 世纪 50 年代应用锥形顶较多，但锥顶(柱支撑)相比拱顶耗钢量大，施工比较困难，现已经停用。无力矩顶(也称悬链线顶)是根据悬链线理论用薄钢板和中心柱组成的，薄钢板支于中心柱和罐壁上，形成一悬链线，薄钢板只有拉应力而无弯曲应力。曾有过标准设计，由于顶板过薄、且在悬链的最低点容易积存雨水而受腐蚀，近几年已为拱顶罐所代替。本节主要介绍拱顶、准球顶、浮顶(含内浮顶)。

① 拱顶及拱顶罐

拱顶实际上是一个球缺形，断面为拱形，其半径一般取值为油罐直径的 0.8~1.2 倍。按照结构形式，拱顶又分为球形拱顶(图 5-5)和准球形拱顶(图 5-6)。球形拱顶的截面呈单圆弧拱，它由中心顶板、扇形顶板和加强环组成。扇形顶板设计成偶数，相互搭接，搭接宽度不应小于 5 倍板厚且不小于 25mm，实际上多为 40mm，罐顶外侧采用弱连续焊，以利于在发生火灾爆炸时掀掉罐顶。罐顶中心板与各扇形顶板间也采用搭接，搭接宽度一般为 50mm。加强环板又称包边角钢，用于连接顶板和壁板，并承受拱脚处的水平推力。为防止在拱脚处产生很大的压力而破坏油罐，装油高度只能达到加强环板处，拱顶内部不宜装油。这种拱顶结构简单、施工方便。因此应用比较广泛，我国目前建造的拱顶罐绝大部分是这种单圆弧拱顶罐。

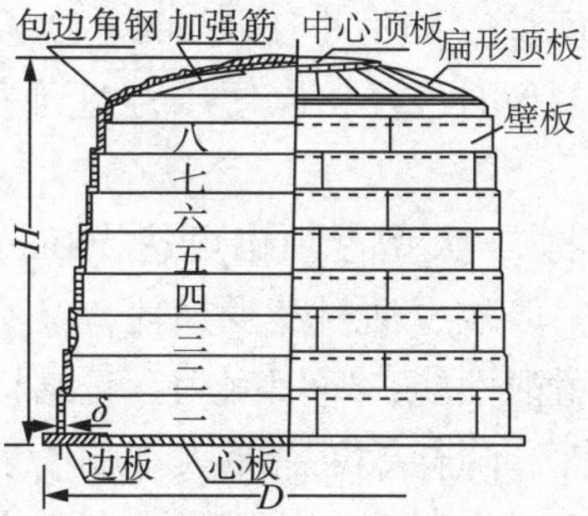

图 5-5　立式球形拱顶油罐

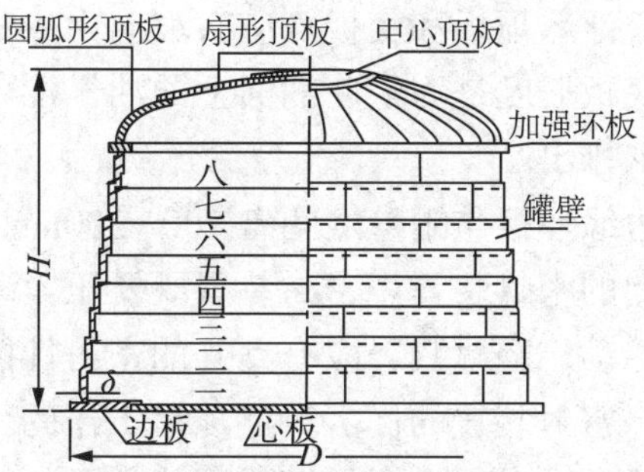

图 5-6　立式准球形拱顶油罐

拱顶本身是承重构件，有较大的刚性，能承受较高的内压，有利于降低油料蒸发损耗。一般的拱顶罐可承受2kPa压力，最大可达10kPa。拱顶结构简单，便于备料和施工。顶板厚度为4~6mm。当油罐直径大于15m时，为了增强拱顶的稳定性，拱顶要加设肋板。拱顶罐的最大经济容积一般为10000m^3，容积过大则拱顶矢高较大，单位容积的用钢量反而比其他类型的油罐多，而且不能储油的拱顶部分过大会增加油料的蒸发损耗。

② 准球形拱顶

准球形拱顶是在拱顶与罐壁之间用小曲率半径的圆弧过渡连接，形成匀调转角，以减小罐顶与罐壁连接处的径向推力。罐顶的截面呈3个相接的圆弧，即为圆弧形顶板。在罐顶正中为中心顶板，下缘有加强环板。

准球形拱顶的截面呈三圆弧拱，中间是一个大圆弧，曲率半径为油罐直径的0.8~1.2倍，两边是匀调转角的小圆弧，曲率半径是大圆弧曲率半径的1/10。在拱顶周边采用小圆弧作为过渡带，使顶板与壁板成为匀调转角连接的目的是减小连接处的径向应力。因此这种结构形式的拱顶罐受力情况较好，承压能力较强，罐顶部分可以装2/3矢高的油。准球形拱顶结构受力情况较好，可以利用罐顶部分装油，较好地利用了罐顶空间。其主要缺点是施工难度较大，因此实际应用范围有限。

③ 浮顶及浮顶罐

浮顶是一覆盖在油面上，并随油面升降的盘状结构物。由于浮顶与油面之间几乎不存在气体空间，因此可以极大地减少油料蒸发损耗，同时还可以减少油料蒸发对大气的污染，减少发生火灾的危险性。所以，浮顶罐被广泛用来储存汽油、原油等易挥发油料，尽管建造浮顶罐耗用的钢材和投资都比拱顶罐多，但可以从降低的油料损耗中得到补偿。特别是对于收发作业比较频繁的中转油库、供应油库、炼厂油库以及长输管路的首、末站等，推广使用浮顶罐将能收到更好的经济效益。

浮顶的结构形式有双盘式和单盘式两种。双盘式有上、下两层盖板，两层盖板之间由边缘环板、径向隔板和环向隔板将浮顶分隔为若干个互不相通、互不渗漏的隔舱。双盘式浮顶主要用于油罐容积小于50000m^3的浮顶罐。由于其隔热性能好，又多用于轻质油罐。油罐容积大于50000m^3时，为了节省钢材，多采用单盘式浮顶。单盘式浮顶的周边为环形浮船，中间为单层钢板，单层钢板与浮船之间用连接角钢连接。环形浮船的断面为梯形，内、外两侧由钢板围成的圈板分别称为内边缘板和外边缘板，上面钢板称为浮船顶板，下面钢板称为浮船底板。浮船内部同样由径向隔板分隔成若干互不相通的隔舱，以便在个别隔舱渗漏后不致使浮顶沉没。浮船顶板和底板均应有坡向中央的坡度，一般不小于1.5%。顶板坡度是为了排除雨水，底板坡度是为了使油面上的油气汇聚于单盘的边缘，以便压力达到一定数值后由盘边的透气阀排出。

浮顶外边缘环板与罐壁之间有200~300mm的间隙，大型浮顶罐可达500mm，其间装有固定在浮顶上的密封装置。密封装置既要压紧罐壁，以减少油料蒸发损耗，又不能影响浮顶随油面上下移动。密封装置应有良好的密封性能和耐油性能，坚固耐用，且结构简单，便于施工和维修。密封装置的优劣对浮顶罐工作的可靠性和降耗效果有重大影响。

密封装置的形式很多，早期使用的主要是机械密封，目前多使用弹性填料密封或管式密封，也有的使用唇式密封或迷宫式密封。只使用上述一种形式的密封，一般称为单密封。为了进一步降低油料蒸发损耗，有时可在单密封的基础上再加上一套密封装置，这时称原有的密封装置为一次密封，而另加的密封装置为二次密封。通过实验证明，采用二次密封后可减少 50%~98%的油气损耗。

根据油罐壳体是否封顶，浮顶罐又分为外浮顶罐和内浮顶罐。

外浮顶罐(图 5-7)上部是敞口的，不再另设顶盖，浮顶的顶板直接与大气接触。为了增加罐壁的刚度，除了在壁板上缘设包边角钢外，在距壁板上缘约 1m 处还要设抗风圈。大型油罐在抗风圈下面还要设一圈或数圈加强环，以防抗风圈下面的罐壁失稳。

内浮顶罐是在拱顶罐中加设内浮盘构成的。浮盘结构和作用与外浮顶罐相同。为保证浮盘上部空间有一定的换气次数，以防止油气聚积到爆炸下限以上，在罐顶和罐壁上部开设若干通气孔。罐顶通气孔开在拱顶中央，孔径一般为 250mm，通气孔上加设防雨罩。罐壁通气孔呈等间距地布置在罐壁上部，相邻罐壁通气孔的总开孔面积可按每米油罐直径不小于 0. 06m^{2}确定。图 5-8 为 3000m^{3}内浮顶罐结构示意图。

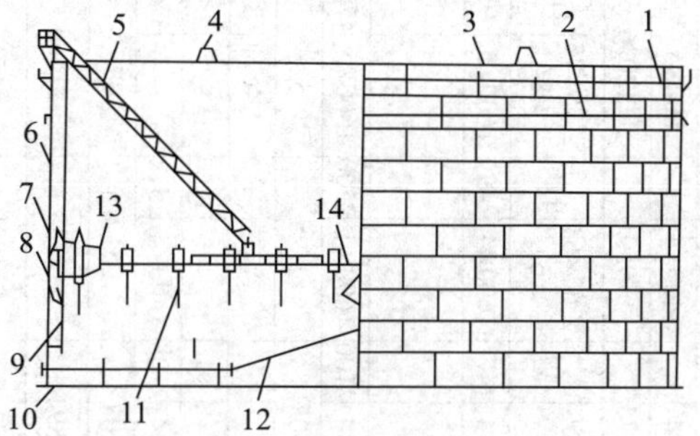

图 5-7　外浮顶罐结构示意图

1—抗风圈；2—加强圈；3—包边角钢；
4—消防泡沫挡板；5—转动扶梯；6—罐壁；
7—密封装置；8—刮蜡板；9—量油管；10—底板；
11—浮顶立柱；12—排水折管；13—浮船；14—单盘板

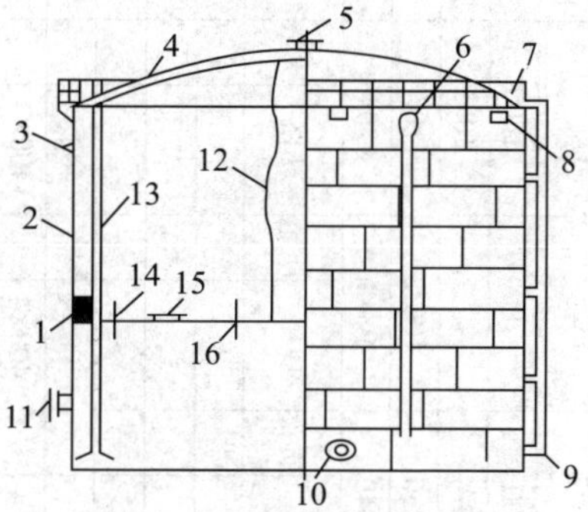

图 5-8　内浮顶罐结构示意图

1—密封装置；2—罐壁；3—高液位报警装置；
4—固定罐顶；5—罐顶通气孔；6—消防泡沫装置；
7—罐顶人孔；8—罐壁通气孔；9—液面计；
10—罐壁人孔；11—带芯人孔；12—静电导出线；
13—量油孔；14—浮盘；15—浮盘人孔；16—浮盘立柱

5. 2. 2　常用立式钢油罐性能参数

拱顶油罐系列的设计制造容量有 100~10000m^3，共 11 种规格(表 5-2)。其标称代号为 LG-1~LG-100，LG 表示立式拱顶钢质油罐，后面的数字为油罐的公称容量数，即为油罐公称容量除以 100 的得数。例如，LG-3 代表公称容量为 300m^{3}的立式拱顶钢质油罐；LG-50 则代表公称容量为 5000m^{3}的立式拱顶钢质油罐。立式拱顶钢质油罐可用作洞库、地下库或地面库的储罐。工作压力：正压为 2kPa，负压或真空度为 0. 6kPa。试验压力：正压为 2. 75kPa，负压或真空度为 0. 8kPa。最大装油高度可达包边角钢下沿处。

准球顶油罐系列的设计制造容量有 300~3000m^3，共 5 种规格，如表 5-3 所示。其标称代号为 LQ-3~LQ-30，LQ 表示立式准球顶钢质油罐，后面的数字意义与拱顶油罐的相同。其最大装油高度可达顶高的 2/3 处，其工作压力和试验压力均与拱顶油罐相同，其主要缺点是施工难度较大。浮顶油罐系列的规格及结构尺寸见表 5-4 和表 5-5。

表 5-2　立式拱顶油罐规格及结构尺寸

几何参数 \ 罐号	LG-1		LG-2		LG-3		LG-4		LG-5		LG-7		LG-10		LG-20		LG-30		LG-50		LG-100	
名义容积/m^3	100		200		300		400		500		700		1000		2000		3000		5000		10000	
实际容积/m^3	121		228		320		414		524		732		1085		2150		3300		5470		11000	
高度/mm	5969		7432		7718		9121		9230		10673		11076		12742		14400		16241		18825	
油罐直径/mm	5324		6532		7732		8040		9040		9848		12048		15862		18584		22722		30176	
规格：宽×厚(mm×mm) 质量/kg	规格	质量	规格	质量	规格	质量	规格	质量	规格	质量	规格	质量	规格	质量	规格	质量	规格	质量	规格	质量	规格	质量
结构与主料 罐壁 圈次 十																			1400×4		1600×6	7110
九																	1400×4		1400×4	9368	1600×7	8300
八															1400×4		1400×4	10240	1400×4		1600×8	9480
七											1400×4		1400×4		1400×4		1400×4		1400×5	3907	1600×9	10670
六							1400×4		1400×4		1400×4		1400×4		1400×4	10924	1400×4		1400×6	4690	1600×10	23700
五			1400×4		1400×4		1400×4		1400×4		1400×4		1400×4		1400×4		1400×5	3200	1400×7	5475	1600×10	
四	1400×4		1400×4		1400×4		1400×4		1400×4		1400×4	9501	1400×4	9963	1400×4		1400×6	3480	1400×9	7044	1600×12	28440
三	1400×4	2937	1400×4	4520	1400×4	5320	1400×4	6641	1400×4	7478	1400×4		1400×4		1400×5	2740	1400×7	4490	1400×10	7833	1600×12	
二	1400×4		1400×4		1400×4		1400×4		1400×4		1400×4		1400×4		1400×6	3285	1400×8	5130	1400×12	18828	1600×14	16590
一	1400×4		1400×4		1400×4		1400×4		1400×4		1400×4		1400×5	2073	1400×7	3935	1400×9	5770	1400×12		1600×16	18960
小计	2937		4520		5320		6641		7478		9501		12036		20884		32310		57145		123250	
罐顶 包边角钢	∠56×56×5	70	∠63×63×6	116	∠63×63×6	138	∠63×63×6	143	∠63×63×6	161	∠63×63×6	176	∠75×75×8	410	∠100×100×10	750	∠100×100×10	876	∠100×100×10	1072	12	3560
中心板	1400×4	49	1600×4	48	1500×4	48	1600×4	48	1600×4	47	1600×4	49	1600×5	93	1200×4	95	1200×4	95	1400×4	95	6	250
加强筋															□40×5	590	□40×10	1650	□50×10	3325	□50×10 ×12	4800 960
顶板	1500×4	656	1600×4	1072	1500×4	1540	1600×4	1688	1600×4	2100	1600×4	2500	1600×5	4728	1200×4	6240	1200×4	8960	1400×4	13132	6	35100
小计	775		1236		1726		1879		2308		2725		5231		7675		11581		17625		44670	
罐底 垫板	4	–	4	–	4	–	4	–	4	–	4	–	4	31	4	31	4	31	4	–	6	60
边板															6	2180	8	3590	8	5240	9	12000
心板	1400×4	748	1400×4	1116	1400×4	1556	1400×4	1681	1400×4	2108	1400×4	2512	4	3762	4	4760	6	10500	6	15800	1600×6	28000
小计	748		1116		1556		1681		2108		2512		3793		6971		14121		21040		40060	
钢材总耗用量/kg	4460		6872		8602		10201		11894		14738		21060		35530		58012		95809		207980	
电焊条耗用量/kg	93		143		260		310		368		457		654		1110		1820		3006		6675	

表 5-3　立式准球顶油罐规格及结构尺寸

几何参数 \ 罐号			LQ-3		LQ-5		LQ-10		LQ-20		LQ-30	
名义容积/m^3			300		500		1000		2000		3000	
实际容积/m^3			330		537		1020		2087		2960	
高　度/mm			6365		7315		9733		12632		11752	
油罐直径/mm			8750		10440		12370		15250		19060	
规格(宽×厚)/(mm×mm) 质量/kg			规格	质量	规格	质量	规格	质量	规格	质量	规格	质量
结构与主料	罐壁	圈次 七							1500×4.5			
		六					1200×4		1200×4	3640	1500×5	
		五			1200×4		1200×4		1500×4		1500×4.5	3179
		四	1200×4		1200×4		1200×4	7348	1500×4.5	5080	1500×5	5300
		三	1200×4	4069	1200×4	5650	1200×4		1500×5	2830	1500×6	4239
		二	1200×4		1200×4		1200×4		1500×6	3390	1500×7	4946
		一	1200×4		1200×4		1200×4	2299	1500×7	3960	1500×8	5652
		小计	4069		5650		9647		18900		23316	
	罐顶	钢板	1200×4	2970	1100×4.5	1418	1500×5	345	1500×6	425	1500×6	4093
					1600×4.5	2650	1400×5	2150	1800×6	4150	1600×7	7500
							1600×4.5	3650	1550×4.5	3200	1500×5	7100
		型钢	∠60×40×5	28	∠60×40	28	∠60×40	40	∠90×60×6	66	∠90×90×6	75
		小计	2998		4096		6185		7841		18768	
	加强板	钢板	1200×7	254	1350×10	440	1350×10	530	1050×12	925	1500×14	1350
		边角料	$\delta=4$	30	$\delta=4\sim5$	50	$\delta=4\sim5$	70	$\delta=6\sim7$	130	$\delta=6\sim7$	150
		小计	284		490		600		1055		1500	
	罐底	心板	1200×4	2034	1200×4	3050	1200×4	4182	1500×4.5	4450	1500×4.5	7632
		边板							1500×6	3400	1500×7	5193
		小计	2034		3050		4182		7850		12825	
钢材总耗用量/kg			9385		13286		20614		35646		56409	
电焊条耗用量/kg			282		389		619		1070		1692	

表 5-4　内浮顶油罐规格及结构尺寸

几何参数 \ 罐号			LF-3		LF-10		LF-20		LF-30		LF-50	
名义容积/m^3			300		1000		2000		3000		5000	
实际容积/m^3			298		1152		2255		3457		5010	
高　度/mm			11015		13894		15866		17719		18142	
油罐直径/mm			6500		11000		14500		17000		20800	
规格(宽×厚)/(mm×mm) 质量/kg			规格	质量	规格	质量	规格	质量	规格	质量	规格	质量
结构与主料	罐壁	圈次 十							1600×5	16560	1600×6	24630
		九	1200×4	6589			1600×5	17164	1600×5		1600×6	
		八	1200×4		1600×5	17056	1600×5		1600×5		1600×6	
		七	1200×4		1600×5		1600×5		1600×5		1600×6	
		六	1200×4		1600×5		1600×5		1600×5		1600×6	
		五	1200×4		1600×5		1600×5		1600×6	7950	1600×7	5747
		四	1200×4		1600×5		1600×5		1600×6		1600×8	6568
		三	1200×4		1600×5		1600×6	6866	1600×7	4637	1600×9	7395
		二	1200×4		1600×5		1600×6		1600×8	5300	1600×11	9033
		一	1200×4		1600×5		1600×7	4005	1600×10	6624	1600×12	9855
		小计	6589		17056		28035		41071		63228	
	罐顶	包边角钢	63×63×6	116	75×75×8	312	75×75×8	400	75×75×8	502	100×100×10	1023
		中心板	4	63	4	109	4	109	4	109	5	125
		加强筋					扁钢 50×10	1057	扁钢 50×10	1451	扁钢 50×10	1200
		顶板	4	1075	4	3136	4	5450	4	109	5	125
		小计	1254		3557		7016		9566		17219	
	内浮盘		1604		4075		6760		9220			19000
	罐底	垫板	4	7.6	5	12	5	16	5	18	5	26
		边板					1600×6	2808	1600×6	3361	1600×8	3300
		底板	5	1392	1600×5	3919	1600×5	4844	1600×5	6966	1600×6	15000
		小计	1399.6		3931		7668		10345		18326	
	盘梯、平台栏杆		915		1065		1235		1385		5180	
钢材总耗用量/kg			11761.6		29684		50714		71587		122953	
电焊条耗用量/kg			347		872		1480		2426		4008	

表 5-5　单盘式浮顶的结构尺寸

油罐容积/m^3	油罐内径/cm	浮船外径/cm	浮船内径/cm	内边缘板/cm		外边缘板/cm		浮船顶板/cm		浮船底板/cm		单盘板厚度/cm
				宽度 b_1	板厚	宽度 b_3	板厚	宽度 b_2	板厚	宽度 b_4	板厚	
10000	2850	2810	2510	75	0.8	80	0.6	150	0.45	150	0.5	0.5
20000	4050	4010	3610	74	0.8	80	0.6	200	0.45	200	0.5	0.5
30000	4600	4560	4060	72	1.0	80	0.8	250	0.45	250	0.5	0.5
50000	6000	5950	5350	71	1.0	80	0.8	300	0.45	300	0.5	0.5
70000	6800	6750	6050	69				350	0.45	350	0.5	0.5
100000	8100	8050	7250	68				400	0.45	400	0.5	0.5

5.2.3　卧式圆柱形油罐

卧式圆柱形钢油罐在油库中除用作灌装罐和放空罐外，还可用于储存数量不大的润滑油或专用油。此外，还广泛用作加油站的储油罐。

卧式圆柱形钢油罐的主要优点：能承受较高的正压和负压，有利于减少油料蒸发损耗；可在工厂成批制造，然后直接运往现场安装；便于搬运和拆迁，机动性好。其主要缺点是：单位容积耗用钢材多，一般为 40~50kg/m^3，比立式圆柱形钢油罐高出一倍多；罐的单位容积小，总储量一定时，油罐个数较多，因而占地总面积大。

（1）基本结构

卧式圆柱形油罐由罐体、头盖（封头）和附件组成，其罐体为圆筒形，故又称筒体，由若干圈板相互连接而成。其头盖可以是平头盖，也可以是碟形头盖，或是球形头盖（图 5-9、图 5-10）。

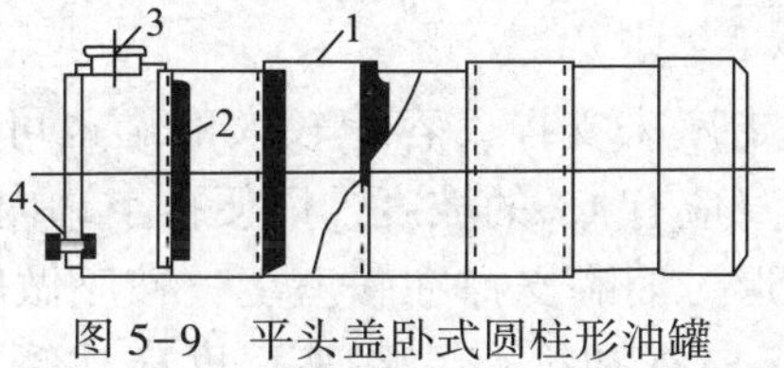

图 5-9　平头盖卧式圆柱形油罐

1—罐身；2—加强环；3—人孔；4—进出油管

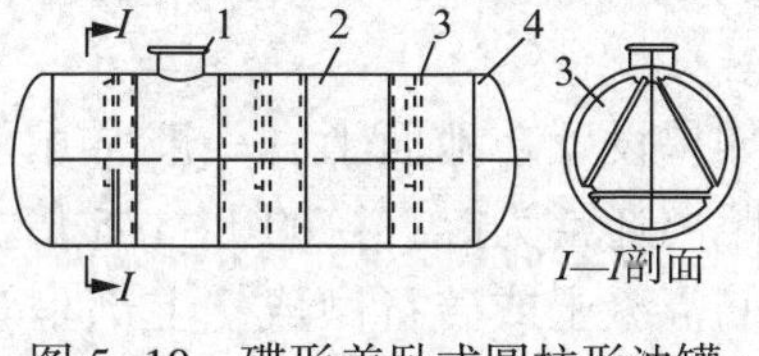

图 5-10　碟形盖卧式圆柱形油罐

1—人孔；2—罐身；3—三角支撑；4—碟形头盖

卧式油罐容积较大时，罐圈本身的纵向焊缝采用对接，圈板之间的环向焊缝为搭接，圈板交互式排列，其数量为单数，使两端头盖直径相同。小型卧式油罐圈板之间的环向焊缝也采用对接。卧式罐壁厚应根据其工作时可能承受的最大压力进行计算，并设置必要的加强环。为了保证油罐具有一定的刚性，或保持外压作用下的稳定，或不致因自重或运输途中撞击而变形，对直径较大、圈板较薄的油罐，当油罐半径 R 与圈板厚度 δ 之比 $R/\delta>175$ 时，在每个圈板上加焊一加强环。加强环一般采用角钢。加强环中间有时还做三角支撑。

我国油库多用碟形头盖的卧式罐。其头盖中间是球形，球半径一般等于卧式罐罐体直径，在与罐体连接处，头盖以较大曲率的圆弧过渡，曲率半径为球半径的 1/7~1/10。碟形头盖常用冲压法制造，由于制造方便、受力情况较好而得到广泛应用。

为了运输及安装方便，容积等于或小于 20m³的卧式罐，在工厂焊制后运往使用单位现场，容积大于 20m³时一般由工厂剪好板材，连同制好的头盖运往现场组装。组装完毕后进行严密性试验。

准球形头盖卧式罐系列及其规格见表 5-6。

表 5-6 准球形头盖卧式钢油罐系列表

公称容积/m³	实际容积/m³	罐身节数		加强环个数		尺寸/mm							质量/kg			
		大径	小径	大径	小径	D	R	r	H	l	L	加强环	罐身	罐头	加强环	合计
10	11.78	2		2		ϕ2100	2100	210	406	2802	3614	∠90×56×5.5	652	340	82	1074
15	16.38	2	1	2		ϕ2100	2100	210	406	4130	4942		978	340	82	1400
20	21.05	2	1	2		ϕ2540	2540	250	492	3430	4424		986	448	120	1554
25	24.50	2	1	2		ϕ2540	2540	250	492	4130	5114	∠100×63×6	1190	448	120	1758
35	34.85	2.5	2	2	2	ϕ2540	2540	250	492	6160	7144		1780	448	240	2468
50	52.15	4	3	4	2	ϕ2540	2540	250	492	9590	10574		2760	448	360	3568
80	79.15	6	5	6	4	ϕ2540	2540	250	492	15050	16060		4340	448	600	5388

注：1. 本表所列卧式油罐按 1.4m 宽卷板计算，罐身节数 0.5 系指 1.4m 宽的 1/2（即 0.7m），材质为 Q235，厚度为 4.5mm；

2. 公称容积 10m³ 油罐为螺旋管，25m³、50m³ 油罐如遇当年有标定油罐任务时，也尽量采用螺旋管；

3. 加强环按覆土 2m 考虑。

（2）安装形式

卧式油罐根据其用途可分为高架、地面和埋地 3 种安装形式。其中高架和地面安装均是安装在地面支座上，只是支座高度和结构尺寸要求等有所不同。埋地安装一般是将卧式罐直接埋入土中。

卧式罐如果设置在地面上，一般常用两个支座来支撑，容积较大的罐也可采用多个支座，支座间距离通常为罐直径的 1~1.5 倍，罐身应有 1%的坡度，以便排空罐内油料。支座及基础用钢筋混凝土或砖石做成，上部呈马鞍形，油罐支撑在鞍座上，鞍座做成 90°~120°包角。支座不应遮住罐身的环向焊缝，以利于检查和维修。支座宽度应比罐直径至少大 15%，支座厚度应不小于 370mm。支座高度根据卧式罐的用途和工艺要求确定，支座基础尺寸根据需要确定，基础埋入地下深度应在冻土层以下。

卧式罐需埋入土中时，应尽量埋在地下水位线以上，做成地下或半地下式，覆土厚度应不超过设计允许覆土厚度。卧式罐埋土前，应对罐体做沥青防腐层。用作储存罐或灌装罐的卧式罐，为了操作方便，其头盖应露出操作井。

当地下水位不高，土壤含水量不大，比较干燥，且土质密实时，可直接将浮土清除，挖好罐坑夯实，并铺 20~30cm 厚的粗沙垫层，垫层长度和宽度应比罐长度和宽度大 1.4m 左右，再沿罐壁四周铺上 30~40cm 厚的粗沙，并按罐壁外形做成弧形，最后放入卧式罐。罐安置好后，先在其周围回填 20cm 厚的沙层，再回填覆土夯实，如图 5-11 所示。

当地下水位高和土质不好时，罐体可能发生不均匀沉降，破坏管路及油罐连接处的严密性，影响油罐的正常使用。为防止油罐的不均匀沉降，一般应先铺设碎石或片石垫层，经夯实后厚度为 10~15cm，然后在其上铺设混凝土枕基，枕基应比油罐直径宽 0.5~1m，其间距等于油罐加强环的间距，枕基上的弧形部分用混凝土浇筑而成，如图 5-12 所示。

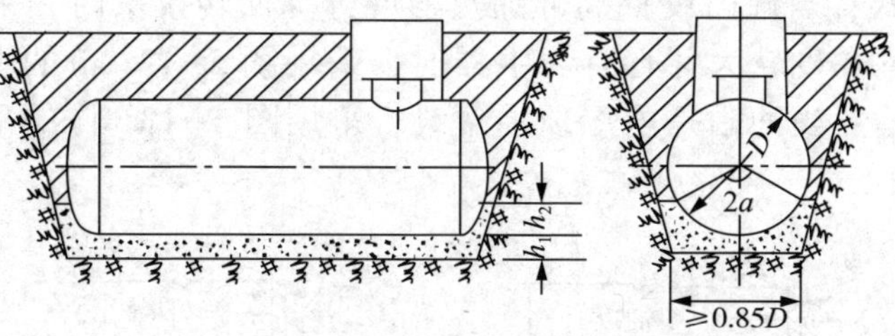

图 5-11　埋地卧式油罐沙垫层基础

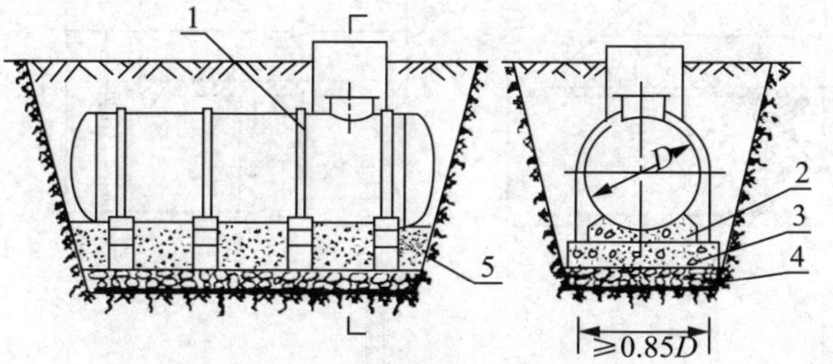

图 5-12　埋地卧式油罐混凝土基础

1—扁钢铆箍；2—罐座；3—枕基；4—片石或碎石垫层；5—沙

当土质特别松软，且地下水位较高时，通常在底部做 10~15cm 厚的碎石或片石垫层，然后做整片钢筋混凝土梁板基础，其由底板、次梁和主梁组成。油罐直接支撑在主梁上，罐轴心线与主梁垂直，主梁间距等于油罐加强环间距；次梁与油罐轴心线平行，间距等于相邻油罐之间的中心距。混凝土底板的厚度为 10~15cm。主梁上的弧形部分由混凝土现浇而成。

此外，降低地下水位也是行之有效的办法。如在卧式罐周围和下部做排水沟，将地下水排走。排水沟在最大洪水时应能保证畅通无阻。但此法受地形限制，较难办到。

5.3　油罐附件

拱顶油罐附件是油罐的重要组成部分。为了收发油料、量油取样、排污洗罐、管理维修、减少油料的蒸发损耗及储油安全，便于油罐相关作业，油罐必须配置完善的附件。

有些附件是各种油罐所共有的，如进出油短管、胀油管和进气支管、排污放水装置、人孔、量油孔、梯子和栏杆、清扫孔等；有些附件是轻油罐专用的，如内部关闭阀、溢油管、轻油罐量油帽、浮桶取样器、通风孔、透气阀、静电接地装置等；有些附件是黏油罐专用的，如黏油罐量油帽、浮桶升降管、加热器等。

5.3.1　拱顶油罐通用附件

（1）进出油短管

进出油短管安装在立式油罐下部第一层圈板上。短管中心轴线距罐底一般不小于 200mm，以避免发油时带出罐底的杂质和水分。短管的罐外一端焊有法兰，用以连接输油管路。短管的罐内一端有两种形式：对于轻油罐，当进出油短管的管口不设置内部关闭阀时，为了扩大管口截面积，采用图 5-13(a)和图 5-13(c)的形式；当设有内部关闭阀时，采用图 5-13(b)的形式，以便和内部关闭阀连接。对于黏油罐，当罐内设置局部加热箱时，采用图 5-13(a)的形式；当罐内设置局部加热器或升降回转接头时，采用图 5-13(b)的形式。当油罐储存油料黏度较大并且有切水器时，采用图 5-13(a)的形式减少弯头的摩阻有利于切水器的排除；当油罐是内浮顶油罐时，采用图 5-13(d)的形式减少进油时对浮盘的冲击。

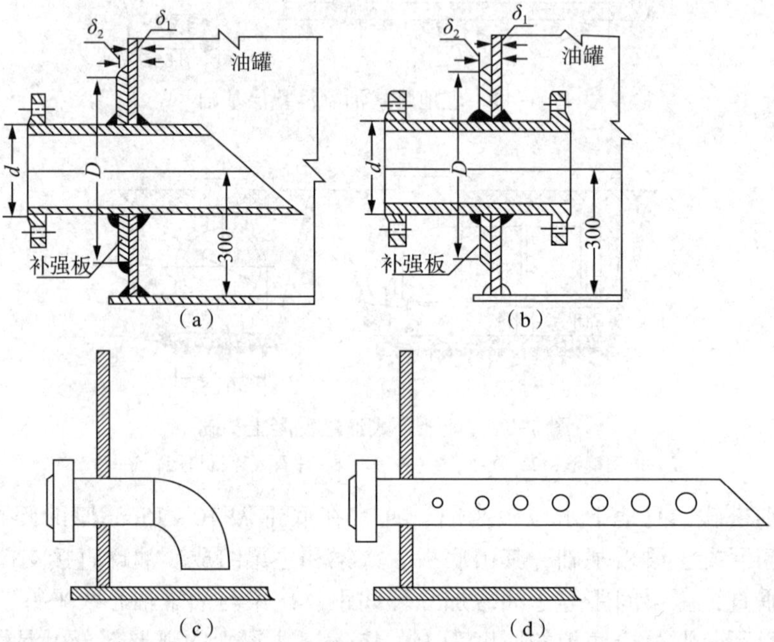

图 5-13　立式油罐进出油短管

进出油短管上装有两个铸钢阀门，靠近油罐的一个为备用安全阀门，经常处于开启状态，另一个为操作阀门，即进出油控制阀门。只有当操作阀门需要检修时，才关闭备用安全阀门。进出油短管穿过罐壁处，由于机械振动、液体冲击、温度影响和油罐不均匀沉降等原因，容易产生裂纹而引起渗漏，因此焊有补强圈板进行加固。补强圈板的大小取决于本身的厚度和进出油短管的外径。并且在大型油罐的进出口管线上安装金属软管，主要是由于以下原因：

① 油罐在进出油前后由于罐内油量的变化，油罐整体的标高会有一定的变化，而管线在管墩上的标高基本不变，这样就会在管线和罐壁之间产生一定的剪切应力；

② 在经过一段时间的运行后，一般油罐的基础由于有承力桩的支撑，不会发生大的沉降，而管线管墩的沉降量较大，尤其是在南方地区的松软地基上建设的罐区，管墩的沉降量可达几十厘米，管线和阀门的重力会全部加到罐壁上，造成罐壁的变形、破裂；

③ 在地震的作用下，由于罐壁发生翘离或罐基础发生不均匀沉降、倾斜，使油罐和配管连接处遭到破坏是常见的地震灾害之一。

为防止上述几种情况的发生，在与罐壁连接的管道上设置金属软管就可以使管道有足够的柔性，可以适应各种变形，避免在罐壁的连接处产生不利的应力，还可以吸收管道的热伸缩变形，降低管道的热应力。

（2）胀油管和进气支管

装卸油作业后不放空的管路，在受到阳光辐射作用时，管内油料受热膨胀，在管内形成很高的压力。为防止由此造成管路损坏和保证管路及阀门的安全，在油罐进出油短管上阀门外侧与油罐顶部之间设有胀油管，如图 5-14 所示。管内油料膨胀时可经胀油管进入油罐，以免管内压力升高。胀油管多为 *DN*20～25 的无缝钢管，用球阀控制，也可装安全阀自行控制。用同一管路连接的储存相同油料的油罐，只需在位置最高的一个油罐上装胀油管。

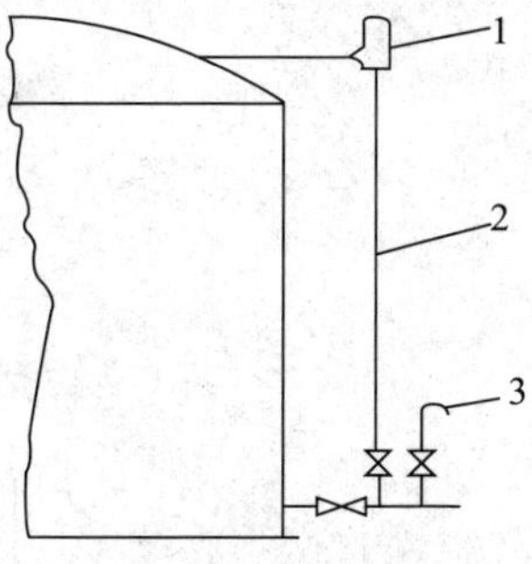

图 5-14 胀油管连接

1—安全阀；2—胀油管；3—进气支管

进气支管是安装在进出油控制阀门外侧的一根 *DN*25 的小管，供放空管路中油料时进空气用，其上设有一个球阀，如图 5-15所示。不放空的管路不设进气支管。

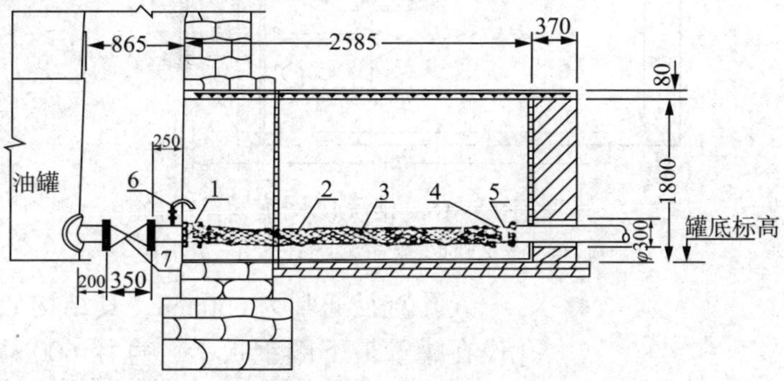

图 5-15 立式油罐输油管与短管连接

1—胶管接头；2—耐油胶管；3—胶管管箍；4—紫铜线；5—导电接头；6—进气支管；7—进出油控制闸阀

（3）排污放水装置

排污放水装置由排污放水槽、放水管和放水阀等组成。

排污放水槽安装在罐底，供排放罐底沉积水或清洗油罐的油泥及污水用。根据安装位置，在罐底开一个 300mm×300mm 的孔。在组装罐底板之前即可将加强板焊在板底下，或在油罐组装完毕后将整个排污放水槽插入罐底。此时，只焊接罐底开孔处与加强板连接的连接焊缝，加强板与底板连接的断续焊缝可不焊，但需要将加强板垫稳在预先砌好的沟壁上，排污放水槽结构见图 5-16。

放水管连接在排污放水槽底部，放水管上设两道控制阀门。放水管外端用法兰堵板封闭，下方设排水井和排水管；或放水管外端还可直接与排水管相连，并装设排水阻油阀，如图 5-17 所示。

罐内储油期间的沉积水可通过排水阻油阀，直接由排水管排放至污水处理场。

放水管应与输油管用法兰连接，加眼圈盲板隔断。油罐腾空时，将眼圈盲板打开，罐内底油顺油管放入罐内进行处理。然后打开放水管外端堵板，将罐内积水或洗罐污水放入排水井，由排水管排走。

（4）人孔

人孔供清洗或检修油罐时工作人员进出油罐和通风用。

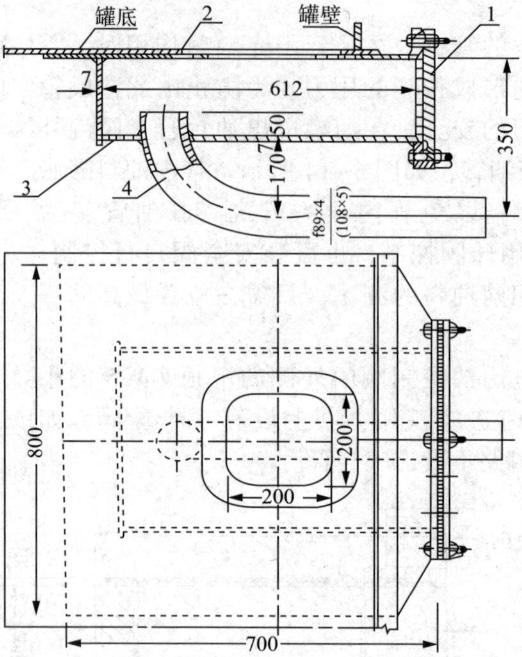

图 5-16　排污放水槽

1—盖板；2—加强板；3—放水孔体；4—放水管

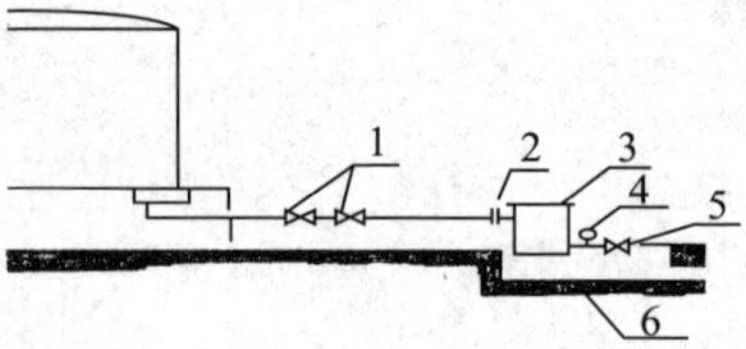

图 5-17　排水阻油阀安装示意图

1—闸阀；2—连接法兰；3—排水阻油器；4—压力表；5—球阀；6—集污井

人孔直径通常为600mm，其结构如图5-18所示。人孔设在罐壁最下圈钢板上，直径600mm，人孔中心距底板750mm；$3000m^3$以下的油罐设1个人孔，3000～$5000m^3$的油罐设1～2个人孔，$5000m^3$以上的油罐设2个人孔；人孔的安装位置应与进出口管线相隔不大于90°。如果设1个人孔，则应置于罐顶透光孔的对面。如果设2个人孔，则一个设在罐顶透光孔对面，另一个应至少与第一个人孔相隔90°。人孔的位置安装在油罐最下层圈板上。人孔的中心距罐底约700mm。人孔应有一个设在进出油短管的右侧附近，并尽量使人孔正对罐室密闭门，以便人员进出、维修油罐和通风接管用。人孔安装位置应离开油罐圈板焊缝500mm以上。设1个人孔时，应置于罐顶透光孔的对面。如果设2个人孔，则一个设在罐顶透光孔对面，另一个应至少与第一个人孔相隔90°。

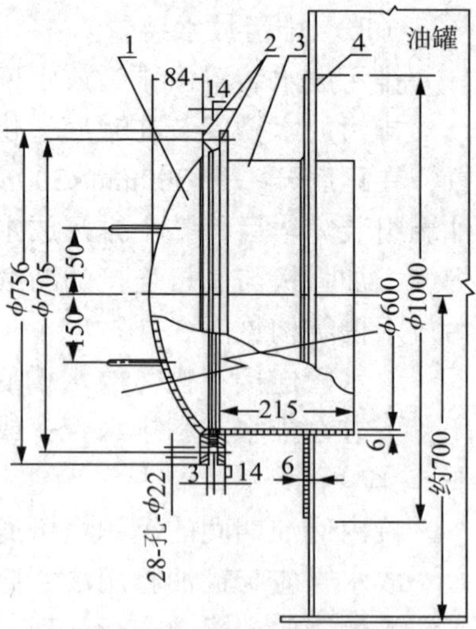

图 5-18　立式油罐人孔

1—人孔盖；2—法兰；3—人孔颈；4—加强板

人孔处需要注意防渗漏，加强板和法兰应尽量在整块钢板上切割而不拼接，法兰和盖板上加工有密闭圈，在施工中要特别注意保护。密封用3mm厚石棉橡胶垫片，不允许有折裂，垫片上涂有石墨滑脂。安装人孔盖板上紧螺栓时，要成对角均匀用力，以防孔盖变形。

为了便于检维修，人孔常采用水平吊盖人孔和垂直吊盖人孔。

（5） 透光孔

透光孔设在罐顶，用于油罐安装和清扫时采光或通风，也称为通风孔，如图 5-19 所示。透光孔分为 A、B、C 三种类型，透光孔的直径为 500mm。如果油罐只设一个透光孔，它应位于进出油短管上方的罐顶上。设两个透光孔时，透光孔与人孔应尽量沿圆周均匀分布，以利采光和通风，但至少有一个透光孔设在罐顶平台附近。透光孔外缘距罐壁一般为 800~1000mm。

（6） 量油孔

量油孔是为了测量油面高低、取样、测温而设置的，如图 5-20 所示。量油孔分为脚踏式量油孔和旋转式量油孔两种。每个油罐设一个量油孔，直径为 150mm，装在梯子平台附近，以利操作。量油孔一般为铸铁的，为了防止关闭孔盖时因撞击而产生火花，量油孔孔盖上镶嵌有软金属铜或铝、塑料或耐油橡胶制成的垫圈。在量油孔内壁的一侧装有铝制或铜制的导向槽，以便测量油高时每次都沿导向槽下尺。这样既可减少测量误差，又可避免由于测量时钢卷尺与量油孔侧壁摩擦而产生火花。正对量油孔下方的油罐底板不应有焊缝，必要时可在该处焊接一块计量基准板，以减少各次测量的相对误差。量油孔距罐壁的距离一般不小于 1m。

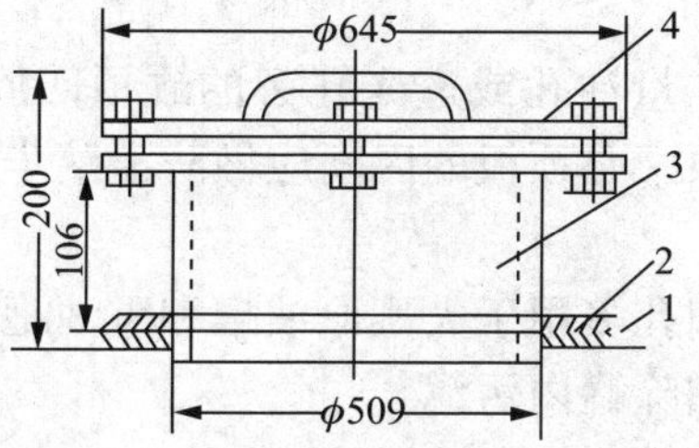

图 5-19 透光孔

1—罐壁；2—加强板；3—孔身；4—盖板

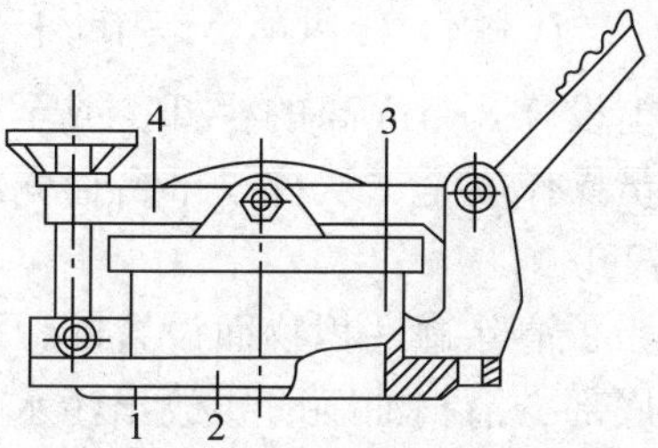

图 5-20 量油孔

1—罐壁；2—加强板；3—孔身；4—盖板

（7） 内部关闭阀

内部关闭阀是安装在进出油短管罐内一侧的安全启闭装置。其作用是防止油罐控制阀破损或检修时罐内油料流出。其结构与旋启式止回阀类似，如图 5-21 所示。无收发油作业时，阀板靠其自身重力和油料静压力的作用处于关闭状态；油罐进油时，阀板被油料顶开；油罐向外发油时，可通过设在罐壁外侧或罐顶的操纵机构打开阀板。

由于内部关闭阀操纵机构的结构复杂，使用不灵活，而且机轴穿过罐壁处的填料密封容易漏油，新设计的油罐已不再使用，仅以系于透光孔处的钢索控制阀板的启闭，并使阀板处于常开状态，只有检修或更换油罐控制阀时才关闭阀板。一些新建的油罐不设内部关闭阀，而是在进口油短管上装设双阀，其使用方法如前所述。

（8） 梯子和栏杆

梯子是为操作人员上到罐顶进行量油、取样等操作而设置的。目前应用最广泛的是罐壁盘梯，有些小油罐也使用靠墙式斜梯，罐室空间受限制的油罐采用直爬梯或采取下部为直梯而上部为盘梯的形式。

罐壁盘梯自上而下沿罐壁作逆时针方向盘旋，使工作人员下罐时能右手扶栏杆，以适合一般人的习惯。梯子坡度为 30°~40°，踏步高度不超过 250mm，踏板宽度为 200mm 左右，梯子宽度一般为 650mm，梯子外侧设 1m 高的栏杆做扶手。盘梯的踏板靠近罐壁一端直接焊在罐壁上，另一端焊在盘旋状型钢上，并用斜撑杆固定于罐壁上，而不需要另设梯子支架。盘梯底层踏板宜靠近油罐进出油短管，以利操作。

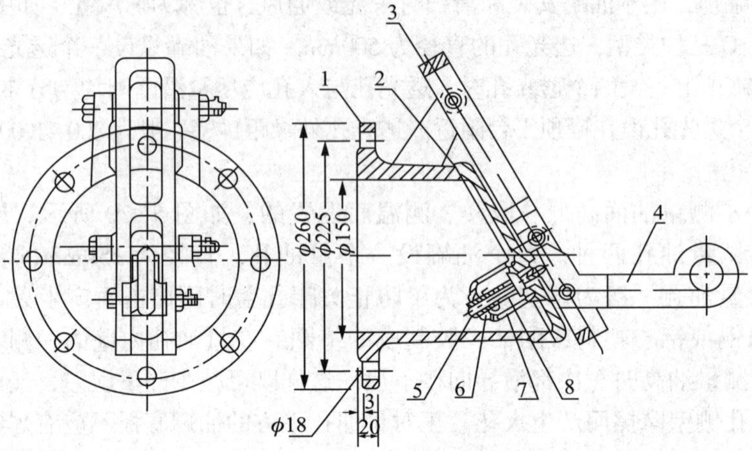

图 5-21　*DN*150 内部关闭阀

1—阀体；2—阀盖；3—连杆；4—杠杆；5—小阀；6，7—阀架；8—弹簧

罐顶周围上设 0.8～1m 高的栏杆，或至少在量油孔或透光孔旁的罐顶四周设局部栏杆，以保证工作人员操作安全。从梯子平台通向罐顶中心顶板的区间应做防滑踏步。

（9）清扫孔

清扫孔是为了清除罐底积物而设置的，清扫孔多用于大型原油罐和重油罐。油罐清扫孔装于重质油罐底部，清扫油罐时要放出污水并扫除罐内污泥。

结构特点：它是一个上边带圆角的矩形孔，孔的高、宽均不超过 1200mm，底边与罐底平齐。其结构如图 5-22 所示。

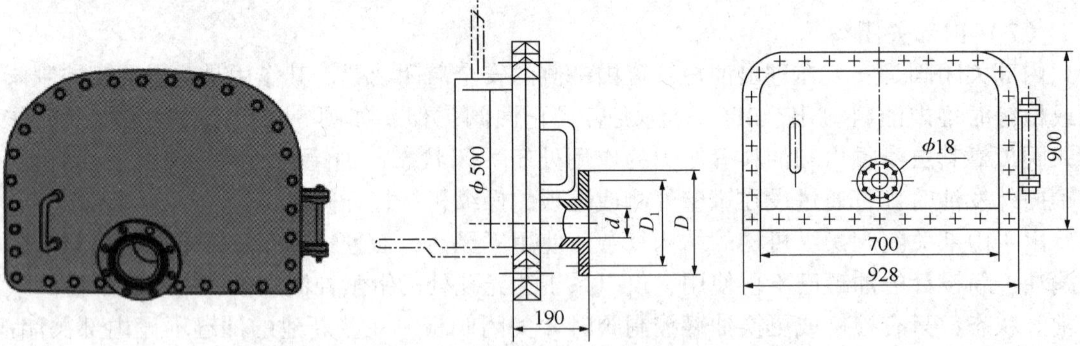

图 5-22　GSQ 油罐清扫孔外形结构图

清扫孔型号有 *DN*50A 带放水管油罐清扫孔、*DN*80B 带放水管油罐清扫孔、*DN*100C 带放水管油罐清扫孔和 *H*500×700 油罐清扫孔。

（10）防雷与接地线

防止静电积聚，提供静电荷消散通道，保证足够的消散时间，泄漏和导走静电荷。

结构要求：当储存易燃、可燃油料的油罐顶板厚度小于 4mm 时应装设防直击雷设备，如避雷针或半导体消雷器等。

当储存易燃、可燃油料的油罐顶板厚度大于、等于 4mm 时可不装设防直击雷设备。但在多雷区(通常指年雷暴日大于 40 天的地区)，当油罐顶板厚度大于、等于 4mm 时仍可装设防直击雷设备。金属油罐必须做环形防雷接地，其接地点不应少于 2 处，其间弧形距离不应大于 30m。接地体距罐壁的距离应大于 3m，当罐顶装有避雷针或利用罐体作接闪器时，每一接地点的冲击接地电阻不应大于 10Ω。浮顶金属油罐可不装设防直击雷设备，但必须用两根截面不小于 $25mm^2$的软铜绞线将浮船与罐体作电气连接，其连接点不应小于 2 处，连接点沿油罐周长的间距不应大于 30m。浮顶油罐的密封结构宜采用耐油导静电材料制品。

（11） 人体静电消除器

用于易燃、易爆和防静电场所的人体静电释放，将人体本身所积累的静电电荷安全地释放掉，避免因人体静电而引发的火灾爆炸事故和人体电击现象的发生。

结构原理：触摸头采用“静电亚导体”材质，减缓放电速度，避免产生电火花，消除操作过程中接触打火的隐患。静电亚导体是介于导体和非导体之间的材料，其表面电阻率大于 $10^6\Omega \cdot m$、小于 $10^{10}\Omega \cdot m$。采用亚导体材质的好处：在电荷泄漏时，因为亚导体具有较高的电阻率，其泄漏电流十分微弱，处于 μA 级，不会产生瞬间电击现象，避免因电火花引爆可燃性气体，从而达到导电防爆的目的。亚导体更适用易燃易爆等危险防爆区域，像石油库、炸药库、煤矿等对静电特别敏感的场所。还有一种消除静电的方式是利用一段扶梯(约 1m 长)，不涂防腐涂料，供人体放电使用。

5.3.2 轻油罐专用附件

轻油罐由于温度变化，必然使油罐蒸气空间内压发生变化，为此需要呼吸设备来控制一定的压力，用以减少呼吸和保证油罐的安全。

（1） 呼吸阀

呼吸阀是控制轻油罐内气体空间压力，抑制油料蒸发损耗，防止油料质量降低，保护油罐免遭损坏的一种油罐专用阀门，是轻油罐重要的安全附件之一。可见，合理选择机械呼吸阀、加大管理力度，使其充分发挥效能，是确保油罐安全、预防事故的重要手段。

轻质油料具有易蒸发、易燃烧、易爆炸、有毒等特性。轻油罐进行呼吸时，将向罐外呼出较浓的油气，不但会造成油料数量上的损失，而且使油料质量因轻质成分的挥发而有所下降，更为重要的是呼出的油蒸气逸散到大气中具有潜在的危险性，容易引发着火、爆炸、中毒、污染环境等不良后果。因此，轻油罐安装呼吸阀，使油罐始终能够在任何气温或工作条件下，保持油罐内外压力的平衡，并使油罐在一定的正负压范围内，保持油罐的相对严密性，不会使油料任意蒸发而增大损耗，保证了油料质量。同时，能确保油罐正压时不被胀裂，负压时不被吸瘪，保障了油罐的安全。

呼吸阀主要由阀体、压力阀、真空阀和阀座等组成，它是利用阀盘的重量(或弹簧的张力)来控制和调节油罐内部混合蒸发气体气压的。当油罐进油或罐内油料受热升温蒸发、蒸气压增大超过设计规定正压时，出气阀盖(即压力阀盘)即被顶开，罐内蒸气呼出；当油罐出油或罐内温度降低、蒸气压减少超过设计规定负压时，罐外大气即顶开进气阀盖(即真空阀盘)进入罐内。

油罐的呼吸分为两种，当油罐在进出油料时，要向罐外排出或向罐内吸入气体的过程称为油罐的大呼吸；当油罐在不进出油料时，由于温度变化或罐外大气压变化，导致油罐向罐外排出或吸入气体的过程称为油罐的小呼吸。

呼吸阀按其适用条件可分为普通型和全天候型；按压力控制方法其结构型式分为重力式、弹簧式和重力弹簧复合式；按阀座的相互位置分为分列式和重叠式。

呼吸阀常见故障：漏气、卡死、粘结、堵塞、冰冻、生锈以及正压阀与负压阀常开或常闭等。漏气一般是由于锈蚀、硬物划伤阀与阀盘的接触面、阀盘或阀座变形以及阀盘导杆倾斜等原因造成。卡死多发生在呼吸阀安装不正确，阀盘导杆歪斜、阀杆生锈的情况下，使阀盘沿导杆上下活动中不能到位，将阀盘卡于导杆某一部位。粘结是由于油蒸气、水分与沉积于阀盘、阀座、导杆上的尘土等杂物混合发生化学物理变化，久而久之使阀盘与阀座或导杆粘结在一起。

堵塞主要是呼吸阀长期未保养使用，导致尘土、锈渣等杂物囤积于呼吸阀内或与其连接的管线内，以及蜂或鸟在呼吸阀口筑巢，使呼吸阀堵塞。冰冻是因气温变化，空气中的水分在呼吸阀的阀体、阀盘、阀座、导杆等部位凝结，进而结冰，使阀难以开启。生锈是由于空气中腐蚀性气体、氧气，以及尘土中的腐蚀性物质等对阀体、阀盘、阀座、导杆、弹簧等零部件造成腐蚀而生锈。

由于上述常见故障造成呼吸阀的压力阀或真空阀常开或常闭，使呼吸阀失去应有的作用。加强机械呼吸阀的使用管理应从合理选型、正确安装、日常检查、定期维护、技术检定等方面进行。具体结构见图5-23。

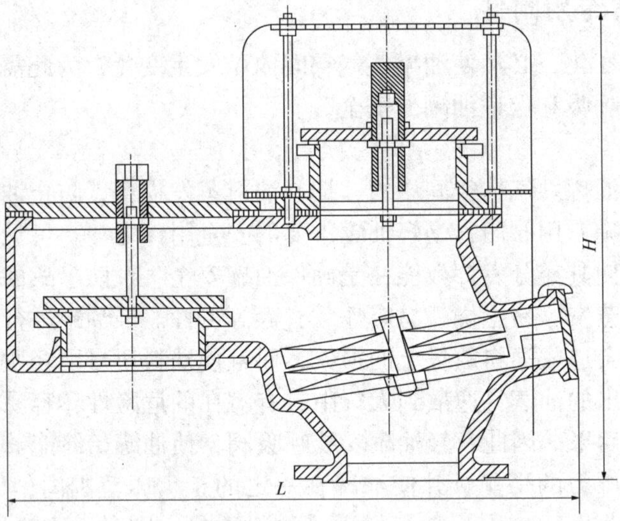

图5-23 呼吸阀结构图

① 呼吸阀选型

确定口径按每小时收发油流量和减少静电产生的要求，选定呼吸阀的口径(表5-7)，并应满足油罐最大进出油流量所需的通气量。

表5-7 呼吸阀口径对应流量

呼吸阀口径/mm	50	100	150	200	250	300
允许收发油流量/(m^3/h)	≤25	26~100	101~150	151~200	201~300	≥300
呼吸阀数量			1			2

② 确定控制压力

根据油罐结构和设计压力确定机械呼吸阀的控制压力和真空度值(表 5-8)。另外，还应注意：使用年限较长的油罐，可根据油罐顶板强度情况，适当调减机械呼吸阀的工作压力；同品种同罐组使用同一呼吸阀时，其工作压力必须按油罐组中设计工作压力绝对值最小的值来确定。

表 5-8　各类油罐设计参考压力

油罐类型	设计正压(表压)/Pa	设计负压(表压)/Pa
地上立式罐(桁架)	196~245	196~245
半地上立式罐(桁架)	196~3924	196~245
洞库立式拱顶罐、球顶罐、准球顶罐	2158	638
无力矩罐	1962	638
卧式罐	$(2.45\sim4.9)\times10^4$	196~3924

（2）液压安全阀

液压安全阀又称 Y 形液压安全阀。Y 形液压安全阀是装设在油罐顶上，保护油罐安全的一个重要附件，具体见图 5-24。当机械呼吸阀锈蚀或冻结不能动作时，液压安全阀就能代替机械呼吸阀进行排气或放气，保证油罐安全。其压力和真空值一般比机械式呼吸阀高出 10%。正常情况下并不工作，只在机械式呼吸阀不起作用时工作。为保证在各种温度下均能工作，阀内装有沸点高，不易挥发、凝固点低的液体作为液封，如变压器油、轻柴油等。

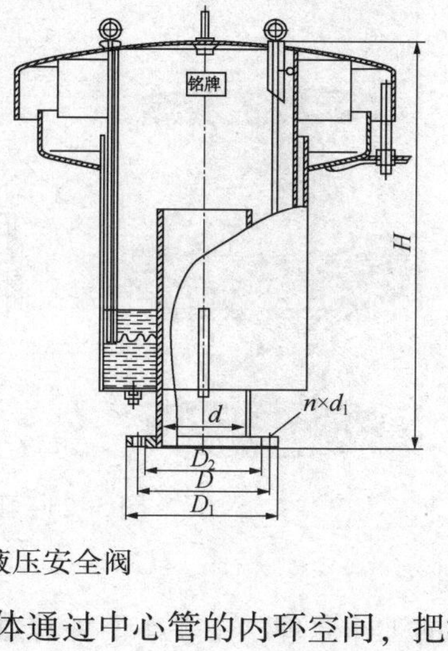

图 5-24　液压安全阀

结构原理：当罐内压力增高时，罐内的气体通过中心管的内环空间，把油封挤入外环空间；若压力继续升高，内环油面和中间隔板下缘相平时，罐内气体通过隔板下缘逸入大气，使罐内气体压力不再上升。反之，当罐内出现负压时，外环空间的油封被大气压入内环空间，外环液面到达中间隔板的下缘时，空气进入罐内，使罐内压力不再下降。

液压安全阀是与机械呼吸阀配合工作的，起备用的作用。因此，控制压力和真空度略大于机械式呼吸阀，如表 5-9 所示。

表 5-9 液压安全阀控制压力

油罐类别	控制压力/mmHg	控制真空度/mmH_2O
地上立式油罐	30	30
半地下钢顶油罐	205~215	30
半地下混凝土拱顶油罐	400±25	30

液压安全阀操作不当时密封液极易被吹出，如果密封液被吹掉而不及时补充就会使油罐和大气直接相通，丧失其降低蒸发损耗的作用。因此，有些油库已不再使用液压安全阀。

（3）阻火器

阻火器主要由壳体和滤芯两部分组成。壳体应具有足够的强度，以承受爆炸产生的冲击压力。滤芯是阻止火焰传播的主要构件，常用的有金属网滤芯和波纹型滤芯两种。金属网滤芯用直径 0.23~0.315mm 的不锈钢或铜网，多层重叠组成。国内的阻火器通常采用 16~22 目金属网，为 4~12 层。金属网滤芯由于耐烧时间不足而不再使用。

目前，油罐阻火器主要采用波纹型滤芯，波纹型滤芯用不锈钢、铜镍合金、铝或铝合金支撑。波纹型阻火器能阻止爆燃的猛烈火焰，并能承受相应的机械和热力作用，流动阻力小，易于清洗和更换。结构见图 5-25。

早在 1928 年阻火器就已被应用在石油工业中，以后又广泛用于矿山、煤矿、水运及化学工业中。在石油工业中，阻火器被广泛应用在石油及石油产品的储罐上。当储存轻质石油产品的油罐遇到明火或雷击时，就可能引起火灾。为了防止这种危险的产生而使用阻火器。

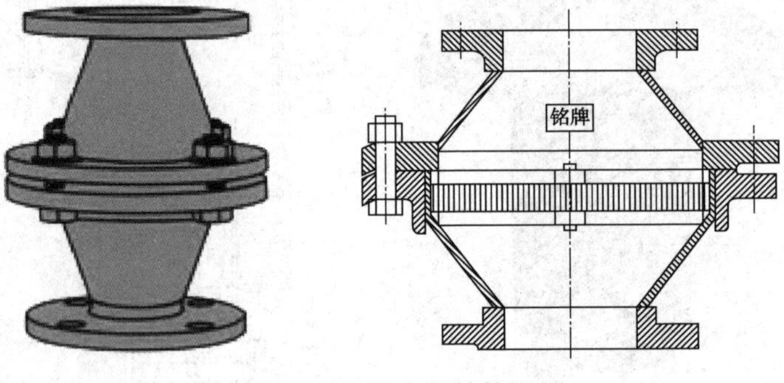

图 5-25 阻火器结构图

① 工作原理

关于阻火器的工作原理，主要有两种观点：一是基于传热作用；二是基于器壁效应。

a. 传热作用

燃烧所需要的必要条件之一就是要达到一定的温度，即着火点。低于着火点，燃烧就会停止。依照这一原理，只要将燃烧物质的温度降到其着火点以下，就可以阻止火焰的蔓延。当火焰通过阻火元件的许多细小通道之后将变成若干细小的火焰。设计阻火器内部的阻火元件时，则尽可能扩大细小火焰和通道壁的接触面积，强化传热，使火焰温度降到着火点以下，从而阻止火焰蔓延。

b. 器壁效应

燃烧与爆炸并不是分子间的直接反应，而是受外来能量的激发，分子键遭到破坏，产生活化分子，活化分子又分裂为寿命短但很活泼的自由基，自由基与其他分子相撞，生成新的产物，同时也产生新的自由基再继续与其他分子发生反应。当燃烧的可燃气通过阻火元件的狭窄通道时，自由基与通道壁的碰撞概率增大，参加反应的自由基减少。当阻火器的通道窄到一定程度时，自由基与通道壁的碰撞占主导地位，由于自由基数量急剧减少，反应不能继续进行，即燃烧反应不能通过阻火器继续传播。

随着阻火器通道尺寸的减小，自由基与反应分子之间碰撞概率随之减少，而自由基与通道壁的碰撞概率反而增加，这样就促使自由基反应减低。当通道尺寸减小到某一数值时，这种器壁效应就造成了火焰不能继续传播的条件，火焰即被阻止。因此器壁效应是防止火焰的主要机理 。

② 最大实验安全间隙 MESG(Maximum Experimental Safe Gap)

火焰通过阻火元件的细小通道并在通道内降温。当火焰被分割到一定程度时，经通道移走的热量足以将温度降到可燃物燃点以下，使火焰熄灭。或由器壁效应解释，当通道窄到一定程度时，自由基与管道壁的碰撞占主导地位，自由基大量减少，燃烧反应不能继续进行。因此，把在一定条件下(0.1MPa，20℃)刚好能够使火焰熄灭的通道尺寸定义为“最大实验安全间隙”。阻火元件的通道尺寸是决定阻火器性能的关键因素，不同气体具有不同的MESG 值。因此在选择阻火器时，应根据可燃气体的组成确定其 MESG 值。在具体选择时，又根据 MESG 值将气体划分为几个等级。国际上经常采用两类方法：一类是美国全国电气协会(NEC)的分类法，它根据气体的 MESG 值将气体分为四个等级(A、B、C、D)；另一类是国际电工协会(IEC)的方法，它也将气体分为四个等级(ⅡC、ⅡB、ⅡA 及Ⅰ)。

在选用阻火器时，即可在设计规定使用的规范中首先查出所用可燃气体的等级，然后根据该组气体对应的 MESG 值来选择相应的阻火元件。

③ 阻火器分类

a. 按用途分类

储罐阻火器、加油站阻火器、加热炉阻火器、火炬阻火器、放空管阻火器、煤气输送管阻火器等。

b. 按安装位置分类

管端阻火器：安装在排气管的端部；管道阻火器：安装在管道中间位置。

c. 按阻止火焰速度分类

防爆燃阻火器：能阻止以亚音速传播的爆炸火焰通过。

防爆轰阻火器：能阻止以冲击波为特征、以超音速传播的爆炸火焰通过。

d. 按气体分级分类

Ⅰ级气体的阻火器；ⅡA 级气体的阻火器；ⅡB 级气体的阻火器；ⅡC 级气体的阻火器。

④ 罐阻火器性能

a. 阻爆性能合格，阻火器连续 13 次以亚音速火焰试验，每次都能阻止火焰的通过。

b. 耐烧性能合格，耐烧试验 1h 无回火现象。

c. 壳体水压试验合格，水压试验 2.4MPa 无渗漏。

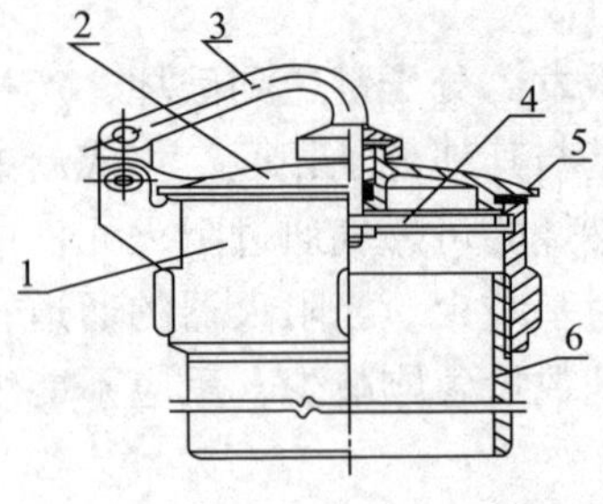

图 5-26 *DN*100 轻油量油帽

1—帽体；2—帽盖；3—扳手；4—卡板；5—密封圈；6—短管

（4） 轻油罐量油帽

轻油罐量油帽安装在罐顶量油孔上，其结构如图 5-26 所示。扳手带有压簧，开启或关闭时都要压缩弹簧。转动扳手，使卡板脱出或进入卡槽，即可开启或关闭。关闭后严密不漏油蒸气，扳手一端圆环与铰链孔相吻合，可上锁封闭。有些轻油罐量油帽的测量孔内还装有封门，以降低量油时的蒸发损耗。为防止关闭量油帽时撞击产生火花，盖上还装嵌软金属(铝、铜)、塑料或耐油橡胶制成的垫片，在测量孔内装有有色金属导向槽，以免钢卷尺与测量孔摩擦产生火花。

量油帽因开闭次数频繁，易损坏漏气。因此应定期鉴定其严密性(尤其是轻油罐)。鉴定时，在孔边缘上涂一层薄油脂，将孔盖轻轻盖上，用手加一定压力，如衬垫上印有明显的完整痕迹，即为合格。若痕迹残缺不全，则说明已不严密，应更换垫圈。

（5） 浮动出油装置

通常对轻质航空油料的质量要求也较高。为了保证油罐发出其上部高质纯净油料，在轻质航空油料储罐内安装浮动出油装置，如图 5-27 所示。

油罐浮动出油装置利用水及杂质在重力场的沉降原理优先发放上层洁净的燃油。它与传统的油罐底部发油相比，具有发油质量高、沉降时间短、油罐周转快等特点，是机场、炼厂、码头等油库立式储油罐保证发油质量的手段之一。

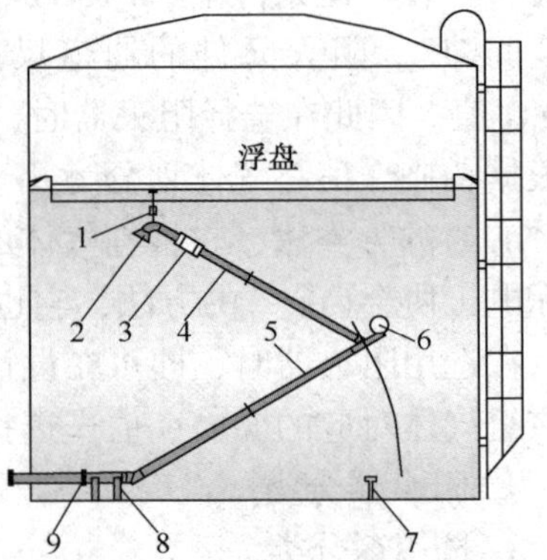

图 5-27 浮动出油装置图

1— 柔性连接；2—吸油口；3—上端浮筒；4—上部臂；5—下部臂；6—中间浮筒；7—固定座一；8—固定座二；9—接口法兰

（6） 呼吸阀挡板

呼吸阀挡板是一种装于轻油罐呼吸阀下边的附件，用来减少油料的蒸发损耗。

（7） 液位报警器

液位报警器是用来预报罐内液面将要升高或降低到所规定的极限高度，以便操作人员在规定的时间内完成切换油罐操作，避免发生溢油或抽空事故。

（8） 静电接地装置

储存轻油的立式油罐，无论安装在什么地方，都需要做 2~4 个静电接地极，静电接地极和接地导线的接地电阻一般不大于 10Ω。接地装置用 40mm×4mm 扁钢做导线，焊接钢管或镀锌钢管为接地极，管长 2~3m，下端埋入深度离地坪不少于 0.5m，导线与接地极之间应用螺栓连接，以便拆卸检查接地电阻值。静电接地装置平时要加强检查维护，接地极有损坏，焊接部分脱落，要及时处理好，电阻超过要求范围的要找出原因及时处理合格。

（9） 油罐冷却水喷淋系统

油罐冷却水喷淋系统的作用是自身罐或相邻油罐发生火灾时，淋水降温以防火灾蔓延。也可用于喷淋罐体降温减少油料蒸发损耗。

（10） 空气泡沫发生器

空气泡沫发生器是一种固定安装在油罐上以产生和喷射空气泡沫来扑灭油类火灾的灭火设备。它的泡沫比例混合装置利用固定消防泵供给的泡沫混合液流经输送管道产生一定压力，与空气接触形成的泡沫可以扑灭油类火灾。

空气泡沫发生器主要由壳体组、泡沫喷管组和导板组 3 个部分构成。

灭火原理：在泡沫混合液流过产生器喷管时形成扩散的雾化射流，在其周围产生负压从而吸入大量空气并与其接触形成空气泡沫，空气泡沫通过泡沫喷管和导板输入贮罐内，沿罐壁淌下，平稳地覆盖在燃烧液面上。具体见图 5-28。

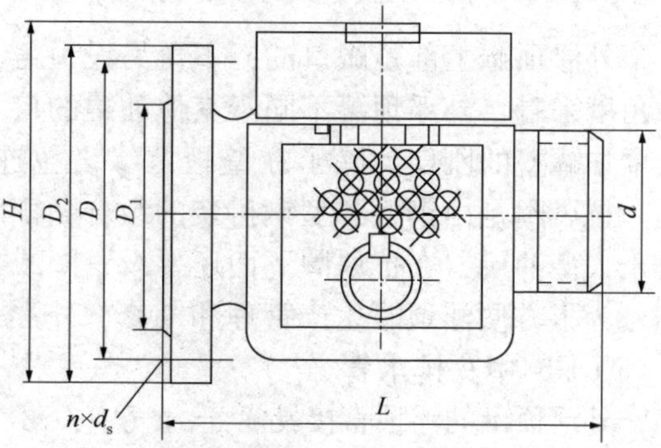

图 5-28　空气泡沫发生器结构图

5.3.3　黏油罐附件

黏油是指润滑油、专用燃料油、部分原油等黏度较大的油料。

（1）黏油量油帽

黏油量油帽套装在量油孔内供量油取样用，结构如图 5-29 所示。帽体上装有耳环，一侧装置铰链，另一侧供上锁用。盖内装有透气铜丝网。黏油罐一般不单独设置通风孔和透气孔，而由量油帽兼起通风、透气作用。

（2）浮筒升降管

浮筒升降管多装设于润滑油罐内，与进出油管相接，连接处用转动接头，使升降管能方便地绕转动接头旋转，如图 5-30 所示。由于沉降作用，油罐上部的油料比较干净，加热时上部油料的温度也比较高。利用升降管可以发出油罐上部的油料。当进出油管或其控制阀门损坏时，可把升降管提升至油面以上，防止油料外流。

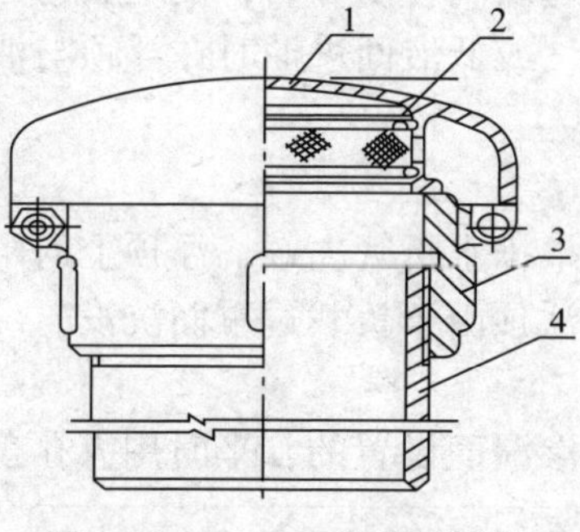

图 5-29　*DN*100 黏油量油帽

1—帽盖；2—透气网；3—帽体；4—短管

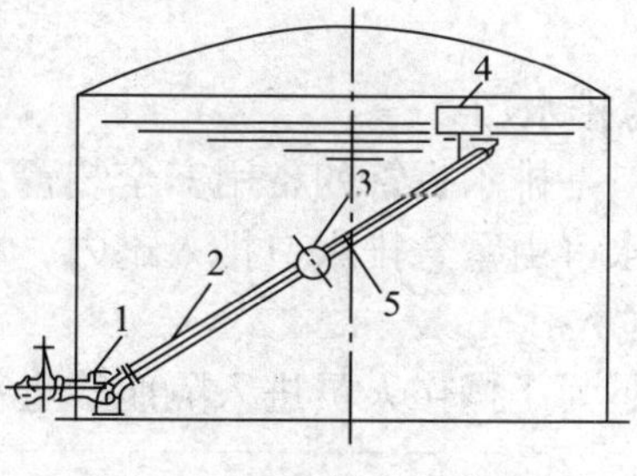

图 5-30　浮筒升降装置

1—旋转接头；2—起落管；3—固定浮筒；4—活动浮筒；5—注油小孔

（3）加热装置

润滑油、部分原油和专用燃料油等重油，往往因黏度过大而需要加热后才能输转，因此必要时在这类油料的储罐中设置加热装置。一般油库采用的加热装置主要有全面加热器（梳状加热器）、局部加热器和局部加热箱等。加热装置的加热方式、原理、构造、几何尺寸等见第 6 章。

5.3.4 外浮顶罐专用附件

外浮顶罐上部是敞口的，不再另设顶盖，浮顶的顶板直接与大气接触。从油罐结构设计的角度来看，外浮顶罐不同于其他油罐的特点是如何解决好风载作用下罐壁的失稳问题。为了增加罐壁的刚度，除了在壁板上缘设包连角钢外，在距壁板上缘约 1m 处还要设有抗风圈。抗风圈是由钢板和型钢拼装的组合断面结构，其外形可以是圆的，也可以是多边形的。对于大型油罐，在抗风圈下面还要设一圈或数圈加强环，以防抗风圈下面的罐壁失稳。

为了方便浮顶罐生产管理和维修，外浮顶罐上还设有下列不同于固定顶罐的附件：

（1） 中央排水管

外浮顶罐的浮顶直接暴露于大气中，落在浮顶上的雨雪不及时排除就有可能造成浮顶沉没。中央排水管就是为了及时排放汇集于浮顶上的雨水而设置的。中央排水管由几段浸没于油料中的 *DN*100 钢管组成，管段与管段之间用活动接头连接(图 5-31)，可以随浮顶的高度而伸直和折曲，所以又称排水折管。根据油罐直径的大小，每个罐内可以设 1~3 根排水折管。

（2） 转动扶梯

转动扶梯是为了操作人员从盘梯顶部平台下到浮顶上而设置的。转动扶梯的上端可以绕安装在平台附近的铰链旋转，下端可以通过滚轮沿导轨滑动，以适应浮顶高度的变化，浮顶降到最低位置时，转动扶梯的仰角不得大于 60°。

（3） 浮顶立柱

浮顶立柱是环向分布安装于浮顶下部的支柱，其高度一般可在 1.2~1.8m 范围内调节。浮顶立柱的作用：一是避免液面较低时浮船与罐内的加热盘管等附件相撞；二是为了检修时支撑浮顶(支撑高度至 1.8m)，以便检修工人可以由人孔进入罐底与浮顶之间的空间工作。

（4） 自动通风阀

该阀设于浮顶上。当浮盘立柱落于罐底时，通风阀自动开启，使罐底与浮顶之间的空间与大气相通，以免继续发油时在此空间造成真空，或低液面进油时在浮顶与油面间形成空气夹层。

（5） 紧急排水口

紧急排水口是排水折管的备用安全装置。如果排水折管失效，浮顶上的雨水聚积到一定高度时，则积水可由紧急排水口排入罐内，以防浮顶由于负载过重而沉没。

（6） 隔舱人孔

隔舱人孔是为了操作人员进入隔舱检查有无渗漏而设置的，平时用人孔盖封死。

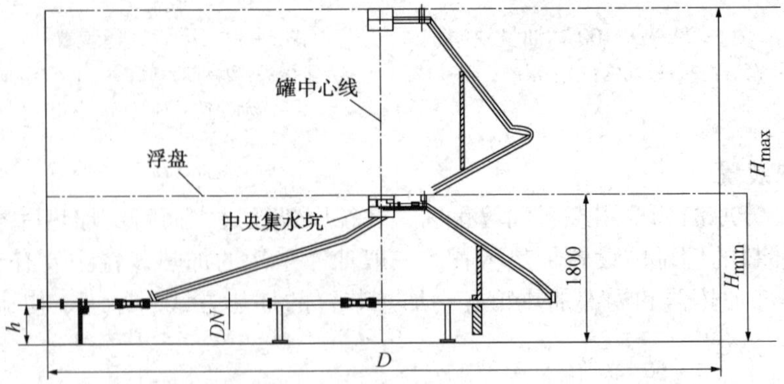

图 5-31 中央排水装置示意图

5.3.5　内浮顶罐专用附件

内浮顶油罐罐体外形结构与拱顶油罐大体相同。与浮顶油罐相比，它多了一个固定顶，这对改善油料调度的储存条件，特别是对防止雨水杂质进入油罐和减缓密封圈的老化有利。同时，内浮顶也能有效地减少油料损耗，所以，内浮顶油罐同时兼有固定顶油罐和浮顶油罐的优点。所以，内浮顶罐上还设有下列不同于固定顶罐的附件。具体见图 5-32。

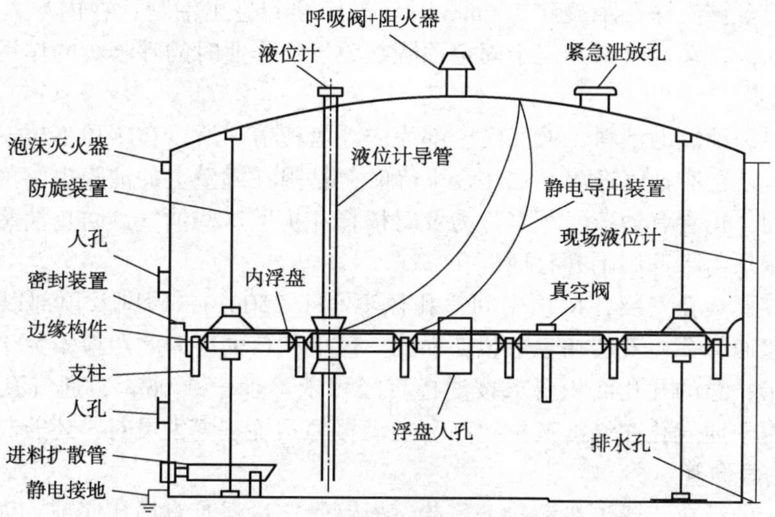

图 5-32　内浮顶油罐附件示意图

（1）浮盘人孔与带芯人孔

在内浮盘上通常设有 2 个人孔，其结构及作用也是检修时通风及操作人员进出。相对浮顶油罐，一般类型油罐的人孔与罐壁结合的筒体是穿过罐壁的，这种人孔不利于浮盘升降和密封。带芯人孔是在人孔盖内加设一层与罐壁弧度相等的芯板，并与罐壁齐平。为便于启闭，在孔口结合筒体上还装有转臂和吊耳，操作时人孔盖仍不离开油罐。

内浮顶油罐罐体人孔一般至少设 2 个：一个与一般油罐一样，设在底部圈板，高度约 700mm，常称为底部位人孔，用于清洗油罐及检修人员进入；另一个设在第二圈板中部，高度约为 2.5m，为操作人员进入浮盘上部时用，常称作高部位人孔。

（2）支柱套管和支柱

支柱的作用是在油罐放空时，支撑内浮盘，使其与罐底板保持一定高度。内浮盘有两个控制高度，第一控制高度由支柱套管控制，支柱套管穿过浮盘，并以加强圈和筋板与浮盘焊接。在浮盘加强环板处的支柱套管高出浮盘 900mm，其余部位的套管高出浮盘 400mm。支柱套管高出浮盘面的一端都设有法兰与盲板，平时用密封垫圈和螺栓、螺母紧固严实。浮盘以下支柱套管长度均为 500mm。这样在平时收发油作业时，浮盘下降的最低高度便控制在 500mm。

当需对内浮盘或油罐底部进行检修时，一般将浮盘控制在距罐底 1800mm 左右高度。方法是选用外径小于支座套管内径（间隙应稍大些）的无缝钢管，每个支柱一端设有与支柱套管法兰相同型号的法兰，如需要将浮盘控制在检修高度，可先向罐内注水使浮盘上升到带芯人孔下缘部位，然后打开人孔进入浮盘上面，取下支柱套管顶端的盲板，将备用支柱插入套管，并将支柱上的法兰与套管上的法兰用螺栓连接紧固。

（3）自动通气阀

自动通气阀的作用：

① 避免在用支柱支撑浮顶时，使罐内的液体能继续输出；

② 防止负压损害浮盘；

③ 防止进油时浮盘卡住而损坏。

为保证内浮盘被支撑在距罐底500mm时，仍能顺利进出油料，在内浮盘与罐底部组成的这一局部空间，自动通气阀类似于固定顶罐在收发油作业时的呼吸阀的作用。

（4）通气孔

储存在内浮顶油罐的油料，液面已全部为内浮盘覆盖，所以在罐顶不再安装呼吸阀。但在实际使用时，还会有油气逸出；在浮盘下降时，粘附在罐壁上的油膜也要蒸发，故在浮盘与拱顶间的空间，仍会有油蒸气积聚。为及时稀释并扩散这些油气，防止油蒸气浓度增大到燃、爆极限，罐顶与罐壁周围开有通气孔。

内浮顶油罐通气孔安装在拱顶中间，孔径不小于250mm，周围及顶部以金属丝网和防雨罩覆盖。罐壁通气孔，安装在罐壁顶部周围。每个孔口的环向间距应不大于10m，每个油罐至少应设4个，总的开孔面积要求按油罐直径每米不少于0.06m^2，通气孔出入口安装有金属防护罩。罐壁通气孔在储油液位超高和自动报警系统装置失灵时，还兼起溢流作用。

（5）量油导向管

由于内浮盘的缘故，罐顶量油孔下连接一根钢管穿过浮盘直插罐底部，内浮顶油罐内油料的计量、取样都通过该导管进行。该管还兼防止浮盘水平漂移和限制浮盘只能沿管道上下浮动等导向作用，故称为量油导向管。为避免浮盘升降时与导向管摩擦产生火花，在浮盘上安装有导向轮座和铜制导向管；为防止油料泄漏，导向轮座与浮盘连接处以及导向管与罐顶连接处都安装有密封填料盒和填料箱。

（6）防转钢绳

为了防止油罐壁变形，浮盘转动影响平稳升降，在内浮顶罐的罐顶和罐底之间垂直地张紧两条不锈钢缆绳，它们在浮顶直径两端对称布置。浮顶在不锈钢缆绳的限制下，只能垂直升降，因而防止了浮盘转动。

（7）静电导出装置

内浮顶油罐在进出油作业过程中，浮盘上积聚了大量静电荷，由于浮盘和罐壁间多用绝缘物作密封材料，所以浮盘上积聚的静电荷不可能通过罐壁导走。为了导走这部分静电荷，在浮盘和罐顶之间安装了静电导线。在选用静电导线时，一方面要选择合适的截面积，另一方面要选择足够的强度。对于内浮顶油罐，浮盘上没有感应雷电荷，只需导走油料传到金属浮盘上的静电荷。因此钢质浮盘连接导线用横截面积不小于16mm^{2}的软铜复绞线、铝质浮盘油罐连接导线用直径不小于1.8mm的不锈钢缆绳就可以了。而对于浮顶罐，为了导走浮盘上的感应雷电荷和油料传到金属浮盘上的静电荷，浮顶油罐要采用2根横截面积不小于25mm^{2}的软铜复绞线将金属浮顶与罐体进行电气连接。

（8）浮盘密封装置

内浮顶是一种浮动顶盖，漂浮在油罐液面上，随着油的上下而上下。采用这种内浮顶盖是目前公认的减少油蒸发损失经济简单的方法。但要达到理想的减少损失的效果，必须密封内浮顶与罐壁之间的空间。

内浮顶的密封类型主要分为以下两类：

① 储液接触式外围密封

用弹性泡沫填充或液体填充一次密封，底部与储液接触。密封材料可能是用弹性泡沫或织物密封的液体。这种外围密封的环形接头必须不漏液，搭接宽度至少 75mm，厚度一般在 1mm 以上。

② 机械式二次密封

使用轻质密封板与罐壁接触，在罐壁上滑动，轻质密封板与浮顶边缘之间的空间用织物密封。密封板通常由一系列板片重叠或连接形成环压，通过机械装置压在罐壁上。

5.4 非金属油罐

非金属油罐指油罐主体是采用非金属材料建造的。非金属油罐构造的关键问题是防渗漏技术，我国一些油库的非金属油罐主要是钢筋混凝土油罐，采取在罐内壁粘贴丁腈橡胶防渗透层或铺设薄钢板防渗透层等措施，分别称为丁腈胶片贴壁油罐和钢板贴壁油罐。

钢筋混凝土油罐多做成圆柱形或长方体形。由于混凝土抗拉能力差，容易产生裂纹，因此常在油罐试水和装油之前，将环状钢筋紧箍在罐壁上，使罐壁受到预加压应力，从而克服了混凝土抗拉能力差的缺点，又充分发挥了抗压能力强的特点。采用这种预加压应力的油罐称为预应力钢筋混凝土油罐。钢筋混凝土油罐的顶可做成拱顶、无梁顶或梁板顶，顶板直接支撑在立柱上。为减少顶板的弯矩，在与顶板连接的立柱端部，做成截面逐渐扩大的柱帽结构。梁板顶罐罐内有立柱，立柱上面架圈梁，扇形顶板支撑在环形圈梁上。

5.4.1 丁腈胶片贴壁油罐

有些油库已建成的非金属油罐主要采用丁腈胶片贴壁油罐这种类型。丁腈胶片贴壁油罐可以作为洞库油罐，也可以作为掘开式覆土地下油罐。

（1）基本构造

丁腈胶片贴壁油罐作为洞库油罐时，常建成大型卧式拱顶长方体形油罐，也称油池。单罐容量常在 10000m^3 以上，常见结构如图 5-33 所示。

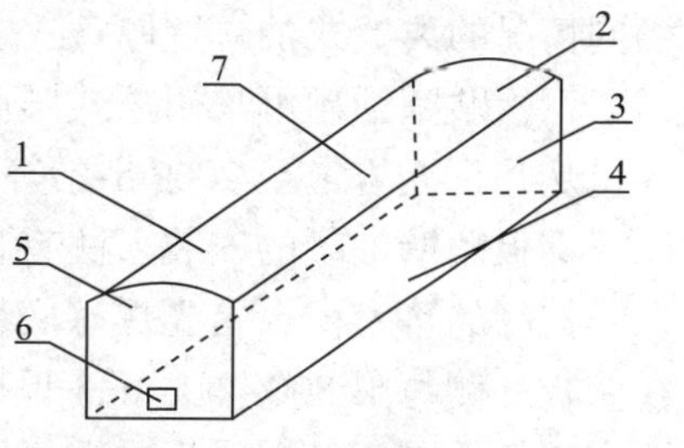

图 5-33 卧式非金属罐

1—拱顶；2—后端墙；3—右侧墙；4—底板；5—前端墙；6—封门墙；7—左侧墙

拱顶的断面形状可分为抛物线形和圆弧形。抛物线形拱顶受力情况较为理想，但模板制作比较复杂。圆弧形拱顶受力情况不如前者理想，但因具有模板制作简单、施工方便等优点而被广泛应用。油罐量油孔安装于拱顶上。

侧墙、端墙和底板可以采用平面板和曲面板。曲面板对承受地层侧压力及地下水压力较为有利，但施工困难，因此很少采用。平面板因施工方便而被普遍采用。

底板前端中央处设有集油坑，底板以 1%的坡度坡向集油坑。施工时预埋 $\phi100\times4.5$ 无缝钢管，使集油坑与罐外排污坑连通，必要时可排出罐内积水或污物、异物。

前端墙下部设置封门洞，形状一般为矩形，宽 1.5m、高 2m 左右，由门框钢板和封门钢板焊接而成。封门洞四周的端墙进行局部加固处理。油罐的进出油管从封门板上穿过。封门板上还开有人孔和通风孔，以便施工和维修时材料、工具和人员进出油罐及其通风。

洞库卧式钢筋混凝土油罐一般采用贴壁式被覆。为了防止地下水渗入罐内，通常在侧墙和端墙外围设置排水暗沟，将周围地下水引出。洞库非金属油罐的透气管通常采用两种形式：一是透气管穿过封门板进入油罐后，在油罐内适当位置上升至油罐上部不装油的部位；二是在拱顶量油孔附近与油罐连通。

掘开式覆土地下非金属油罐常采用立式圆柱形拱顶罐，油罐外壁经防水处理后直接覆土。

这两种结构油罐存在的问题主要是没有可靠的检漏措施。油罐在使用中发生渗漏时不易被发现，因而可能造成大量漏油事故，目前已很少再建造这类油罐。

（2） 主要特点

丁腈胶片贴壁油罐具有节约钢材、抗腐蚀性能好、罐壁导热系数小、空间利用率高等优点。其用钢量一般只有同容积钢油罐的一半左右；罐体使用寿命也比钢油罐长；油罐保温性好，并可减少油料小呼吸损耗；相同储油量开挖土方量比洞库和地下罐少。

但是丁腈胶片贴壁油罐的防渗漏性能与胶片的粘贴质量有很大关系。其胶片粘贴面积大，粘贴质量要求高；局部易发生渗漏，又不易发现；施工质量要求高；油罐出现局部沉陷或裂纹等故障时不易修复。由于存在这些缺点，尤其是渗漏问题尚未得到解决，从而限制了这种油罐的应用。

5.4.2 钢板贴壁油罐

钢板贴壁油罐与丁腈胶片贴壁油罐结构类似。它是在非金属油罐的内壁铺设薄钢板。由于钢板只起防渗漏作用，因此可采用较薄的钢板。通常考虑到焊接和防腐蚀要求，壁板和顶板采用 4mm 钢板。罐底腐蚀比较严重，一般采用 6mm 钢板。靠近操作间的非贴壁钢板，因既要承受罐内油料静压，又要安装人孔和进出油管等附件，所以应有足够厚度，一般不小于相同情况的离壁式油罐壁厚。

钢板贴壁油罐可采用立式圆筒形拱顶或卧式长方体拱顶等结构。已建成的这类油罐单体容量从几百立方米至 2000m^3不等。

钢板贴壁油罐的安装方法有正装法和倒装法两种。一般采用正装法，其安装程序如下：在开挖好的罐室内，首先焊好底板，在底板下按要求浇筑混凝土。然后自上而下焊接壁板。在壁板外侧每隔 500~600 mm 焊接一个长 250mm 左右、直径 12mm 左右的圆钢制成的锚栓，再在壁板外围浇筑混凝土。钢板即因锚栓的固定作用而与混凝土被覆紧密贴合。罐壁钢板的焊接与混凝土的浇筑穿插进行。考虑到钢板焊接时的变形可能影响其与混凝土之间的贴合，焊接时的焊缝距混凝土壁应有小于 1m 的距离。最后焊接罐顶钢板，经支撑加固后，在顶板外侧浇筑混凝土，其浇筑高度一般达到拱顶矢量的 2/3 即可。

钢板贴壁油罐的混凝土是否需配钢筋，要根据油罐容量和罐外具体情况确定。既可以将超挖部分用块石、砂浆回填后，采用贴壁式被覆，也可以将罐壁被覆后，用块石回填罐外空间。无论采用哪种方法，都应采取有效的措施处理好油罐外围的排水设施。

钢板贴壁油罐的检漏可以采用真空法和脉通试漏法。真空法采用真空盒检查涂有肥皂水的焊缝，视真空盒内是否有气泡来判断。脉通试漏法是在相互搭接的两焊缝中间的狭小通道中压入 0.4MPa 压力的煤油，经 8h 焊缝不出现煤油痕迹为合格。对接焊缝通常用加焊板条的办法形成脉通。油罐严密性检查合格后，便可向罐内注水，检查油罐强度。通常油罐注水后保持 72h，若不出现异常情况，即认为合格。

钢板贴壁油罐对于延长钢板使用寿命以及减少油罐外壁防腐保养工作量有显著的优点，而其主要缺点与丁腈胶片贴壁油罐差不多，目前仍在研究其技术改进和完善措施。

5.4.3 人造水封油罐

人造水封油罐的构造如图 5-34 所示。在开挖好的洞室内建造立式圆柱形拱顶钢筋混凝土油罐。混凝土罐壁与岩层之间用块石回填。在块石缝隙中充水形成水套层，即在油罐四周造成水封层，以阻止罐内油料向外渗漏。

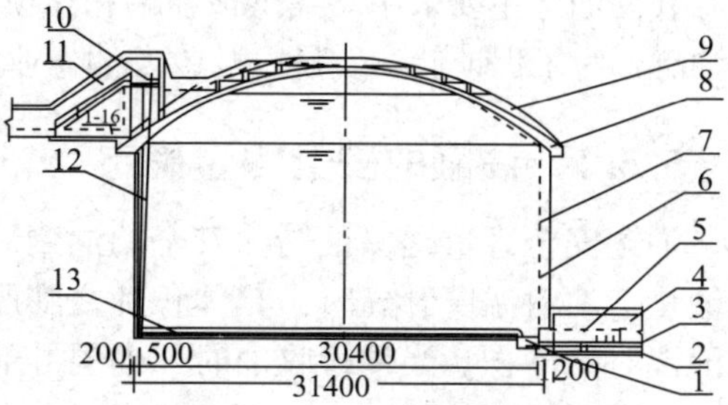

图 5-34 人造水封油罐

1—集水坑；2—给排水管；3—进出油管；4—下操作间；5—透气管；6—罐壁；7—水封套；8—罐顶；9—罐顶水封；10—内部关闭阀上部操纵装置；11—上操作间；12—不锈钢丝绳；13—水垫层

水套层的宽度一般为 30～40cm。为了减少水套层中的水向山体岩石缝隙中渗漏，开挖好的洞室一般应做喷浆处理。为减少水套层向罐内的渗水量，罐外壁也可做喷浆处理。罐底做成双层，下面安装格状地梁，在地梁上铺设盖板，在两层之中充水成为水垫层。油料储存在盖板上面，不与水垫层直接接触，以保证油料质量。同时，在水垫层又能起到水封作用防止油料从罐底渗漏。

为了减少油料损耗，罐顶部分也采用水封。如果水位直接保持在罐顶以上，会因液柱太高而使罐顶和罐壁受到很大荷载。因此罐顶采用分层水封的办法，即做 3 个同心圆形水池，呈台阶形布置，既保证罐顶水封，又减少水对罐顶罐壁的荷载。油罐中油料被油罐周围的水封层所包围。由于油料不溶于水，并且水套层的液面总是高于罐内油料液面，水的密度大于油料密度，所以在油罐任何位置，水压力都大于该处油料的压力。因此，油料被封在混凝土油罐内，不会渗漏出来。相反，会有少量水通过罐壁渗入罐内。

人造水封油罐的工艺管线和主要附件，除与钢油罐相同的部分外，还增加了水位控制设备。罐壁水套层和罐顶密封水池，在油罐装油之前，必须加水至设计高度。

人造水封油罐的使用管理，除了与钢油罐相同部分外，还应注意经常性地检查测量罐内水垫层高度和罐壁密封水套层的液面高度。罐底水垫层水位超过或不足正常水位时，可能造成发油时油料混进水分或油料向罐底渗漏等事故。罐壁密封水套层水位若低于正常水位，不仅造成罐内油料从罐壁向外渗漏，而且在罐壁中可能出现拉应力，这对混凝土油罐十分不利。当自动控制装置失灵时，应当用人工操作将水位控制在正常位置。

人造水封油罐的主要优点：罐体材料来源方便，施工简单；与同容积金属油罐相比，造价低、省钢材；维修保养简单，减少了金属油罐除锈涂漆的繁重工作量。其主要缺点：需要严格控制水垫层和密封水套层的水位，增加了管理工作量；要经常消耗自来水，罐内排出水需经过处理后才能排放。

经多年装油证明，人造水封油罐的防渗漏性能可靠，但所储存油料的个别质量指标有所下降。因此，仍需进行进一步研究工作，以改进和完善这一储存技术。

5.5 储油区管理

油库储油区储存有大量油料，既是油库的要害部位、危险地带，也是油库技术管理的重点之一，地面库、地下库和洞库储油区的技术管理工作，虽然各有其特点，但在许多方面具有共同之处。

我国油库主要采用立式拱顶油罐和浮顶油罐储油，另外还少量采用立式准球顶油罐和非金属油罐。为了保证储油质量以及收发油作业的安全，延长油罐寿命，就必须正确使用油罐。

5.5.1 油罐的安全容量确定

油罐安全容量是保证储油安全的油罐装油量。根据油罐结构，每个油罐均有其最大允许装油量。油料温度升高时，其体积随之膨胀。因此，油罐最大允许装油量应是罐中油料在最高油温时的体积。当油罐收油时，油温并非罐中的最高油温，此时油罐的允许装油量称为其安全容量。

（1）空罐装油量

空油罐收油时的安全容量按式(5-1)计算：

$$V_a = V_v - \Delta V \quad (5-1)$$

式中 V_a——油罐收油时的安全容量，m^3；

V_v——油罐最大允许安装容量，m^3；

ΔV——所接收油料在储存过程中的体积变化量，m^3。

若以 t_1 表示收油时的油温，t_2 表示油料在储存过程中的最高温度，β 表示油料的体积膨胀系数，ΔV 可按式(5-2)计算：

$$\Delta V = \beta V_a (t_2 - t_1) \quad (5-2)$$

则空油罐的安全容量按式(5-3)计算：

$$V_a = V_v / [1 + (t_2 - t_1)] \quad (5-3)$$

（2）欠装罐装油量

装有部分存油的罐称为欠装罐。欠装罐收油后，油温应是罐中存油温度与所收油料温度的平均值。若以 V_g、t_g 分别表示罐中存油的体积和温度，V_1、t_1 分别表示接收油料的体积和温度，则收油后油罐中油料的平均温度 t_{pj} 按式(5-5)计算：

$$t_{pj} = t_1 + V_g (t_g - t_1) / V_a \quad (5-4)$$

式中 V_a——仍为未知量，近似以 V_y 代替，得

$$t_{pj} = t_1 + V_g (t_g - t_1) / V_y \quad (5-5)$$

则欠装罐的安全容量按式(5-6)计算：

$$V_a = V_y / [1 + \beta (t_2 - t_{pj})] \quad (5-6)$$

式中 t_2——油料在储存过程中的最高温度,℃。

5.5.2 油罐的收发作业

新建或经修复后的油罐，要经过试压和严密性检查合格后，才可收油。在装油后的第 1 周或头 10 天，1 天检查 3 次。对罐壁焊缝、附件连接处、重要附属部件及经过修焊的部位应特别注意观察其严密情况，加强检查和测量，严防漏损。

油罐收油时，应事先对油罐及附属设备进行必要的检查。在收油过程中，应指定专人负责油罐的检查工作，随时观察油面高度并掌握进油情况。当发现不正常情况时，应立即查明原因，并采取措施消除故障，必要时应停泵关阀，待故障排除后再继续收油。应根据最高储油温度及油温等参数计算油罐的安全容量，以免油罐虽安全装满油但因油料体积膨胀破坏罐体。地下覆土油罐，收油过程中应打开罐顶测量孔。洞库油罐收油时，应打开透气管路上的旁通阀，以保证油罐安全。

油罐发油时，应事先检查真空阀及透气管路，以防止油面下降时罐内真空度过大，超过油罐承受真空的能力而将油罐吸瘪。必要时，地面或地下覆土油罐发油时应先打开量油孔；洞库油罐发油时则应打开透气管路的旁通阀。

5.5.3 油罐的日常维护

严格执行各项规章制度，把好安全关并严格遵守油罐操作规程。按相关要求定期清洗油罐，按清洗规程认真做好清洁，切实保证油料质量，并减少水分、杂质对油罐的腐蚀。严防腐蚀，应加强对防腐层的检查维护。当防腐层出现脱落、起皮、起泡等缺陷时应及时补漆，保持防腐层的完好。

日常检查项目还有：呼吸阀及透气管路是否畅通；静电接地装置有无松脱、锈蚀现象；油罐基础有无不均匀下沉及积水；油罐周围有无油迹；排水沟或地下水道是否畅通；防护墙有无渗水、裂纹或倾斜；灌区内的易燃物是否清除等。

5.5.4 油罐的清洗

清洗油罐是油库一项经常性的工作，是防止油罐腐蚀，增加其使用期限及预防储存油料变质的重要措施。

油罐一般在下列情况下需要清洗：新建油罐在装油之前；换装不同种类的油料时；油罐需进行焊修或除锈除漆前(焊修或除漆完毕后，必须经清洗才能装油)；储油时间过久，腾空后检查确实较脏时。

（1） 油罐清洗一般要求

① 抽净底油

可用以下方法抽净：

a. 利用防水阀，用固定输油管路将底油放至放空罐。

b. 为防止弄脏输油管，可由放水阀另接管路将底油放入放空罐。

c. 用加油车抽尽底油。

d. 将容器运至罐边，用手摇泵抽尽底油。

② 排尽油气

底油抽尽后，要充分通风，排净油气，使油气浓度降到无毒害、无爆炸危险的程度。通风可采用机械通风和自然通风两种方式。机械通风应用防爆式通风机，通风时，风机要对准下部人孔；如果时间允许，可打开所有孔盖，进行自然通风。

③ 冲洗

通风前可先用水冲洗，通风后也可继续冲洗，然后再通风。视具体情况，通风和清洗可多次穿插进行。一般有：

a. 内壁涂生漆的油罐，只需用 0.3~0.5MPa 的高压冲净即可。

b. 锈蚀严重的罐，先冲水，冲掉浮锈、油污，并起到排除油气的作用。

c. 锈蚀较轻的罐，冲水后反会使没有锈的地方很快生锈，可以不用水冲。航空场站油库常用煤油冲洗，冲刷质量高，速度快。

d. 黏油罐罐壁不易腐蚀，重点在排除罐底积污。若要求清洗罐壁时，有条件的可用蒸汽蒸洗，溶解罐壁上的油垢。刚通入蒸汽时，应将罐上所有孔盖关闭，待温度达到60~70℃时，再打开孔口继续蒸洗。蒸洗以后等罐冷却后进行通风，必要时用高压水再冲洗一遍。罐底若沉渣很多，常用锯末铺撒，擦拭。

若罐内锈垢不能完全冲洗净时，应用铜铲、铜丝刷等除去积垢，然后用布擦拭干净。有些油库用泡沫塑料擦罐，取得良好效果。

（2）油罐清洗安全措施

油气是可燃、可爆、有毒的气体，因此在清洗油罐的工作中，必须特别注意安全问题，严格遵守有关安全的各项规定。

① 油气未除净而进罐作业，必须戴防毒面具。油气浓度大时，必须由送风机把新鲜空气送给进罐人员，防毒面具要与面部密合，风管连接牢靠。为以防万一，要带上信号绳和保险带，罐外专人守候，进罐时间不宜过长，一般15~20min为宜，轮班作业。

② 进入油罐前排除底油或冲洗，应穿戴胶质工作服、胶靴、胶手套。不准穿工作服回家、吃饭等。现场应有医护人员值班。

③ 严防火灾和爆炸事故。

④ 准备好消防器材。处理好残油和罐底沉渣，防止含硫化物自燃。

⑤ 防止工伤事故，注意遵守作业的安全规则。

课后习题

5-1　原油罐有切水器为什么不建议采用图5-35中(a)进油形式的进油短管，而内浮顶油罐采用图5-35(b)进油形式的进油短管？

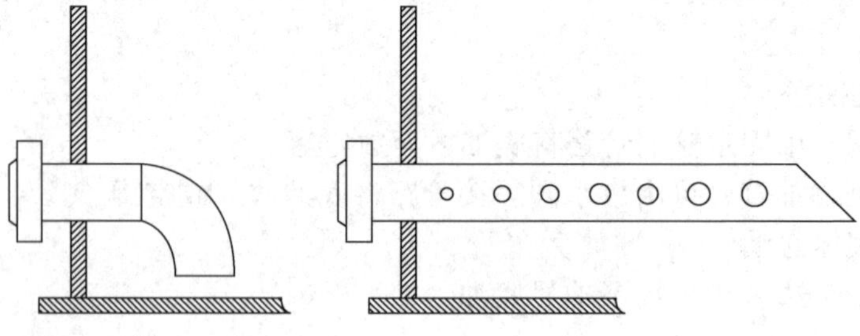

图5-35　进油形式

5-2　拱顶油罐有哪些附件？说明每个附件的作用。

5-3　内浮顶油罐有哪些附件？说明每个附件的作用。

5-4　外浮顶油罐有哪些附件？说明每个附件的作用。

5-5　简述阻火器阻火的原理。

5-6　利用流体力学原理简述空气泡沫发生器灭火的原理。

第6章　油料加热

6.1　油料加热的目的、方法和加热温度

6.1.1　油料加热目的

许多油料(如高黏和高凝固点原油、燃料油、重柴油、农用柴油、润滑油等)在低温时黏度很大，而且某些含蜡油料在低温时由于蜡结晶的析出，会发生凝固。为了降低这类油料的黏度，提高其流动性，就必须进行加热。

油库中对油料进行加热常出于以下目的：

① 降低油料在管道内输送的水力摩阻；

② 加快油罐车和油船的装卸速度；

③ 促进原油破乳；

④ 使油料脱水和沉降杂质；

⑤ 加速油料的调和；

⑥ 进行润滑油的净化再生等。

此外，厂矿企业用燃料油或残渣作为加热炉或锅炉燃料时，应在燃料油使用前预先进行加热。

6.1.2　油料加热方法

（1） 常用热源及特点

在油料加热常用的热源有水蒸气、热水、热空气和电能。

① 水蒸气作为热源

水蒸气是目前最常用的热源，它具有热焓高，换热过程效率较高，可以相对减小换热器面积，加热工艺的温度控制比较容易实现，蒸汽来源于水，易于制备，容易获得，价格低廉，且可以循环使用，输送、使用方法成熟，比较安全等优点。

② 热水和热空气作为热源

热水和热空气的热焓低，因此用量必然很大，制备和输送都相应要求比较庞大的设备，使用不甚方便，所以只有在部分厂矿企业系统提供可方便利用的工业废热水和废热气等某些特殊情况下才考虑采用。

③ 电能作为热源

利用电能作为热源具有设备简单、操作方便、有利于环境保护等突出优点，近年在国外已逐步得到推广使用，但由于目前我国电力供应比较紧张和电能成本较高，因此使用还较少。已有人研究在有条件及技术力量的地方，探索尝试利用太阳能加热方法，这是一个节能减排的新方向。

（2）油罐和油罐车加热方式

在油库中对油罐、油罐车和其他容器中的油料进行加热所采用的方法有：蒸汽直接加热法、蒸汽间接加热法、热水垫层加热法、热油循环加热法和电加热法等。

① 蒸汽直接加热法是将饱和水蒸气直接通入被加热的油料中。这种方法虽然操作方便，热效率高，但由于冷凝水留存于油料中，从而影响油料质量，增加脱水工作量，因此一般不允许采用。只有燃料油和农用柴油等对含水量要求不严格的油料，在缺乏其他加热方法时才偶尔采用。

② 蒸汽间接加热法是将水蒸气通过油罐中的管式加热器或罐车的加热套，使加热器或加热套升温来加热油料，蒸汽与油料不直接接触。这种方法适用于一切油料的加热，目前得到广泛应用。

③ 热水垫层加热法是依靠油料下面的热水垫层向油料传热。热水垫层的热量可以靠通入蒸汽来补充。当有工业废热水或其他热水来源时，也可对水垫层不断补充热水并排走降温后的“冷水”来保持水垫层的温度。这种方法使用较少，常在有方便的热水来源或地热温泉可利用等时才采用，而且不能应用于不容许存在水迹的油料的加热。当地下水封油库采用固定水位法储油时，常利用水层加热法来供给油料一部分热量。

④ 热油循环法是从储油容器中不断抽出一部分油料，在容器外加热到低于闪点温度15~20℃，再用泵打回容器中去与冷油混合。由于热油循环过程中存在着机械搅拌作用、因此返回容器的热油很快地把热量传给冷油，使容器中的油温逐步提高。这种方法虽然要增设循环油泵、换热器(或加热炉)等设备，但罐内不再需要装设加热器，因而就避免了加热器的腐蚀和随之而来的检修工作，而且完全杜绝了因加热器漏水而影响油料质量的问题。由于这种方法存在着这些优点，近年来受到国内外的普遍重视，并逐步在生产实践中推广使用。

⑤ 电加热法有电阻加热、感应加热和红外线加热 3 种方法，其中红外线加热法设备简单、热效率高、使用方便，适用于小容器和油罐车的加热。

（3）输油管线加热方式

油库中对输油管线的加热方法有蒸汽管伴随加热和电加热。库内管道一般都不长，热油在管路中输送不会有很大的温降，油料不至于在管路中凝固，所以一般情况下不需要进行伴随加热，只是对于间歇作业的不放空的黏油和凝固点低于最低周围介质温度的油料管道才采用伴随加热。

① 蒸汽管伴随加热法可分为内伴热和外伴热两种。内伴热是把蒸汽管安装在油管内部。这种方法的优点是热能利用率高，加热所需的时间短。但它有不少缺点，如蒸汽管的温度较高，应力补偿不易处理；蒸汽管发生漏损时不易发现和维修；蒸汽管安装在油管内部增大了油流的水力摩阻。因此内伴随很少采用。外伴热是用保温材料把一根或数根蒸汽管和油管包扎在一起，或把蒸汽管和油管敷设在同一管沟中。外伴热虽然热效率低一些，但施工与维修都比较方便，因此使用比较广泛。

② 管路的电加热有直接加热、间接加热和感应加热 3 种方法。直接加热法是对管路直接通电，使管路自体发热而加热管内油料，此法比较简便，但管路应包以良好的电绝缘材料，以减少电流损失和保证安全；间接加热法是把有良好电绝缘的电热导线和油管用保温材料包扎在一起，电热导线通电后发热，将热量传给油管以加热管内油料；感应加热是把线圈和油管用保温材料包扎在一起，线圈通交流电后产生交变磁场，输油管在交变磁场中诱发感

应电流而升温，使管内油料被加热。

为了减少热损失，可对油罐和管路进行保温。是否应做保温层和决定保温层的厚度要根据经济比较来确定。一般情况下山洞油罐和覆土隐蔽油罐不做保温层，在北方寒冷地区地上油罐常做保温层。油库中的埋地油管和能迅速放空的地面油管常不做保温层，不能在输油后迅速排空的黏油管路和采用伴随加热或电加热的输油管路常做保温层。

6.1.3 油料加热起始温度和终了温度

无论哪种加热方法，在进行热力参数计算或实际加热作业时，首先要确定油料的加热起始温度 T_{ys} 和终了温度 T_{yz}。油料的加热起始温度 T_{ys}：就是加热开始时的油温，也就是前阶段油料冷却过程的终了温度，或称推定温度。

油料的冷却过程一般分为两个阶段。第一阶段冷却到油料的凝固点温度；第二阶段是到达凝固点温度后油料开始凝结，外层形成凝结的壳体。凝油层的热阻较大，再加上石蜡析出时放出蜡结晶潜热，使油料的冷却过程变慢，在周围介质温度的影响下，凝结层的厚度逐渐加大，但油温仍停留在凝结温度，只有接近容器壁的凝油层温度才低于凝结温度。

下面介绍推定温度 t_{ys} 的计算方法。

若在单位时间 $d\tau$ 内，容器中的油料冷却温度为 dt_y，散失的热量为 dQ，则有：

$$dQ=-Gcdt_y \tag{6-1}$$

式中 G——容器中油料的总质量，kg；

c——油料的比热容，J/(kg·℃)。

经容器壁散失于周围介质中的热量 dQ 可从式(6-2)求得：

$$dQ=KF(t_y-t_j)d\tau \tag{6-2}$$

式中 K——从油料到周围介质的总传热系数，W/(m²·℃)；

F——容器的总冷却面积，m²；

t_y——油料的温度，℃；

t_j——容器周围介质的温度，℃；

τ——时间，s。

假设条件：

① 油料温度均匀一致；②无蜡析出；③K 为常数。

若油料开始冷却时的温度为 t_{y1}，经时间 τ 之后的冷却终了温度为 t_{y2}，将式(6-2)积分后可得：

$$\ln\frac{t_{y1}-t_j}{t_{y2}-t_j}=\frac{KF\tau}{Gc} \tag{6-3}$$

用式(6-3)就可求得经过时间 τ 之后油料的冷却终了温度 t_{y2}，t_{y2} 也就是下次油料升温时的加热起始温度 t_{ys}，它可表达为：

$$t_{ys}=t_{y2}=t_j+(t_{y1}-t_j)e^{-\frac{KF\tau}{Gc}} \tag{6-4}$$

式(6-4)适用于油料冷却终了温度大于油料凝固点的情况。式中周围介质温度 t_j 对于地上卧式油罐取最冷月大气平均温度，对于埋土罐取最冷月土壤平均温度，对于地下罐 t_s 等于油罐埋入深度的土壤平均温度，对于立式地上油罐按式(6-5)计算：

$$t_s=\frac{t_{tu}+(4\psi+1)t_{qj}}{2+4\psi} \tag{6-5}$$

式中　t_{tu}——最冷月地表平均温度，℃；

t_{qj}——最冷月油罐周围大气的平均温度，℃；

ψ——油罐的高度 H 和直径 D 的比值，$\psi=\frac{H}{D}$。

例题 6-1　在容积为 2000m³ 的地上拱顶油罐内，储存 10 号柴油 1820t。已知油罐的平均直径 $D=15.74$m，罐的总高 $H=13.11$m，拱顶曲率半径 $R=18.76$m，拱顶高度为 1.74m，并已知大气平均温度为-3℃，地表温度为0℃，进油温度为45℃，油料冷却过程的油罐总传热系数为 1.454W/(m²·℃)，$c=1.779$kJ/(kg·℃)＝0.494(W·h)/(kg·℃)，求储存 17 天后油料的推定温度。

解

$$\psi=\frac{H}{D}=\frac{13.11}{15.74}=0.834，\ t_{tu}=0℃，\ t_{qj}=-3℃$$

$$t_s=\frac{t_{tu}+(4\psi+1)t_{qj}}{2+4\psi}=\frac{0+(4\times0.834+1)\times(-3)}{2+4\times0.834}=-2.44(℃)$$

$$G=1820\times1000\text{kg}，\ \tau=24\times17=408(\text{h})$$

$$c=1.779\text{kJ/(kg·℃)}=0.494(\text{W·h})/(\text{kg·℃})$$

$$F=\pi DH+\frac{\pi}{4}D^2+2\pi Rh$$

$$=\pi\times15.74\times11.37+\frac{\pi}{4}\times15.74^2+2\pi\times18.76\times1.74=960(\text{m}^2)$$

将求得的数值代入式(6-4)即可求得罐内油料冷却 17 天后的冷却终了温度 t_{y2}(即推定温度)。

$$t_{y2}=t_j+(t_{y1}-t_j)e^{-\frac{KF\tau}{Gc}}=-2.44+(45+2.44)e^{\frac{-1.454\times960\times408}{1820\times1000\times0.494}}=22.7(℃)$$

油库中储存的油料，一般都不让它冷却到凝固状态，所以只着重研究第一阶段冷却过程。虽然油料在高于凝固点时就已有部分蜡结晶析出，但数量不大，为了计算方便，一般不考虑蜡结晶对油温的影响。

油料的加热终了温度根据油料的性质和加热作业的目的确定。

油库加热作业的目的主要是输转油料，如接卸油料至储罐或将罐中油料装车和灌桶等，此种情况下，加热终了温度应综合考虑油料性质、管路长度和直径、敷设形式、保温与否、泵的工作性能以及环境介质温度等因素计算决定。其结果还应控制在使油料在管道中处于层流状态，因为温度过高一是经济上不合算，二是油料在管内将形成紊流运动，水力摩阻随流速增大而显著增加，升温得到的降阻效果反而受到影响。

通常情况下，对不同油料各推荐一个加热终了温度值，以供油库加热作业时参考，见表 6-1。

表 6-1　油料加热推荐温度

油料名称	装卸运输时加热温度/℃	油料名称	装卸运输时加热温度/℃
56~62 号过热汽缸油	50	CA 号柴油机油 30	25
38 号过热汽缸油	30	CA 号柴油机油 40	30
11~24 号汽缸油	30~50	低速柴油机油	25
冬用车轴油	10	22~32 号透平油	10
夏用车轴油	20	46~57 号透平油	20
冬用齿轮油	30	1 号重柴油	10

续表

油料名称	装卸运输时加热温度/℃	油料名称	装卸运输时加热温度/℃
夏用齿轮油	50	2 号重柴油	20
冬用墨机油	40	3 号重柴油	30
夏用墨机油	50	1~3 号页岩重柴油	20
6 号车用机油	10	20 号燃料油	25~35
T~8 号柴油机油	20	60 号燃料油	50
		100 号燃料油	50~60

6.2 油罐管式加热器的结构

油罐中常用的管式加热器按布置形式可分为全面加热器和局部加热器；按结构形式可分为分段式加热器和蛇管式加热器。局部加热器仅布置在罐内的收发油管附近，全面加热器则均匀布置在罐内距罐底不高的水平位置上。对于黏度不高(在 50℃时的黏度小于 $7\times10^{-5}m^2/s$)，且不会冷至凝固点温度以下的油料，或一次需要发出数量不多的油料，适宜采用局部加热器。如在短时间内要从油罐中发出大量油料时，应采用全面加热器。

6.2.1 分段式加热器

分段式加热器如图 6-1 所示，是利用 15~50mm 直径的无缝钢管焊接而成。为便于安装、拆卸和修理，分段式加热器由若干个分段构件组成，第一分段由 2~4 根平行的管子与两根汇管连接而成。分段构件的横向汇管长度应小于 500mm，使整个分段构件可从油罐人孔进出，便于安装和检修。几个分段构件以并联-串联的形式联成一组，组的总数取偶数，对称布置在收发油管(或收发油起落管)的两侧，并且每组都有独立的蒸汽进口及冷凝水出口。当某一组发生故障时，可单独关闭该组的阀门，应用其他完好的各组继续进行加热作业。此外，分组还可以调节加热过程，根据加热作业的实际需要来开闭组数。

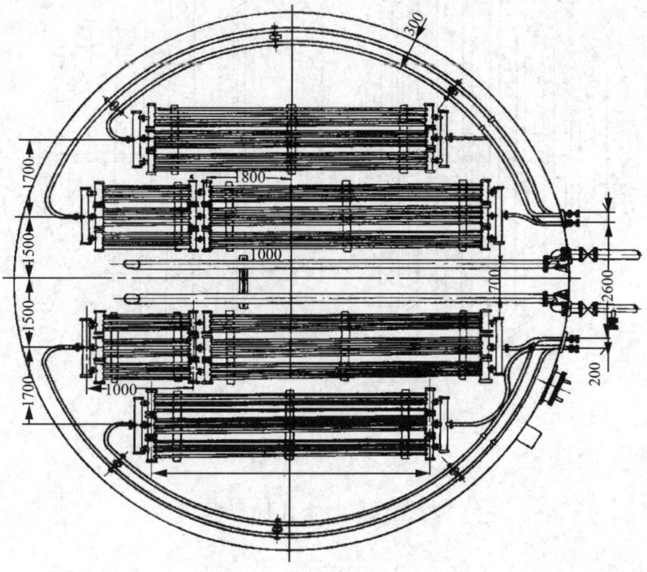

图 6-1　分段式加热器

为了向各组分配蒸汽并收集冷凝水，在罐外装设蒸汽总管和冷凝水总管，其上装有控制阀门。罐内加热管及各分段管组的安装应有一定坡度，以便于排出冷凝水。大油罐内分段管组安装坡度 i 取值为 1/150～1/75，小油罐内 i 取值为 1/75～1/50。

由于分段管组的长度不大，蒸汽通过管组的摩阻较小，因此它可以在较低的蒸汽压力下工作。此外，由于分段管组长度不大，还可使蒸汽管入口高度降低，这样就使整个加热器放得较低，可以尽量减少加热器下面“加热死角”的体积。

6.2.2　蛇管式加热器

如图 6-2 所示，它是一种用很长的管子弯曲成的管式加热器，常用 15～50mm 直径的无缝钢管焊接而成，只是为了方便安装和维修才设置少量的法兰连接。蛇管在油罐下部均匀分布。为了使管子在温度变化时能自由伸缩，用导向卡箍将蛇管安装在金属支架上。支架具有不同高度，使蛇管沿着蒸汽流动的方向保持一定的坡度，坡度要求比分段式加热器略小。蛇管在罐内分布均匀，可提高油料的加热效果，这是它的优点。但蛇管加热的安装和维修均不如分段式加热器方便。每节蛇管的长度比分段式加热器的每个分段要长得多，因而蛇管加热器要求采用较高的蒸汽压力。

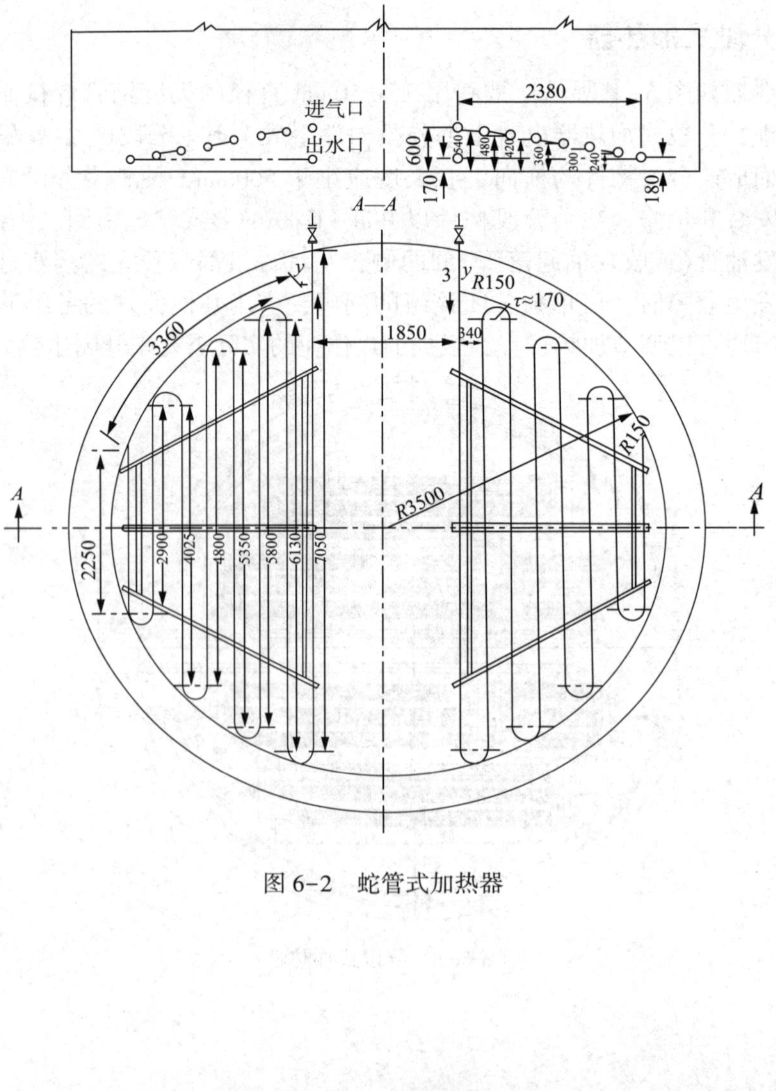

图 6-2　蛇管式加热器

蛇形管过长将使蒸汽压降过大，因此常把蛇形管分成几节，彼此对称地布置在进出油管两侧，各节均有单独的蒸汽输入管和冷凝水排出管，各节可单独控制使用，以调整加热面积。各节的长度取决于所用的蒸汽压力，可由计算确定。

分段式加热器的加热管在罐内平面上的分布不如蛇管式加热器均匀，加热效果也不如蛇管式好，管子的连接接头多，伸缩不便，容易造成管子接头处焊口损坏而发生蒸汽泄漏。因此对于润滑油等要求严格控制含水量的油料，对于经常操作并需要长时间连接加热的油罐，最好采用蛇管式加热器。对于不要求严格控制含水量的油料，对于进行间歇加热作业并需经常调节加热面积的油罐，适宜于采用分段式加热器。

蛇管式加热器的加热管总长度 L 按式(6-6)计算：

$$L=\frac{F}{\pi d} \tag{6-6}$$

式中 F——加热器面积，m^2；

d——加热器管外径，m。

蛇管式加热器的蒸汽进出口压力 P_1 和 P_2 在蒸汽管路设计中是已经确定了的，当加热器管径一定时，如果加热器的总管长过长，将使流经加热管的蒸汽量减少，蒸汽流速降低，这将造成对油料的供热不足和出现冷凝水过冷现象。为了避免出现上述情况，可将蛇管式加热器分成几个管段，并且每个管段有独立的蒸汽进出口。

蛇管式加热器每个分段的长度 l：

$$l=\frac{D}{2}\sqrt[3]{\frac{C(P_1^2-P_2^2)}{\lambda_H g}\left[\frac{i_z-i_n}{K_0(t_z-t_y)}\right]^2} \tag{6-7}$$

按式(6-7)求得的 l 就是在不发生冷凝水过冷情况下蛇管加热器每个分段的最大长度。

加热器分段的节数 N 为：

$$N=\frac{L}{l} \tag{6-8}$$

必须把所求得的 N 值取为整数。

对于分段式加热器，它是由几根平行管组成分段，蒸汽的压降较小，一般不易出现冷凝水过冷。如要计算分段的长度，可参照上述蛇管每节长度的计算方法，但此时几根平行管中蒸汽的质量流量总和才是分段的蒸汽质量流量 G，分段的总管长等于各平行管长度之和。

6.2.3 地上不保温油罐全面加热面积计算

油罐管式全面加热器的加热面积 $F(m^2)$ 按式(6-9)计算：

$$F=\frac{Q}{K_0\left(\frac{t_1+t_2}{2}-t_y\right)} \tag{6-9}$$

式中 Q——单位时间内加热油料所需的总热量，W；

K_0——热源通过加热器对油料的总传热系数，W/(m²·℃)；

t_1——热源进入加热器时的温度，℃；

t_2——热源在加热器出口处的温度，℃；

t_y——罐内油料在加热过程中的平均温度，℃。

油库中常采用饱和蒸汽作为热源，若不考虑冷凝水在加热器中过冷，冷凝水和蒸汽温度相等，均等于工作压力下的饱和温度，$t_1=t_2$，此时，式(6-9)可简化为：

$$F=\frac{Q}{K_0(t_1-t_y)} \tag{6-10}$$

如果使冷凝水的温度冷却到低于饱和温度，以达到充分利用热源的热能和减少蒸汽消耗量的目的，就需要增加加热器加热面积，此时加热器面积应按式(6-11)计算：

$$F=\frac{Q\varphi}{K_0(t_1-t_y)} \tag{6-11}$$

式(6-11)中 φ 是过冷系数，可根据表6-2中的数值选取。

表6-2　蒸汽冷凝水过冷系数

油料加热终温/℃	蒸汽压力(表压)/MPa					
	0.1	0.2	0.3	0.4	0.5	0.6
10	1.01	1.02	1.04	1.06	1.07	1.08
20	1.01	1.02	1.04	1.06	1.07	1.08
30	1.01	1.02	1.04	1.06	1.08	1.09
40	1.02	1.02	1.05	1.06	1.08	1.09
50	1.02	1.03	1.05	1.07	1.09	1.10
60	1.02	1.03	1.06	1.08	1.10	1.11
70	1.02	1.04	1.06	1.08	1.10	1.12
80	1.03	1.05	1.07	1.09	1.11	1.13
90	1.04	1.06	1.08	1.10	1.12	1.13

饱和蒸汽凝结成饱和水的过程，虽然温度不变，但能放出大量热量。由于饱和水的热焓低，当它进一步冷却时放出的热量显著减少。使冷凝水在加热器中过冷，虽能适当提高热源的热能利用，但由于要相应增大加热器面积，因此设计油罐加热器时一般不考虑冷凝水过冷的问题。

按式(6-9)、式(6-10)、式(6-11)求得加热器面积后，还应考虑加热器的使用条件。如果水处理质量不好或罐内储存的油料不够洁净，使加热器内外壁有可能结垢或结污而影响传热效果时，应将计算所得的加热器面积再增大10%~20%的富余量。

为了计算加热器面积 F，就应首先求得 t_y、Q 和 K_0 值，下面分别介绍它们的求法。

（1）油料平均温度的确定

当$\frac{t_{yz}-t_j}{t_{ys}-t_j}\leqslant 2$，$t_y$用以下算术平均计算法求得，即：

$$t_y=\frac{t_{ys}+t_{yz}}{2} \tag{6-12}$$

当$\frac{t_{yz}-t_j}{t_{ys}-t_j}>2$，$t_y$用以下算术平均计算法求得，即：

$$t_y=t_j+\frac{t_{yz}-t_{ys}}{\ln\frac{t_{yz}-t_j}{t_{ys}-t_j}} \tag{6-13}$$

（2） 加热器总传热系数 K_0 的确定

K_0 的计算通常采用多层管传热公式，由于考虑相变热，α_1 通常很大，所以 $\frac{1}{\alpha_1 d}$ 可以忽略，因为加热器采用薄壁管，所以 $\ln\frac{d_{i+1}}{d_i}$ 可以忽略。

$$K_0=\frac{1}{\frac{1}{\alpha_2}+R} \tag{6-14}$$

式中　α_2——加热器外壁对油品放热系数，W/(m²·℃)；

R——附加热阻，W/(m²·℃)。具体见表 6-3。

表 6-3　附加热阻 R

应用条件	R/[W/(m²·℃)]
(1)油料洁净，不易在加热管上结垢； (2)加热热管较新，无铁锈； (3)使用表压超过 0.5MPa 的蒸汽	0.00086
(1)油料不太洁净，油温较高，易结垢； (2)加热管较旧； (3)使用表压 0.2~0.5MPa 的蒸汽	0.0017
(1)油料不洁净，易结垢； (2)加热管铁锈较多； (3)使用表压 0.2MPa 以下的蒸汽	0.0026

$$\alpha_2=\varepsilon\frac{\lambda_y}{d}(Gr\cdot Pr)^n \tag{6-15}$$

式中　ε、n——系数，决定于 $Gr\cdot Pr$ 值的大小，可从表 6-8 中查得；

d——加热器外径，m；

λ_y——油品定性温度下的导热系数，W/(m·℃)，见式(6-26)；

Gr——格拉晓夫准则，$Gr=\frac{g\beta\Delta td^3}{v^2}$；符号意义同上；

Pr——普朗特准则，$Pr=\frac{vc\rho}{\lambda}$，反映流体的物理性质；符号意义同上。

由于加热器外壁对油料放热系数 α_2 是自然对流换热，所以定性温度应该按照式(6-24)确定。假设加热器壁温，计算定性温度下的物性参数，计算出 α_2 和 K_0，然后进行校核，校核按照式(6-16)进行。

$$\left|\frac{K_0}{\alpha_2}(t_z-t_y)+t_y-t_{bi}\right|\leqslant 1 \tag{6-16}$$

其他保温罐、洞库罐、覆土罐、卧式罐等情况，可查相关设计手册。

（3） 全面加热所需热量 Q 的计算

油料升温所需的加热时间 τ 如表 6-4 所示。单位时间内加热油罐中油料所需的总热量 Q

包括：将油料从起始温度 t_{ys} 加热到终了温度 t_{yz} 所需的热量 Q_1，为融化油料中已凝固的那部分所需的热量 Q_2 以及在加热过程中散失于周围介质中的热量 Q_3 之和。即：

$$Q=\frac{1}{\tau}(Q_1+Q_2)+Q_3 \qquad (6\text{-}17)$$

表 6-4 油料升温所需的加热总时间

应用条件	τ/h
(1) $t_{yz}-t_{ys}<25℃$ (2)油罐容积不超过 1000m³ (3)操作周期>60h	>24
(1) $t_{yz}-t_{ys}<25\sim30℃$ (2)油罐容积为 2000 或 3000m³ (3)操作周期>100h	>36
(1) $t_{yz}-t_{ys}>25℃$ (2)油罐容积等于或大于 5000m³ (3)操作周期>150h	>48

式中 Q——单位时间内加热油料所需的总热量，W；

Q_1——用于油品升温的热量，J：

$$Q_1=Gc(t_{yz}-t_{ys}) \qquad (6\text{-}18)$$

式中 G——被加热油料的总质量，$G=V\cdot d_{15}^{t_m}$，kg；

$d_{15}^{t_m}$——油料定性温度下的密度，kg/m³；

t_{ys}——油料加热起始温度，℃；

t_{yz}——油料加热终了温度，℃；

c——油料定性温度下的比热容，J/(kg·℃)，可从表 6-5 中查得，亦可按式(6-19)计算：

$$c=\frac{4.1868}{d_{15}}(0.403+0.810\times10^{-3}t_m) \qquad (6\text{-}19a)$$

$$c=2.018+0.00322(t_m-100) \qquad (6\text{-}19b)$$

表 6-5 油料比热容 c 值

油料定性温度 t_m/℃	油料比热容 c/[kJ/(kg·℃)]	油料定性温度 t_m/℃	油料比热容 c/[kJ/(kg·℃)]
0		60	1.888
10	1.696	70	1.921
20	1.758	80	1.955
30	1.792	90	1.985
40	1.825	100	2.018
50	1.859	110	2.047

式中 d_{15}——油料15℃时的相对密度；

t_m——油料定性温度，℃；

Q_2——融化已凝固的那部分油料所需的热量，J：

$$Q_2=\frac{N\alpha}{100}G \tag{6-20}$$

式中 N——凝结的石蜡在油料中的含量，%；

α——石蜡的溶解潜热，见表6-6；

表6-6 石蜡溶解潜热α

油料凝固点/℃	α/(kJ/kg)	油料凝固点/℃	α/(kJ/kg)
-15	196.8	20	217.7
-10	198.9	25	219.0
-5	203.1	30	219.8
0	205.2	35	221.9
5	209.3	40	224.0
10	211.4	45	226.1
15	213.5	50	228.2

Q_3——在加热过程中单位时间内散失于周围介质中的热量，W：

$$Q_3=\sum F_iK(t_y-t_j) \tag{6-21}$$

式中 $\sum F_i$——油罐的总表面积，m^2；

$\sum F_i=F_{ding}+F_{bi}+F_{di}$（$F_{ding}$、$F_{bi}$、$F_{di}$分别为罐顶、罐壁、罐底的表面积），$m^2$；

t_j——加热周围介质温度，℃；

t_y——加热过程中油料的平均温度，℃，t_y可按(6-12)或式(6-13)计算；

K——油罐的总传热系数，W/(m^2·℃)。

6.2.4 油罐总传热系数计算

油罐总传热系数K的计算与油罐的结构形式、油料性质、周围介质等因素有关，条件不同则相应的计算方法亦不同。

地面不保温立式油罐的总传热系数：

$$K=\frac{K_{bi}F_{bi}+K_{ding}F_{ding}+K_{di}F_{di}}{F_{bi}+F_{ding}+F_{di}} \tag{6-22}$$

式中，K表示传热系数，F表示面积，角标符号bi、ding、di分别指罐壁，罐顶和罐底。按油罐装满系数为0.95计算，F_{bi}应取罐壁总面积的95%，F_{ding}应取罐顶面积和5%罐壁面积之和。

根据对金属材料传热系数及立式油罐表面结构的统计分析，无保温地上油罐的罐壁传热系数为K_{bi}=4.6~8.1W/(m^2·℃)，罐顶传热系数K_{ding}=0.3~0.7W/(m^2·℃)，罐底传热系数K_{di}=0.06~0.21W/(m^2·℃)。由式(6-22)可知，对立式油罐传热系数影响最大的是罐壁部分，其次是罐顶，而罐底的影响最小。

（1）罐壁传热系数

立式油罐的直径一般在 5m 以上；其罐壁厚度一般为 5~40mm。因此直径远大于壁厚，由稳态导热的基本定律可知，罐壁传热系数可用一维大平壁的传热系数公式计算。

$$K_{bi}=\frac{1}{\frac{1}{\alpha_{1bi}}+\frac{\delta_{bi}}{\lambda_{bi}}+\frac{1}{\alpha_{2bi}+\alpha_{3bi}}} \tag{6-23}$$

式中 α_{1bi}——油料至油罐内壁的内部放热系数，W/(m²·℃)；

α_{2bi}——罐壁至周围介质的外部放热系数，W/(m²·℃)；

α_{3bi}——罐壁至周围介质的辐射放热系数，W/(m²·℃)；

λ_{bi}——罐壁的导热系数，W/(m·℃)；

δ_{bi}——罐壁的厚度，m。

① 内部对流放热系数 α_{1bi} 的确定

油料的定性温度 t_m 取决于对流换热过程中流体的运动形式。罐中油料和周围介质散热属自流对流换热，故油料的定性温度取自油料平均温度 t_y 与壁罐温度 t_{bi} 的平均值。

$$t_m=\frac{t_y+t_{bi}}{2} \tag{6-24}$$

罐内储存的油料是相对静止的流体，它与罐壁的对流换热属于自然对流换热。由流体自然对流换热的准则方程式可知，内部放热系数 α_{1bi} 应按无限空间自然对流放热公式计算，即：

$$\alpha_{1bi}=\varepsilon\frac{\lambda_y}{h}(Gr\cdot Pr)^n \tag{6-25}$$

式中 Gr——格拉晓夫准数，$Gr=\frac{g\beta\Delta th^3}{v^2}$；

Pr——普朗特准数，$Pr=\frac{vc\rho}{\lambda}$，反应流体的物理性质；

v——流体的黏度，m²/s；

ρ——定性温度下流体的密度，kg/m³；

g——重力加速度，$g=9.81\text{m/s}^2$；

c——定性温度下流体的比热容，J/(kg·℃)；

β——定性温度下流体的体膨胀系数，℃⁻¹，可由表 6-7 查得；

λ_y——定性温度下流体的导热系数，W/(m·℃)；

h——油罐内储油高度，m；

ε、n——系数，可从表 6-8 中查得。

油罐在定性温度下的导热系数 λ_y[W/(m·℃)]：

$$\lambda_y=\frac{117.5}{\rho_y^{15}}(1-0.00054t_m) \tag{6-26}$$

式中 ρ_y^{15}——15℃时的油料密度，kg/m³；

t_m——油料的定性温度，℃，由式(6-24)确定。

表 6-7 油料的体积膨胀系数

相对密度 d_4^t	$\beta\times10^3/℃^{-1}$	相对密度 d_4^t	$\beta\times10^3/℃^{-1}$	相对密度 d_4^t	$\beta\times10^3/℃^{-1}$
0.73	1.151	0.83	0.845	0.93	0.632
0.74	1.130	0.84	0.824	0.94	0.612
0.75	1.108	0.85	0.803	0.95	0.592
0.76	0.997	0.86	0.782	0.96	0.572
0.77	0.974	0.87	0.760	0.97	0.553
0.78	0.953	0.88	0.739	0.98	0.534
0.79	0.931	0.89	0.718	0.99	0.516
0.80	0.910	0.90	0.696	1.00	0.497
0.81	0.888	0.91	0.674	1.01	0.479
0.82	0.866	0.92	0.653	1.02	0.462

注：d_4^t 是指定性温度 t_m 下的油料对水的相对密度。

表 6-8 系数 ε 和 n 值

$Gr\cdot Pr$	ε	n
$10^{-3}\sim500$	1.18	1/8
$500\sim2\times10^7$	0.54	1/4
$>2\times10^7$	0.135	1/3

② 外部对流放热系数 α_{2bi} 的确定

罐壁至周围大气的对流换热属强迫对流换热，由流体强迫对流换热的准则方程式及其边界条件可知，外部放热系数 α_{2bi} 按空气横向掠过圆管的强制对流放热公式计算，其表示形式为 $Nu=f(Pr\cdot Re)$。但考虑到空气的普朗特准数 Pr 值随温度变化不大，常温时近似等于 0.77，因而可将 α_{2bi} 的计算公式简化为 $Nu=f(Re)$ 的形式。

整理后可得：

$$\alpha_{2bi}=C\frac{\lambda_{qi}}{D}Re^n \tag{6-27}$$

式中 λ_{qi}——空气的导热系数，可由表 6-9 查得，W/(m²·℃)；

D——油罐的直径，m；

Re——雷诺数，$Re=\dfrac{v_{qi}}{\nu_{qi}}D$；

v_{qi}——环境风速，按最冷月平均风速计算，m/s；

ν_{qi}——空气的黏度，可从表 6-8 中查得，m²/s；

C、n——系数，据 Re 可从表 6-9 中查得。

表 6-9 大气压力为 760mmHg 的干空气物理常数

温度 t/℃	-40	-30	-20	-10	0	10	20	30	40
导热系数 $\lambda_{qi}\times10^2$/[W/(m²·℃)]	2.117	2.198	2.279	2.361	2.442	2.512	2.593	2.675	2.756
黏度 $\nu_{qi}\times10^6$/(m²/s)	10.04	10.80	11.79	12.43	13.28	14.16	15.06	16.00	16.96

注：1mmHg = 133.3Pa。

表 6-10　系数 C 和 n

Re	5~80	80~5×10³	5×10³~5×10⁴	>5×10⁴
C	0.81	0.625	0.197	0.023
n	0.40	0.46	0.60	0.80

③ 辐射放热系数 α_{3bi} 的确定

由基尔霍夫定律可知，罐壁至周围介质的辐射放热系数 α_{3bi} 按式(6-28)计算：

$$\alpha_{3bi}=\varepsilon C_0\frac{(t_{bi}+273)^4-(t_{qi}+273)}{t_{bi}-t_{qi}} \tag{6-28}$$

式中　C_0——黑体的辐射系数，$C_0=5.67\text{W}/(\text{m}^2\cdot\text{K}^4)$；

ε——罐壁黑度，可从表 6-11 中查得；

t_{bi}——罐壁的平均温度，℃；

t_{qi}——最冷月份空气月平均温度，℃。

表 6-11　不同涂料的黑度 ε

涂料名称	ε	涂料名称	ε
黑颜色	1	银灰漆	0.45
白色珐琅质	0.91	氧化的钢材，无涂料	0.82
白色涂料(白色，奶色)	0.77~0.84	有光泽的镀锌钢材，无涂料	0.23
颜色涂料	0.91~0.96	氧化的镀锌钢材，无涂料	0.28
铝色涂料	0.27~0.67		

上述计算中均遇到罐壁平均温度 t_{bi}，它可根据热平衡方程式用试算法求得：

$$\alpha_{1bi}(t_y-t_{bi})=K_{bi}(t_y-t_{qi}) \tag{6-29}$$

先假定一个 t_{bi} 值进行计算，求出 α_{1bi} 和 K_{bi}，再将 t_{bi}、α_{1bi}、K_{bi} 值代入式(6-29)进行验算，如果两边相等，或满足：

$$\left|t_{bi}+\frac{K_{bi}}{\alpha_{1bi}}(t_y-t_{qi})-t_y\right|\leqslant 1℃ \tag{6-30}$$

则可认为假定的 t_{bi} 值是合适的。如不能满足式(6-25)，就要重新假设 t_{bi}，再计算 α_{1bi} 和 K_{bi}，然后将它们代入式(6-25)进行验算，直至满足式(6-25)为止，从而最后确定 t_{bi} 值。

而对于保温油罐 K_{bi} 计算：

$$K_{bi}\approx\frac{\lambda_{bao}}{\delta_{bao}} \tag{6-31}$$

（2）罐顶传热系数

$$K_{ding}=\frac{1}{\dfrac{1}{\alpha_{1ding}}+\dfrac{\delta_c}{\lambda_c}+\dfrac{1}{\alpha_{2ding}+\alpha_{3ding}}} \tag{6-32}$$

式中　α_{1ding}——从油面至气体空间的内部放热系数，$\text{W}/(\text{m}^2\cdot℃)$；

δ_c——罐内油面上气体空间层的厚度，m；

λ_c——罐内气体空间中的油气与空气混合物的相当导热系数，$\text{W}/(\text{m}\cdot℃)$；

$\sum\frac{\delta_i}{\lambda_i}$——顶板，污垢等的热阻总和，$\delta_i$ 表示各层的厚度，m，λ_i 表示各层的导热系数，$\text{W}/(\text{m}\cdot℃)$；

α_{2ding}——从罐顶至周围介质的外部放热系数，W/(m^2·℃)；

α_{3ding}——从罐顶至周围介质的辐射放热系数，W/(m^2·℃)。

从油面至罐内气体空间的内部放热系数 α_{1ding} 难于精确计算，可参考表 6-12 所列的经验数据值确定。

罐内油温和气体空间温度的关系，受很多因素的影响，不易计算，可从表 6-13 查实测数据供参考。

表 6-12　α_{1ding} 值

罐内油温与气体空间温度的差值/℃	2	5	10	15	20	25	30	35	40	45	50
α_{1ding}/[W/(m^2·℃)]	1.396	1.977	2.326	2.791	3.140	3.256	3.489	3.722	3.954	4.071	4.187

表 6-13　罐内油温和气体空间温度的关系

加热时的温度/℃		冷却时的温度/℃	
油料	油面上的气体空间	油料	油面上的气体空间
50	32	100	74
60	36	90	67
70	39	80	60
80	43	70	54
90	48	60	47
100	52	50	40

罐内油面上的气体空间中也存在着对流运动，与静止的气体热传导相比，热量传递过程必然要增强，而且它与有限空间产生的自由运动有关。当把罐内油面上的这一有限气体空间的放热过程当作热传导来处理时，它的相当热传导系数 λ_c 按式(6-33)计算：

$$\lambda_c = \lambda \varepsilon_k \tag{6-33}$$

式中　λ——油料蒸气与空气混合气体的导热系数，W/(m·℃)；

ε_k——对流系数，ε_k 值按式(6-34)、表 6-14 计算：

$$\varepsilon_k = C(Gr \cdot Pr)^n \tag{6-34}$$

计算式(6-34)中的准则数 Gr 和 Pr 时，取气体空间层的高度为定性尺寸，取油面温度和罐顶温度的平均值为定性温度。

表 6-14　计算 ε_k 所用的系数 C 和 n 值

$Gr \cdot Pr$	C	n	$Gr \cdot Pr$	C	n
$<10^3$	1	0	$10^6 \sim 10^{10}$	0.40	0.2
$10^3 \sim 10^6$	0.105	0.3			

罐顶的外部放热系数 α_{2ding} 和辐射放热系数 α_{3ding} 均可按罐壁的放热系数 α_{2bi} 和 α_{3bi} 的公式计算，但应将式(6-28)中的罐壁温度 t_{bi} 改为罐顶温度 t_{ding}。罐顶温度 t_{ding} 可近似地取罐内气体空间温度 t_{qi} 和罐外大气温度 t_j 的平均值。

（3）罐底传热系数

$$K_{di} = \frac{1}{\dfrac{1}{\alpha_{1di}} + \sum \dfrac{\delta_{di}}{\lambda_{di}} + \dfrac{\pi D}{8\lambda_{tu}}} \tag{6-35}$$

式中 α_{1di}——从油料至罐底的放热系数，W/(m²·℃)；

$\sum\frac{\delta_{di}}{\lambda_{di}}$——罐底热阻之和，$\delta_{di}$表示油泥沉积物、底板等各层的厚度，m，$\lambda_{di}$表示相应各层的导热系数，W/(m·℃)；

λ_{tu}——土壤的导热系数，W/(m·℃)，可查表6-15；

D——罐底的直径，m。

表6-15　土壤的导热系数 λ_{tu}

土壤	状态	λ_{tu}/[W/(m·℃)]	土壤	状态	λ_{tu}/[W/(m·℃)]
砾石	干燥	0.349	亚黏土	中等湿度	1.396
沙	干燥	0.349	黏土	中等湿度	1.396
亚黏土	干燥	1.047	沙	潮湿	2.326
黏土	干燥	1.163	亚黏土	潮湿	1.861
沙	中等湿度	1.745	黏土	潮湿	1.861

α_{1bi}可按式(6-25)计算，但应将式中的油层高度改为油罐直径D，并把所有求得的结果降低30%，这是考虑到将竖板放热公式改用于横板放热，且放热面向下时放热强度将要减弱。

在实际计算中，为了方便起见，可只对罐壁的传热系数进行详细计算，而罐顶和罐底的传热系数可选用经验值。

6.2.5　局部加热器

局部加热器主要用于黏度不高且不会冷至凝固点温度以下的油料，或一次需要发出数量不多的油罐油料的加热，它仅布置在罐内收发油管附近。局部加热器有竖井式、换热器式和箱形分段式之分。

（1）竖井式加热器

竖井式加热器有一个带保温层的外罩(竖井)，收发油管引到竖井内，在收发油管周围装有蛇管式加热器。发油时，油料由外罩下面的开孔处进入，经加热器加热到所需要的温度后，从竖井顶部由发油管抽出，如图6-3(a)所示。

（2）换热器式加热器

换热器式是热效率较高的一种局部加热器，它有4个管头：附有保险活门的进油口、热油放出管头、蒸汽进口管头和冷凝水出口管头，如图6-3(b)所示。

（3）箱形分段式加热器

箱形分段式也是一种热效率较高的局部加热器，由3排平行的分段加热器组成，它们布置在薄钢板壳内不同的高度上，每一排有两个并列的分段，油料从薄壳开口处进入加热器，加热后从出油管发出，如图6-3(c)所示。

6.2.6　铁路油罐车加热

对于下半部带有蒸汽加热套的罐车，把表压不高于0.3MPa的蒸汽通入蒸汽套，使靠近罐车壁面的油层得到加热，黏度降低，由于被加热层在下边，它的滑流将引导未加热的油料一道流向罐车卸油口。利用带有蒸汽加热套的罐车加热卸车作业，具有卸车速度快、留存残油少的优点。

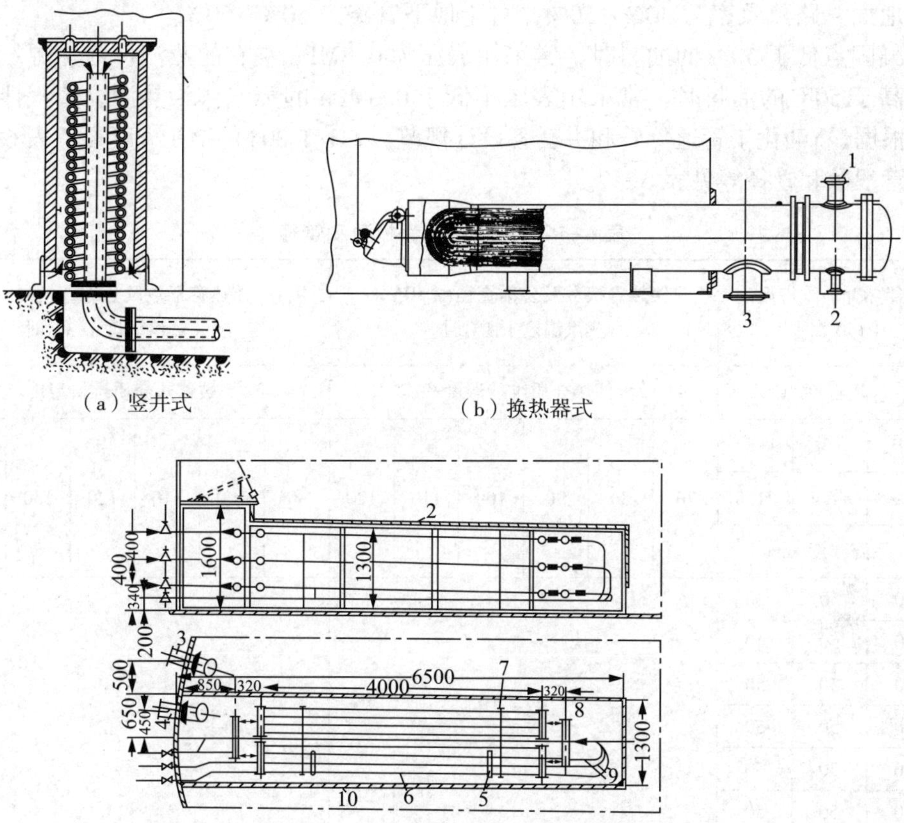

（a）竖井式

（b）换热器式

（c）箱形分段式

图 6-3　局部加热器

（b）：1—蒸汽入口短管；2—蒸汽出口短管；3—热油出口短管

（c）：1—活动顶盖；2—遮板；3，4—带有保险活门的收发油短管；5，7—支架；6—加热器分段；8—总管；9—冷凝水管；10—箱的侧壁

相关计算包含加热车油料所需总热量、罐车加热过程散失在周围大气中的热量、罐车加热所需总热量、罐车加热所需时间等。由于罐车加热套面积大，进入加热套的蒸汽压力又不高，因此一般会出现冷凝水过冷现象，即冷凝水温度降到饱和温度以下。

带有蒸汽加热套的罐车，在进行卸油作业时，并不需要把整个罐车内的油料全部加热到卸油温度才开始卸油，而是靠近罐壁的油层受热开始滑动时就可以进行卸车，并在卸车过程中对车内油料继续加热，这样将因油料的运动而使加热效率得到提高。

6.3　输油管路的外伴随加热和疏水器的选择

6.3.1　输油管路的外伴随加热

对于油库中流量较小或间歇输油而不放空的黏油和易凝油管路，为了防止油料在管路中凝结或在输送过程中过于增大黏度，常采用蒸汽管外伴随加热方式。外伴随加热是把蒸汽管和输油管用保温材料包扎在一起。这种方法施工方便、使用可靠、便于检修，但热效率较低，对于地面管路热效率为40%~50%，对于地下管路为50%~60%。

输送凝固点低于50℃的油料时，常采用表压为0.3MPa左右的蒸汽作为热源。输送凝固点等于或高于50℃的油料时，常采用表压不低于0.6MPa的蒸汽作为热源。蒸汽伴热管根数和管径等根据《石油化工管道伴管和夹套管设计规范》(SH/T 3040—2012)可参考表6-16选用。热水伴热管根数和管径等见表6-17。

表6-16　蒸汽伴热管根数和管径

被伴热管公称直径DN	被伴热介质维持温度150℃时			伴热管根数及公称直径(*n*×*DN*) 蒸汽温度151℃时						伴热管根数及公称直径(*n*×*DN*) 蒸汽温度183℃时						
	环境温度/℃			被伴热介质维持温度/℃						被伴热介质维持温度/℃						
	大庆	北京	广州													
	3.2	11.4	21.8	70	80	90	100	110	120	90	100	110	120	130	140	150
	保温厚度/mm															
15	50	50	40													
20	50	50	40													
25	50	50	50													
40	50	50	50													
50	50	50	50		1×15											
80	60	50	50										1×15			
100	60	60	50													
150																
200	60	60	60													3×15
250																
300							2×15		3×15							
350														2×15	3×15	4×15
400	70	60	60													
450				1×20			2×20		3×20	1×20			2×20		3×20	4×20
500																

注：伴热管根数及公称直径计算的参数取值应符合下列要求：

1. 热损失附加系数K取1.25；保温材料制品的导热系数按下式计算：

$$\lambda=0.044+0.00018(T_m-70)$$

2. 保温层内加热空间向保温层的放热系数α_i取13.95W/(m^2·K)。对于伴管的公称直径为DN15，蒸汽温度151℃，伴管向保温层内加热空间的放热系数α_t取21.28W/(m^2·K)；对于蒸汽温度183℃，伴管向保温层内加热空间的放热系数α_t取23.14W/(m^2·K)。对于伴管的公称直径为DN20，蒸汽温度151℃，伴管向保温层内加热的放热系数α_t取20.12W/(m^2·K)；对于蒸汽温度183℃，伴管向保温层内加热空间的放热系数α_t取22.10W/(m^2·K)。保温层外表面向大气的放热系数α按下式计算：$\alpha=1.163\times(10+6\sqrt{w})$。

表 6-17 热水伴热管根数和管径

<table>
<tr><th rowspan="4">被伴热管公称直径 DN</th><th colspan="3">被伴热介质维持温度 100℃时</th><th colspan="4">伴热管根数及公称直径(n×DN)
热水温度 90℃时</th><th colspan="5">伴热管根数及公称直径(n×DN)
热水温度 100℃时</th></tr>
<tr><th colspan="3">环境温度/℃</th><th colspan="4">被伴热介质维持温度/℃</th><th colspan="5">被伴热介质维持温度/℃</th></tr>
<tr><th>大庆
3.2</th><th>北京
11.4</th><th>广州
21.8</th><th rowspan="2">30</th><th rowspan="2">40</th><th rowspan="2">50</th><th rowspan="2">60</th><th rowspan="2">30</th><th rowspan="2">40</th><th rowspan="2">50</th><th rowspan="2">60</th><th rowspan="2">70</th></tr>
<tr><th colspan="3">保温厚度/mm</th></tr>
<tr><td>15</td><td>40</td><td>40</td><td>30</td><td colspan="4" rowspan="8">1×15</td><td colspan="5" rowspan="7">1×15</td></tr>
<tr><td>20</td><td>40</td><td>40</td><td>30</td></tr>
<tr><td>25</td><td>40</td><td>40</td><td>40</td></tr>
<tr><td>40</td><td>40</td><td>40</td><td>40</td></tr>
<tr><td>50</td><td>40</td><td>40</td><td>40</td></tr>
<tr><td>80</td><td>50</td><td>40</td><td>40</td></tr>
<tr><td>100</td><td>50</td><td>40</td><td>40</td></tr>
<tr><td>150</td><td>50</td><td>50</td><td>40</td><td colspan="4" rowspan="3"></td><td rowspan="5"></td></tr>
<tr><td>200</td><td>50</td><td>50</td><td>40</td><td colspan="3" rowspan="2"></td><td rowspan="5"></td></tr>
<tr><td>250</td><td>50</td><td>50</td><td>40</td></tr>
<tr><td>300</td><td>50</td><td>50</td><td>40</td><td colspan="2" rowspan="3"></td><td rowspan="3">2×15</td><td colspan="3" rowspan="2"></td><td rowspan="3">2×15</td></tr>
<tr><td>350</td><td>50</td><td>50</td><td>40</td></tr>
<tr><td>400</td><td>50</td><td>50</td><td>40</td><td colspan="2"></td><td></td><td>3×15</td></tr>
<tr><td>450</td><td>50</td><td>50</td><td>40</td><td colspan="2" rowspan="2">1×20</td><td colspan="2" rowspan="2">2×20</td><td colspan="2" rowspan="2">1×20</td><td colspan="2" rowspan="2">2×20</td><td rowspan="2">3×20</td></tr>
<tr><td>500</td><td>50</td><td>50</td><td>40</td></tr>
</table>

注：伴热管根数及公称直径计算的参数取值应符合下列要求：

1. 热损失附加系数 K 取 1.25；保温材料制品的导热系数按下式计算：

$$\lambda=0.044+0.00018(T_m-70)$$

2. 保温层内加热空间向保温层的放热系数 α_i 取 13.95W/(m^2·K)。对于伴管的公称直径为 DN15，热水温度 90℃，伴管向保温层内加热空间的放热系数 α_t 取 18.35W/(m^2·K)；对于热水温度 100℃，伴管向保温层内加热空间的放热系数 α_t 取 18.81W/(m^2·K)。对于伴管的公称直径为 DN20，热水温度 90℃，伴管向保温层内加热的放热系数 α_t 取 17.00W/(m^2·K)；对于热水温度 100℃，伴管向保温层内加热空间的放热系数 α_t 取 17.49W/(m^2·K)。保温层外表面向大气的放热系数 α 按下式计算：$\alpha=1.163\times(10+6\sqrt{w})$。

6.3.2 疏水器的选择

疏水器的种类很多，蒸汽管中常用的有浮筒式、吊桶式以及热动力式等。

疏水器种类和大小的选择一定要适应加热器和蒸汽管路的工作要求。油库中的蒸汽压力较低，压力波动也不大，因此适用于浮筒式、吊桶式等机械型疏水器，但它们只能安装在水平管路上，并尽可能在室内应用，若设置在室外应予保温以防冻坏。热动力立式疏水器具有工作压力范围广、压力变化时不需调整、户外使用不会冻坏、水平或垂直管路上均可使用、不怕水击等许多优点，但不能用在过高背压(压差太大)的管路上。

疏水器是作为顺利排出管路和加热器内的冷凝水的设备，用以提高传热效率，避免蒸汽的漏失，起排水阻气的作用。其种类和大小的选择一定要适应加热器和蒸汽管路的工作要求，大小取决于排水阀孔直径，而它的直径是根据压差和排水量来选择的。

疏水器安装时要注意安装方向，进出口不能装反。为了排出加热系统开始运行时的大量冷凝水，疏水器一般装有旁通管，只有在小型采暖系统中才不设旁通管。

6.4 其他加热方法

6.4.1 油罐的水垫加热法

这种方法只适用于特定的条件，如有工业废热水可以利用或者储存原油或其他高黏度油的定水位水封洞罐。

6.4.2 热油循环加热法

将油罐中的油料抽出一部分，经换热器或加热炉加热至较高的温度，再用泵送回油罐中与罐内原来的冷油混合，直至整个油罐中油料的温度达到所要求的加热温度。当加热至较高温度的油料被泵送至油罐时，在泵压的作用下，经过专门的喷射器，热油以一定速度喷入罐内的油层中，起到机械搅拌作用，提高了传热效果。这种方法对于储存高含蜡原油的油罐加热是比较好的。

高含蜡原油中的石蜡物、砂和各种杂质在罐底的沉积常可达到十分严重的地步，厚度有时甚至超过1m，把管式加热器埋住，使油料加热无法进行，而且清除这些沉积物又非常困难。为此，对这类油罐常设置专门的螺旋搅拌器或水力喷射器，使罐内原油得到搅拌，从而使沉积物悬浮起来均布在原油中，避免在罐底沉积。如果采用热油循环加热法就不必在罐内安装管式加热器，避免了因石蜡沉积物拥堵而破坏加热工作。热油循环时在罐内的喷射也可起到搅拌作用，使石蜡等上浮而不致在罐底沉积。

6.4.3 电阻加热法

利用电热丝或钢管本身通电后产生的热量对油料进行加热。具体做法有：

① 利用铁棒构成加热器，在铁棒外面套磁管，在磁管的螺纹槽内绕电热丝，通电后，让电热丝发热来加热油料；

② 在不锈钢管内装电热丝，在电热丝和钢管间充填氧化镁，起绝缘和传热作用；

③ 直接向管道通电，由钢管本身电阻使管路发热，加热管内的油料。

6.4.4 电热伴随管加热法

电热伴随管加热法与蒸汽伴随管加热的原理一样，将电热伴随管与所要加热的油管用热绝缘层包在一起，伴随管的热量传给油管从而使管内油料得到加热。所不同的是伴随管的发热不是通过蒸汽，而是靠直接通过伴随管的电流和感应电流的作用。

图6-4是利用电热伴随管对油管进行加热的安装示意图。如图所示，电热伴随管用断续焊与输油管熔接在一起，外面再用保温材料包扎。电热伴随管内有导线，导线与伴随管末

端连接在一起。通电后，伴随管管壁中有电流，内壁电流最大，外壁电流接近零。电流这样分布既能使伴随管发热，也比较安全。图中的温度继电器用来控制加热温度，当输油管中的油低于定值时，自动接通电源进行加热；当油温高于定值时，自动切断电源使电热伴随管停止加热。

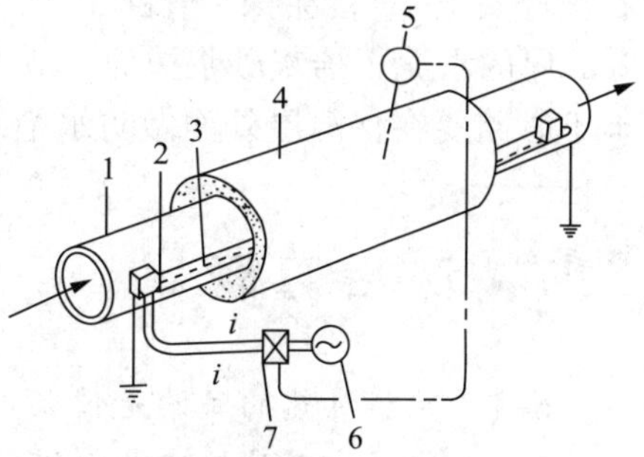

图 6-4 电热伴随管安装示意图

1—输油管；2—电热伴随管；3—导线；4—保温层；5—温度继电器；6—电源；7—控制装置

6.4.5 红外线加热

利用红外线辐射器对槽车或容器进行加热，是一种比较理想的加热方法。它操作方便，热损失少。依靠辐射作用可把热量几乎全部投向加热表面，减少散失于大气中的热损失，因此热效率高。目前在实验研究完善中。

6.5 油罐管路保温

油库中，为了减少油罐、蒸汽管路、热油管路的热损失，有时加做保温层是合算的。虽然做保温层增加了投资，但它却能起到节省热能、减少加热器面积和降低加热设备容量的作用。因此，要综合考虑加热和保温两方面的关系，合理选择加热和保温的方案，不应该片面地只从加热一个方面去处理高黏和易凝油料的储存和输转问题。

根据经验，蒸汽管道一般都做保温层。不能保证输油后迅速排空的热油管道，如果所输油料的凝固点又低于周围介质的月平均温度，应对管道做保温层。用于蒸汽管热伴随或电加热的热油管路应做保温层。对于储存黏油和易凝油的油罐，在我国华北、东北和西北地区(除局部气温较高的地方外)，都应该考虑做保温层。

6.5.1 保温材料的要求

保温材料应有低的导热系数，一般不大于 0.140W/(m·℃)，最大也不应超过 0.233W/(m·℃)；密度要小，一般应低于 600kg/m^3；耐热温度高；耐振动；抗压强度应不小于 0.3MPa；含可燃物及水分极少；吸水性低；对金属无腐蚀作用；化学稳定性好等。

6.5.2 保温层外维护结构

它的作用是保护保温层，对能吸水的保温材料还起到防水防潮作用。油罐保温层外常用镀锌铁皮作保护层，若采用黑铁皮作保护层时其内外表面均应刷红丹漆，施工完后外表面再刷醇酸磁漆以防锈蚀。有时，在油罐保温层外砌筑砖围墙作为保护层，不仅保护效果好，而且砖墙本身也起保温作用，但这种做法投资较大。油罐顶部一般不做保温层。为防止雨水进入罐壁的保温层，应在罐壁上部与罐顶边缘连接处做防水檐。对人孔和进出油管等处的保温层应做局部防水处理。罐底脚处的铁皮保护层应刷一圈沥青，并在铁皮底脚处周围用沥青封口。管路的保温层根据具体情况可做成预制块直接固定在管路上，或将保温材料(如玻璃棉毡或矿渣棉毡等)直接用镀锌铁丝或镀锌铁丝网包扎在管路上，或将配制好的保温材料(如石棉硅藻土）直接涂抹在管路上。地面管路保护层的做法要根据保温材料而定，如可用1~2cm厚的水泥石棉灰砂浆抹面，或先包以油毡再在外面包玻璃棉毡，或用铁皮作保护层等。地下管路要在保温层外面做防水绝缘层。

课后习题

6-1　油料加热的目的是什么？

6-2　油库中对油罐内油料进行加热的方法有哪些？

6-3　油库中给油罐油料加热使用的热介质有哪些？

6-4　大型油罐全面加热器为什么要进行分段分组设置？

6-5　已知某油罐的加热器由$\phi 60\times 3.5$的无缝钢管450m制成，加热器进口饱和蒸汽压力为0.2MPa（表压），加热器出口不考虑背压，蒸汽加热器至油料的传热系数$K_0=175$W/(m^2·℃)，油料加热过程的平均温度$t_y=15$℃，若加热器做成蛇管式，不考虑冷凝水过冷，试确定加热器的分段管长及分节数。已知：蒸汽在管道处于阻力平方区，$C=0.00005$(1/m)，在0.3MPa下的$i_n=558.94$kJ/kg，$i_z=2724.8$kJ/kg，管子的绝对粗糙度$e=0.1$mm，$t_z=132.88$℃。

6-6　某油库采用热油循环法对油料进行加热，油罐的传热系数为3.28W/(m^2·℃)，油罐的面积为960m^2，油料加热的起始温度为4℃，作业温度为28℃，环境温度为-2℃，油料的比热容为1.733kJ/(kg·℃)，换热器循环温度为80℃，试确定泵的质量流量。

6-7　某油库现有7个10000m^{3}拱顶油罐储存20号农用柴油。已知油罐的总面积为2947m^2，油罐传热系数为3.28W/(m^2·℃)，油料需加热至28℃发油，油料比热容为1.733kJ/(kg·℃)，每个油罐存油为8000t，环境温度为-2℃，假设罐内无结蜡发生，加热器面积为60m^2，加热器传热系数为175W/(m^2·℃)，蒸汽温度为150℃，要求72h加热发油20000t，请问可否满足要求？油罐油料加热起始温度见表6-18。

表6-18　油罐油料加热起始温度

油罐号	1	2	3	4	5	6	7
起始温度/℃	-5	-4	-3	-2	0	3	4

第 7 章　油料计量

随着社会主义市场经济体制的日臻完善，油料的计量问题已越来越受到人们的普遍关注，同时也对计量的准确性提出了更高的要求。油料计量是油库业务管理的一个重要环节，也是油料储运系统的一项技术性工作。油料计量的任务是正确测量和统计油库中储存及收发油料的数量，以便加强计划管理，保障供应，促进节约。油料计量的正确与否除了取决于油料计量方法和使用器具外，更主要的是取决于计量工作人员的素质。只有学习并懂得油料计量的方法和正确地使用各种计量仪器，才能适应计量工作的客观要求，提高油库业务管理水平。

7.1　油料计量方法

油料计量有 3 种方法：质量法、体积质量法和体积法。

质量法以质量(公斤、吨)作为计量的结算单位。对于听装、桶装等小容器可直接采用质量法，用衡器称量其质量。

对于大型油罐、油轮、铁路油罐车等，因为不能直接称重，因此采用体积质量法进行计量。即通常先测量油料液面高度，然后从容积表中查得装油体积，再根据实测的温度、密度换算成质量。因为大型容器(如储罐)，其中油料温度不均匀、形状上的不规则及温度变化或压力变化而出现偏差，需要在计量过程中加以修正和考虑。这种方法适用于国内油料收发、储存计量。

体积法以体积(升、加仑、桶)作为计量的结算单位。该方法不需要测定密度，计算简单、方便，而且较为合理。适用于国际石油贸易中的交接计量。

无论采用哪种计量方法，都必须规定一系列的统一标准，如试样的选取、温度的测定方法、密度的测定和换算等。具体要求和做法可参考《原油和液体石油产品密度实验室测定法》(GB/T 1884—2000)和《石油和液体石油产品取样法》(GB/T 4756—2015)。

7.2　油料温度、密度测定和取样

7.2.1　油料温度的测定

(1) 测量仪器

油温测量所用的仪器有油罐温度计、杯盒温度计、充盈盒温度计和热电温度计等。测量前选择适当量程的温度计，安放在测温盒内中部，当达到规定时间后，迅速提起读数，做好记录。常用的有以下几种：

① 油罐温度计

油罐温度计属水银温度计，有 1 号油罐温度计、2 号油罐温度计和 3 号油罐温度计。常用的为 1 号、2 号油罐温度计。1 号油罐温度计的测量范围-34~52℃，检定点位-30℃、0 和 50℃。2 号油罐温度计测量范围-16~82℃，检定点位-10℃、0、50℃和 80℃。两种温度计的分度值均为 0.5℃，准确度均为±0.3℃。

② 杯盒温度计

杯盒温度计如图 7-1 所示，杯盒用涂过清漆的硬木和抗腐蚀的非铁金属制成，盒子的容量不少于 100mL，装上油罐温度计后，水银球距盒壁不少于 10mm，距盒底 20~30mm。

③ 充溢盒温度计

充溢盒温度计如图 7-2 所示，充溢盒是一个容量不少于 200mL 的圆形容器，装有刚性套管，容器和套管用抗腐蚀的非铁金属制成，容器底和顶部有快速动作的闭合器。当把它放入油中，闭合器打开，油料通过容器并流过油罐温度计的水银球。当它被提起时，闭合器关闭，容器内充满油料。

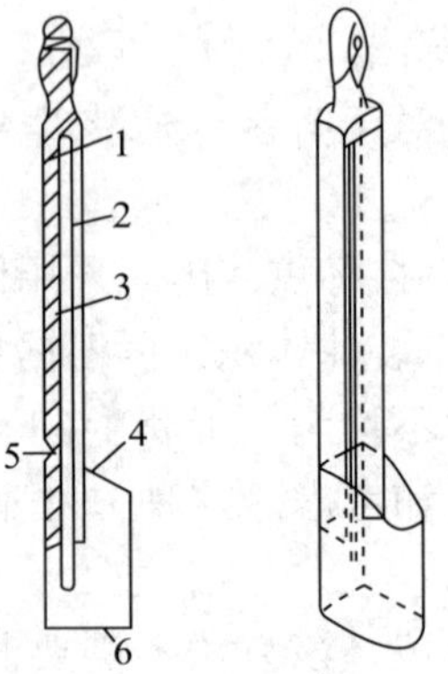

图 7-1　杯盒温度计

1—夹子；2—温度计；3—硬木；
4—抗腐蚀金属杯 100mL；5—夹子；
6—抗腐蚀金属杯的封闭底

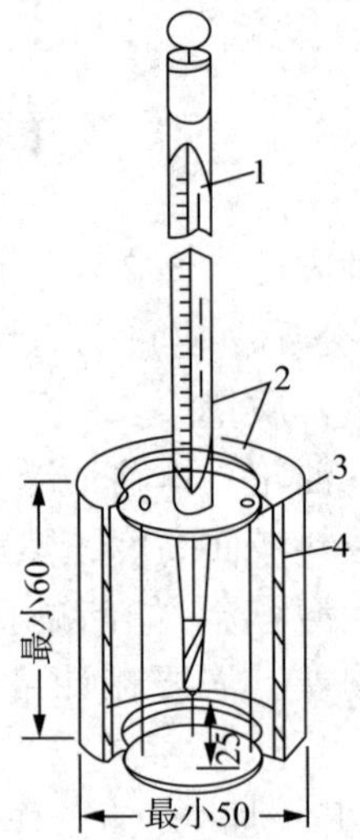

图 7-2　充溢盒温度计

1—温度计；2—抗腐蚀金属外壳；
3—充溢盒（最小 200mL）；4—闭合器

连接杯盒温度计、充溢盒温度计等温度计装置所用的拉绳或链索为不产生火花的材料制成，如使用防静电绳等。也可以将其连接在量油尺下部，用量油尺代替拉绳。

④ 热电温度计

热电温度计包括电阻温度计、热偶温度计和热敏电阻温度计，其设计、安装、准确度等符合规定要求，就可用于测量油料的点温或平均温度。

（2） 测量位置选取

① 立式、卧式油罐

对立式、卧式油罐，油高 3m 以下，在油高中部测 1 点；油高 3~5m，在油料上液面下 1m 和油料下液面上 1m 处共测 2 点，取算术平均值作为油料的温度；油高 5m 以上，在油料上液面下 1m，油料中部和油料下液面上 1m 处，共测 3 点，取算术平均值作为油料的温度，如果其中有 1 点温度与平均温度相差大于 1℃，则必须在上部和中部测量点之间以及中部和下部测量点之间各加测 1 点，最后以这 5 点的算术平均值作为油料的温度。

② 铁路罐车、汽车罐车、油船和油驳

铁路罐车、汽车罐车、油船和油驳中除油船、油驳加热罐按立式罐、卧式罐测量位置外，均在油高中部测 1 点。

③ 油温测量位置还应距罐壁不少于 300mm，以避免受罐外冷热的影响。

对油船或油驳内装单一油料时，要测量半数以上舱的温度；当内装不止一种油料时，要按照表 7-1 的规定测量每种油料的温度。

表 7-1　油船、油驳温度测量点数表

装有同一种油料的舱数	温度测量的最少舱数	装有同一种油料的舱数	温度测量的最少舱数
1 或 2 舱	每个舱	7 或 7 个以上舱	半数以上舱
3~6 舱	2 个舱		

（3） 温度计浸没时间要求

① 轻质油料不少于 5min；

② 润滑油不少于 15min；

③ 原油、重油、燃料油、高温润滑油等不少于 30min。

（4） 测量操作要点

测量前，选择适当量程的温度计，安放于测温盒内中部，并将测温盒从检尺点下到测温部位，当测温盒在罐内达到规定时间后，迅速提出，立即读数。此时，不要把测温盒内油料倒掉。读数时视线应与温度示值呈水平，先读小数，后读大数，做好记录。

7.2.2　油料密度的测量

（1） 测量仪器

油料密度测量所用的仪器有石油密度计、玻璃量筒、温度计、恒温浴箱。

（2） 测量方法

在油料计量测定密度时，试验温度应在容器中计量温度±3℃范围内测定。与此同时，环境温度变化应不大于 2℃。

将均匀的试样小心地倾入玻璃量筒中，将温度计插入试样中并使其保持全浸且不接触筒壁和筒底，再将清洁、干燥、大体适应试样密度范围的石油密度计轻轻地放入试样中，待达到平衡让其自由地漂浮并注意不弄湿液面以上的干管。

再将密度计按到平衡点以下 1~2mm，并让它回到平衡位置，观察弯月面形状，先使眼睛稍低于液面的位置慢慢地升到表面，读取液体下弯月面与密度计刻度相切的那一点，估读到 0.0001g/cm^3，注意温度计不应与量筒壁接触。先读小数，再读大数。

如果试样是不透明液体，则使眼睛稍高于液面的位置观察，读取液体上弯月面与密度计刻度相切的那一点，也同样估读到 0.0001g/cm^3，先读小数，再读大数。与此同时，读取温度计示值，估读到 0.1℃。第 1 次读数完成后，又稍稍提起密度计，然后放下处于平衡，进行密度、温度的第 2 次读数。连续两次测定的温度读数不应超过±0.5℃，否则应重新测定。

（3） 测量结果处理

连续测定两个结果之差不应超过 0.0005g/cm^3，连续测定两个结果的算术平均值作为测定结果。

根据测得的温度和视密度，查《石油计量表》(GB 1885—98)中表1“石油视密度转换表”换算为标准密度，即20℃时的密度。

7.2.3 石油液体手工取样

石油液体的手工取样应严格按照《石油液体手工取样法》(GB/T 4756—2015)执行。

（1）取样工具的技术条件

① 取样器的材质应以铜、铝或与铁器撞击不产生火花的其他合金材料制成。

② 取样器的自身重量应足以排出液体重量而自沉于石油液体中。

③ 取样器必须是密闭的，塞盖要严密，松紧适当，在非人为打开盖塞的情况下，油料不得渗进采样器内。

④ 取样器上禁止使用化纤与塑料绳，以及不导电易产生火花的材料，以免摩擦起火。

⑤ 取样器应清洁干燥，容量适当，有足够的强度。

（2）取样部位

取样部位见表7-2。

表7-2 取样部位

	容器名称	取样部位	取样分数	取样容器数
均匀油料	立罐油料3m以上	上部：顶液面下1/6处 中部：液面深度1/2处 下部：液面下5/6处	各取一份按等体积1∶1∶1混合成平均样	油船舱2~8个取2个，9~15个取3个，16~25个取5个，26~50个取8个
	立罐液面低于3m，卧罐容积小于$60m^3$，铁路罐车(每罐车)	中部：液面深度1/2处	各取1份	油船舱2~8个取2个，9~15个取3个，16~25个取5个，26~50个取8个
非均匀油料	立罐	出口液面向上每米间隔取样	每份分别试验	

（3）取样方法及操作注意事项

① 取样时，首先用待取样的油料冲洗取样器1次，再按照取样规定的部位、比例和上、中、下的次序取样。

② 试样容器应有足够的容量，取样结束时至少留有10%的无油空间(不可将取满容器的试样再倒出，造成试样无代表性)。

③ 试样取回后，应分别装在两个清洁干燥的瓶子里密封好，供试样分析和提供仲裁使用。贴好标签，注明取样地点、容器(罐)号、日期、油料名称、牌号和试样类型等。

④ 安全操作应遵照国家规程和石油安全操作规范执行。

7.3 油罐容积检定

由于受到施工水平的限制和焊接变形等因素的影响，油罐的实际几何尺寸很难达到理想要求，所以，油罐、油舱、铁路油槽车等新建或使用一定期限后都必须按照《立式金属罐容量检定规程》(JJG 168—2005)进行容积检定，以保证油料计量的准确性。

7.3.1 立式油罐容积检定

7.3.1.1 原理

立式油罐呈圆柱体，由若干层钢板卷制并焊接而成，从下至上称为第一圈板、第二圈板……若不考虑变形，则每圈板的容量 V_i：

$$V_i=\frac{\pi}{4}d_i^2h_i \tag{7-1}$$

式中 d_i——第 i 圈板的内径，mm；

h_i——第 i 圈板的内高，mm。

罐的总容量：

$$V=\sum_{i=1}^{n}V_i \tag{7-2}$$

式中 $i=1$，2，3，……，n 是圈板的序号。

由此可知，前式是理想公式。若考虑到罐底不平度，罐内附件体积的修正值以及液体静压力引起的罐壁弹性变形的修正值，则每一圈板的容量 V_i：

$$V_i=\frac{\pi}{4}d_i^2h_i+\Delta V_1+\Delta V_2+\Delta V_3+\Delta V_4 \tag{7-3}$$

式中 ΔV_1——液体静压力效应修正值；

ΔV_2——罐内附件修正值，当它使罐内有效容量增加时，为正值，反之为负；

ΔV_3——罐底不平度修正值；

ΔV_4——罐倾斜的修正值。

被测罐的总容量：

$$V=\frac{\pi}{4}\sum_{i=1}^{n}d_i^2h_i+\Delta V_1+\Delta V_2+\Delta V_3+\Delta V_4 \tag{7-4}$$

7.3.1.2 检定内容及方法

（1）油罐直径测量

首先用“围尺法”以标准钢卷尺测出第一圈板处高 3/4 处的外周长，求出它的外直径，再以此作为比较基础，用径向差仪器测量出其他各圈板相对这一基本直径的径向偏差，从而测得各圈板的直径。

① 基本直径的测量

测量前，首先在罐第一圈板高度 3/4 处标绘出基圆的位置，每隔 1～3m 做一水平标记，并应消除罐壁上影响测量的杂物。若该高度因有障碍物无法测量，可选在它上、下 100mm 范围内的位置。

测量时，钢卷尺先围绕在基圆位置并紧贴于罐壁约 10min，使尺子和罐壁的温度达到一致。因尺子是在标准温度 20℃时检定的，若此时罐材和尺子材料的线胀系数基本相等，则所测得的周长即为 20℃值。然后，用磁铁将尺子的首端紧固在基圆位置上。通过套在尺子上的“夹板”夹紧尺子，用拉力计在确定的 98N 拉力下，沿罐壁的切线方向拉紧尺子并使它紧贴罐壁。此时用第二块磁铁将已紧贴罐壁尺段末端压紧，松开夹板，将夹板移至尺子另一位置。以同样操作第二次拉紧尺段并用磁铁紧固在基圆位置上。依次向前推进，直至围完一周为止。这种操作称为“连续相切法”，可使尺子使用时的状态与检定时受力(98N 拉力)状态一致，从而减少测量误差。

外周长取两次连续测量结果的平均值，两次周长测量值之差不应大于 2mm。

测量外圆周长时，卷尺若要越过焊缝、铆钉、加强板凸出部分，对测量值需要加以校正。方法是利用大型圆规之类的跨越器进行修正值测量：用跨越器定一任意弦，利用卷尺测定此弦对应的两条弧长，一条是不经突出物而紧贴罐壁测定的弧长平均值，另一条则是跨越器经过突出物测定的弧长平均值。此两平均值之差，乘以该突出物的总数，即得该突出物引起的周长修正值。

对于基本直径在罐外用围尺法测量有困难的罐，可采用罐内以铺尺法测量。与测量外周长一样，先在罐壁标出基圆位置，然后在标志线的某一点作一垂直细线作为测量的起始点，将尺子的零点与垂线重合并用磁铁压紧，再将尺子沿着基圆的位置以 1m 长的钢板尺依次压紧，使它同罐壁紧紧地贴合，每压紧一次，就将已铺好的尺子终端用磁铁压紧。连续测量两次周长，两次测量值之差不应大于 2mm，取其平均值为基圆的内周长。

由此，第一圈板的内径可由式(7-5)计算：

$$d_1=\frac{C}{\pi}-2\delta \tag{7-5}$$

式中 C——基圆外周长，mm；

δ——第一圈板的钢板厚度，mm。

② 其他各圈板直径的测量

其他各圈板直径可以第一圈板直径为基础，通过测量径向偏差求得。常用的测量仪器：具导轨光学径向测量仪、CJ-1 型径向差测量仪等。

测量前，先在罐顶圆周标出至少 18 个等分点，点间距不得大于 3m，各点的母线与各圈板高度 1/4 和 3/4 位置的交点，即为径向偏差的测量点。

a. 具导轨光学径向测量仪测量

具导轨光学径向测量仪由基座轴系、导轨与传动以及瞄准系统 3 部分组成。瞄准部分(望远镜和显微镜)安装在滑板上，望远镜视准轴旋转描出的平面与导轨移动方向保持垂直。望远镜可随滑板(滑动导轨)在导轨上滑动，由一个位置移动到另一个位置，最大行程为 250mm，移动距离通过数字显示，可读到 0.01mm(具导轨光学径向测量仪的结构原理如图 7-3 所示)。

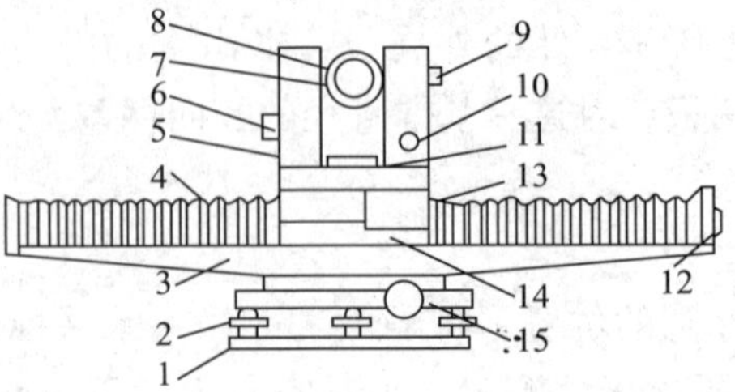

图 7-3　具导轨光学径向测量仪结构原理图

1—基座；2—调平螺旋；3—导轨系；4—防尘罩；5—照准架；6—进光反射镜；7—横轴；8—望远镜；9—望远镜控制手轮；10—望远镜微调手轮；11—长水准器；12—丝杆手轮；13—径向差数字显示器；14—容栅；15—锁紧手轮

测量立式罐径向偏差的原理如图 7-4 所示。图中 A 点是罐的基本外径 AA' 的一点，B 点是与 A 点位于同一条母线上的某圈板上的测点。由于望远镜视准轴旋转构成的平面与滑动导轨移动的方向垂直，若先瞄准 A 点，再移动滑动导轨使视

准轴瞄准 B 点，则视准轴平行移动的距离即为所示的径向偏差 $r_{i,1}$。

由此求得被测圈板的内径：

$$d_i = d_1 - 2r_{i,1} - 2\delta_i \tag{7-6}$$

式中 d_i——第 i 圈板的内径，mm；

d_1——基圆的外径，mm；

$r_{i,1}$——第 i 圈板外半径相对于基圆外半径之差（径向偏差）；

δ_i——第 i 圈板的板厚（用超声波测厚仪测量，精度 0.1mm），mm。

b. CJ-1 型径向偏差测量仪测量

当测量场地受到限制，无法使用具导轨光学径向仪测量时，可采用 CJ-1 型径向偏差测量仪测量。图 7-5 是该仪器测量油罐径向偏差的示意图。测量前，仪器的下滑轮与第一圈板高度 3/4 处壁板相切，标尺支架上的标尺刻线与带重锤的垂线相重合。测量时，操作人员拉动绳子，牵引下滑轮沿罐壁自下而上或自上而下移动，分别记录上行和下行时各圈板 1/4 和 3/4 高度处的径向偏差，其算术平均值即为各圈板的平均径向偏差。

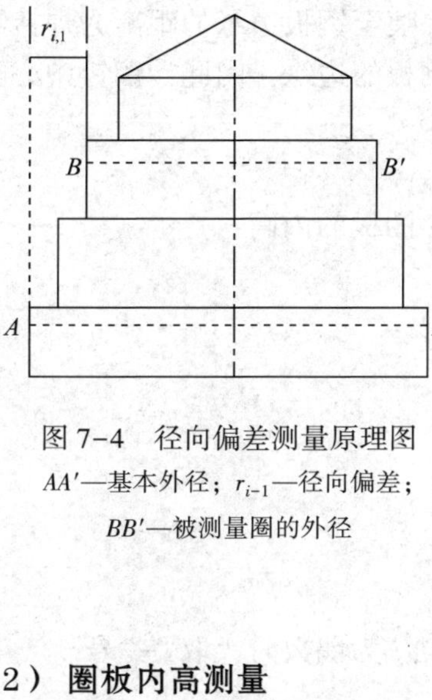

图 7-4　径向偏差测量原理图

AA'—基本外径；r_{i-1}—径向偏差；

BB'—被测量圈的外径

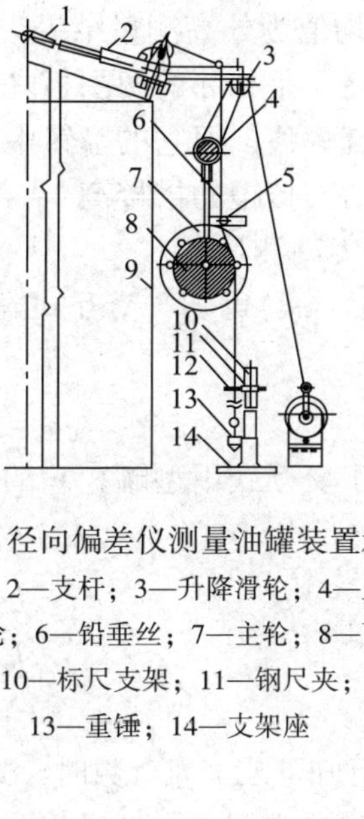

图 7-5　径向偏差仪测量油罐装置示意图

1—拉杆；2—支杆；3—升降滑轮；4—上滑轮；5—中滑轮；6—铅垂丝；7—主轮；8—下滑轮；9—油罐壁；10—标尺支架；11—钢尺夹；12—钢尺；13—重锤；14—支架座

（2） 圈板内高测量

立式油罐的结构形式常见有套筒式、对接式和交互式等，如图 7-6 所示。

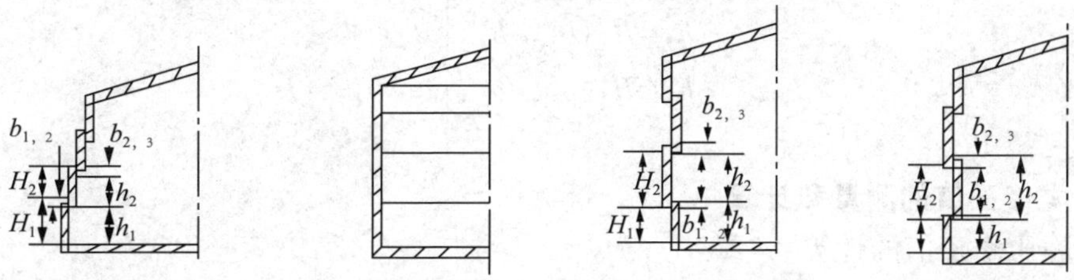

（a）套筒式　（b）对接式　（c）交互式甲型　（d）交互式乙型

图 7-6　立式罐结构示意图

① 对接式罐的外高等于它的内高，因此从罐外的扶梯上用总长 5m 分度值为 1mm 的钢卷尺测量各圈板的外高，即为它的内高。

② 套筒式罐内高测量

套筒式罐某一圈板 i 的内高，系指该圈板的下缘与它邻接的上圈板(i+1)下缘间的垂直距离。由图 7-6(a)可知，第 1 圈板和第 i 圈板(i=2，3，4，…，n)的内高：

$$\left.\begin{aligned} h_1 &= H_1 - b_{1,2} \\ h_i &= H_i - b_{i,(i+1)} + b_{i,(i-1)} \end{aligned}\right\} \tag{7-7}$$

式中 H_1——第 1 圈板的外高，mm；

$b_{1,2}$——第 1 圈板的上塔接高，mm；

h_1——第 1 圈板的内高，mm；

H_i——第 i 圈板的外高，mm；

$b_{i,(i+1)}$——第 i 圈板的上塔接高，mm；

$b_{i,(i-1)}$——第 i 圈板的下塔接高，mm；

h_i——第 i 圈板的内高，mm。

圈板的外高是从外部所看到的圈板上下两边缘之间的距离。外高应测两次，其差不应大于 2mm，取其平均值为外高测量结果。

圈板的搭接高，是相邻的两圈板之间叠合的高度。焊痕至钢板边缘的距离为焊接罐的搭接高；镏焊罐没有焊痕，但它的镏钉中心对称于所塔接钢板的边缘，因此，镏钉中心至圈板边缘距离的 2 倍为镏接罐的搭接高。

③ 交互式罐内高测量

由图 7-6(c)、(d)可知，交互式罐内第 1 圈板和第 i 圈板的内高：

$$\left.\begin{aligned} h_1 &= H_1 \pm b_{1,2} \\ h_i &= H_i \pm b_{i,(i+1)} + b_{i,(i-1)} \end{aligned}\right\} \tag{7-8}$$

具体讲，对于交互式甲型罐，它的各圈板内高：

$$\left.\begin{aligned} h_1 &= H_1 \pm b_{1,2} \\ h_2 &= H_2 - b_{2,3} - b_{1,2} \\ h_3 &= H_3 - b_{3,4} - b_{2,3} \\ &\cdots\cdots \end{aligned}\right\} \tag{7-9}$$

由式(7-9)可知，当 i 为奇数时，式(7-8)取“+”；当 i 为偶数时，取“-”号。

交互式乙型罐同交互式甲型罐相反，其各圈板内高：

$$\left.\begin{aligned} h_1 &= H_1 - b_{1,2} \\ h_2 &= H_2 + b_{2,3} + b_{1,2} \\ h_3 &= H_3 - b_{3,4} - b_{2,3} \\ &\cdots\cdots \end{aligned}\right\} \tag{7-10}$$

（3）各类修正值的测量和计算

① 液体静压修正值的计算

立式罐的容量是在空罐状态下计量的，当罐内装有液体时，由于静力作用引起罐体弹性变形，使容量增大。为此必须进行修正。

静压力修正值的计算公式：

$$\Delta V = KH_2 \tag{7-11}$$

$$K=\frac{\pi g\rho R^3}{E\delta}\times 10^{-6} \tag{7-12}$$

式中 ρ——罐内所装液体的平均密度，g/cm³；

R——罐的基本直径，cm；

E——罐材的弹性模量，$E=2.1\times10^7$ N/cm³；

δ——罐壁的平均厚度，cm；

H——罐内液体高度，cm；

g——重力加速度，m/s²。

② 罐底量的测量

立式罐的罐底为了清除方便，通常是一个中间高、周围低的锥形，而且由于施工工艺原因，罐底往往呈不规则的几何形状。罐底量是指罐底最高点以下的容量。罐底量计量有两种方法，即容量比较法和测量计算法。

a. 容量比较法

将水或液体石油产品从已分度的油罐或标准量器中注入被检定罐内，直至液体将罐底最高突起部分恰好浸没为止。这时罐底的底量就等于从已分度油罐或标准量器中注入被检罐中的液体之体积。作为一般的计量罐，给出总的底量值即可。如有特殊需要，不仅要求给出总底量，而且要求给出底量的厘米容积。此时，就要在检定过程中将注入被检罐的液体量和相应高度记录下来，用直线内插法求出各区段 1mm 平均容积。然后按累计注入量修正到预定高度。容量比较法简单易行，为一般油库所常用。

b. 测量计算法

罐底通常呈现规则几何形状和不规则几何形状两种情况，对于罐底呈规则的几何形状的罐，底量可按照它的几何形状，测量它的有关几何量尺求得。对容积不大的立式罐，其底部一般呈圆锥形。下面以此为例说明规则底部的底量计算方法。假定锥底的半径为 R_k，罐的半径为 R，且 $R_k=R$，罐壁到计量孔轴线的距离为 α，计量基准点位于高度为 h_0 的锥底表面上，如图 7-7 所示。

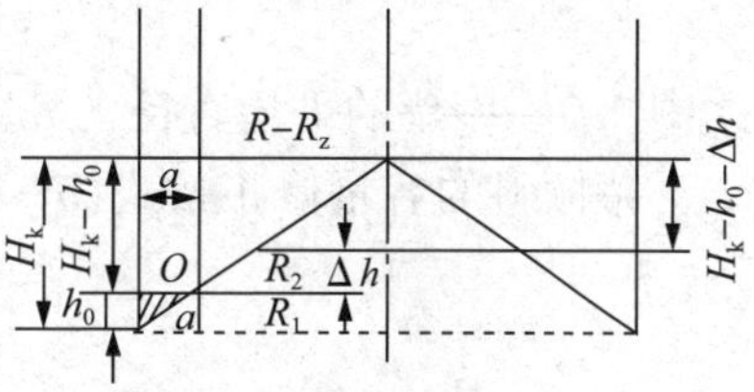

图 7-7 锥底底量与其不平度计算原理图

由图可以看出，有关底量及其不平度修正值：

由计量基准点位置引起的非计量容积：

$$U_0=\pi R^2 h_0-\frac{1}{3}\pi h_0(R^2+R_1^2+RR_1) \tag{7-13}$$

罐底的总量(不包括 U_0)：

$$V=\pi R^2(H_k-h_0)-\frac{1}{3}\pi R_1^2(H_k-h_0) \tag{7-14}$$

罐底的不平度修正值：

$$\Delta V_2=-\frac{1}{3}\pi R_1^2(H_k-h_0) \tag{7-15}$$

底量的厘米容积计算如下：

假定液位为 $h_0+\Delta h$，$\Delta h=1$cm，2cm，3cm，…。由图 7-7 可知，液位为 $h_0+\Delta h$ 时，液体的实际体积：

$$V=\pi R^2(h_0+\Delta h)-\frac{1}{3}\pi(h_0+\Delta h)(R^2+R_2^2+RR_2) \qquad (7-16)$$

式中　$R_2=\dfrac{H_k-h_0-\Delta h}{H_k}R$

由于施工或使用过程中基础下沉等原因，油罐底可能出现凹凸不平情况。对这类底部呈不规则形状的油罐，其罐底不平度修正值的测量和计算比较烦琐，必要时可参照相关规定进行。

③ 罐内附件的修正值的测量

罐内附件修正值的测量系指罐内浸在油里的附件，如桁架、边柱、中心柱等占有体积的测量。因其几何形状规则，它们的体积可按其几何形状和尺寸用数学公式计算求得。在编制罐的容量表时，需知附件的起讫点距计量基准点所在水平面的距离，为此，用水准仪测量附件起讫点和计量基准点至水准平面的距离，以基准点为零点，即可求得附件所处高度。附件修正值一般是在油罐装油的容积内扣除，但在人孔颈部外向多装油时，则应将附件容积加上。

④ 罐的倾斜度测量

在罐的 8 个对称方位上依次用水准仪瞄准第一圈板，从罐的一侧向另一侧扫描。若罐未发生倾斜，则扫描线始终平行于横焊缝；若罐发生倾斜，则扫描线到最后将不平行于横焊缝，此时用直尺量出扫描线两端至焊缝的距离差值，其中最大差值即为罐底最大的倾斜值 h_k。罐体的倾斜角由式(7-17)确定：

$$a=\tan^{-1}\frac{h_k}{D} \qquad (7-17)$$

式中　D——罐的平均直径，m。

罐倾斜的容量修正按式(7-18)计算：

$$\Delta V_{斜}=\pi R^2\left(\frac{1}{\cos a}-1\right)H \qquad (7-18)$$

式中　R——罐的平均半径，m；

H——液位高度，m。

⑤ 参照高度的测量

参照高度系指罐的下部计量基准点到罐的上基准点的垂直距离。用经检定过的量油尺测量两次，其差值不得超过 1mm，取其平均值。

⑥ 各圈板的板厚测量

沿着罐的扶梯用超声波测厚仪测量。

⑦ 罐的椭圆度测量

根据第一圈板高度 3/4 处的内周长，将其周长分为 8 等分，用钢卷尺测量两对称点之间的距离，求出椭圆的长、短半径。

7.3.1.3　容量表的定制

容量表(容积表)是以罐的计量基准点为起点求得的液位高度与对应容积的关系表。

(1)　容量表的意义

定制容量表的目的是在测得罐内液面高度后，用容量表查出罐内油料的数量，所以容量表是油罐必不可少的附件，容量表有 dm 表、cm 表及 mm 表等。

（2）容量表的制定方法

求出每一圈板的容量，该容量除以它的高度(cm)，即得该圈板范围内 1cm 高度的容量。由此，以累加的方法可求出从计量基准点算起的间隔为 1cm 的罐的容积。为了使用方便，在容量表的同一页上还应编制出各区段的 1mm 容量。容量表的编制通常需经过原始数据的测量、数据整理、计算、厘米容量表的定制和毫米容量补充表的定制过程。

静压力修正值，根据实际使用情况，可依据式(7-3)计入容量表中，亦可依据式(7-11)密度 $\rho=1g/cm^3$，单独编制出静压力修正表。使用时，将其修正值乘以罐内液体实际密度。

在应用计算机进行自动化管理时，可不编制出容量表，而将有关数据和计算方法编程输入数据库，测量油高时，自动算出罐内油料数量。

7.3.2　卧式油罐容积检定

7.3.2.1　检定原理

卧式油罐一般由直圆筒和顶板两大部分组成。设直圆筒容积为 V_Z，两端顶板容积为 V_D，内部附属部件所占体积为 V_F，则该卧式油罐的容积 V：

$$V=V_Z+V_D-V_F \tag{7-19}$$

任一高度所对应的容积：

$$V_i=V_{Z,i}+V_{D,i}-V_{F,i} \tag{7-20}$$

式中　V_i、$V_{Z,i}$、$V_{D,i}$、$V_{F,i}$——高度 i 时卧式油罐直圆筒、顶板及罐内附件的部分容积。

7.3.2.2　检定内容及方法

（1）直圆筒内直径测量

卧式油罐直圆筒按结构分为对接和搭接两种，见图 7-8。

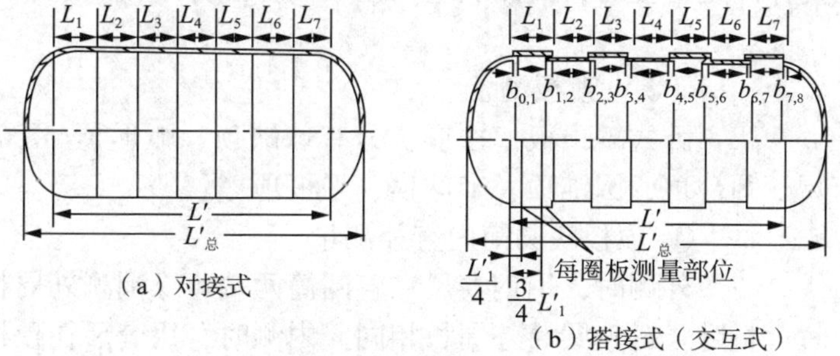

图 7-8　对接式与搭接卧式罐示意图

① 外测法

由几个圈板对接、搭接成的直圆筒体，有时为了准确，在每圈板的 1/4 或 3/4 两处测量，见图 7-6；用整块钢板做螺旋焊接的圆筒，在圆筒外长的 1/8、3/8、5/8、7/8 各处测量。测量时，将标准钢卷尺围罐体一周，使卷尺贴紧罐壁并与筒体垂直，在尺带上套上拉尺“夹板”并挂上拉力计。待罐壁与尺带充分进行热交换后，给尺带施加 49N 的拉力，然后读取数据。每个部位测量两次，两次尺带零位应错开 200~300mm；两次测量读数误差不超过 1mm，取其平均值；如超过，须重测。以 C_i 代表 i 圈板平均外周长，S_i 代表该圈板板厚，则该板内直径 D_i：

$$D_i=\frac{C_i}{\pi}-2S_i \qquad (7-21)$$

② 内测法

由于外部保温或其他因素而不能外测时，可采用内测法。测量前找出与外测法测量对应的位置，用经检定的套管尺在测量部位直接测量竖直径和横直径。测量时，让套管尺通过筒体截面圆的圆心，并保持垂直或水平。方法是将套管尺一端顶在罐壁上不动，另一端在横截面上稍微摆动，其数值应是最大值；在纵剖面上稍微摆动，其数值应是最小值。每一处测量两次，两次测量相差不超过1mm，取其平均值。如超过，须重测。

（2）筒长测量

① 外测法

测量前，先标记测量点，即在直圆筒两端各找出两个相隔 π 弧度的测量点，同一侧的两测点应在直圆筒中心线的平行线上。如用线锤在直圆筒端点两侧找出与圆筒壁相切的切点作为测量点。测量时，用标准钢卷尺零点对准一端测点，拉紧至另一端测点，并施以 49N 的拉力，测出同侧两端测点间的距离，测准至 1mm；取两侧读数的平均值，作为直圆筒的外长。

在测量直圆筒长过程中，应同时读出每个圈板的外露宽度。对于搭接焊的圈板内露板宽，内搭板边看不见，可通过焊痕予以测量。

② 内测法

顶板与直圆筒间是对接的，测量时在直圆筒两端的两侧边缘处划一垂直于筒体的细线标记，作为测量筒长的起止线。将标准钢卷尺零点固定在一端测线处，测量其到另一端测线的距离。读数时，给尺带施加 49N 的拉力，此时，若沿罐壁摆动尺带，读数应是最小值；取筒体两侧读数的平均值，作为直圆筒内长。在测量筒长的同时，按内板边读出各圈板的内板宽。当顶板与直圆筒体间是搭接时，其测线应在顶板内伸部分钢板的边缘处划取，其余方法与上述相同。

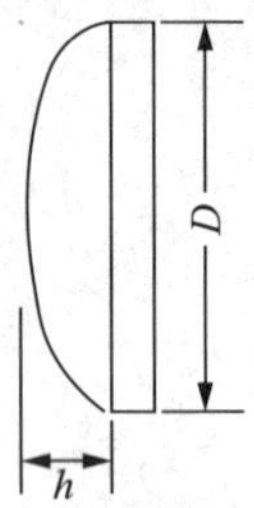

图 7-9　弧形顶示意图

（3）顶板测量

卧式罐顶板，按形状分有球缺顶、弧形顶(图 7-9)、半椭球顶、圆台顶、圆锥顶、半球顶、平板顶等。

① 顶板底圆筒内直径测量

外测时，用钢卷尺在直圆筒两端边缘围测外周长，具体方法与测量卧式罐直圆筒外周长相同。内测时，用套尺在顶板底圆筒边缘处测量出横直径和竖直径，取其平均值作为顶板底圆筒内直径。

② 顶板外高的测量

在直圆筒端部，用两根木尺，经过两侧测点并紧贴圆筒壁。以细线缠在两木尺伸出端并使之与木尺垂直，用钢直尺测量由测点至细线的距离，取两侧读数的平均值。用钢直尺测量细线至顶板的最短距离。顶板至细线最短距离的点叫顶板顶点，给予标记。由两侧读数的平均值减去细线至顶板顶点距离，即得该顶板外高。

③ 总内长测量

卧式罐的总内长可以从两顶板外高加直圆筒外长减去两个顶板厚度得，亦可直接内测求得。测量方法是用测深钢卷尺的一端紧顶顶板顶点，将尺带顺着罐体轴线拉直并加以 9.8N

的拉力。用一钢直尺零点端顶在罐体另一端顶板顶点，将两尺靠拢，以尺上某一结合点读取两尺数值，求和即得该罐的总内长。

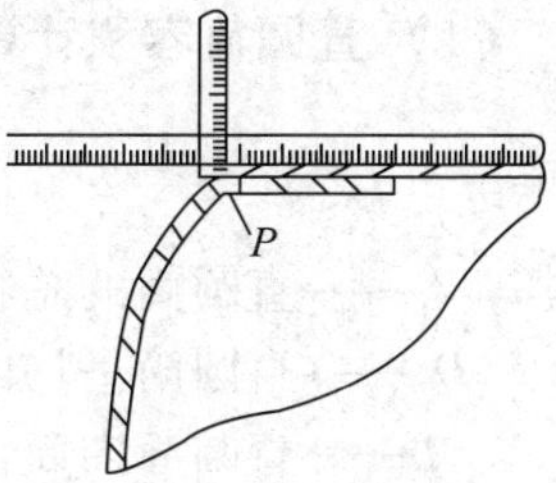

图 7-10 外伸长测量示意图

④ 内、外伸长的测量

内伸长 $L_Y(L_Z)$，搭接焊可通过焊痕测得。对接焊无内伸长。外伸长 $t_y(t_z)$ 的测量方法如图 7-10 所示，它是用一长钢直尺，在罐端顺轴线方向紧贴罐身，用另一短钢直尺在顶板上左右移动至最窄 P 点，此点即为顶形体与底圆筒的交点，在长钢直尺上读出直圆筒边缘至 P 点的距离。每端顶板测量部位不少于对称的 4 个点，取两端平均值。

内、外伸长总长可以内测法测得，即用钢直尺侧边紧贴底圆筒内壁，让尺的零点端沿罐体纵向慢慢推进，在钢直尺接触顶板弧形部分而将被抬起时，读出钢直尺零点至底圆筒板边的距离，即为该端顶板内、外伸长的总长(t_y+L_Y)或(t_z+L_Z)。

⑤ 弧形顶曲线旋转体的外弓高和外弦长测量

每端在曲线旋转体的曲弧中部未变形处，用半径三角仪，3 个足连线对准顶板的标记顶点。测量 4 个部位(顶板上、下各两个部位和两侧各两个部位。4 个部位应分布在不同的钢板上)。取两端 8 个部位读数的平均值。

（4） 下尺点内直径测量

用测深钢卷尺测量下尺点到罐底的总高，用钢直尺或水准仪测量计量口的下尺点到罐体上部的外高。下尺点内直径按式(7-22)计算：

$$D=H-H_w-0.01S \tag{7-22}$$

式中 D——下尺点内直径，dm；

H——下尺点总高，dm；

H_w——计量口外高，dm；

S——计量口处罐体厚度，mm。

（5） 倾斜测量

用水准仪在罐外壁的上部或下部测量两端圆筒边缘的高度(h_y-h_z)，用卷尺测量下尺点到液面高端 P 的距离 L_G，如图 7-11 所示。

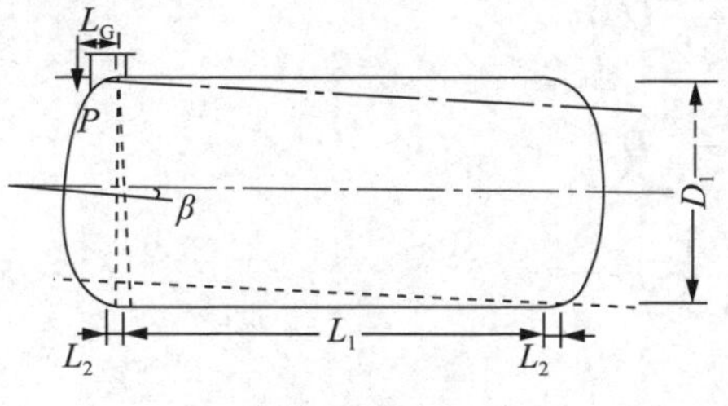

图 7-11 下尺点到液面高端 P 的距离 L_G 测量示意图

（6） 钢板厚度测量

有铭牌或施工图纸数据的可以它为依据，厚度不明的用测厚仪测量，准确至 0.1mm。或用游标深度尺在钢板搭焊处测量，但此处板边应无腐蚀、焊痕及敲砸等变形现象。

（7） 附件测量

罐内附件通常有扶梯、加强板、筋、进出油管、加热管等，可用施工图纸数据或进行测量，包括附件的几何尺寸、起讫高度等。

7.3.2.3 容量检定计算及编表

以 dm(分米)容量表为例。

（1）直圆筒容积计算

$$V_1=\frac{\pi}{4}D_1^2L=\frac{\pi}{4}\sum_{i=1}^{n}D_i^2L_i \tag{7-23}$$

式中 V_1——直圆筒的总容积，dm^3；
D_1——直圆筒平均内直径，dm；
L——直圆筒内筒长，dm；
D_i——第 i 圈板内直径，dm；
L_i——第 i 圈板内露板宽，dm；
n——直圆筒圈板数。

（2）顶板容积计算

① 伸长容积

$$V_2=\frac{\pi}{4}D^2L_2 \tag{7-24}$$

$$D=\frac{C_y+C_z}{2\pi}-2S_2-2S_1 \tag{7-25}$$

$$L_2=L_y+L_z+t_y+t_z \tag{7-26}$$

式中 V_2——两端伸长筒体容积，dm^3；
D——两端顶板底圆筒内直径，dm；
L_2——两端内、外伸长之和，dm；
C_y、C_z——两端圆筒边缘的外周长，dm；
L_y、L_z、t_y、t_z——两端内外部伸长，dm；
S_1、S_2——直圆筒和顶板的钢板厚，dm。

② 顶形部容积

a. 球缺顶

$$V_3=\frac{\pi}{3}h\left(\frac{3}{4}D^2+h^2\right) \tag{7-27}$$

式中 V_3——两端顶形部容积，dm^3；

b. 弧形顶

$$\begin{aligned}V_3&=2\pi h\left(\frac{1}{8}D^2+\frac{1}{6}h^2+r^2-\frac{1}{2}D_r\right)\\&+r\sin a\left(\frac{1}{8}D^2+r^2-\frac{1}{2}h^2-\frac{1}{2}D_r\right)\\&+hr\cos a\left(\frac{1}{2}D-r\right)+r^2a\left(\frac{1}{2}D-r\right)\end{aligned} \tag{7-28}$$

式中 r——两端弧形顶曲线旋转体内半径，dm；
a——曲线旋转体所对圆心角，rad。

当 a 角为 0.99484rad（57°）至 1.27409rad（73°）时，且 h/D 为 0.150～0.219 及 r/D 为 0.071～0.110，可用式(7-29)：

$$V_3=D^3K_1 \tag{7-29}$$

式中 K_1——弧形顶总容积计算比率，可在卧式罐检定规程附录查得。

对弧形顶两端为搭接碟形底时，上述计算结果应加入两端碟形底容积 V_5：

$$V_5=\frac{\pi}{2}(L_x-l_x)^2\cdot S_2 \tag{7-30}$$

式中 L_x——碟形底外直径，dm；

l_x——碟形底搭接长，dm。

（3）附件及液高修正值

① 附件体积

罐内扶梯、加强圈等，可视作自上而下均匀分布，按实测数据计算体积或按施工图纸提供的附件质量计算体积：

$$V_4=\frac{m}{\rho} \tag{7-31}$$

式中 V_4——附件体积，dm^3；

m——附件质量，kg；

ρ——钢材密度，7.8kg/dm^3。

加热管等局部附件，根据实测或施工图纸数据，计算其体积 V_6，在罐内相应部位的容积中扣除。

对于罐底有沉淀槽的卧式罐，其突出部分的容积可作为罐底计量以下的“死量”编入容积表中。

② 液高修正

卧式罐容积是以直圆筒内径作为计算高，这样就可能出现与下尺内直径数值不一致。当出现不一致时，应予修正，修正值按式(7-32)或式(7-33)计算：

$$\Delta H=\frac{D_1-D_H}{2} \tag{7-32}$$

$$H_1=H+\Delta H \tag{7-33}$$

式中 ΔH——液高修正值，dm；

D_1——直圆筒内直径，dm；

D_H——下尺点内直径，dm；

H_1——修正到 D_1 上的液高，dm；

H——下尺点液高，dm。

（4）卧式罐总容积

$$V=V_1+V_2+V_3-V_4 \tag{7-34}$$

式中 V——卧式罐总容积，dm^3。

卧式罐的装油容积可按下列方法计算：

$$V_H=(V_1-V_4)\cdot K_{2(H_1/R_1)}+V_2K_{2(H_2/R)}+V_3K_{n(H_2/R)} \tag{7-35}$$

式中 V_H——在下尺点液高 H 时卧式罐装液容积，dm^3；

K_2——水平圆筒系数可根据比值 $\frac{H_1}{R_1}$ 和 $\frac{H_2}{R}$ 分别从《立式金属罐容量检定规程》(JJG 168—2005)的水平圆筒系数表查得；

R_1——直圆筒内半径，dm；

R——顶板底圆筒内半径，dm；

H_2——伸长和顶部的液高，dm；

K_n——顶部系数可根据顶部形状和比值$\frac{H_2}{R}$从有关表中查得(球缺顶需预先计算$\frac{h}{D}$值)。

把每分米高度所对应的装油容积编制成表，即为容量表(分米容积表)。

7.4 油料静态计量

7.4.1 人工计量

7.4.1.1 油罐液面高度测量

（1） 测量仪器

人工测量油罐液面高度主要采用量油尺，其结构如图 7-12 所示，量油尺量程分别为 5m、10m、15m、20m、30m。其基本尺寸见表 7-3。

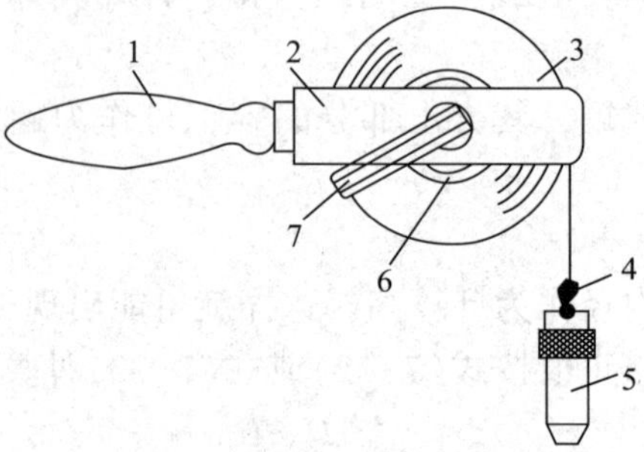

图 7-12　量油尺结构图

1—尺柄；2—尺架；3—尺带；4—挂钩；5—尺铊；6—轮毂；7—摇柄

表 7-3　量油尺的基本尺寸

尺带		尺铊			
宽度/mm	厚度/mm	轻油		重油	
		质量/g	长度/mm	质量/g	长度/mm
10	0.2±0.06	500	150	1000	250

（2） 测量位置

测量位置的正确与否直接影响到计量的准确性。各类油罐的测量位置一般按表 7-4 选取。

表 7-4　油罐测量时测量点位置选择

罐种类	测量点位置	罐种类	测量点位置
立式罐(含浮顶罐)	主计量口下尺槽	铁路罐车	帽扣加封处
卧式罐	主计量口下尺槽	汽车罐车	帽扣加封处

（3） 测量时机

无论测量何种油罐的液面高度，都必须待液面稳定和泡沫基本消失后再进行。不同种类油罐液品稳定所需时间规定见表 7-5。

表 7-5　油罐测量油位高所需稳定时间

罐种类	油料	稳定时间(不少于)	
		收油	发油
立式罐(含浮顶罐)	重质	4h	2h
卧式罐(罐车)	轻质	2h	30min
	重质	30min	30min
	轻质	15min	15min

(4) 测量步骤

① 实测法：直接测量实际液面的高度，主要用于轻质油料的测量。投尺前要了解被测量的油罐参照高度(H)和估计好液面的大致高度再下尺。投尺时，一手握住尺柄，另一手握住尺带，将尺带放入下尺槽或帽扣加封处，让尺铊重力引尺下落。在尺铊触及液面后，放慢尺铊下降速度。待尺带落到液面估计高度时，将估计高度的尺带擦净，必要时涂上试油膏。尺铊距罐底 10~20cm 时，停稳后再测量。测量时，用手握住手柄及尺带，手与尺一起慢慢下落，尺铊触及罐底后提尺。提尺的时间：轻质油料要在尺铊触及罐底的瞬间提起；重质油料要待尺带周围凹进的液面呈水平后(一般不少于 5s)再提尺。尺铊提离罐底后，再利用尺架上的摇柄，将尺带迅速绕在尺盘上，读数。一手握住读数位置的上端，另一手握下端，两手拉直尺带，视线垂直尺带。读时先读毫米，再读厘米、分米、米。

② 测空法：测量液面至上部基准点之间的空间高度(H_1~H_2)，主要用于重质油料的测量。投尺操作与前相同，但应注意尺带进入液面后即可测量。测量时，当尺带进入液面后停止下尺，用手捏住尺带某一刻度。对准计量口的上部基准点，5s 后读数，即 H_1。提尺读出浸没部分的高度，即 H_2。液面高度如图 7-13 所示。

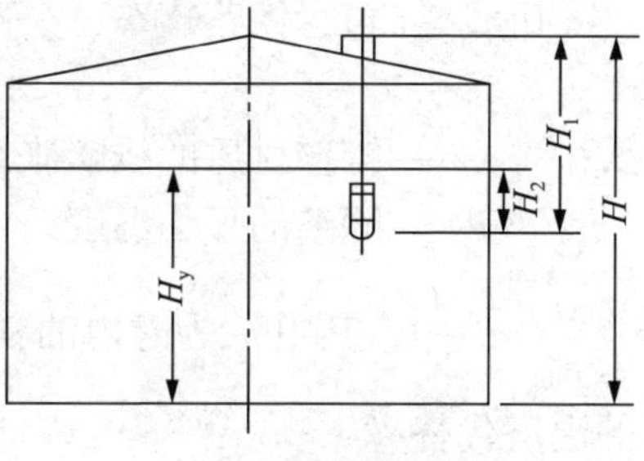

图 7-13　油面高度示意图

液面高度可用式(7-36)计算：

$$H_y = H-(H_1-H_2) \tag{7-36}$$

式中　H_y——液面高度，m；

H——参照高度，m；

H_1——尺带对准计量口上部基准点读数；

H_2——尺带被浸没部分读数。

(5) 测量结果处理

油罐液面高度测量至少要进行两次。两次测量结果不超过 1mm 时，取小的读数。超过 1mm 时应重测，测量大批罐车或管道连通的油罐时，应逐个罐测量，不得以 1 个罐或几个罐的值代替其他罐。

7.4.1.2　油量计算

(1) 标准体积的计算

① 根据检尺油面高度，查油罐容量表取得油水总体积 V_b。

② 根据水位高度查罐容量表取得水体及 V_{bs}。

③ 根据油面高度查油罐静压力修正表取得 ΔV_s，并按下式(7-37)求出油罐静压力增大值：

$$\Delta V_y = \Delta V_s \times D_4^{20} \tag{7-37}$$

式中 ΔV_y——装油引起的罐静压力增大值；

ΔV_s——装水引起的罐静压力增大值；

D_4^{20}——罐内油料20℃时密度和4℃时纯水密度的比值(纯水密度可近似取1g/cm^3)。

④ 油料体积 V_t 的计算

a. 当罐壁平均温度与标准温度20℃相差不超过±10℃时，油料体积 V_t 按式(7-38)计算：

$$V_t = V_b - V_{bs} + \Delta V_y \tag{7-38}$$

b. 当罐壁平均温度与标准温度20℃相差超过±10℃时，油料体积 V_t 的计算公式为：

保温罐：

$$V_t = (V_b - V_{bs} + \Delta V_y)[1+3\alpha(t-20)] \tag{7-39}$$

非保温罐分以下两种情况：

立式罐：

$$V_t = (V_b - V_{bs} + \Delta V_y)[1+2\alpha(t-20)] \tag{7-40}$$

卧式罐(包含铁路罐车、公路罐车)：

$$V_t = (V_b - V_{bs})[1+3\alpha(t-20)] \tag{7-41}$$

式中 α——罐壁材质的线膨胀系数；

t——罐壁的平均温度。

$t=\dfrac{t_y+t_q}{2}$，其中 t_y 为罐内油料温度，t_q 为罐周围大气平均温度(可用罐附近百叶箱中测得的温度代替)。

c. 对卧式罐、铁路油罐车、公路汽车罐车以及非保温立式罐进行人工检尺法测量，当罐内油料温度与标准温度20℃相差超过±10℃时，量油尺应按式(7-42)进行温度修正：

$$H_s = H_d[1+\alpha(t-20)] \tag{7-42}$$

式中 H_s——量油尺所测得的实际高度；

H_d——量油尺所测油高的读取值(20℃时的值)；

α——量油尺材质的线膨胀系数；

t——罐内油料温度。

⑤ 油料20℃温度下的标准体积(V_{20})按式(7-43)计算：

$$V_{20} = KV_t \tag{7-43}$$

式中 K——石油体积系数，可从《石油计量表》(GB 1885—98)中表60B石油体积温度系数表查得；

V_t——t℃时的油料体积。

计算油料20℃下标准体积(V_{20})也可使用式(7-44)：

$$V_{20} = V_t[1-f(t-20)] \tag{7-44}$$

式中 f——石油体积温度系数(1/℃)，可在《石油计量表》(GB 1885—98)中查得。

K、f 两值均应取到小数点后第 5 位。对两种计算结果有争议时，以 K 值计算的结果为准。

（2）标准密度的换算

根据密度计在 t℃下测得的油料视密度(ρ'_t)，查 GB 1885—98 表 59B 石油密度换算表换算为标准密度(ρ_{20})。

（3）油料商业质量计算

油料在国内外贸易中，数量的确定应以商业质量为准，以人工测量数据计算的质量(M)必须换算成商业质量(m)。换算方法如下：

① 用空气浮力系数进行换算

$$m = MF = \rho_{20} V_{20} F \tag{7-45}$$

式中 F——空气浮力修正系数，可根据油料标准密度查《石油和液体石油产品油量计算、动态计量》(GB/T 9109.5—2009)附录 E，取得。

② 用空气浮力修正值进行换算

$$m = (\rho_{20} - 0.0011) V_{20} \tag{7-46}$$

式中 0.0011——石油密度的空气浮力修正值，g/cm^3。

用式(7-45)和式(7-46)计算结果有争议时，以式(7-46)为准。

7.4.2 自动检测计量

储油罐采用人工计量，劳动强度大、测量速度慢、精度也不易保证。储油罐自动检测计量系统，根据其检测的原理，大体上可归纳为 3 大类，即称重法、液位法和压力法。

7.4.2.1 称重法

称重法计量是利用称重传感器或称重装置(如称重式油罐计量仪)直接或间接“称量”罐内油料质量。对于质量计量来说，称重法是最直接、最有效的，因为它只需测量一个参数即质量而不需换算。但称重传感器由于承载能力、结构所限和安装技术上的困难，目前用于大型立式油罐还不成熟。GGY-01 型称重式油罐计量仪(又称储罐液体称重仪)是我国在 20 世纪 70 年代中期研制成功的，它采用杠杆系数力矩自动平衡型的称重式天平工作原理，如图 7-14 所示。

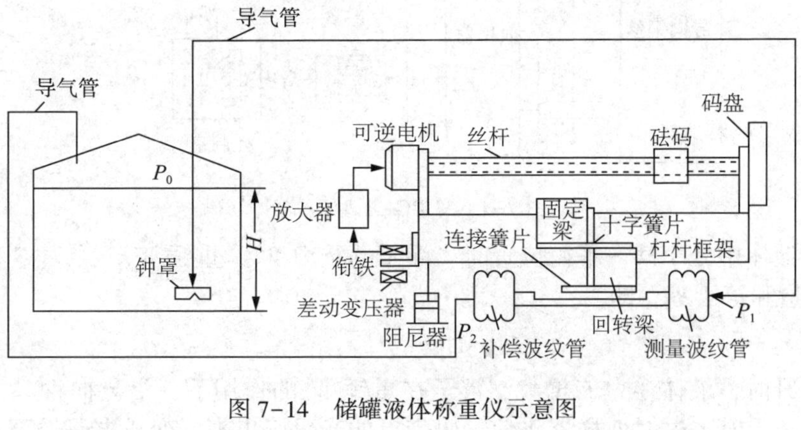

图 7-14 储罐液体称重仪示意图

当液位增加 H 时，两个波纹管对杠杆作用力的合力增加，对杠杆支点产生的顺时针力矩增加，杠杆系统顺时针偏转，并带动衔铁偏移的方向。差值信号经放大器放大后，推动可逆电机旋转，并带动码盘转动，同时使砝码沿丝杆左移，从而对杠杆支点产生的顺时针力矩逐渐减少，直到力矩平衡时，衔铁重新处于差动变压器两组线圈的中间位置，差动变压器输出为零，可逆电机停止转动。由此可见，砝码与支点之间的距离正比于单位面积的储量，因而可以用砝码移动的距离测知罐中单位液柱的质量。因为砝码移动是丝杆带动的，所以砝码移动的距离也正比于丝杆转角的大小，此转角通过齿轮转动至码盘，然后转换成电编码信号，可输送给二次仪表显示。

如果被测储罐的截面积是常数，则仪表读数乘以面积即得到体积储量。但一般罐壁是用钢板搭焊成的多体圈罐，其面积逐体圈减少，截面积并非一个常数。为了解决这个问题，可以仿效由罐高计算容积的办法，根据罐身的实际几何尺寸先制成容量表，将容量表换算成质量表，从仪表读数直接查该表，得到罐内的储质量。

在实际使用中，称重式油罐计量仪由于存在气密性难以保证、测量速度慢等缺点，很难继续发展。因此，目前国内外主要研究和发展的是基于各种液位计的“液位法”和基于各种压力传感器的“压力法”。

7.4.2.2　液位法

液位法是利用各种接触式或非接触式液位测量仪表测量罐内油高或罐空高，再通过测量油温和密度换算出容积或质量。接触式液位测量仪表的自动储罐检测系统主要有：

（1）浮子钢带储罐检测系统（FTG′s）

FTG′s 是以浮子为检测元件，根据力平衡原理进行液位自动测量的。以 UBG-Ⅰ型光电钢带编码浮子液位仪为例，其原理结构见图 7-15。

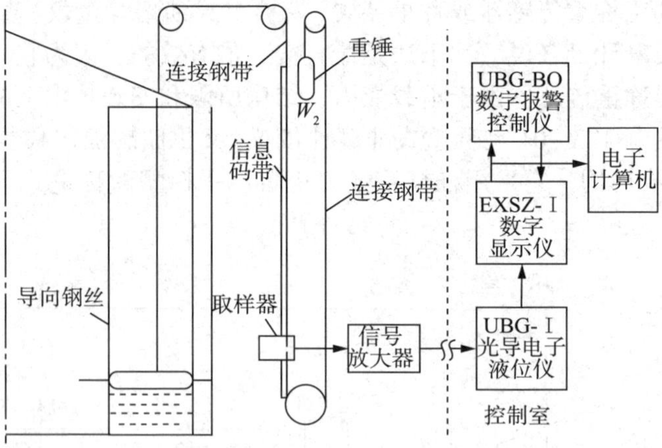

图 7-15　UBG-Ⅰ型液位计

当浮子在液体中处于某一平衡位置时，浮子的重力 W_1、重锤 W_2、浮力 F 和整个系统的摩擦力 f 的矢量和等于零。即

$$\vec{W}_1+\vec{W}_2+\vec{F}+\vec{f}=0 \tag{7-47}$$

当液位上升时，液体浮力 F 增大，浮子在重锤 W_2 的作用下，沿导向钢丝上浮，使信息码带与液位同步上升。这时取样器将信号码带上的光码读出来，变成电码送至放大器，经放大后送给安装在控制室的二次仪表，将格雷码翻译成十进制 BCD 码，再用 LED 数码管显示

出液位高度的变化。同理，当液位下降时，仪表指示出下降后的液位。

如果罐内的液位连续变化，则浮子跟踪液位变化，钢带上下移动，使仪表跟液位的变化进行连续的指示。测得液位高度后，如果要换算成质量，则要先根据容器的截面计算出液体的体积，再乘以密度从而获得液体的质量。

20 世纪 60 年代末至 80 年代初，国外主要研制和使用的是各种浮子钢带液位计，大多是每个罐独立安装，现场显示。这类仪表的主要缺点是机械摩擦影响计量精度，精度一般在 ±(3~5)mm，系统的性能极易受维护好坏的影响。

（2） 伺服马达储罐检测系统（STG′s）

20 世纪 80 年代中期，随着对计量精度要求的不断提高，出现了伺服马达式液位计。由于使用了伺服马达，大大消除了因机械摩擦而引起的误差，提高了灵敏度和复现性。

以国产 BJY-1 型防爆电子液位仪为例加以介绍，如图 7-16 所示。

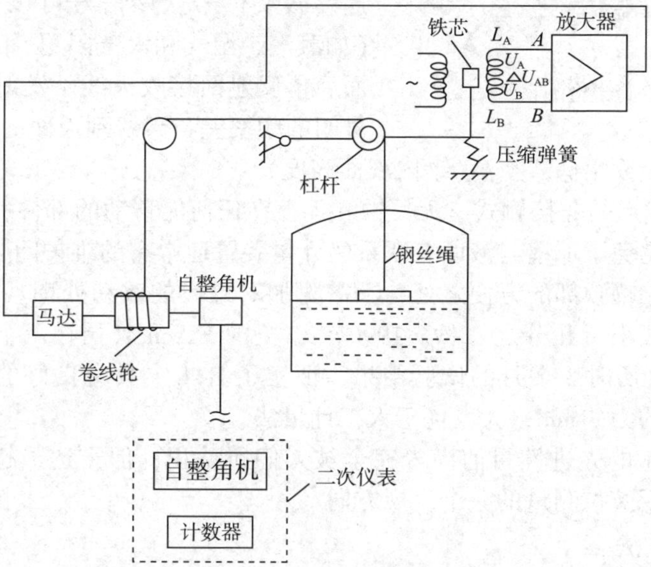

图 7-16 BJY-1 型防爆电子液位计

当液位处于某一位置时，浮子在浮力和钢丝绳向上拉力作用下与浮子的重量的平衡，杠杆又在压缩弹簧与钢丝拉力作用下处于力矩平衡，此时，铁芯处于线圈 L_A 和 L_B 中间。由于差动变压器的原边加入 50Hz 交流信号，又由于 L_A 和 L_B 线圈的绕线方向相反，故 L_A 产生的感应电势 U_A 和 L_B 产生的感应电势 U_B 量值相等，相位相反，输入放大器的电势差 $\Delta U_{AB}=U_A+U_B=0$，马达不转动。

当液位增加 ΔH 时，浮标所受浮力增加，钢丝绳拉力减小，杠杆顺时针的力矩减小，弹簧力致使杠杆反时针转动，铁芯向上位移，则 $U_A\uparrow$，$U_B\downarrow$，$\Delta U_{AB}>0$，经放大器放大后驱动可逆马达转动，并带动卷线轮转动，使钢丝绳拉着浮标向上运动，此时自整角机转动并带动计数器转动，以指示液位的变化。当浮子向上运动到浸入液体的部分与原来高度相等，钢丝拉力与原来相同时，杠杆又处于原来的平衡状态，铁芯下降到原来的高度，并使 U_A 和 U_B 量值相等，$\Delta U_{AB}=0$，马达停止转动。

同理，液位下降时，浮标在可逆马达的带动下自动跟踪液位，仪表同样能随液位的下降进行连续的指示。

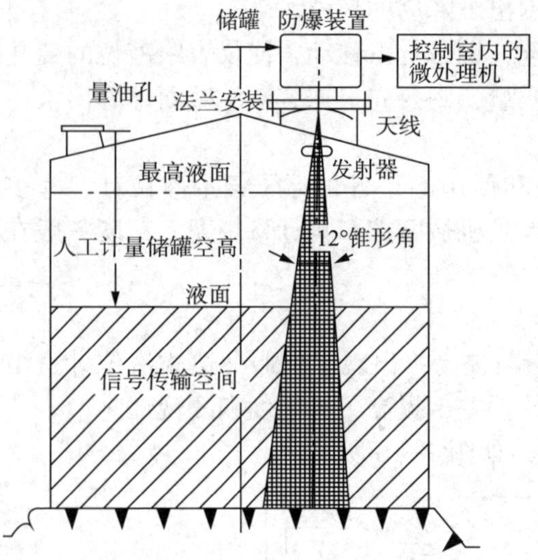

图 7-17　雷达储罐检测系统

（3）**雷达储罐检测系统（RTG′s）**

非接触式液位测量仪表的测量手段不是采用浮子之类的固态物，而是采用声、光、射线等。液位计不与被测介质接触，不受被测介质的影响，也不影响被测介质。因而适用范围广泛，能用于接触式测量仪表不能满足的特殊场合（如高黏度、腐蚀性强、污染性强、易结晶的介质）。目前已用于储罐自动检测的典型系统有雷达储罐检测系统，其结构如图 7-17 所示。

雷达计量器的主要装置是一个雷达传输器（由标准电源供电），它发射出 9～10GHz 的调频连续微波信号，该信号可以完全不受外部干扰（如蒸汽、湿气和大气阻尼）的影响，到达罐内液面后再反射回接收天线。发射信号和反射回的信号间的频率差与天线到液面的距离相对应。由此，能从雷达计量器直接读出储罐空高（罐内液面高度）。

RTG′s 的主要优点是非接触式、无侵蚀和不存在任何能移动的部件，因此，基本上可以无顾虑地操作，也避免了那些与液面有联系的计量装置通常有的维护问题。另外，雷达装置可以简单地安装在储罐顶部的方便之处，不需附加对罐体的改动处理。在任一液面高度处，系统的反应时间一般小于几分之一秒。1990 年，美国 Exxon 公司在一个沥青储罐上进行了 RTG′s 的实地试验。历时 3 个月的试验结果，证实了 RTG′s 具有良好的精确度和复测正确性，雷达计量精度约为±1mm，大大优于人工计量法。

尽管 RTG′s 技术的先进性目前尚未完全被人们所认识，但雷达、超声波、激光等非接触式测量代表了今后液位测量的一个发展方向。

7.4.2.3　压力法

压力法是利用压力传感器测量罐内油料的静压力，根据油罐几何参数由计算机计算出质量、密度、容积和液位。从 20 世纪 70 年代起，美、日、西德等几个发达国家开始研究将各种压力传感器用于油罐计量。20 世纪 80 年代中期，美国 Rosemount 等 3 仪表公司率先推出精密静压储罐检测系统（HTG′s），如图 7-18 所示。

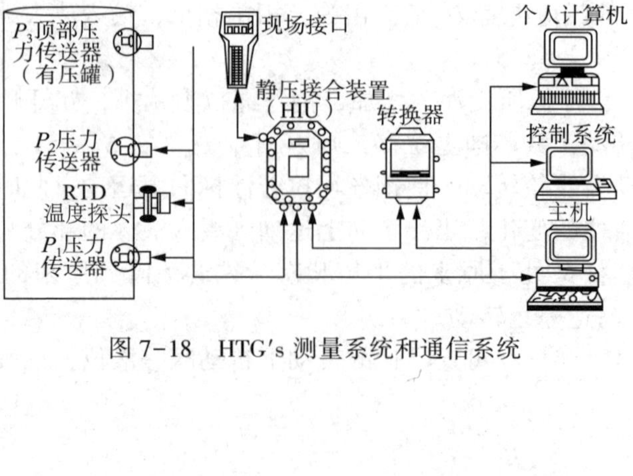

图 7-18　HTG′s 测量系统和通信系统

常压储罐 HTG′s 测量元件由两台精密的压力传感器和一个电阻测温计(RTD)组成。常压储罐的 HTG′s 测量元件还需第 3 台压力传感器，以测出罐内气体空间内的压力。

第一台压力传感器 P_1装在储罐罐壁上，恰好离开罐底，测取罐内液体的总静压。将罐底部的静压乘以罐截面积即可算出罐内液体的质量，即：

$$质量=P_1\times 罐截面积 \tag{7-48}$$

第二台压力传感器 P_2装在第一台压力传感器上方，二者相距为 H。由 P_1和 P_2之差可以在线计算液体在储存温度 T(由电阻测温计测得)时的密度，即：

$$密度=\frac{(P_2-P_1)g}{H} \tag{7-49}$$

式中　g——重力加速度，m/s^2。

将温度传感器测出的温度下的密度换算成标准状态密度。

用质量除以标准密度可得到标准体积：

$$标准体积=\frac{质量}{标准密度} \tag{7-50}$$

用质量除以液体密度和罐截面积可得出液面高度：

$$液面高度=\frac{P_1}{密度} \tag{7-51}$$

由于 HTG′s 系统测量的是静压而不是液位，因而不同于其他储量计算方法。计算质量时，不需测量温度和密度(温度分层对确定储液质量没有影响)；计算容积时，密度和温度测量在线连续进行，不需采样和试验室分析。另一方面，HTG′s 是一种由底到顶的计量方法，可以避免从顶部向下测量的那些方法因油罐充油和热膨胀引起参照点移动而产生的误差。HTG′s 系统没有运动部件卡阻或磨损，且是在罐底部安装，其安装、校验、维护费用很少；在储罐充装和排放液体期间也能对储液质量和标准体积进行测量，不受因罐顶急剧运动或储液内夹带气体的逸出而引起液面高度变化的影响。所有这些使 HTG′s 在几年内得到迅速推广。该检测方法已被美国石油学会(API)和国际标准化组织列入了关于自动储罐检测系统(ATG)的标准草案中。

应该指出，采用静压法测量搭接罐储量会产生较大误差。对搭接罐，由于油罐每一体圈截面积 S 是不同的，因此不能用公式 $M=P\times S$ 求出质量。由于这个原因，HTG′s 系统多用于测量液面高度，再由罐表查出体积，进而求出质量。这样势必使系统的误差增大。

7.5　油料动态计量

大宗散装油料收发作业的计量主要是采用量储油罐油高的方法。但油库中还有灌桶和灌汽车油罐车等灌装作业。灌装作业的计量方法仍为体积计量法，但体积的测量是采用流量计来完成的。同时由于灌装作业频繁，劳动环境条件差，近年来许多油库又建立了自动化加油厅，实现加油自动化，下面分别介绍流量计计量和灌装仪计量的方法。

7.5.1　流量计计量

流量的测量是油库灌装作业的重要手段，所谓流量指单位时间内所流过管道某一断面的流体的体积或质量。前者称为体积流量，后者称为质量流量。而在某一段时间内所流过的流体流量的总和，即各瞬时流量的累计值，称为总量。

目前工业上所用的流量仪表大致可以分为3大类：

（1） 速度式流量仪表

以测量流体在管道内的流速作为测量依据。在已知管道截面积的条件下，流体的体积流量 $Q=F\cdot v$（v 为流量在管路中的流速；F 为管路截面积），而重量流量由体积流量乘以流体的重度而得到，即重量流量 $G=Q\cdot R$，属于这一类的流量仪表很多，如：叶轮式水表、差压式孔板式流量计、靶式流量计、转子流量计、涡轮流量计、超声波流量计及电磁流量计等。

（2） 容积式流量仪表

以单位时间内所排出流体的固定体积的数目作为测量依据。属于这一类的流量仪表有：腰轮流量计、椭圆齿轮流量计、盘式流量计等，如果单位时间内的排出次数为 N；一次排出的体积为 V，测量体积流量 $Q=N\cdot V$，而重量流量则为 $G=Q\cdot R$。

（3） 质量式流量仪表

测量所通过的流体的质量 M 不受被测流体的温度、压力、密度等变化的影响，质量流量计大致可分为两类：①直接检测与质量流量成比例的量，这是直接型质量流量计；②用体积流量计和密度流量计组合的仪器来测量质量流量，这是间接型流量计。

7.5.2 部分流量计

7.5.2.1 涡轮流量计

涡轮流量计是近年来出现的一种流量计，是在螺旋式叶轮水表的基础上发展起来的，是一种速度式流量仪表，被测流体冲击涡轮叶片，使涡轮旋转，涡轮的旋转速度随流量的变化而变化。但该仪表使用要求流体黏度低、含杂质要少，仪表前后要求有一定长度的直管段，因此适合于轻质油料计量系统应用。

涡轮流量计主要包括外壳、涡轮组件、导流器、磁电转换器、前置放大器等，如图7-19所示。

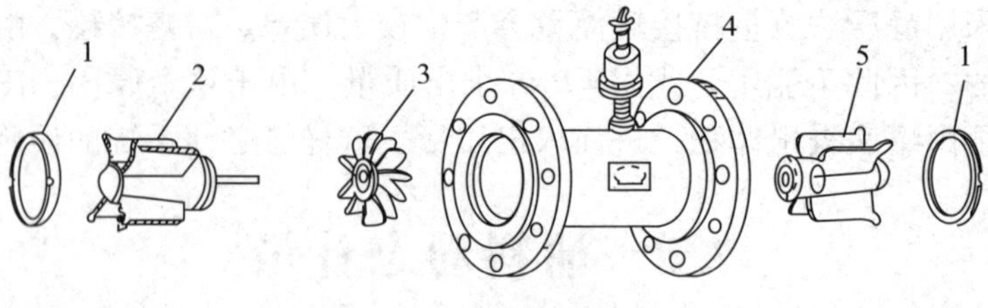

图7-19 涡轮流量变送器的结构

1—前后固定环；2—导流器；3—涡轮组件；4—外壳；5—前置放大器（发信器）

（1） 涡轮流量计的特点

① 精密度

可以做到精确度等级0.5级以上，适用于测量精度要求很高的地方，还可以用作流量计量的二级标准流量仪表。

② 量程宽

其最大流量与最小流量之比可达10∶1。

③ 反应快

可测脉动流量。

④ 压力损失小

各种口径的叶轮流量变送器在最大流量下的压力损失不大于 0.03MPa。

⑤ 耐高压

最高工作压力达到 50MPa，我国生产的 LW 型产品有 6MPa、16MPa、40MPa 几种。

⑥ 信号传送远

输出电信号能远距离传送。

⑦ 体积小

变送器体积小，安装地点直管段可短。

涡轮流量计的缺点是制造困难，因为涡轮转速高、轴承转速高、轴承易磨损、寿命短、对被测介质的洁净度要求高，这就限制了它在一般场合下的应用。

（2） 流量计的组成及工作原理

涡轮流量计的组成包括两个部分，即涡轮流量变送器和显示仪表。涡轮流量变送器是测量的主体部分，主要由涡轮、磁电转换装置及前置放大装置组成，被测液体冲击叶轮，使涡轮旋转，涡轮将流量 Q 转换成涡轮转数，磁电转换装置又把此转数变换成电脉冲数，通过前置放大后，进入显示仪表进行记数和显示，由单位时间脉冲数和累计脉冲数反映出瞬时流量和累计总量。

显示仪表是将单位时间的脉冲数和脉冲总数转换成瞬时流量和流体总量并显示出来。

7.5.2.2　腰轮流量计(罗茨流量计)

腰轮流量计(罗茨流量计)是典型的容积式流量计量仪表，具有精度高、量程宽、寿命长、适用性强等特点，对于不同黏度的流体，均能够保证精确的计量，一般精度可达±0.2%，在油料计量系统中被广泛应用。各种容积式流量计有一个共同点，即都设有一个计量腔室(相当于一个具有一定容量的容器)，管路中的油料连续流入计量腔室，仪表又将一次一次充满计量腔室的液体排出，从而达到计量的目的。

一般腰轮流量计的结构如图 7-20 所示，包括表体和表头两大部分。表体包括计量室外壳、两个腰轮、减速机构、联轴器等；表头包括计算和显示部分。为了信号远传，亦可经由信号转换与发送装置——发信器。

腰轮流量计测量的基本原理和椭圆齿轮流量计相同，只是连动部件的形状有所不同，由两个“8”字形腰轮构成。表头有流量、累计部分计算功能。当需要远传集中控制和自动定量控制时，可在表头和表体之间加发信器，再配上相应的二次仪表。

如图 7-21 所示，腰轮流量计计量腔室内有两个相互啮合的腰轮，当液体进入计量腔室后，输送压力作用在腰轮上，入压力大于出压力。产生压力差，使之产生转矩而推动腰轮转动，两腰轮则通过一对齿轮的相互咬合，保持相互位置。当其中一个腰轮受力平衡，另一个腰轮处在转矩最大的位置时，它的转动通过导向齿轮，带动平衡的腰轮同时转动，并送出月牙形(计量腔)空间的液体。这样在液体的推动之下，两腰轮交错地转动，各转动一周，送出四个月牙形(计量腔)空间的体积。而两腰轮转动的周数，通过齿轮转动密封减速机构带动计算装置，便可以读出流过的液体体积数。

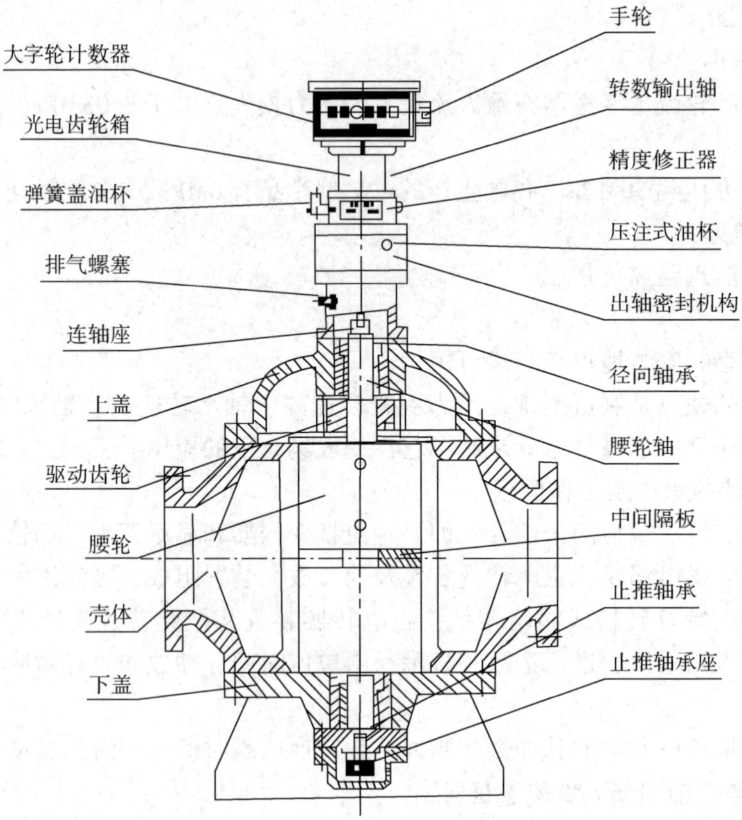

图 7-20　腰轮流量计结构

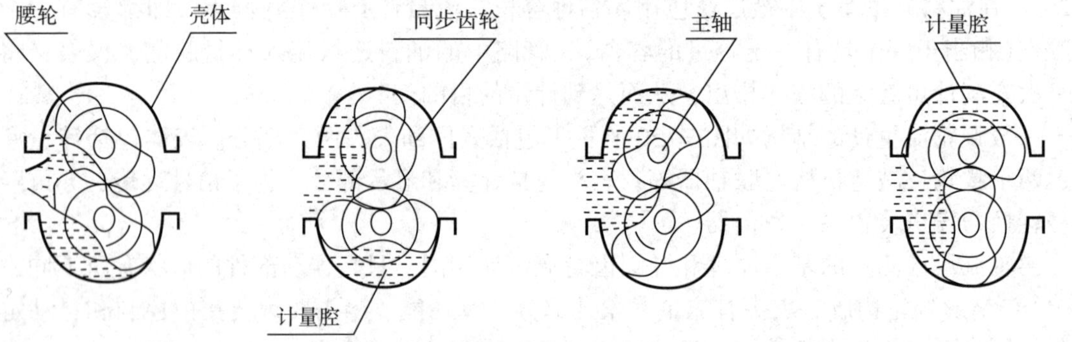

图 7-21　腰轮流量计工作原理示意图

为了将信号远传，在表头设置了与涡轮流量计类似的发信器和前置放大器（图 7-19），主要由一个用高导磁材料做成的圆形带齿磁盘和一个永久磁铁上绕制一定匝数的线圈组成。

腰轮转动时通过传动机构使磁盘转动，当磁盘外圆两齿之间的中心线与线圈轴线相垂直时，永久磁铁与磁盘形成的磁路中磁阻最大，磁通 φ 最小，磁盘转动，盘上的某个齿逐渐向永久磁铁端面靠近，磁阻越来越小，磁通越来越大，磁铁的轴线与磁盘一个齿的轴线相垂直时，磁通达到最大，继续转动，磁阻又开始增大，磁通逐渐减小；随着一个个齿和永久磁铁相对运动，磁通 φ 周期性变化，从而在线圈中产生了周期性变化的感应电势。

流过仪表的流量 Q 越大，发信器发出的电脉冲频率 F 越高，其关系为 $F=K\cdot Q$。其中 K 称为流量系数，$K=F/Q$(脉冲数/L)，即 K 为流过腰轮流量计每升流体发出的脉冲数。前置放大器将脉冲信号放大后，送给二次仪表，通过对脉冲计数，即可处理并显示出流量。

7.5.2.3 椭圆齿轮流量计

椭圆齿轮流量计主要由壳体、计量箱、传动齿轮、联轴器、减速机构及表头组成。

工作时，装在计量箱内的一对椭圆齿轮靠流量表进出口处的压力差推动而旋转，从而不断把进口处的液体经月牙形空腔计量后送到出口处，计算椭圆齿轮的转数，便可知流量的大小。

由于齿轮与壳体间有一定的间隙，在计量时会从间隙处漏出一些液体，称为泄漏量，造成计量误差，所测液体黏度越大泄漏量越小，因此椭圆齿轮流量计经常被用来测量黏度较大的流体的流量。此种流量计不能用来测量含有固体颗粒的流体的流量，否则齿轮容易磨损或卡住。使用时应在流量计前面装有过滤器，当测量含有气体的流体时，前面应加分离器，否则会影响测量精度。

7.5.2.4 盘式流量计

盘式流量表主要由外壳、计量室、圆盘、齿轮转动机构及计算、指示装置组成。

工作时，油料从进油口并经过滤网进入计量室圆盘上面的空间，这时倾斜的圆盘受到进油压力的作用开始摆动，由于圆盘的摆动，圆盘上的轴便拨动小叉片使锥体做陀螺运动，借以齿轮转动机构，带动计算、指示装置动作，从而在刻度盘上读出数值。圆盘每转动一周流过流量表的液体体积量等于计量室的计算容积。

7.5.2.5 组合流量计

还有部分油库使用的其他流量计，如差压式质量流量计，实用上是由孔板和定流量泵组成的质量流量计。另外，还有电磁流量计、超声波流量计、叶轮流量计等。对凡是能检测管道中流体的体积流量仪器，将这些流量计与检测流体密度的密度计组合就可测质量流量，即体积流量计与密度计组合使用。

已经使用的流量计组合有多种形式。例如：有容积流量和浮子式密度计组合的、涡轮流量计和浮子式密度计组合的、叶轮流量计和密度计组合的、超声波流量计和阻抗式密度计组合的质量流量计等。

7.5.3 典型油料收发自动计量系统

油料收发自动计量，目前主要采用数控灌装系统，它由数控灌装仪与相应的流量计、前置放大器、现场操作箱、控制阀等组成，如图 7-22 所示。

当流量计有流体通过时，流量变送器便输出信号。经前置放大器放大整形后的频率信号再经定值控制仪开关，分别送入瞬时指示和温度运算电路。瞬时指示电路对频率信号进行系数运算和 f/I 转换，实现(容积/时间)单位的瞬时流量指示；温度运算电路把频率信号同电阻送入的实测液体温度及设定的液体膨胀系数进行运算，得到相当于容积式流量计在参数温度时的输出频率，此频率信号被送入流量计算电路进行整量化运算后，一方面进入电磁机械计数器，以每跳一个字代表 10^nkg 为单位累积计算流体的流量；另一方面送到定值控制电路进行定值计数控制。当达到定量的数量时，逻辑电路发出信号，通过防爆电磁气阀操纵气动阀门，切断油流，从而达到自动定量控制的目的。

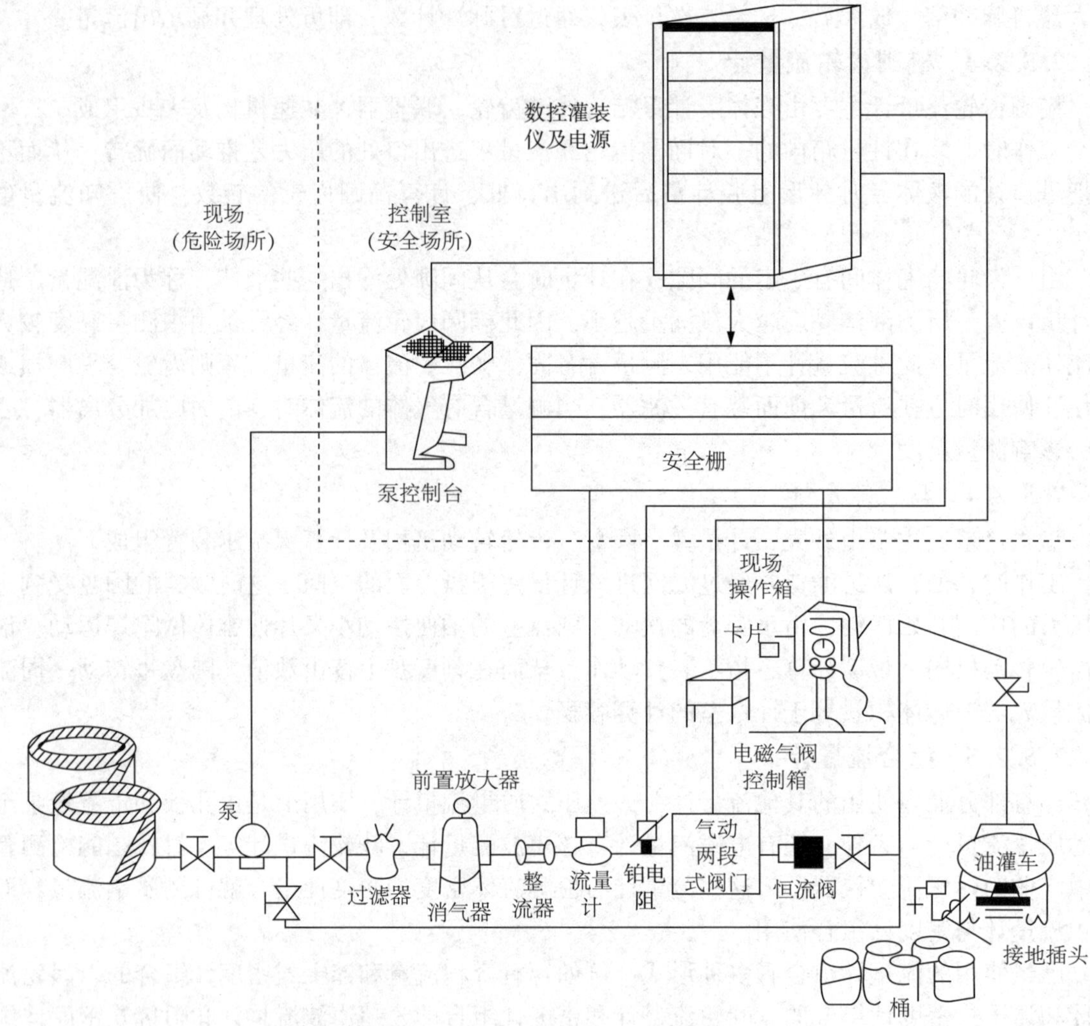

图 7-22　典型的油料数控灌装系统图

该系统采用了温度连续自动修正、接地联锁、现场显示操作本质安全型防爆等技术，适合于大、中、小型油库及有易燃混合物的场所，汽车油罐车及油轮的定量自动灌装计量和控制。

7.5.4　油料自动灌装系统

油料自动灌装系统是一套适用多种情况的多用性多功能油料灌装设备。能进行罐车、灌桶（单栓、双栓），定量和不定量灌装，自动和手动控制。能对一次仪表进行常数运算，对油温测量，有温度补偿。有静电连锁和防溢连锁，有供电传打印机，电子计算机及卡片输入机，温度显示器。使用的输入输出通道，能灌装比重范围为 0.70～0.95 内的各种石油产品

(有温度补偿)，如汽油、煤油、柴油和润滑油(允许加温到+75℃)以及其他液体(无温度补偿)。能以升和公斤发油。

基本原理：

从高架罐自流或储油罐泵送油料，流经过滤器(有的还有消气器)等后，由测温探头(温度传感器)测出油温信号、流量计变送器测出流量信号、一并输入油料灌装控制仪、管理机进行运算并显示，当达到预定的发油量时，控制仪发出电信号驱动电动(电磁阀)或气动阀，关闭闸阀，定量灌装完成。系统由控制仪、管理机、控制柜等协调工作。在灌装过程中，如发现无静电接地，或灌装过量溢出油罐车，均可自动停止灌装，如图 7-23 所示。

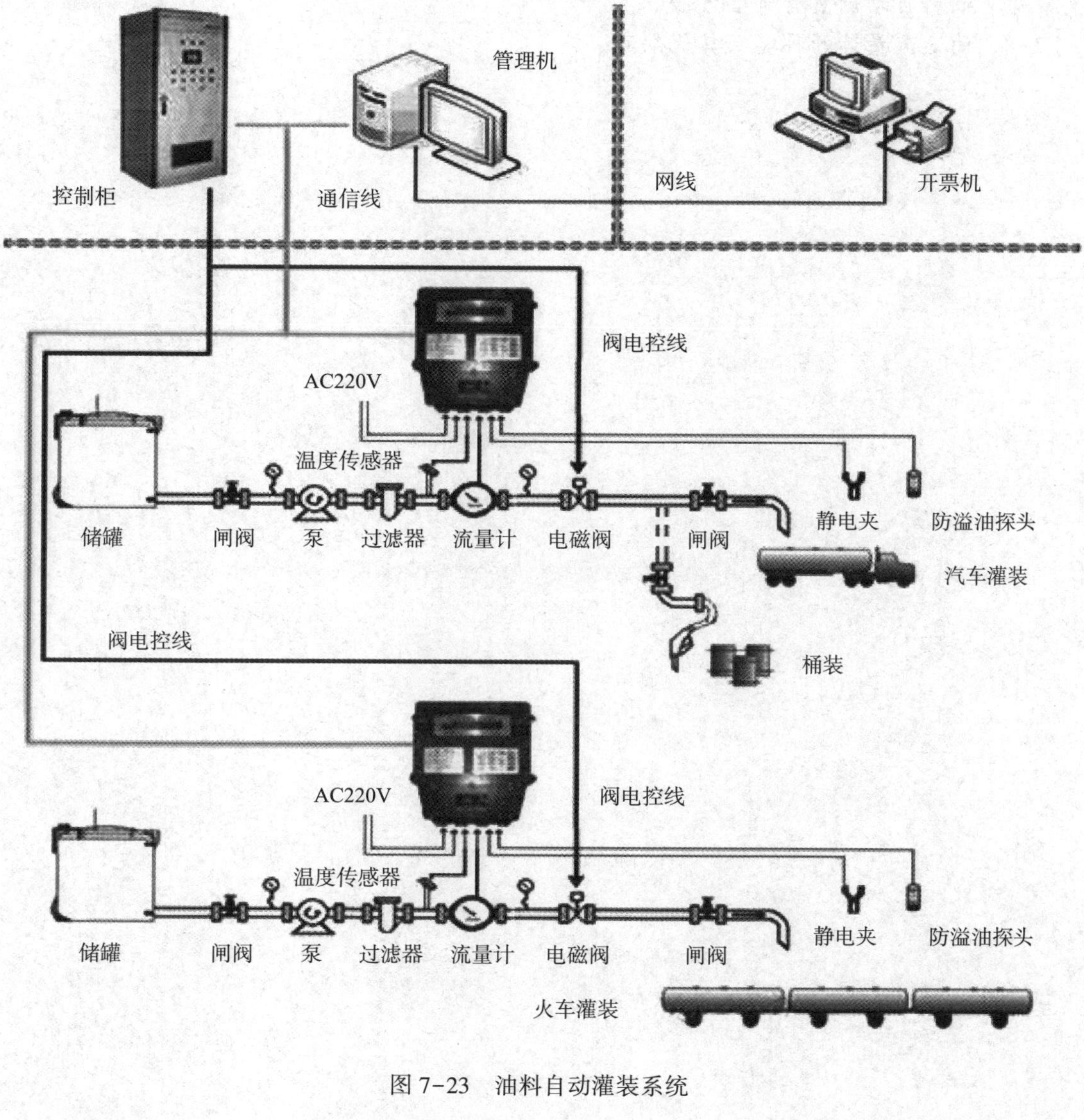

图 7-23　油料自动灌装系统

课后习题

7-1　简述油料计量的方法及其使用场合。

7-2　油料计量的测量位置有哪些规定？

7-3　简述油料密度的测量方法。

7-4　石油液体手工取样的技术条件和位置有哪些规定？

7-5　立式油罐检定的内容包含哪些？

7-6　简述使用量油尺进行立式油罐油料人工计量的方法及步骤。

7-7　油料自动计量有哪些方法？

7-8　简述流量计的种类及其优缺点。

第8章　油料蒸发损耗及降耗措施

石油从生产到销售的过程中，由于受到工艺技术及设备的限制，石油及其产品中不可避免地会有一部分密度较小的液态组分汽化，逸入大气，造成不可回收的损失，这种现象称为油料的蒸发损耗。

油料的蒸发损耗属于自然损耗，一定数量范围内的损耗具有物质属性的合理性，得到各种油料蒸发损耗定额的认可。但油料蒸发损耗的损失却是巨大的，据国外资料介绍，美国的油料总损耗为3%。我国虽无精确的统计数字但估计每年因损耗而损失的油料也有百万吨以上。根据一些典型调查，我国油料的原油集输损耗为2%左右，炼厂成料油从生产到装车外运过程，损耗为0.5%左右。

油料蒸发损耗是一种选择性很强的损耗形式，损耗的物质主要是油料中密度较小的组分，因此油料蒸发损耗不仅造成数量损失，还将影响油料的质量。以汽油为例，随着轻馏分的蒸发，汽油的初馏点升高，汽化性能变坏(即汽油的启动性能变差)。蒸发损耗还将加速汽油氧化，增加胶质，降低辛烷值。胶质能在发动机燃料系统中沉积而破坏其工作或降低工作效率；辛烷值降低将使汽油在发动机中燃烧时的抗震性能变坏。

油料损耗造成的损失是惊人的，除直接影响到经济建设，而且大量的油料蒸气散失于大气中，会对环境造成污染，并构成潜在的火灾危险。

为了节约能源，改善环境条件，许多国家都对油料消耗发生的原因和降低损耗的措施进行了研究，以期降低油料蒸发损耗的危害性。早在20世纪40年代，国内外就已开展了有关油料蒸发损耗的理论研究和测试，试图从理论上阐述蒸发损耗的机理，探明影响蒸发损耗的因素以及各参数的变化规律，寻求估算蒸发损耗量的方法。同时，还从改进输、储油设备的结构设计，烃蒸气回收，加强科学管理等方面入手，寻找降低蒸发损耗的措施。减少油料损耗问题也已越来越为我国专家及工作人员所重视。

8.1　油料损耗方式

油料在生产、炼制、储运等过程中的损耗可以分为漏失损耗、混油损耗和蒸发损耗3种方式。

8.1.1　油料漏失损耗

油料产生漏损的原因主要有两方面：

(1)　设备造成的漏损

主要包括油罐、管线、阀门、活门不严和损坏，或者是填料压得不紧，以及非金属储油容器的渗油等。

(2)　人为造成的漏损

如装车或灌桶时的溢油，罐底排水不慎排出油料等。漏损有时看起来数量不多，无关大局，然而积少成多。如小孔直径为3.2mm的油流，则一个月可损失油料达到25m^{3}左右。

要防止漏损情况的发生，必须加强对储油设备的检查，养护和维修，严格执行设备管理制度，严格遵守作业操作规程，加强和提高工作人员责任心。

8.1.2　混油损耗

混油的原因主要有两方面：

（1）事故性混油

如开错阀门，使油料进错油罐；把油料灌入装过其他油料而又未清洗干净的容器；油罐间阀门不严造成串油等。

（2）不可避免地混油

如用一条管线交替输送不同油料，油管放油不净等。混油不造成数量损失，但会使高质量的油料降为低质量油料。

事故性混油只要提高操作人员的责任心，加强油库的组织管理，对设备及时维修检查是可以防止的。

8.1.3　蒸发损耗

油料(尤其是轻质油料)具有易挥发的性质，在储运及销售过程中，受到工艺技术及设备的限制，产品中不可避免地会有一部分较轻的液烃组分逸入大气，造成不可回收的损失。一部分油料蒸发为油蒸气这种现象，称为油料的蒸发损耗，蒸发损耗也可称为气态损耗。

蒸发损耗发生在油料生产、炼制、储运等各个环节，它是油料损耗中数量最大和最常见的。油料蒸发是液体的一种特性，油料蒸发损耗有自身一定的规律性，不了解和掌握这种规律，便不能有效地防止或减少油料的蒸发损耗。为此需要了解蒸发损耗的发生过程及减少蒸发损耗的措施。

8.2　油料蒸发损耗过程及分类

8.2.1　油料蒸发损耗的发生过程

蒸发是液体表面汽化现象。液体中分子能量的分布是不均匀的，有些分子的能量大，足以克服分子间的吸引力而从液体表面逸出，这就是蒸发现象。液体在蒸发时，由于失去了动能较大的分子而发生冷却，它将从外界不断吸收热量，以保持原有的温度，使系统的热平衡不被破坏。在一定的温度下，从液面逸出的分子数目是一定的，如果液体放在敞口容器中，且保持液面一定的温度，液体不断蒸发，甚至完全蒸发掉。

液体蒸发的快慢与液面温度有关。温度越高，分子平均动能越大，具有较高能量足以从液面逸出的分子就愈多，蒸发速度就愈快。其次，蒸发的快慢还决定于液体本身的性质。分子间吸引力大的液体，蒸发比较慢；分子间吸引力小的液体，其表面分子容易克服分子间的吸引力从表面逸出，蒸发速度就快，另外蒸发的快慢还与液体自由表面的面积有关，液体自由表面越大，即与气体接触的面积越大，其蒸发速度就越快；反之，则越慢。

液体的蒸发是一个动态平衡的过程。如果油料储存在密闭容器中，蒸发出来的分子留在容器中的液面上，它们运动时不断与容器壁和液面撞击。有些分子在撞击液面时被液面吸收，即发生凝结现象，在一定温度下凝结的分子决定于容器气体空间中的油料分子数，亦即取决于油料分子撞击液面的次数。密闭容器中油料在一定温度下蒸发时，起初气体空间的油料分子不多，凝结过程很慢，蒸发出来的分子比凝结的分子多。随着蒸发过程的不断进行，气体空间油料分子逐步增多，凝结过程也随之加快。最后将因蒸发和凝结速度相等而达到动态平衡的状态，即从液面逸出的分子和落回液面的分子数相等。此时，实际蒸发量将不再增加。油料的蒸气压力达到最大值，称为饱和蒸气压。饱和蒸气压的大小只取决于油料性质和油料温度，与油面上容器的气体空间大小和气体空间是否存在空气无关。如果油料储存在敞口容器中，则蒸发出的油料分子不断扩散到大气中去，将达不到油料的饱和蒸气压，因而油料将不断蒸发，直至完全蒸发完为止。

油罐一般只能承受很低的正压或负压，油料在油罐中的储存条件既不同于敞口容器，也不同于密闭容器。油罐一般不能完全装满，油面上总有气体空间存在。油料在油罐中不能像敞口容器中那样无限地蒸发，也不能像在密闭容器中那样，没有分子逸出容器。因为油罐承受内压远低于汽油常温下的饱和蒸气压，所以由于油料蒸发而使气体空间的总压力达到呼吸阀控制压力时，呼吸阀就要动作，罐内空气和油料蒸气的混合气体将逸出。因此，油罐有限的承压能力能够减少油料的蒸发损耗，但不能完全限制油料的蒸发损耗。

8.2.2　气相中油蒸气的传质过程

在储油容器中，如果把油面以上各种纯烃蒸气的混合物看成单一物质，称为油气，那么储油容器气体空间中的气体即为油气和空气的二元混合气。

在气、液两相共存的储油容器中，要使气、液两相之间达到动态平衡，气相本身必须首先处于平衡状态，也就是说气体空间各部分的温度、压力及油气浓度必须均匀一致。由于任一分子在作不规则运动时朝各个方向运动的概率都相等，因而对于二元混合气体系中大量气体分子的集合来说，只有处于平衡状态时，单位时间由任一空间平面的一侧通过该平面迁移到另一侧的分子数才等于逆向迁移的分子数。也就是说，只有这时气相中才不存在传质现象。

在储油容器的气体空间中，由于油料在容器中静止储存的时间不够长，以及大气温度昼夜变化等因素的影响，气体空间的温度分布和油气浓度分布很难达到均匀一致，因而始终存在着油气的质量传递。根据造成油气迁移的驱动力，质量传递的方式可以表现为分子扩散、热扩散和强迫对流等多种形式。

（1）分子扩散

在储油容器的气体空间中，由于各部分油气浓度分布不均匀而引起的油气分子自发地从浓度大的地方向浓度小的地方迁移的现象称为分子扩散。

因为油气比空气的相对密度大，因而在重力作用下由油面逸入气体空间的油气分子具有聚集在油面附近的必然趋势。这样，在气体空间就形成了垂直于油面的浓度梯度，其正方向指向油面，即越靠近油面油气浓度越大，越远离油面油气浓度越小。在这种情况下，由于气体分子的不规则运动，单位时间沿浓度梯度方向通过垂直于浓度梯度方向上任一空间平面的分子数必然少于逆向通过的分子数。在宏观上表现为油气分子朝其浓度减小的方向扩散，从而使气体空间各部分的浓度趋于一致，直到正、逆两个方向分子迁移的速度相等时分子扩散现象才终止。

（2）热扩散

由于温度分布不均匀而引起系统中各部分气体的质量迁移称为热扩散。

任何物质的密度都是温度的函数。温度高则密度小，温度低则密度大。假如取一定量的高温气体作为隔离体，将其放在低温的同一气体中，那么，由于这部分高温气体的密度小于它周围低温气体的密度，它所受的浮力必然大于它自身的重量。因而，这部分高温气体必将由低处向高处移动，同时与其周围的低温气体产生热交换，直至其温度与周围气体的温度相等时，上浮运动才停止。同理，在二元体系中，当各部分温度不同时，也会发生类似的现象。这种现象就称为热扩散。

在油罐中，由于存在蒸发源，而且在同一温度下油气密度大于空气密度，油气具有聚集在气体空间下部的趋势。因此，只有气体空间上部温度比下部温度低，即气体空间的纵向温度梯度方向向下时才有利于油气的热扩散；如果气体空间上部温度比下部温度高，则会抑制油料的蒸发和油气迁移。观测表明，白天气体空间上部温度高于下部，下部温度又高于油面温度，因而白天是油气热扩散的抑制期。此时，油气的热扩散只表现在紧靠罐壁的一层很薄的上升气流边层。这是由于罐壁吸收太阳辐射热后加热边层气体而形成油罐径向温差的结果。夜间气体空间上部温度低于下部温度，下部温度又低于油面温度，因而夜间是油气热扩散的活跃期。此时，气体空间横截面上中部气体向上运动，边层气体向下移动。可以推断，油罐内油气向上的热扩散通量，夜晚要比白天大得多。

（3）强迫对流

当气体各部分压强分布不均匀时，在压差的作用下高压区的气体将快速向低压区运动，高压区出现的“空隙”则由其他区域的气体递补，从而产生大量旋涡，并卷携各组分分子迅猛地向各处弥散。由此而产生的质量迁移称为强迫对流。

在输、储油容器中，由于强迫对流而引起的质量迁移时有发生。以装车（船）或灌桶作业为例，作业时，油流多以高于 2m/s 的流速注入容器，在油面淹没装油鹤管出口之前，油流周围空间将出现低压，远离油流处的气体将迅速向油流靠拢，并在油流携带下冲向油面。这些气体与油面附近的油气混合后沿壁面返回上部，从而在容器气体空间形成旋涡，油气迅速弥散于整个气体空间。我国在兰州炼厂的实验测定资料表明：铁路油罐车装油达到半满时，如果装油鹤管伸到罐车底部，罐口呼出混合气的饱和程度只有 15%；如果装油鹤管悬于罐车上部，则罐口呼出混合气的饱和程度高达 94%。后者之所以饱和程度高，固然同油料飞溅有关，同时也说明了强迫对流的存在。

同样，由于气温下降或发油作业而使油罐吸入空气时，也会造成油罐气体空间内的强迫对流。因而，油罐大量发油至低液位静止储存时，由于吸入空气而冲淡的油气浓度可以在较短的时间内得以恢复，同空罐进油后低液位静止储存相比，达到类似浓度分布所需要的时间，前者将比后者少得多。

在输、储油容器中，上述三种气相传质方式经常是同时发生的。气体空间任何时刻的浓度分布状况都是相际传质以及气相三种传质方式共同作用的结果。就其传质强度来说，一般是强迫对流大于热扩散，热扩散大于分子扩散。但任一时刻起主导作用的传质方式将随着储存环境、作业条件等因素而变化。

8.2.3 油库油料蒸发损耗类型

（1）固定顶油罐静止储存损耗

固定顶油罐静止储存损耗（又称“小呼吸”损耗）是指油罐在前后两次收发作业间隔期间静止储存时，由于罐内气体空间温度和浓度的昼夜变化而引起的损耗。油料储存于油罐之中，油料蒸气充满油罐气体空间。从日出到正午，因吸收阳光的辐射热，使罐内气体空间的温度逐渐上升，罐内混合气体的体积膨胀和油面蒸发加剧，使罐内混合气体的压力增加。当罐内的压力增加到一定值时，呼吸阀打开，油蒸气随着混合气体呼出罐外，造成损耗。这一过程在整个罐内升温阶段都可能发生。从日落到午夜，由于阳光辐射强度减弱和大气温度下降，罐内气体空间的温度和油面温度也下降，因而混合气体中空气的分压不断降低，同时油蒸气凝结，其分压也有所降低。当罐内气体空间的总压力达到一定真空值，低于真空阀的控制压力时，真空阀被打开，空气将经过真空阀而被吸入罐内。此时，虽然没有油蒸气逸出罐外，看不到明显的损耗，但由于油罐吸入空气后冲淡了混合气体中油蒸气的浓度，所以促使了油料加速蒸发，以便在气液两相间达到新的动态平衡。这一过程加速了有关气体空间压力回升。在次日的呼出中，一部分新蒸发出来的油分子又将呼出罐外。这样昼夜有规律地发生呼出和吸入的过程称为油罐的小呼吸，它使油料发生大量的损耗。

当大气压发生变化时，将引起罐内外气体压差，压差变化一定值时，呼吸阀将打开，出现呼出或吸入现象，造成蒸发损耗。但大气压一般变化不大（常不超过5mmHg），比起温度变化所造成的影响要小得多，因此在实际的研究和计算小呼吸损耗时，主要只考虑温度变化的影响。

（2）收发油作业的动液面损耗

在油料收发油作业中由于液面高度的变化而造成的损耗称为动液面损耗。

当油罐（或其他储油容器）收油时，油面不断上升，罐内混合气体被压缩而使压力不断升高，当气体空间的压强大于压力阀的控制值时，压力阀打开，空气和油料蒸气的混合气体逸出罐外，从而产生蒸发损耗。这种损耗称为收发油作业的动液面损耗（又称“大呼吸”损耗）。

当油罐向外发油时，油面不断下降，罐内气体空间压强下降，将发生相反的过程。当压力下降到真空阀控制值时，罐外空气经呼吸阀吸入罐内，而罐内油料压力的逐渐下降，又促使油面进一步蒸发。当停止发油时，随着蒸发的进行，罐内油料压力又逐渐升高，不久又将出现向罐外呼气的现象。这种使油料蒸气呼出罐外的现象称为回逆呼出。它属于发油产生的“大呼吸”损耗。

（3）自然通风损耗

如果罐顶不严密有小孔眼，且孔眼不在一个高度上，由于罐内空气油蒸气的混合气体相对密度大，新鲜空气从上部孔眼进入罐内，罐内空气与油料蒸气混合气体（它比罐外空气的相对密度大）从下部孔眼挤出，造成油罐自然通风损耗。若上下两孔眼相距0.5m，孔眼面积均为$1cm^2$，油罐气体空间中所含汽油蒸气体积浓度为5%，则两个小孔因自然通风将造成每昼夜大约16kg的汽油损耗。

自然通风造成的蒸发损耗是很严重的，它不仅使油蒸气大量逸出油罐，而且还会加速油面的蒸发。因此加强油罐的操作管理，正确安装呼吸阀，防止油罐产生不严密状态，以杜绝自然通风现象的发生。

再如空容器装油时，油面将迅速蒸发，气体空间的总压力急剧升高，当压力增至能顶开压力阀时，油料蒸气逸出罐外而形成空容器装油损耗。另外，离心泵输油若靠真空泵引油(灌注离心泵前端管路)和抽油槽车底油，吸入管道内的油料蒸气将从真空泵经由气水分离器排出而带来真空抽吸损耗。

（4） 油料蒸发损耗

油料蒸发损耗是指油料蒸发后散失到大气中而造成的损耗，它与油库中其他的损耗相比有其自身的特点。蒸发损耗不同于其他损耗的特点之一是它的持续性。由于原油和汽油都是易挥发的油料，而且储存这些油料的油罐又都是低压容器。所以凡是有这些油料存在的地方，每时每刻都发生着油料的蒸发损耗，其累积数量是相当可观的，大约占总损耗量的70%左右。根据日本资源能源厅调查，一个5000m^3拱顶油罐，平均每小时呼吸损耗为210kg；油罐装油损耗，每装1m^3汽油损耗1kg；向汽车油槽车装油时，平均每装1m^3汽油，损耗0.89kg。向汽车加油站的地下罐装油时，平均每装1m^3汽油损耗1.08kg；在加油站向汽车油箱加油时，平均每灌装1m^3汽油损耗1.44kg。从以上数字可以看出，仅仅从油库发油到注入汽车油箱的销售过程中，汽油的损耗即达到0.47%。以我国商业系统现行的损耗定额为依据，从汽油进入油库到从油库发出的过程中，汽油的允许保管损耗是0.4%~0.5%。如果以全国的汽油年销售量为1000万吨计算，则仅油库保管损耗一项即可达$(4\sim5)\times10^4$t/年。

蒸发损耗不同于其他损耗的另一特点是它的选择性。由于油料是多组分碳氢化合物的混合物，蒸发过程中总是油料中最轻的馏分首先损失掉。随着轻馏分的损失，汽油的初馏点升高，汽化性能变坏，使汽油的起动性能变差。此外，还将加速汽油的氧化，使汽油中的胶质增加，辛烷值下降。例如，航空汽油蒸发损耗量达到1.2%时，初馏点升高3℃，蒸气压下降20%。

（5） 蒸发速度的影响因素

影响蒸发速度的因素包括以下几个方面：

① 液体的温度　温度是物质分子平均平动动能的宏观量度。一方面，液体温度越高意味着分子平均平动动能越大，能够克服分子引力而逸出液面的分子数越多；另一方面，温度越高，液体的比容越大，分子间的距离越大，引力越小，为克服分子引力做功所需要的能量越少。因此，液体的温度越高，蒸发速度越快。

② 液体的自由表面　在气、液共存在的两相系统中，同气体直接接触的液体表面称为液体的自由表面。显然，液体的自由表面越大，液体分子逸入气相的机会越多，单位时间内由液相进入气相的分子数越多，即蒸发速度越快。

③ 气相中液体蒸气的浓度　液体分子进入气相后，气相就变成了原有气体与液体蒸气的混合气。在混合气中，液体蒸气体积占混合气总体积的百分数称为液体蒸气在混合气中的体积浓度，简称浓度。如前所述，在两相共存的体系中，同时存在着液体分子逸入气相和液体蒸气分子由气相返回液相这样两种方向相反的微观现象。当温度一定时，单位时间内由液相进入气相的分子数是不变的，如果气相中液体蒸气浓度增高，则意味着同体积混合气体中的液体蒸气分子数增加，这些液体蒸气分子撞击液面的频率增加，重新被液体“捕获”的机会增多。因而气相中液体蒸气浓度越高，蒸发速度越低。系统达到动平衡状态时，蒸发速度等于零，气、液两相所含物质的质量不再发生变化。

④ 液面上混合气体的总压强　气体的压强是表征气体分子碰撞器壁(包括气液界面)频率和能量的宏观量度，同时也反映了单位容积内气体的分子数，即气体分子的密度。气体压强增大时，不仅气相中液体蒸气分子撞击液面的频率随之增加，单位时间内已汽化的液体分子返回液相的分子数增加，同时，由于液体受到压缩，液相中液体分子距离减小，引力增加，因而液体分子中只有那些具有更大动能的少数分子才能克服分子引力由液相进入气相。也就是说，在其他条件相同的情况下，液面上混合气的压强越高，蒸发速度越小。

⑤ 液体的种类　不同的液体，由于其内聚力不同，即使在其他条件完全相同的情况下，它们的蒸发速度也各不相同。一般来说，液体的相对密度越小，其内聚力越低，蒸发速度越快。

8.3　油料蒸发损耗计算

8.3.1　油料蒸发损耗基本方程

油罐的油料蒸发损耗是由于罐内混合气体状态参数(温度、压力、容积)的变化而引起的。但是罐内混合气体中的空气在常温下不会凝结，因此，在压力不太高的情况下，处于平衡状态的常温气体可近似看成理想气体，通过理想气体状态方程来计算状态变化时的空气逸出量。而逸出的空气量又必定成比例地带走油料蒸气，从而间接计算出油料蒸发损耗量。

蒸发损耗的计算虽多，但大多数是经验、半经验的公式。这里选择形式较为简单，又有理论依据的算法，即在实际中误差不大的瓦廖夫斯基-契尔尼金公式作为油料蒸发损耗的基本方程。它是根据克拉伯龙公式并在下列 3 个假设条件下推导的：

① 油罐是严密的不存在自然通风现象；

② 油料蒸气和空气组成的混合气在储存条件下可以看成理想气体；

③ 油罐气体空间中混合气的油气浓度是均匀而饱和的。

理想气体状态方程式或克拉伯龙公式都是指一定质量的气体各状态参数间的相互关系。在油罐中，由于同时存在着气液两相，而且油料随时都在蒸发和冷凝，因而气体空间的混合气和油蒸气的质量都不可能是一定的。这就限制了克拉伯龙公式直接应用于油气或混合气的可能性。但是，在储存条件下，空气不可能凝结或溶于油料中，更不可能从油料中蒸发出来。也就是说，从第一次吸气过程结束到第二次吸气过程开始之前这段时间范围内，空气的总质量是没有变化的，因而可以用克拉伯龙公式描述空气状态参数的变化。这里之所以引入总质量这一名词，是因为相邻两次吸气过程之间一般都包含一次呼气过程，呼气过程结束后，罐内原有空气被分成两部分，一部分继续留在罐内，而另一部分则逸入大气，两者之和为总质量，它必定等于第一次吸气过程结束时罐内空气的质量。

在两次吸气过程之间，如果以吸气过程刚刚结束时为第 1 状态，此时罐内空气的质量为 M_{k1}，空气的状态参数为 P_{k1}、V_1、T_1；以呼气过程刚刚结束时为第 2 状态，此时罐内空气的质量为 M_{k2}，罐内空气的状态参数为 P_{k2}、V_2、T_2。则呼气过程中从油罐逸入大气的气量：

$$\Delta M_k = M_{k1} - M_{k2} \tag{8-1}$$

根据克拉伯龙公式，状态1时的空气的状态方程：

$$P_{k1}V_1=(M_{k1}/\mu_k)RT_1 \tag{8-2}$$

根据道尔顿分压定律，状态1时空气的分压力P_{k1}与混合气体的总压力P_1，油料蒸气的分压力P_{y1}有如下关系：

$$P_{k1}=P_1-P_{y1} \tag{8-3}$$

即

$$P_{k1}=P_1(1-P_{y1}/P_1)=P_1(1-C_{y1}) \tag{8-4}$$

将式(8-4)代入式(8-2)，则：

$$P_1(1-C_{y1})V_1=(M_{k1}/\mu_k)RT_1 \tag{8-5}$$

同理，状态2时，罐内空气的状态方程：

$$P_2(1-C_{y2})V_2=(M_{k2}/\mu_k)RT_2 \tag{8-6}$$

将式(8-5)、式(8-6)代入式(8-1)，则：

$$\Delta M_k=[V_1(1-C_{y1})P_1/T_1-V_2(1-C_{y2})P_2/T_2]\mu_k/R \tag{8-7}$$

式中　P_1、P_2——状态1和状态2时罐内混合气体的总压力，kPa；

V_1、V_2——状态1和状态2时油罐气体空间的体积，m^3；

T_1、T_2——状态1和状态2时油罐气体空间的绝对温度，K；

C_{y1}、C_{y2}——状态1和状态2时混合气中油蒸气的体积浓度，%；

μ_k——空气的摩尔质量，kg/kmol；

R——通用气体常数，8.314kJ/(kmol·K)；

ΔM_k——一次小呼吸油罐呼出的空气质量，kg。

从状态1到状态2，油罐逸出的空气必然成比例地带走一定数量的油蒸气。如果以ΔV_y、ΔV_k分别代表从状态1到状态2油罐逸出的油蒸气和空气的体积，以ρ_y、ρ_k分别代表油气和空气的密度，则从状态1到状态2油罐逸出的油蒸气和空气的质量分别为：

$$\Delta M_y=\Delta V_y\rho_y \tag{8-8}$$

$$\Delta M_k=\Delta V_k\rho_k \tag{8-9}$$

由式(8-8)和式(8-9)，得

$$\Delta M_y/\Delta M_k=(\Delta V_y/\Delta V_k)\cdot(\rho_y/\rho_k) \tag{8-10}$$

用呼出混合气的体积ΔV除以上式右端的分子和分母，并考虑到$\Delta V_y/\Delta V=\overline{C}_y$，$\Delta V_k/\Delta V=\overline{C}_k=1-\overline{C}_y$，$\rho_y/\rho_k=\mu_y/\mu_k$，则式(8-10)可以改写成：

$$\Delta M_y=\Delta M_k(\overline{C}_y\cdot\mu_y)/[(1-\overline{C}_y)\cdot\mu_k] \tag{8-11}$$

式中，$\overline{C}_y$为油罐呼出混合气的平均油气浓度，近似地取$\overline{C}_y=(C_{y1}-C_{y2})/2$。

将式(8-7)代入式(8-11)，则从状态1到状态2油罐呼出的油气质量浓度表达式：

$$\Delta M_y=[V_1(1-C_{y1})P_1/T_1-V_2(1-C_{y2})P_2/T_2]\cdot\overline{C}_y/(1-\overline{C}_y)\cdot(\mu_y/R) \tag{8-12}$$

或分压表达式：

$$\Delta M_y=[V_1(P_1-P_{y1})/T_1-V_2(P_2-P_{y2})/T_2]\cdot\overline{P}_y/(P-\overline{P}_y)\cdot(\mu_y/R) \tag{8-13}$$

式中　$\overline{P}=(P_1+P_2)/2$；

$\overline{P}_y=(P_{y1}+P_{y2})/2$；

$$\mu_y=50+\frac{6000}{P_{20}}; \tag{8-14}$$

P_{20}——20℃时油料饱和蒸气压，mmHg。

式(8-12)和式(8-13)为油料蒸发损耗基本公式。由这些公式计算出的油料蒸发损耗值，和实际损耗值会有一定误差。主要原因一是假设罐内油蒸气浓度分布是均匀的，这不符合实际情况，实际上是靠近油面一层油蒸气达到饱和时，其余部分一般都未达到饱和；二是C_{y1}、C_{y2}、P_{y1}、P_{y2}等数值不易测出，计算时常用相变温度下的饱和值代替，这势必引起误差；三是从状态 1 到状态 2 过程中呼出的蒸气浓度以及蒸气压并非线性变化，而公式中的C_{y1}、P_y均当成线性变化求平均值；四是油蒸气不能当成理想气体。

虽然上述油料蒸发损耗基本公式存在某些不足，但它能比较全面地反映影响损耗各参数间的相互关系，对各种蒸发损耗的研究仍具有重要价值。

8.3.2　固定顶油罐油料“小呼吸”损耗计算

（1）瓦廖夫斯基-契尔尼金公式计算固定顶油罐的“小呼吸”损耗

油罐的小呼吸损耗是因为油罐在日出后接受了太阳的辐射，使罐内温度升高，傍晚后由于大气温度降低，使罐内温度降低，罐内温度变化引起罐内气体空间压力变化，因而在罐内混合气体的压力大于压力阀的压力控制值，使混合气体呼出，产生小呼吸损耗。

小呼吸损耗主要是由于温度变化引起的，罐内油面高度不变，即气体空间体积 $V_1=V_2=V$。若将此条件代入(8-12)、式(8-13)，则小呼吸的蒸发损耗公式为

$$\Delta M_{y(xiao)}=V[(1-C_{y1})P_1/T_1-(1-C_{y2})P_2/T_2]\cdot\overline{C}_y/(1-\overline{C}_y)\cdot(\mu_y/R) \tag{8-15}$$

$$\Delta M_{y(xiao)}=V[(P_1-P_{y1})/T_1-(P_2-P_{y2})/T_2]\cdot\overline{P}_y/(\overline{P}-\overline{P}_y)\cdot(\mu_y/R) \tag{8-16}$$

上述公式尽管在理论推导上是比较严谨的，但在实际应用中会遇到以下困难：

① 由于外界条件的影响，油罐真空阀和压力阀的关闭时间不确定，因而难以确定相应状态下气体空间的温度和 T_1、T_2。

② 罐内的油气浓度经常处于不饱和状态，而且饱和程度往往有较大波动。特别是第一状态时，罐内的油气浓度及饱和程度难以确定。

③ 油罐内气液两相的温度经常是不同的，因而难以确定罐内油料饱和蒸气压的定性温度。

基于上述基本情况，在实际应用中，一般取气体空间昼夜最低温度时为第 1 状态，昼夜温度最高为第 2 状态。这样不仅状态参数容易确定，而且这两个区间不仅包含了油罐呼气的全过程，又避开了吸气后罐内油气浓度最不稳定的阶段。在饱和蒸气压定性温度的选取上，考虑到油料分子汽化由液相进入气相取决于油温，而不取决于气体空间的温度，因而不管哪个状态均近似地以油面温度和气体空间温度中的较低值作为饱和蒸气压的定性温度。综合以上分析，式(8-15)和式(8-16)中各参数按下列规定取值：

T_1——气体空间的日最低温度，K；

T_2——气体空间的日最高温度，K；

P_{y1}——气体空间日最低温度下油料的饱和蒸气压，kPa；

P_{y2}——日最高温度下油料的饱和蒸气压，kPa；

C_{y1}——状态 1 时混合气的油气饱和浓度，$C_{y1}=P_{y1}/P_1$，%；

C_{y2}——状态 2 时混合气的油气饱和浓度，$C_{y2}=P_{y2}/P_2$，%；

P_1——状态 1 时气体空间绝对压力，$P_1\approx P_a+P_z$，kPa；

P_2——状态 2 时气体空间绝对压力，$P_2\approx P_a+P_{ya}$，kPa。

其他参数的物理意义见式(8-7)。

利用上式也可计算一段时间内(如旬、月)每天的平均小呼吸损耗量。因此，参数 T_1、T_2取值为这段时间内气体空间的日平均最低温度和日平均最高温度。

（2）康士坦丁诺夫公式计算固定顶油罐的“小呼吸”损耗

在假设条件和推导方法上，康士坦丁诺夫公式与瓦廖夫斯基-契尔尼金公式的不同之处如下：

① 康士坦丁诺夫公式是从温度和油气浓度的微量变化所引起的罐内空气质量变化入手，采用积分求和的方法推导出来的。也就是说，它不仅考虑到一次小呼吸的起终状态，而且考虑了整个呼气过程中状态参数变化对损耗的影响。

② 为了便于求解，康士坦丁诺夫假设在昼夜温度变化范围内，油料蒸气压与温度变化以及相应的蒸气压变化作为统一变量来考虑。

具体变化见图 8-1。

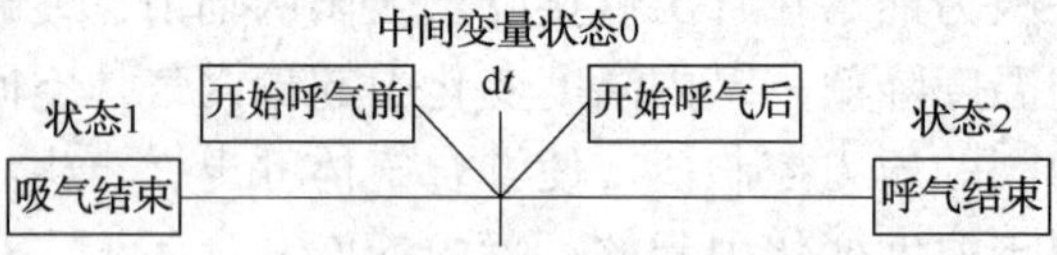

图 8-1　呼吸变化图

在呼吸过程中，对于给定油气分压为 P_y 的任意时刻，罐内气体中空气质量：

$$M_k=\frac{V\mu_k}{RT}(P_2-P_y) \tag{8-17a}$$

温度变化不大范围内，油料蒸气压随温度的变化可近似地看成线性变化。

$$dM_k=-\frac{V\mu_k}{R}d\left(\frac{P_2-P_y}{T}\right) \tag{8-17b}$$

$1m^3$混合气中空气质量：

$$m_k=\frac{P_k\mu_k}{RT}=\frac{(P_2-P_y)\mu_k}{RT} \tag{8-17c}$$

含有空气质量 dM_k 的混合气体积：

$$dV_h=\frac{dM_k}{m_k}=-V\frac{T}{P_2-P_y}d\left(\frac{P_2-P_y}{T}\right) \tag{8-17d}$$

对上式积分，则可得到从呼气开始(T_0，Py_0)到呼气结束(T_2，Py_2)油罐排出的混合气体积 ΔV_h：

$$\Delta V_h=V\ln\left(\frac{P_2-P_{y0}}{P_2-P_{y2}}\cdot\frac{T_2}{T_0}\right) \tag{8-17e}$$

考虑到　　　　$P_2\approx P_0$，$P_2-P_{y0}=P_0-P_{y0}=P_{k0}$

状态 1 到状态 0 为等容过程。

$$P_{k0}=P_{k1}\frac{T_0}{T_1} \tag{8-17f}$$

将 P_1、P_2、P_{k0}代入 ΔV_h 中得：

$$\Delta V_h=V\ln\left(\frac{P_a+P_z-P_{y1}}{P_a-P_{ya}-P_{y2}}\cdot\frac{T_2}{T_1}\right) \tag{8-17g}$$

小呼吸损耗的油料质量为：

$$\Delta M_{y}^{xi}=\overline{D}_{y}\Delta V_{h} \tag{8-17h}$$

式中，$\overline{D}_{y}$ 为单位体积呼出混合气所含油料质量，近似地取：

$$\overline{D}_{y}=\frac{(P_{y1}+P_{y2})\mu_{y}}{(T_{1}+T_{2})R} \tag{8-17i}$$

由此得到康士坦丁诺夫公式分压和浓度表达式：

$$\Delta M_{y(xiao)}=V\frac{P_{y1}+P_{y2}}{T_{1}+T_{2}}\cdot\frac{\mu_{y}}{R}\ln\left(\frac{P_{a}+P_{z}-P_{y1}}{P_{a}+P_{ya}-P_{y2}}\cdot\frac{T_{2}}{T_{1}}\right) \tag{8-18a}$$

$$\Delta M_{y(xiao)}=V\left(\frac{C_{y1}P_{1}+C_{y2}P_{2}}{T_{1}+T}\right)\cdot\frac{\mu_{y}}{R}\ln\left(\frac{1-C_{y1}}{1-C_{y2}}\cdot\frac{P_{1}}{P_{2}}\cdot\frac{T_{2}}{T_{1}}\right) \tag{8-18b}$$

式中，符号的物理意义及取值见式(8-15)和式(8-16)。

（3）API 理论公式计算固定顶油罐的“小呼吸”损耗

美国石油学会(API)推荐的固定顶油罐小呼吸损耗计算公式同样是由混合气中的空气入手，建立理想气体状态方程，导出由于温度和油气浓度变化所引起的混合气体积增量，然后引入浓度系数概念计算一次小呼吸损耗的油料体积。

假设气体空间温度最低时其绝对温度为 T_1，此时气体空间的压力 $P_1=P_a+P_z$，液面温度为 t_{ym1}，与之相应的油料蒸气压力为 P_{y1}，混合气的体积为 V_1。气体空间温度最高时，各相应参数分别为 T_2、$P_2=P_a+P_{ya}$、t_{ym2}和 V_2。

由于状态参数变化前后混合气中的空气质量没有变化，因而空气各参数的关系遵从理想气体状态方程和道尔顿定律描述的规律，于是有：

$$\frac{P_{a}+P_{z}-P_{y1}}{T_{1}}V_{1}=\frac{P_{a}+P_{ya}-P_{y2}}{T_{2}}V_{2} \tag{8-19}$$

则

$$\frac{V_{2}}{V_{1}}=\frac{P_{a}+P_{z}-P_{y1}}{P_{a}+P_{ya}-P_{y2}}\cdot\frac{T_{2}}{T_{1}} \tag{8-20}$$

单位体积混合气由于温度和浓度升高而引起的体积膨胀量 ΔV_h：

$$\Delta V_{h}=\frac{V_{2}-V_{1}}{V_{1}}=\frac{V_{2}}{V_{1}}-1=\frac{P_{a}+P_{z}-P_{y1}}{P_{a}+P_{ya}-P_{y2}}\cdot\frac{T_{2}}{T_{1}}-1 \tag{8-21}$$

由于静止储存时油罐气体空间的体积是固定的，而且就等于初始状态时混合气的体积，所以混合气的体积膨胀量就等于从油罐呼出的混合气体积。如果气体空间的容积为 V，则一次“小呼吸”从油罐呼出的混合气体积：

$$\Delta V_{h}^{xi}=V\cdot\Delta V_{h}=V\left(\frac{P_{a}+P_{z}-P_{y1}}{P_{a}+P_{ya}-P_{y2}}\cdot\frac{T_{2}}{T_{1}}-1\right) \tag{8-22}$$

如果单位体积石油产品全部汽化所形成的饱和的油气-空气混合气体积为 Z，则 $1/Z$ 即单位体积饱和混合气中所含石油产品的体积，也可以理解为单位体积饱和混合气中的油蒸气全部冷凝后所占有的体积。$1/Z$ 称为混合气浓度系数，单位为 m^3(冷凝油)/m^3(混合气)。于是，一次“小呼吸”损耗的石油产品体积：

$$\Delta V_{y}^{xi}=\Delta V_{h}^{xi}\cdot\frac{1}{Z}=\frac{V}{Z}\left(\frac{P_{a}+P_{z}-P_{y1}}{P_{a}+P_{ya}-P_{y2}}\cdot\frac{T_{2}}{T_{1}}-1\right) \tag{8-23}$$

式中，Z 按 O · C · Bridgeman 和 E · W · Aldrich 推荐的公式计算：

$$Z=\frac{690-4\mu_y}{P_y}\cdot K \tag{8-24}$$

式中 $1/Z$——混合气浓度系数，m^3(冷凝油)/m^3(混合气)；

μ_y——油蒸气摩尔质量，kg/kmol；

P_y——油料蒸气压，$P_y=(P_{y1}+P_{y2})/2$，kPa；

K——单位换算常数，$K=51.6$。

为深入理解影响损耗量的因素，下面来分析式(8-25)中括号内的数值。括号内的数值即前述的单位体积混合气的体膨胀量 ΔV_h。对于静止储存的低压油罐，状态参数的变化量相对于其绝对值一般都比较小，因此变化后的参数可以写成变化前的参数与一微量之和的形式，于是：

$$\Delta V_h=\frac{V_2-V_1}{V_1}=\frac{V_2}{V_1}-1=\frac{P_a+P_z-P_{y1}}{P_a+P_{ya}-P_{y2}}\cdot\frac{T_2}{T_1}-1=\frac{P_{k1}}{P_{k2}}\cdot\frac{T_2}{T_1}-1 \tag{8-25a}$$

$$T_2=T_1+\Delta T \tag{8-25b}$$

$$P_{k2}=P_{k1}+\Delta P_k \tag{8-25c}$$

$$\Delta V_h=\frac{P_{k1}T_2}{P_{k2}T_1}-1=\frac{P_{k2}-\Delta P_k}{P_{k2}}\frac{T_1+\Delta T}{T_1} \tag{8-25d}$$

$$\Delta V_h=\left(1-\frac{\Delta P_k}{P_{k2}}\right)\left(1+\frac{\Delta T}{T_1}\right)-1 \tag{8-25e}$$

$$\Delta V_h=\left(1-\frac{\Delta P_k}{P_{k2}}\right)\left(1+\frac{\Delta T}{T_1}\right)-1=\frac{\Delta T}{T_1}-\frac{\Delta P_k}{P_{k2}}-\frac{\Delta P_k}{P_{k2}}\cdot\frac{\Delta T}{T_1} \tag{8-25f}$$

式中，$\frac{\Delta P_k}{P_{k2}}\cdot\frac{\Delta T}{T_1}$为高阶小数，忽略不计，则

$$\Delta V_h=\frac{T_2-T_1}{T_1}+\frac{P_{y2}-P_{y1}}{P_a+P_{ya}-P_{y2}}+\frac{P_{ya}-P_z}{P_a+P_{ya}-P_{y2}} \tag{8-26}$$

则
$$\Delta V_{y(xiao)}=\frac{V}{K}\left(\frac{P_{y2}+P_{y1}}{1380-8\mu_y}\right)\left(\frac{T_2-T_1}{T_1}+\frac{P_{y2}-P_{y1}}{P_a+P_{ya}-P_{y2}}+\frac{P_{ya}-P_z}{P_a+P_{ya}-P_{y2}}\right) \tag{8-27}$$

式中，符号的物理意义同上。

（4）固定顶油罐的“大呼吸”损耗计算

油罐收发油作业时，除了由于油面高度变化引起的呼吸损耗外，还必然伴随由于温度和油气浓度变化引起的呼吸损耗。温升阶段收油时，温度变化将使实际呼出量增加；温降阶段收油时将使实际呼出量减少。在长期的频繁作业中二者相互抵消，因而可以不考虑收发作业期间温度和浓度的变化。在式(8-12)、式(8-13)中近似地取 $T_1=T_2=T$、$P_{y1}=P_{y2}=P_y$、$C_{y1}=C_{y2}=C_y$，于是有：

$$\Delta M_{y(da)}=(P_1V_1-P_2V_2)\cdot C_y/T\cdot\mu_y/R \tag{8-28}$$

$$M_{y(da)}=1/T[(P_1-P_y)\cdot V_1-(P_2-P_y)\cdot V_2]\cdot P_y/(\overline{P}-P_y)\cdot\mu_y/R \tag{8-29}$$

$$M_{y(da)}=1/T[(P_a+P_z-P_y)\cdot V_1-(P_a+P_{ya}-P_y)\cdot V_2]\cdot P_y/(\overline{P}-P_y)\cdot\mu_y/R \tag{8-30}$$

对于大气油罐，由于 $P_1=P_2=P_a$，并注意到 $P_y=\frac{P_a\mu_y}{RT}=3\text{kg/m}^3$，则有：

$$\Delta M_{y(da)} = 3C_y \Delta V \tag{8-31}$$

式中，$\Delta V = V_1 - V_2$，即进油量。粗略估算，油罐每进 $1m^3$ 油，将损耗 $3C_y$ kg 油。

8.4 油料蒸发损耗测量及定额

为了提高站库的生产管理水平，鉴定降耗技术措施和经济效益，判定油气污染源对周围环境的污染程度，需要测量油料蒸发损耗的数量。

8.4.1 油料蒸发损耗测量

油料蒸发损耗量的计算比较复杂，在实际业务管理中，往往通过实地测量来确定油料蒸发损耗量的大小。另外，为了鉴定降耗技术的效果，论证其可行性或判定油气污染源对周围环境的污染程度，也需要进行实地测量。有以下几种方法：

（1）量油法

油料储存期间，通过对油罐储油前后的油高、油温和油料密度进行检测，从而计算出罐内储存油料的蒸发损耗。

$$\Delta G_y = F(H_1\rho_{y1}g - H_2\rho_{y2}g) \tag{8-32}$$

式中 ΔG_y——储油前后的蒸发损耗，kg；

F——油罐的横截面积，m^2；

H_1、H_2——油罐液面高度，m；

ρ_{y1}、ρ_{y2}——油料密度，kg/m^3；

g——重力加速度，m/s^2。

此方法简单，但由于检尺和温度、密度测量带来测量误差（约为 0.35%～0.5%），因此计量不够精确，一般仅对油料长期储存的总损耗量的粗略估算有一定实用价值。

（2）量气法

采用气体流量计测出油罐呼出的气体体积，再用气体分析仪测出呼出气体中的油蒸气浓度，从而可应用式(8-33)计算油罐损耗量：

$$\Delta G_y = V_n \times C_y \times \rho_y \tag{8-33}$$

式中 ΔG_y——油罐的蒸发损耗量，kg；

V_n——排出罐外的混合气体体积，m^3；

ρ_y——油蒸气的平均密度，kg/m^3；

C_y——呼出的混合油蒸气的平均密度，kg/m^3。

这种方法测定油料蒸发损耗时，误差的大小主要取决于气体流量计的精度，一般的气体流量计误差为 3%～5%，好的气体流量计为 1%。量气法的测试周期短，操作较简单，且与量油法相比具有较高的精确度，所以既能用于现场的损耗测定，也可用于损耗的理论研究。

（3）物性法

物性法是根据油料储存前后的蒸气压、密度、温度等物性参数变化，再依据这种变化与损耗率之间的定量关系来测量油料蒸发损耗的，它包括比样法和蒸气压法等。比样法的测量方法是：从被测损耗的油罐中，取出原始油料试样，经过一段时间后，再取出另一个油料试样。把两个油样置于同样的温度条件下，并在同样的真空度中使之蒸发，待挥发成分全部蒸发完后对试样的残余进行计量，计算它们的损失，最后求得油料的损耗率。蒸气压法测量是在蒸发损耗的前后，从油罐中取出两个试样，分别测定它们随着蒸发进行而不断变化的蒸发压值，比较两个试样的蒸气压，求得油料的蒸发损耗率。

应该指出，比样法和蒸气压法都适用于测量长期储存油料的蒸发损耗。如果储存时间短，油料的物性变化就不明显，物性法的精确性就差。

8.4.2 油料自然损耗定额

油料蒸发损耗是油料自然损耗的主要形式。除此之外，油料自然损耗还包括油料残留损耗。所谓残留损耗是指在设备技术状态完好的条件下，按规定的操作规程进行储存、运输、装卸等作业时，由于容器壁的黏附，余油不能卸净和难以避免地滴洒而造成油料数量减少。残留损耗在油料自然损耗中仅占极小部分。

油料自然损耗量与气候、地理条件、储运设施及作业方式等因素有关，因此需要制定一个建立在实测统计和科学计算基础上的自然损耗定额。一方面可以促进节约，同时也有利于合理解决油料交接计量争端。目前，执行《散装液态石油产品损耗》(GB 11085—1989)。

（1）分类及季节区分

我国幅员辽阔，不同地区的平均气温和温差相差很大，季节也完全不同。因为平均气温和温差等直接影响石油产品的损耗量，因此需要进行地区划分和季节划分，见表 8-1。

表 8-1 地区分类和季节划分表

地区分类		季节划分	
类别	地区	春冬季	夏秋季
A 类	江西、福建、广东、海南、云南、四川、贵州、湖南、广西、台湾	每年 1~3 月、10~12 月	每年 4~9 月
B 类	河北、河南、山东、山西、陕西、江苏、浙江、安徽、湖北、甘肃、宁夏、北京、天津、上海		
C 类	辽宁、吉林、黑龙江、内蒙古、青海、新疆、西藏	每年 1~4 月、11~12 月	每年 5~10 月

（2）储存自然损耗

石油产品储存自然损耗指储罐静止储油期间所发生的损耗。其损耗量定额为储油量乘以储存自然损耗率，见表 8-2。

表 8-2 储存自然损耗率 %

地区类别	立式金属油罐			隐蔽罐、浮顶罐
	汽油		其他油料	不分油料、季节
	春冬季	夏秋季	不分季节	
A 类	0.11	0.21	0.01	0.01
B 类	0.05	0.12		
C 类	0.03	0.09		

注：1. 卧式罐的储存损耗率可以忽略不计；
2. 储存损耗率按月计算；
3. 高原地区，根据油库所在地海拔高度按表 8-3 储存损耗率修正值计算。

表 8-3　高原地区储存损耗率修正值

当地海拔高度/m	增加损耗率/%	当地海拔高度/m	增加损耗率/%
1001～2000	21	3001～4000	55
2001～3000	37	4000 以上	76

（3） 装车（船）自然损耗

石油产品装车(船)自然损耗指将油料装入车(船)时所发生的损耗。其损耗量定额为石油产品装车(船)的数量乘以装车(船)自然损耗率，见表 8-4。

表 8-4　装车(船)自然损耗率　　%

地区分类	汽 油			其他油料
	汽车罐车	油轮油驳	不分容器	铁路罐车
A 类	0.17	0.10		
B 类	0.13	0.08	0.07	0.01
C 类	0.08	0.05		

（4） 卸车（船）自然损耗

石油产品卸车(船)自然损耗指将油料从车(船)卸入油罐时所发生的损耗。其损耗定额为石油产品卸车(船)的数量乘以卸车(船)自然损耗率，见表 8-5。

表 8-5　卸车(船)自然损耗率表　　%

地区类别	汽 油		煤油、柴油	润滑油
	浮顶罐	其他罐	不分罐型	
A 类		0.23		
B 类	0.01	0.20	0.05	0.04
C 类		0.13		

注：其他罐包括立式金属罐、隐蔽罐和卧式罐。

（5） 输转自然损耗

石油产品输转自然损耗指油料在油罐与油罐之间通过管道转移过程中所发生的损耗。其损耗量定额为石油产品的转输量乘以转输自然损耗率，见表 8-6。

表 8-6　转输自然损耗率　　%

地区类别	汽 油				其他油料
	春冬季		夏秋季		不分季节、罐型
	浮顶罐	其他罐	浮顶罐	其他罐	
A 类		0.15		0.22	
B 类	0.01	0.12	0.01	0.18	0.01
C 类		0.06		0.12	

注：本表中的罐型均指输入罐的罐型。

（6） 罐桶自然损耗

石油产品罐桶自然损耗指将油料灌入油桶过程中所发生的损耗。其损耗量为油料罐桶数量乘以罐桶自然损耗率，见表 8-7。

表 8-7　罐桶自然损耗率　　%

油料	汽油	其他油料
损耗率	0.18	0.01

（7）零售自然损耗

石油产品零售自然损耗指油料在商业零售过程中所发生的损耗。其损耗量为油料零售的数量乘以零售自然损耗率，见表 8-8。

表 8-8　零售自然损耗率　　%

零售方式	加油机售油			量提售油	称重售油
油料	汽油	煤油	柴油	煤油	润滑油
损耗率	0.29	0.12	0.08	0.16	0.47

（8）运输自然损耗率

石油产品运输自然损耗率指利用油轮(油驳)、铁路油罐车、汽车油罐车散装运送时，由于运送设备不严密而发生的途中损耗。其损耗量定额为运送油料的数量乘以运输自然损耗率(表 8-9)。

表 8-9　运输自然损耗率　　%

运输方式	水运			铁路运输			公路运输	
行驶里程 km / 油料名称	500 以下	501～1500	1501 以上	500 以下	501～1500	1501 以上	50 以下	51 以上
汽油	0.24	0.28	0.36	0.16	0.24	0.30	0.01	每增加 50km 损耗率增加 0.01，不足 50km 按 50km 计算
其他油料	0.15			0.12				

注：水运途中 9 天以上，自超过之日起，按同类油料立式金属罐的储存损耗率和超过天数折算。

8.5　降低蒸发损耗措施

要降低油料的蒸发损耗，可以从两个方面采取措施。首先是限制蒸发的条件(如降低油料温度变化、缩小油面上的气体空间、减小浓度变化等)；其次是使蒸发出来的油蒸气不散失于大气中，并使它在一定的条件下仍凝结成液体(如提高油罐的承压能力、收集蒸发出来的油蒸气等)。

8.5.1　减小罐内温差

罐内气体空间的昼夜温差愈大，小呼吸损耗就愈大。减小罐内气体空间的昼夜温差，可以有效地减少小呼吸损耗。

洞库油罐和地下库油罐内的昼夜温差很小，其呼吸损耗也很小。地面油罐罐内昼夜温差比较大，因而小呼吸损耗十分严重。尤其是夏季，一方面温差很大，另一方面油面温度较高，混合气的压力较大，这些都使小呼吸损耗增多。

降低地面钢油罐的温差，可以采取下列措施：

（1）淋水降温

在夏季，通过安装在罐顶上面的淋水装置，不断地对罐顶均匀淋水冷却。水从罐顶经罐壁流下，使冷却水带走油罐所吸收的太阳辐射热，并使它的全日温度变化幅度和纵向温差都大为缩小，昼夜油面温度变化幅度也减小，从而降低了罐内气体空间的温度和温差。

淋水是一个行之有效又较简便易行的方法。不过淋水降低损耗方法要增加一定的设备（水管、水泵等），每天还要消耗大量的水（一个 5000m^3的油罐，每天大约需 100t 水）。而且淋水的结果，将使罐体的油漆（防腐层）遭到破坏，加速了罐体的腐蚀。如果排水不好，还会影响罐的基础。因此在设计时要加以考虑。

在供水方便的情况下，淋水降耗的经济效果是很显著的。淋水将使"小呼吸"损耗大大降低，例如上海地区对容积为 5000m^3的油罐进行淋水实验，罐内储存车用汽油，装满度为75%，在 6~8 月份淋水实验显示比不淋水的同样油罐"小呼吸"减少 91%，3 个月共减少"小呼吸"损耗 11t。考虑到扣除必要的淋水费用，每年由于降低损耗而大致节约 5000~6000 元。淋水方法特别适用于我国南方地区，在南方地区地面钢油罐的小呼吸损耗是很严重的，淋水方法既行之有效，又因方法简单而易于推广。

进行淋水操作时，要正确掌握淋水的起止时间。日出后不久，油罐就会出现呼气现象，要赶在呼气前淋水。如果淋水结束过早，罐内气体空间的温度和压力还可能回升而再出现呼气。淋水还应不间断地进行，因为淋水降低损耗的原因在于减小油罐气体空间的温度变化，如果间断地淋水反而造成气体空间温度快速升降，罐内温差甚至大于不淋水的油罐，不但不能起到降低损耗的作用，反而可能增加损耗。

一般而言，淋水的方法适用于水源充足、油料储存时间较长、以小呼吸为主要形式的地面油罐。淋水方法对降低大呼吸损耗无明显的效果。

（2）正确选择油罐涂料

涂料不仅起防腐作用，对地面油罐来说，选用能反射光线特别是反射热效应大的红光及红外线的涂料，还能降低罐内温度变化，从而减小油料的蒸发损耗。考虑到涂料反光的性能时，应注意在使用过程中由于化学变化而降低其反射效果。涂料要定期涂刷，以保护罐体不被腐蚀和保持良好的反射阳光性能。

涂料中最常用的是银灰色，涂料中以白色最有利于降低损耗，铝灰色次之。各种颜色的涂料对损耗的影响见表 8-10。

表 8-10　各种颜色涂料对损耗的影响表　　%

项目	油罐使用的涂料颜色		
	白色	铝色	黑色
油罐吸收辐射热	59	88	100
油料损耗	100	180	240

（3）对油罐采取绝热措施

对于地面油罐，在罐顶和罐壁安装绝热装置，也能降低罐内温差，从而减少油料"小呼吸"损耗。

比较简单的方法是在罐顶、罐壁挂上两层石棉水泥板。把石棉水泥板做成波浪形，内外均涂上白色涂料。白色涂料能起到反射光线的作用。罐壁与石棉水泥板之间，以及两层石棉水泥板之间形成了两个空气夹层。它们能起到很好的绝热作用。试验证明采用绝热材料覆盖罐体后，对中型油罐可使小呼吸损耗降低 60%～67%。有无隔热层对油料损耗的影响见表 8-11。

表 8-11　有无隔热层对油料损耗的影响

油罐容量/m^3	蒸发损耗量/kg		降低损耗率/%
	无隔热层	有隔热层	
100	1.95	1.26	35.4
2000	40.8	20.4	50.0
5000	81.7	40.1	51.0

另外，在罐体周围砌筑防护墙，采用具有隔热性能的涂料或在罐区周围栽种合适的树木也能减少阳光辐射面积，降低罐内温度，收到类似隔热层的效果。

8.5.2　提高油罐的承压能力

油罐的承压能力低是造成油料蒸发损耗的重要原因，如果提高油罐的承压能力，便可减少或消除油罐的蒸发损耗。地面钢油罐在不同时采用不同措施。当油罐的压力控制到 $580mmH_2O$ 时，小呼吸损耗为大罐的 52%，当油罐的承压能力提高到 $1500mmH_2O$ 以上时，地面油罐便可基本消除小呼吸损耗。由此可见，提高油罐的承压能力对减少油料损耗的作用明显。

（1）压力罐气体空间的压缩率和膨胀率对油料蒸发损耗的影响

所谓压力罐就是装有呼吸阀的油罐。压力罐进油时，由于压力阀的作用，混合气体并不马上呼出罐外，而是等到混合气体压力达到压力阀的控制压力时才向罐外呼气。

设刚刚开始呼气时气体空间的体积为 V_2^*，下面推导 V_2^* 的表达式。

由呼吸损耗的基本方程：

$$\Delta M_y=\left(V_1\frac{p_1-p_{y1}}{T_1}-V_2\frac{p_2-p_{y2}}{T_2}\right)\cdot\frac{\bar{p}_y}{\bar{p}-\bar{p}_y}\frac{\mu_y}{R} \tag{8-34}$$

令：

$$\Delta M_y=0 \tag{8-35}$$

得：

$$V_1\frac{p_1-p_{y1}}{T_1}-V_2^*\frac{p_2-p_{y2}}{T_2}=0 \tag{8-36}$$

$$V_2^*=\frac{p_1-p_{y1}}{p_2-p_{y2}}\cdot\frac{T_2}{T_1}V_1 \tag{8-37}$$

状态 1：　真空阀刚刚关闭，$P_1=P_a+P_z$　（8-38）

状态 2：　压力阀刚刚开启，$P_1=P_a+P_{ya}$　（8-39）

因此：

$$V_2^*=\frac{p_a+p_z-p_{y1}}{p_a+p_{ya}-p_{y2}}\cdot\frac{T_2}{T_1}V_1 \tag{8-40}$$

定义 ε_a 为收油作业气体空间的允许体积压缩率。

$$\varepsilon_a=\frac{V_1-V_2^*}{V_1}=1-\frac{V_2^*}{V_1} \tag{8-41}$$

$$\varepsilon_a = 1 - \frac{p_a + p_z - p_{y1}}{p_a + p_{ya} - p_{y2}} \cdot \frac{T_2}{T_1} \tag{8-42}$$

同样，在发油时，气体空间膨胀刚刚开始吸气时体积为 V_2^* 可得气体空间允许膨胀率 ε_p。

$$\varepsilon_p = \frac{V_2^* - V_1}{V_1} = \frac{V_2^*}{V_1} - 1 \tag{8-43}$$

$$\varepsilon_p = \frac{p_a + p_z - p_{y1}^*}{p_a + p_{ya} - p_{y2}^*} \cdot \frac{T_2^*}{T_1^*} - 1 \tag{8-44}$$

以微小增量的形式表达各参量：

$$\begin{aligned} T_2 &= T_1 + \Delta T \\ p_{k2} &= p_a + p_{ya} - p_{y2} \\ p_{k1} &= p_a + p_z - p_{y1} \\ p_{k2} - p_{k1} &= \Delta p_k \end{aligned} \tag{8-45}$$

可将压缩率、膨胀率表示为：

$$\varepsilon_a = \frac{p_{ya} - p_z}{p_a + p_{ya} - p_{y2}} - \frac{p_{y2} - p_{y1}}{p_a + p_{ya} - p_{y2}} - \frac{T_2 - T_1}{T_1} \tag{8-46}$$

$$\varepsilon_p = \frac{p_{ya} - p_z}{p_a + p_{ya} - p_{y2}^*} + \frac{p_{y2}^* - p_{y1}^*}{p_a + p_{ya} - p_{y2}^*} + \frac{T_2^* - T_1^*}{T_1^*} \tag{8-47}$$

由式(8-46)和式(8-47)可以得出在油库收发油作业时的规律：

① 在油库进行收油作业时，期望 ε_a 值增大，所以 $p_{y2} < p_{y1}$，$T_2 < T_1$，降温时进行收油作业，以达到减少油料蒸发损耗的目的；

② 在油库进行发油作业时，期望 ε_p 值增大，所以 $p_{y2}^* > p_{y1}^*$，$T_2^* < T_1^*$，升温时进行发油作业，以达到减少油料蒸发损耗的目的；

③ 在油料收发油作业时尽可能各油罐都进出油，以减少油料的损耗；

④ 提高呼吸法的控制压力可以减少油料损耗。

（2）无“大呼吸”损耗的最大进油量

在油罐进油作业时，$T_1 = T_2 = T$，$P_{y1} = P_{y2} = P_y$，不产生“大呼吸”损耗必须在压缩率范围内。由式(8-46)可知：

$$V_{max}^* = \varepsilon_a V = V \frac{p_{ya} - p_z}{p_a + p_{ya} - p_y} \tag{8-48}$$

（3）采用特型罐提高油罐承压能力

提高油罐承压能力，一般应从改进油罐的结构设计入手。如采取球形顶底、扁球形顶底油罐，滴状油罐或球形油罐等就能大大提高油罐承压能力。

① 球形、扁球形顶底油罐

立式圆形准球顶油罐的承压能力很小，一般不超过 220mmH_2O。当油罐内压超过 220mmH_2O 时，罐底周围开始上挠。油罐内压越大，罐底上挠越多。可见，影响立式钢油罐承压能力的主要因素是罐底的形状。如果把立式钢油罐的平底改为球形底，就成为球形底油罐。

球形顶底油罐承受内压的能力，在很大程度上取决于罐身与球形顶、底之间的连接状况。在内压作用下，从圆筒到球面这一段是应力最大的部分。圆筒与球面之间的连接愈平滑，该部分所受的应力就愈小，该部分钢板可不必加厚，并且可用搭接连接。

球形顶底油罐的罐身各层圈板可按套筒式或交互式配置。罐底应安装在填积的油罐基础上。罐底的最低点距地面应有不小于 0.2m 的距离。油罐容积为 300～4500m^3时，承压能力可达 1750～4500mmH_2O。

将罐顶、罐底设计成半扁球形(类似卧式圆柱形罐的碟形头)就是半扁球形顶底立式圆柱形油罐，在容积为 3000～4500m^3的范围内，承受内压的能力亦可达 1750～4500mmH_2O。

② 滴状油罐

这种油罐的形状与一滴水银滴落在平面上的形状相同，也和充满水的圆气球形状相似，因此称为滴状油罐或扁球形油罐。油罐以金属支撑环沿油罐下部支撑在地面。

滴状油罐的形状与油罐内压有关。罐内压力愈大，油罐形状愈接近于圆球体。在液压作用下，罐壁壳体在任何截面上都产生相同的拉应力。油罐承受的内压可达 0.3～2 个大气压，容积可达 6000m^3，甚至超过 10000m^3。油罐的内压由操作平台上的安全阀予以控制。

滴状油罐最适宜用来长期储存低沸点油料，可大大减少油料的“小呼吸”损耗。正常储油时，油料容积占油罐总容积的 90%，其余的 10%为罐内的气体空间。

虽然滴状油罐有较大的承压能力，但滴状油罐由于结构复杂、施工困难和造价较高而没有得到推广应用。

③ 球形油罐

圆球体的球形油罐，能承受更高的内压(2 个大气压至数十个大气压)，用于储存低沸点液化气(如丙烷、丁烷等)。在我国一些炼厂油库中应用这类球形罐。在一般油库中较少应用这种油罐。因为一般油库中，并不需要承压能力这样高的油罐。

8.5.3 减少罐内气体空间

油罐内液面愈大，气体空间的体积愈大，蒸发损耗也愈大。减少或消除油面上的气体空间实际上就是消除了蒸发现象赖以生存的自由表面和油蒸气蒸发空间，这样不仅可以消除油罐的“小呼吸”损耗，同时也在一定程度上消除了“大呼吸”损耗。

（1） 油罐尽量装满

油罐尽量装满至规定的安全容量，不论对地面油罐还是洞库油罐减少蒸发损耗都有重要意义。罐内气体空间愈大，混合气达到某一浓度所需蒸发的油料愈多。油料蒸发为油蒸气后，绝大部分在大、小呼吸时排于大气中。

（2） 采用浮顶油罐

使油面与空气隔绝，是从根本上消除蒸发损耗的最理想方法。目前比较成熟的做法是建造浮顶油罐(包含内浮顶、外浮顶)。

浮顶油罐的浮顶紧紧贴于油面上，随油面而升降，因为浮顶与液面间基本上不存在气体空间，因而能把油罐储油时的蒸发损耗减少到最低限度。如美国海湾石油公司对容量为 3820m^3、直径为 18.3m 的普通汽油罐安装了内部塑料浮顶，可减少油料蒸发损耗 85%。苏联从 1958 年开始将立式罐大量改为内浮顶罐，其内浮顶是由具有化学稳定性的聚酰胺薄膜制成的。经过长期使用，与同容积、储存同种油料及同操作条件的普通油罐相比，可减少装油损失 93%、抽油损失 84%。

近年来，在我国的一些炼厂油库中建造了各种容积(目前已达 20000m^3以上)的浮顶油罐。浮顶油罐特别适用于收发作业十分频繁的情况，用以储存汽油或原油。虽然它的造价较高(以 5000m^3罐为例，浮顶罐的造价比普通油罐高出 45%左右)，但它能大量减少油料损耗，投资费用能很快回收。在矿场和炼厂的油库、中转油库、供应油库、长距离输油管线的首站等处建造浮顶油罐是经济合算的。

浮顶油罐降耗效果是显著的，一般可降低损耗 85%~95%。由于罐壁不可能绝对地完全密封，免不了有一些蒸发。而且，当浮顶随油而下降时，沾在罐壁上的油滴将暴露在空气中而蒸发掉。因此浮顶油罐仍有少量的损耗。

(3) 油面覆盖层

在油面上形成覆盖层，相当于在油面上加一个浮顶，它可以有效地防止蒸发损耗。1960 年以前，美国和其他一些国家已开始采用这种方法。它的特点是方法简单、不需花费大量投资和专用设备，可以在普通常压罐上使用。

美国美孚石油公司发明了一种油酚醛脂或尿素树脂制成充以氮气的空心微球，颗粒直径为 20~250μm，密度为 60~110kg/m^3，它具有形成类似泡沫覆盖层的物理性质，当油罐液面发生变化时，微球可以流往罐内的任何部位，使液面保持密封。微球覆盖层的厚度一般为 15~50mm。采用覆盖层是防止损耗比较理想的方法。采用浮球来减少油料的蒸发损耗，目前在我国没有定型产品可供使用，尚处于研究之中。

另一种研究方向是采用化学的方法配制密度小、流动性好、化学性能稳定的泡沫覆盖在油面上。这种方法虽然比较理想，但一般泡沫稳定性差，过一段时间就会破坏，至今还未能制出稳定期很长的泡沫。

8.5.4 控制油气外逸

(1) 集气系统

为了防止油料蒸气散失于大气中，可将储存相同油料的油罐的气体空间相接通，并在互相连通的油罐系统中接一个集气罐(空气罐)。图 8-2 就是活塞式集气罐系统。

油罐呼出的气体进入集气罐时，活塞下降，气体进到活塞和集气罐顶之间的空间中。当油罐吸气时，活塞上升，气体从集气罐回至油罐。

采用集气罐，在收发油作业时，各罐内油蒸气可进入集气罐，不仅能消除小呼吸损耗而且体积选择适当也可基本上消除大呼吸损耗。

集气罐还有其他结构形式，如套顶罐、球形气囊罐等。但它们的结构比较复杂，不如活塞式集气罐应用普遍。尤其是收发作业频繁的供应性油库，在油罐群中加建一个集气罐，投资可以很快被减少的油气损耗抵偿。

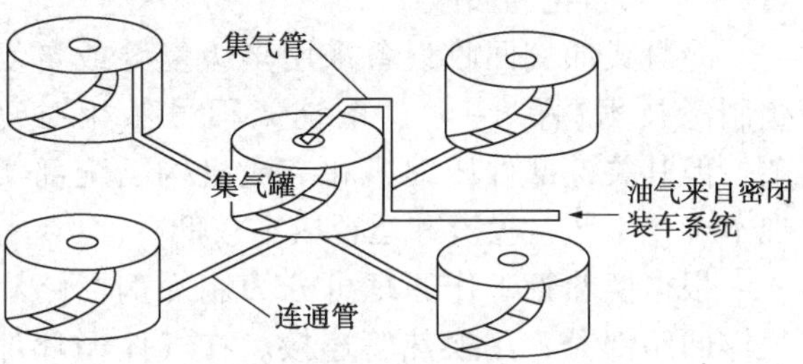

图 8-2　油罐集气系统简图

(2) 连通系统

对于收发油作业频繁的油库，在收发油容器之间连接气体连通管线，使收油容器排出的油气返回发油容器。将进油油罐

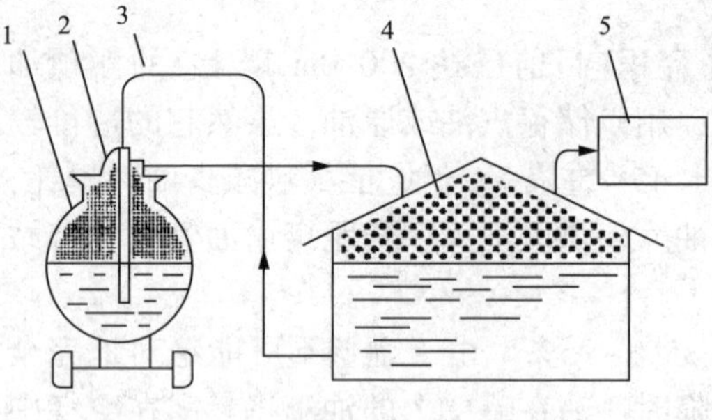

图 8-3　罐车与油罐连接系统

1—罐车；2—集气管线；
3—装油管线；4—发油罐；
5—罐区油气平衡系统

与外输油罐的气体空间连通起来(图 8-3)，这样既防止了收油容器中的油气排入大气，又避免了发油容器吸入空气以及此后发生的回逆呼出，同理也可避免由于温差引起的小呼吸损耗。

目前有些加油站使用的套管式双管加油枪同时具有加油和回收功能，汽油流入汽车油箱，油气通过回气管返回油罐。

8.5.5　油蒸气回收

近年来，随着环境保护要求的提高，利用油气回收法控制含烃混合气的排放浓度及降低油料蒸发损耗的措施得到了国内外的普遍重视，挥发性有机物，常用 VOCs(Volatile Organic Compounds)表示。在我国，VOCs 是指常温下饱和蒸气压大于 70Pa、常压下沸点在 260℃以下的有机化合物，或在 20℃条件下，蒸气压大于或者等于 10Pa 且具有挥发性的全部有机化合物。

通常分为非甲烷碳氢化合物(简称 NMHCs)、含氧有机化合物、卤代烃、含氮有机化合物、含硫有机化合物等几大类。VOCs 参与大气环境中臭氧和二次气溶胶的形成，其对区域性大气臭氧污染、$PM_{2.5}$ 污染具有重要的影响。大多数 VOCs 具有令人不适的特殊气味，并具有毒性、刺激性、致畸性和致癌作用，特别是苯、甲苯及甲醛等对人体健康会造成很大的伤害。VOCs 是导致城市灰霾和光化学烟雾的重要前体物，主要来源于煤化工、石油化工、燃料燃烧、涂料制造、溶剂制造与使用等过程。

挥发性有机物(VOCs)是 $PM_{2.5}$ 和臭氧的前体物，通过控制 VOCs，可加强 $PM_{2.5}$ 与臭氧协同控制，对实现减污降碳协同增效、促进生态环境质量持续改善有重要意义。

（1）冷凝法

油料在储运和销售过程中部分轻烃组分挥发进入大气，造成资源浪费和环境危害。同时有机溶剂广泛应用于工业生产中，每年都有大量的有机溶剂挥发到空气中，危害人类健康，造成严重的环境污染。采取合适的方法回收这些挥发性有机物不但可以降低企业生产成本，而且具有巨大的环保效益。

冷凝法是用来回收 VOCs 的一种有效方法，其基本原理是利用气态污染物在不同的温度和压力下具有不同的饱和蒸气压，通过降低温度和增加压力，使某些有机物凝结出来，使 VOCs 得以净化和回收。

冷凝式油气回收设备采用多级复叠或自复叠制冷技术(图 8-4)，系统流程虽然相对复杂，但其关键部件压缩机和节流机构已全部实现本土化生产，投资和运行成本较低。

根据换热管工作原理可分为制冷剂回路和气体回路部分，用换热管连接。在气体循环部分，低温冷媒在换热器中和热的有机溶剂混合

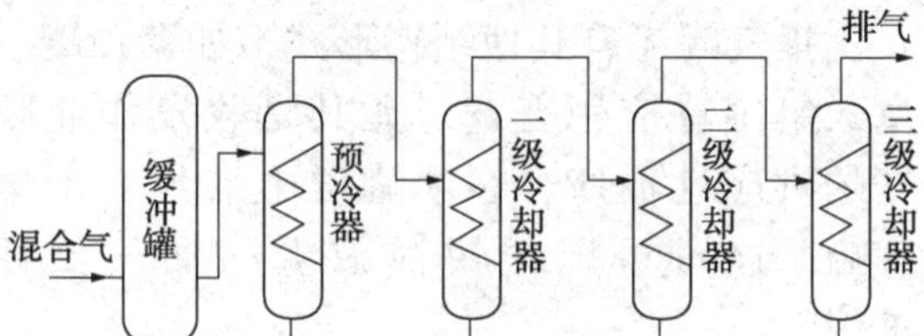

图 8-4　冷凝法油气回收工艺流程图

气体进行热交换，有机溶剂液化后回收，制冷剂流入储液罐。

制冷剂回路，压缩机将制冷剂压缩成高温高压气态制冷剂，通过风冷冷凝器液化，通过干燥过滤器，在冷媒-制冷剂热交换器中冷的液态制冷剂与冷媒进行热交换，低温冷媒进入储液罐，制冷剂通过吸入过滤器进入压缩机入口，完成整个的制冷剂冷媒换热过程。

① 冷凝工艺的影响因素

冷凝分离法回收轻烃要对原料气体冷却降温。根据原理可分为节流膨胀制冷和膨胀机膨胀制冷。根据工艺可分为制冷剂制冷(如丙烷制冷)、节流膨胀制冷、膨胀机膨胀制冷和混合制冷(在膨胀机膨胀制冷或工艺流体自身节流膨胀制冷的基础上外加冷剂制冷)。

分离方法包括精馏系统精馏分离，分离器相平衡分离。这个过程一般包括脱水、增压(低压力气体)、精馏和制冷。以上冷凝工艺各个部分的选择都会影响最终的冷凝效果。

② 冷凝工艺优点

冷凝法是利用物质沸点的不同回收，适合沸点较高的有机物，该方法具有回收纯度高、设备工艺简单、能耗低、设备紧凑、占用空间小、自动化程度高、维护方便、安全性好、输出为液态油可直接利用等优点。

③ 冷凝工艺缺点

单一冷凝法要达标需要降到很低的温度，耗电量巨大，不是真正意义上的“节能减排”。

（2） 吸收法

用溶液、溶剂或清水吸收工业废气中的挥发性气体，使其与废气分离的方法叫吸收法。溶液、溶剂、清水称为吸收剂。吸收剂不同可以吸收不同的有害气体。吸收法使用吸收器、净化器或洗涤器。吸收法的工艺流程和湿法除尘工艺近似，只是湿法除尘工艺用清水，而吸收法净化有害气体要用溶剂或溶液。

装卸油料时产生的油气进入吸收塔，从出口排出贫油空气，解吸塔内进行吸收液的真空解吸，解吸的吸收液再循环利用，回收塔用汽油将进入的解吸气进行回收，尾气返回吸收塔重复该过程(图 8-5)。用溶液吸收法回收挥发性有机物的吸收液通常是特殊的吸收液，吸收液的选择将影响回收效果。

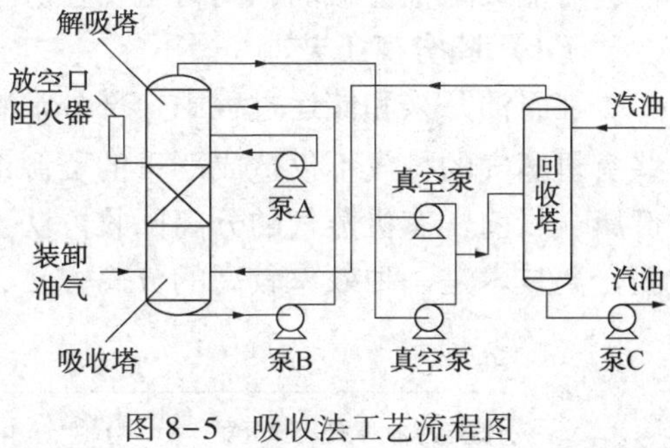

图 8-5　吸收法工艺流程图

① 吸收工艺优点：

吸收法工艺比较简单，设备投资较低，操作和维修费用基本与碳吸附法相当，由于吸收介质是采用煤油和吸收液，因此没有二次污染问题。

② 吸收工艺缺点：

此工艺方法回收效率低，对于环保要求较高时，很难达到允许的油气排放标准；设备占地空间大；能耗高；吸收剂消耗较大，需不断补充。

（3） 吸附法

吸附法主要适用于低浓度气态污染物的净化，对于高浓度的有机气体，通常需要先经过冷凝等工艺将浓度降低后再进行吸附净化。吸附技术是最为经典和常用的气体净化技术，也是目前工业 VOCs 治理的主流技术之一。吸附法的关键技术是吸附剂、吸附设备和工艺、再生介质、后处理工艺等。

活性炭因其具有大比表面积和微孔结构而广泛应用于吸附回收有机气体。目前，对活性炭吸附有机气体的研究主要集中在吸附平衡的预测、活性炭材料的改性及有机物的物化性质对活性炭吸附性能的影响。活性炭吸附工艺原理及流程见图 8-6。

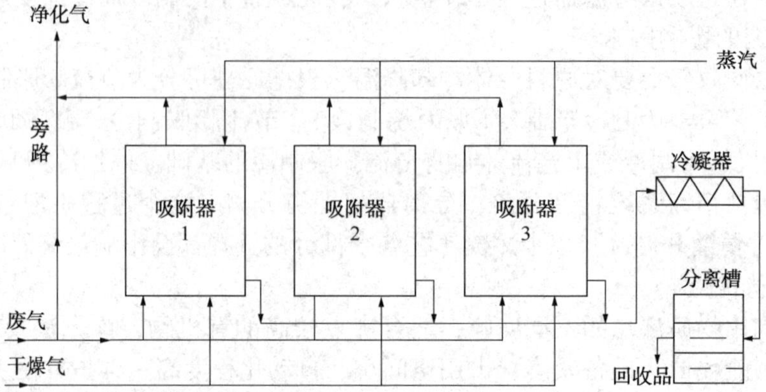

图 8-6　活性炭吸附工艺原理及流程

① 活性炭吸附工艺的优点：

适用于低浓度的各种污染物；活性炭价格不高，能源消耗低，应用起来比较经济；通过吸附冷凝可回收溶剂有机物；应用方便，只要同空气相接触就可以发挥作用；活性炭具有良好的耐酸碱和耐热性，化学稳定性较高。

② 活性炭吸附工艺的缺点：

吸附量小，物理吸附存在吸附饱和问题，随着吸附剂的消耗，吸附能力也变弱，使用一段时间后可能会出现吸附量小或失去吸附功能；吸附时，存在吸附的专一性问题，对混合气体，可能吸附性会减弱，同时也存在分子直径与活性炭孔径不匹配，造成脱附现象。

（4）膜分离工艺

在石油开采和储运过程中，部分油料挥发到大气中，主要是 C_4-C_5以及少量芳香烃。这些有机蒸气的排放不仅造成严重的资源浪费，而且对空气质量有很大影响，进而影响人类的健康，目前，有机蒸气的分离回收方法主要是冷凝、活性炭吸附、膜分离法、溶剂吸收法。膜分离技术是一种效率较高的分离方法，工艺原理及流程见图 8-7。

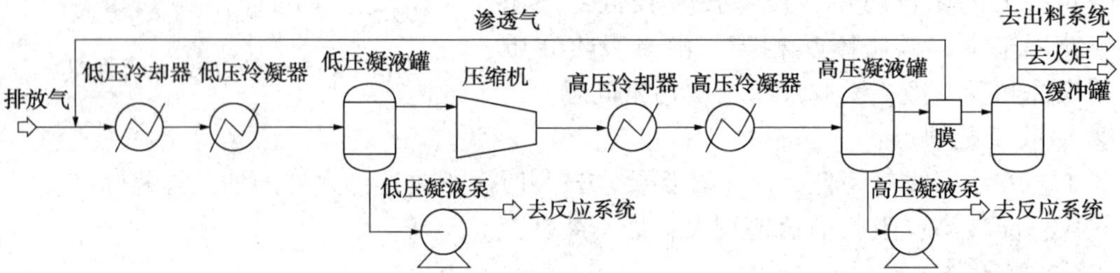

图 8-7　膜分离工艺流程图

① 膜分离工艺优点：

利用特殊高分子膜对烃类有优先透过性的特点，让油气和空气混合气在一定压力的推动下，使油气分子优先透过高分子膜，而空气组分则被截留排放，富集的油气传输回油罐或用其他方法液化。优点是技术先进，工艺相对简单；排放浓度低，回收率高。此法操作简单，适用范围广，不存在环境二次污染。

② 膜分离工艺缺点：

能耗高、价格高、投资大，经济性不高。

8.5.6 设呼吸阀挡板

在呼吸阀接合管下方装设挡板是一种投资少、易安装、不影响生产正常运行的简易降耗措施。如前所述，发油作业或降温过程油罐吸入空气所引起的强制对流是影响气体空间油气运移的重要因素。当油罐处于中液位或高液位储存时，吸入的空气流有可能直接冲击油面上部的大浓度层，从而削弱大浓度层对油料蒸发的抑制作用，加速油料蒸发。装设呼吸阀挡板的目的就是改变吸入空气在气体空间的运动方向，避免对油面上大浓度层的直接冲击，使吸入的空气在油罐气体空间顶部沿径向分散，然后平稳地向下推移。这样不仅可以减少发油后的回逆呼出，而且可以降低下次呼气的油气浓度。根据测定，在相同的条件下，装设呼吸阀挡板的油罐比不装设呼吸阀挡板的油罐可使油料蒸发损耗降低20%~30%。

为了便于在已建成并投入使用的油罐上安装，呼吸阀挡板可做成折叠式圆形挡板，如图 8-8 所示。挡板的两个翼板与中心板用销钉铰接。挡板的直径 D 取决于呼吸阀接合管直径 d，为保证挡板在折起翼板后能顺利穿过接合管，一般取 $D=2d$。挡板距接合管下边缘的距离 h 一般取为接合管直径的 1.8~2 倍，即 $h=(1.8-2)d$。挡板的环形固定板与油罐壳板之间用导线连接，以防静电聚积。

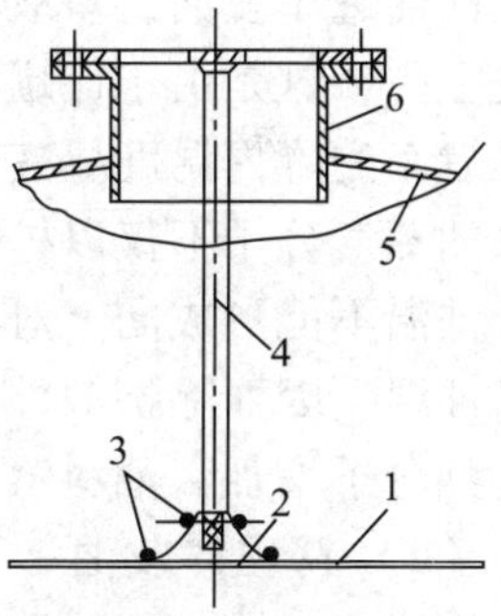

图 8-8 呼吸阀挡板

1—挡板的翼板；2—挡板的中心板；3—铰接销钉；4—吊杆；5—罐顶；6—呼吸阀接合管

8.5.7 改进操作管理

（1） 及时调油

及时调进油料，保持所有油罐在较高装满程度下储存油料，以减少油罐气体空间体积。当及时调进有困难时，分散于几个油罐的同类油料应集中储存，尽量减少低液位储存。因为此时呼气量大于高液位储存，呼气浓度高于低液位储存而接近高液位储存，从整个罐组来看，对降低蒸发损耗最不利。

（2） 减少输转倒罐

用于自流发放的高架罐最好由铁路罐车直接进油，以减少由储罐对高架罐的输转。如果条件允许，最好取消或少用缓冲罐、高架罐、放空罐等中间容器。

（3） 适时收发油

收油时若罐内蒸气浓度大，油料耗损也大；反之，则较小。因此，条件许可时，可在发油后不久就接着收油，因为发油后罐内蒸气浓度较低，大呼吸耗损量较小。尽量在每日上午升温阶段发油，每日降温阶段收油，尽量缩短发油到收油的时间间隔，最好发油后立即收油。

（4） 控制收发油速度

收油时要尽量加大泵流量，使油料在收油过程中来不及大量蒸发而减小耗损；发油时与之相反，发油稍慢，使罐内蒸气浓度下降慢些，可减少回逆呼吸耗损。

（5）巡检相关设备

定期检查油罐的密封状况，特别是机械呼吸阀、液压安全阀、量油口或自动计量装置等。加强相关设备、工具的维护保养，保持设备状态完好。

（6）人工检测时机

油罐的量油取样作业等，如采用人工检尺计量，应尽可能在罐内外压差最小的清晨或傍晚吸气结束后进行。此时罐内外的温度和压力都比较接近，打开量油口盖吸气量最少，呼出气体的油气浓度较低。

（7）防油飞溅

装车或装船时软管若伸至槽车、油船的上部或中部时，油流冲击油面，发生剧烈翻腾，油面上的大浓度层被破坏，加速油面蒸发，使罐内油料蒸气浓度增大，损耗增加。因此，装油软管要伸到罐车或油船底部，以免由于油料飞溅而加大油料损耗量。灌装原油时，应控制加热温度，油温过高将增大损耗。

（8）白天罐车发油

向油罐车发油，争取在白天进行，根据实测的数据表明：罐车装油时白天装车损耗反而比晚上少，这是由于储罐油料温度昼夜变化小，装车过程又短，油温可以认为是不变化的。但是罐车的罐内温度昼夜变化大，白天高于油温，晚上低于油温。在装车过程中，油料蒸发出来的蒸气分子不仅以扩散方式向上运动，还以对流方式运动，白天装油时，罐车内的温度高于油温不能形成向上对流，因而罐车内的平均蒸气浓度较小；晚上装油时，罐车内的温度低于油温，因而除扩散外还存在着向上的对流运动，使罐内平均蒸气浓度较大，因而排出罐外的油分子增加，油料蒸发损耗增大。

（9）降温时收油

在降温时罐内气体因温降而收缩，再加之蒸气分子凝结加快或蒸发减慢，进油时从罐内排出的气体量必然少于进油量，且排出的油料蒸气浓度较低，因此损耗量要比升温时大为减少。显然，在傍晚到午夜降温较快的时间收油更为有利。

课后习题

8-1　用物理学上的分子运动理论阐述油料蒸发损耗的物理过程。

8-2　写出蒸发损耗的基本公式（用浓度和分压表示两种）并说明其假设件。

8-3　简述降低油料蒸发损耗的措施。

8-4　用热扩散的原理解释为什么夜晚油料蒸发损耗比白天多？

8-5　影响液体蒸发速度的因素有哪些？

8-6　从油罐小呼吸损耗的角度论述油罐安装呼吸阀的意义。

8-7　某油罐储存车用汽油气体空间最低温度 $t_1=15℃$，油面最高温度 $t_2=32℃$，气体空间体积 $200m^3$，温度为 t_1 和 t_2 下油料的蒸气压 $P_{y1}=40mmHg$、$P_{y2}=180mmHg$，20℃时油料的蒸气压为 $P_{20}=70mmHg$，若呼吸阀的压力和真空阀的控制压力分别为 $180mmH_2O$ 和 $-50mmH_2O$，用瓦廖夫斯基-契尔尼金公式计算小呼吸损耗量。

8-8　某油库储存车用汽油当地气温变化如图8-9所示，气体空间体积 $200m^3$，油料蒸气压与温度关系式为 $P_y = 52.38e^{0.0136t}$ kPa，若呼吸阀的压力和真空阀的控制压力分别为 $180mmH_2O$ 和 $-50mmH_2O$，当地大气压为 760mmHg。求小呼吸损耗量，并讨论什么时间开始装卸油产生的大呼吸损耗最小。

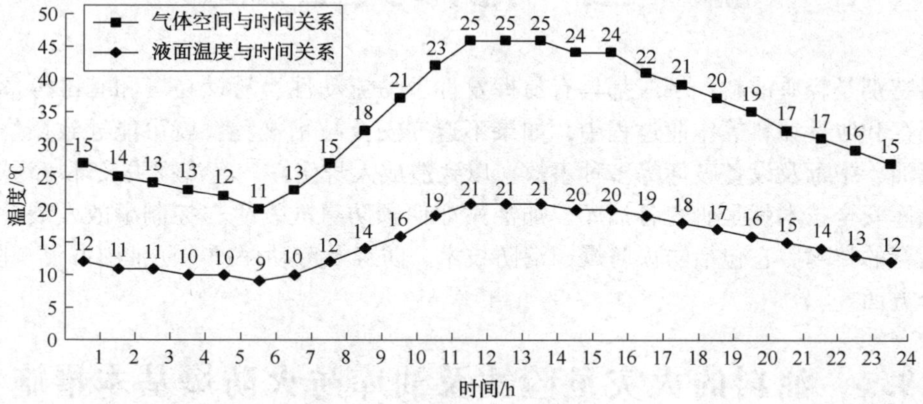

图 8-9　当地温度变化

8-9　某油库进行卸 95[#]汽油作业，已知卸油量为 5 个 G60 油罐车，装满率为 0.9，油库有 10 座 $5000m^3$ 油罐，油罐可充装油的体积见表 8-12，卸车时的温度为 15℃，油料的饱和蒸气压为 $P_y = 40$mmHg，当地大气压为 760mmHg，油罐呼吸阀的压力和真空阀的控制压力分别为 $180mmH_2O$ 和 $-50mmH_2O$。试确定最少在线切换几次泵可以完成作业并不产生大呼吸损耗？

表 8-12　油罐可充装油的体积

罐号	1	2	3	4	5	6	7	8	9	10
充装体积/m^3	3000	2880	2500	2420	2000	1800	1600	1500	1000	800

8-10　某油库有 8 个 $5000m^3$ 92[#]汽油罐，油罐充装率常年在 60%左右，汽车装车鹤位为 4 个，鹤管为 *DN*80，汽车油罐车体积为 $20m^3$，油库用高架罐装车，请为该油库确定高架罐体积(要求在汽车油罐车装车时不产生大呼吸损耗，呼吸阀的压力和真空阀的控制压力分别为 $180mmH_2O$ 和 $-50mmH_2O$，油罐油面夏天最高气温为 32℃，$P_y = 180$mmHg，当地大气压为 760mmHg)。

第9章　油库安全技术

油料特别是轻质油料，一般都具有易挥发性、易流动性、易燃易爆和有毒等危险特性。油库在储存和收发油料等作业过程中，如果不遵守安全技术规程，就可能导致燃烧、爆炸、混油、漏油、中毒及设备破坏等多种事故，以致造成人身伤亡、经济损失及环境污染等严重危害。油库安全技术就是研究各油库、加油站如何预防事故发生、控制事故发展，保证库、站安全运行的技术。它包括防火防爆、消防技术、防毒及劳动保护、防油料漏混、防工伤事故等多个方面。

9.1　油料的火灾危险性及油库防火防爆基本措施

火灾、爆炸是库站安全最严重的威胁。一旦发生失火、爆炸，就可能造成生命财产的巨大损失。因此，必须高度重视并切实做好库站的防火防爆工作。

9.1.1　油料的火灾危险特性

油料具有较强的挥发性和扩散性，具有易燃易爆特性，具有易积累静电和沸溢性。正是由于这些特性的存在，使它具有较大的火灾危险性。

（1）挥发性

不同的油料，挥发性不同。一般轻质成分越多，挥发性越大。温度越高，挥发越快。压力越低，挥发越快。从油料中挥发出来的油蒸气迅速与空气混合，形成可燃混合气，一旦遇到足够大的点火能量，就会引起燃烧或爆炸。挥发性越大的油料，其火灾危险性越大。

（2）扩散性

① 油料特别是轻质油料，具有较强的流动性。黏度越低，流动性越好。温度升高，黏度下降，流动性增加。油料的流动性使其在储存和输转过程中易发生溢油和漏油事故，同时也易沿着地面或设备流淌扩散，增大了火灾危险性，也易使火灾范围扩大，增加了灭火难度和火灾损失。

② 油料比水轻，且不溶于水，这一特征决定了油料会沿水面漂浮扩散，造成污染及诱发火灾。这一特征要求不能用水直接覆盖扑救油料火灾。

③ 油蒸气的扩散性。由于油蒸气的密度比空气略大，且很接近，有风时受风影响会随风飘散；即使无风时，也能沿地面扩散至50m以外，并易积聚在坑洼地带。所以油库中各建筑物间一定要有安全距离并考虑风向及风力大小，以防火灾扩大。

（3）易燃性

油料的易燃性以闪点、燃点、自燃点来划分。

① 闪点　闪点是指在规定的试验条件下，当火焰从油蒸气与空气的混合物上掠过时，引起瞬间火苗或闪光并立即熄灭的液体最低温度。油料闪点越低，越易燃烧，火灾危险性越大。所以闪点是衡量油料火灾危险性大小的一个重要标志。

② 燃点　当液体达到闪点且温度继续上升，在液体表面能用明火引起连续 5s 以上的火苗燃烧的最低温度，称为该液体的燃点。燃点一般比闪点高 0~30℃。

③ 自燃点　自燃点指油料在没有外部火焰条件下，能够自行燃烧和继续燃烧的最低温度。通常情况下，液体密度越大，闪点越高，而自燃点越低。

常见油料的闪点、自燃点见表 9-1。油料的火灾危险性分类见第 1 章表 1-2。

表 9-1　常见油料的闪点和自燃点

油　料	闪点/℃	自燃点/℃
原　油	27~45	380~520
汽　油	-58~10	510~530
煤　油	28~45	380~425
轻柴油	45~120	350~380
重柴油	>120	300~330
蜡　油	>120	300~320
渣　油	>120	230~240

此外，油料的易燃性还在于油料的燃烧速度很快，一旦发生燃烧，很容易造成更大的危险性。

（4） 易爆性

油蒸气与空气的混合气体达到适当浓度时，遇足够能量的火源就能发生爆炸。某种油蒸气在空气中能发生爆炸的最低浓度和最高浓度，称为某种油蒸气的爆炸浓度下限和爆炸浓度上限。根据蒸气压理论，液体的饱和蒸气压(或相应的蒸气浓度)与温度有一一对应的关系，因而蒸气爆炸浓度上、下限所对应的液体温度也被称为这种油料的爆炸温度极限。常见几种轻质油料的爆炸浓度极限和爆炸温度极限见表 9-2。通常利用爆炸温度极限范围来判断油蒸气的爆炸危险性比利用爆炸浓度极限判断更方便。

表 9-2　几种油料的爆炸浓度极限和温度极限

名称	爆炸浓度极限/%		爆炸温度极限/℃	
	下限	上限	下限	上限
车用汽油	1.7	7.2	-38	-8
航空汽油	1.0	6.0	-34	-4
灯用煤油	1.4	7.5	40	86

从表 9-2 可知，汽油、煤油的爆炸浓度下限都较低，爆炸温度也较低。而且油蒸气易积聚飘移，扩散范围大，浓度在爆炸极限范围内的可能性大。再加上油蒸气的引爆能量小，如汽油的最低点火能量仅为 0.2mJ，油库中的绝大多数引爆源，如明火、电器设备点火源、静电火花放电、雷电等，一般具有的能量都大于此。因此，油料具有易爆性。

油料的易爆性还在于油料的燃烧也可能转变为爆炸。当空气中的油蒸气浓度在爆炸极限范围内时，与火源接触，随即发生爆炸。容器内油蒸气浓度高出爆炸极限的上限时，遇有火源，则先燃烧，但当油蒸气浓度随着燃烧减少到爆炸极限范围内时，便可能转化为爆炸。

（5） 易积累静电荷性

油料是静电非导体，当油料在运输和装卸作业时易产生大量静电，并且油料静电产生速度远大于流散速度，容易引起静电积聚，电位可达几千伏，容易造成静电火灾事故。

（6）沸溢性

沸溢主要发生于储存原油和重油的油罐。油罐发生沸溢时火柱高达70m以上，喷射距离可达120m，不仅造成人员伤亡，扑救困难，而且由于火焰辐射热量高，容易造成油罐间的火灾蔓延。

9.1.2 油库防火防爆基本措施

《消防法》总结历史经验提出"预防为主，防消结合"的方针，是油库防火防爆工作的指导原则。即一方面要预防火灾和爆炸的发生——控制油气混合浓度、消除火源或把火源能量控制在油气混合气的着火能量之下、避免二者相遇等；另一方面要尽量减少火灾和爆炸的损失——采用适当的耐火等级、防火间距、泄爆方式和灭火措施，配置合理的消防设施等。

（1）油库选址与布置应达到规定的安全距离要求

为减小火灾风险，应按照《石油库设计规范》(GB 50074—2022)、《建筑设计防火规范》(GB 50016)等规定的防火安全距离要求严格执行。

（2）油库中的建（构）筑物应达到规定的耐火等级要求

根据建筑材料在明火或高温作用下的变化特征，一般将建筑物构件分为非燃烧体、难燃烧体和燃烧体三类。油库常用的建筑材料主要有砖、石、钢材和混凝土，属于非燃烧体，其耐火性能较强。

建筑物的耐火等级是由组成建筑物的主要构件的燃烧性能和耐火极限决定的。耐火极限是指在标准耐火试验条件下，建筑构件、配件或结构从受到火的作用时起，到失去稳定性、完整性或隔热性时止的这段时间，用小时表示。

GB 50016将建筑物的耐火等级分为4级。一级耐火等级是钢筋混凝土结构或砖墙与钢筋混凝土组成的混合结构，二级耐火等级是钢结构屋架、钢筋混凝土柱或砖墙组成的混合结构，三级耐火等级是木屋顶和砖墙组成的砖木结构，四级耐火等级是木屋顶、难燃烧墙组成的可燃结构。

油库建(构)筑物，根据其所处场所的火灾危险性，火灾后产生的破坏和危害程度大小，其耐火等级要求不同。为保障油库防火安全，油库建筑物在火灾高温作用下要求其基本构件能在一定时间内不破坏，不传播火灾，延缓和阻止火势蔓延，为疏散人员、物资和扑灭火灾赢得时间。因此，设计油库建(构)筑物时，应根据生产和储存物品的火灾危险性，建(构)筑物的业务用途，所处位置等因素正确选择相应的耐火等级，并结合建筑物构件来因地制宜地选用适合于耐火极限要求的建筑构件。GB 50074—2022对油库建(构)筑物进行了分类，提出了各类建(构)筑物最低的耐火等级要求，见表9-3。

（3）配备合理的消防设施

油库消防设施由消防道路、消防给水系统、泡沫(烟雾)灭火系统、移动消防设备(消防车、机动消防泵等)、消防器材、消防报警和通信等组成。在《石油库设计规范》(GB 50074—2022)及《泡沫灭火系统技术标准》(GB 50151—2021)等规范中都提出了相应的技术要求，在进行油库设计时都必须满足规范中的要求。

表 9-3 石油库内生产性建筑物和构筑物的最低耐火等级

序号	建筑物和构筑物名称	油料类别	耐火等级
1	易燃和可燃液体泵房、阀门室、灌油间(亭)、铁路液体装卸暖库、消防泵房	—	二级
2	桶装液体库房及敞棚	甲、乙	二级
		丙	三级
3	化验室、计量间、控制室、机柜间、锅炉房、变配电间、修洗桶间、润滑油再生间、柴油发电机间、空气压缩机间、储罐支座(架)		二级
4	机修间、器材库、水泵房、铁路装卸油料栈桥、汽车油料装卸站台、油料码头栈桥、油泵房(棚)、阀门棚		三级

除此以外，阻火器也是非常重要的安全设施，对于混合气大量存在，且仅通过呼吸管路与大气相通的密闭空间，安装阻火器能有效地阻止外界火源进入而引燃引爆油气混合气。GB 50074—2022 规定：储存甲、乙类油料的固定顶油罐和地上卧式油罐的通气管上应装设呼吸阀；储存甲、乙、丙 A 类油料的固定顶油罐，储存甲、乙类油料的卧式油罐及储存丙 A 类油料的地上卧式油罐，必须装设阻火器。

要使这些消防设施和器具在危急时刻发挥作用，在日常运行管理过程中，必须重视对油库各类消防设施和器具的维护保养工作，使其时刻处于完好状态。

（4）严格控制油气混合气浓度

浓度合适的油气混合气是油库发生起火爆炸的基本条件之一。虽然油库中由于受设备和作业条件限制，完全消除油气混合气是不可能的，但是通过采取科学布局、减少油气排放、通风、惰化和加强油气浓度监测等措施，尽量减小油气混合气的浓度，使之达不到油气燃烧爆炸的浓度，是完全可以做到的。

① 减少油气排放　减少油气排放是油库防火防爆的关键。油库中的油气排放源可分为两大类，一类是非事故性排放源，即油库在正常作业和油料储存中的正常油气排放，如油库在进行油料收发、输转及加注作业过程中的大呼吸，油料在储存过程中的小呼吸，油罐、油桶及管道等设备清洗的油料蒸发，泵房、洞库等的通风排气等。这类油气排放源往往场所比较固定或是可预见，因而危险性较小。另一类是事故性排放，最常见的就是油料和油气的泄漏。事故性油气排放，由于其场所和油气浓度的不确定，失火爆炸危险性较大，控制的措施主要有以下几点：

a. 保持设备良好、严密。储存和输送油料的设备应保持严密性和足够的承压能力，防止破损泄漏；阀门、油泵等有动密封的设备应保持密封良好；储输油设备应做好防腐工作，防止腐蚀穿孔及破损泄漏。

b. 严格作业规程。收发油作业时，应防止油料超出油罐、油桶、油罐车等容器在当时油温下的安全装油高度，防止油料在储存、运输过程中因油温升高而溢出或作业过程中出现冒油事故。清洗油罐及检修设备时，应做好封堵工作，应封堵所有相连的管道，如输油管、呼吸管、通风管等，防止油料和油蒸气大量外泄。清洗作业用过的沾油的纱、布、垃圾等应放带盖的不燃材料制成的桶内，及时清洗或处理。

c. 应正确设置防火堤、拦油堤等，防止泄漏油料及火灾的蔓延和扩散。

② 通风　油库中要做到完全没有油气是不可能的，通风既是防止油气积聚的主要辅助措施之一，也是防毒、防潮和改善劳动环境的重要措施。通风的方式有机械通风和自然通风两种，采用哪种方式应根据场所的特点而定，以自然通风优先，以能满足换气次数要求和作业方式所允许的特殊要求为原则。一般情况下，油库各场所的通风设置应符合 GB 50074—2022 的有关规定。

③ 惰化　有的场所进行通风很困难，如果其密封性能好，人员不进去操作，则可采用充填惰性气体惰化的方法来限制爆炸性油气混合气的形成。油气混合气中充入惰性气体，可以减小甚至消除爆炸危险和制止火焰蔓延。使用惰性气体的目的是降低含氧量，当含氧量降低到某一值时，燃烧便不能进行，即使正在燃烧的火焰也会熄灭。这种不能使物质燃烧的最高含氧量称为最高允许含氧量，对于不同的可燃物和不同的惰性气体，其最高允许含氧量是不同的。对汽油蒸气用二氧化碳时最高允许含氧量为 11%，用氮气时最高允许含氧量为 9%。

④ 加强油蒸气浓度监测及自动报警　在储油洞库、罐间、罐区适当位置应随时监测油蒸气浓度，并能自动报警。在清洗油罐、油罐车作业前，或进入操作阀井、管沟等油蒸气容易积聚、通风不畅的场所前，在爆炸危险场所内进行明火或其他危险作业前，都应进行严格的油蒸气浓度检测，确认油蒸气浓度在作业方式所允许的范围内，方可进入或进行作业。目前，油蒸气浓度监测装置主要有携带式可燃气体监测仪表、固定式可燃气体监测报警器和固定式可燃气体监测报警系统等。

（5）严格控制引燃引爆源

油库引燃引爆源主要有：外来火源的进入，金属撞击火花，电焊、气焊等作业明火，电气设备火花，电气化铁路、电化学腐蚀、阴极保护等引起的杂散电流火花，雷电、静电放电等。

① 严禁外来火源进入防火禁区　严格执行防火禁区规定，严禁携带火柴、打火机及其他易燃易爆物品入库；铁路蒸汽机车入库要加挂隔离车，烟囱应装防火罩，并关好灰门，不得在库内清炉和顶车溜放作业；各种汽车和胶轮拖拉机入库，必须戴防火帽，不得在库内乱驶。使用发动机泵抽灌甲乙类油料时，应与盛油容器相距 10m 以上，并放在侧风方向；禁止向运转中的发动机加注油料和连接松脱的胶管，防止油料溅到发动机上引起着火；不得在抽灌油现场修理发动机。

② 防止金属撞击产生火星　不准穿铁钉鞋入库；不准骡马和铁轮车入库；搬运油桶、拆卸及进行检修设备等作业时，应防止撞击；在爆炸危险场所拆卸和检修设备，铲除油漆、铁锈等作业时，应使用防爆工具。

③ 严格管理明火作业　在石油库内进行电焊、气焊、锻铸、机修等作业，应提前申报批准；与库内各建筑物、构筑物要有防火间距，并加强消防措施。

④ 防止电器设备引燃引爆　油库中易燃易爆场所的电器设备的选择、使用和维修都应严格遵守油库电器防爆的有关规定。

⑤ 防止静电、雷电和杂散电流引燃引爆　静电或雷电在一定条件下会引起火花放电现象，从而导致引燃引爆事故，因此必须采取措施加以预防。具体措施将分别在本章的第 3 节和第 4 节中详细介绍。

总之，油库是储存易燃易爆油料的基地，必须十分注意谨慎用火，认真做好火源控制工作，管好用好消防设施，才能达到防患于未然的目的。

9.2　油库消防技术

9.2.1　燃烧的本质

燃烧是可燃物与氧化剂作用产生的放热反应，通常伴有火焰、发光和(或)发烟现象。简而言之，燃烧是一种放热、发光的化学反应。

随着现代科学的发展，近代链锁反应理论认为：燃烧是一种游离基的链锁反应。链锁反应也称为链式反应，即由游离基在瞬间进行的循环连续反应。游离基又称自由基或自由原子，是化合物或单质分子中的共价键在外界因素(如光、热)的影响下，分裂而成含有不成对电子的原子或原子基团，它们的化学活性非常强，在一般条件下是不稳定的，容易自行结合成稳定分子或与其他物质的分子反应生成新的游离基。当反应物产生少量的活化中心——游离基(自由基或自由原子)时，即可发生链锁反应。只要反应一经开始，就可经过许多链锁步骤自行加速发展下去(瞬间自发进行若干次)，直至反应物燃尽为止。当活化中心全部消失(即游离基消失)时，链锁反应就会终止。

一般认为，链锁反应机理大致可分为 3 个阶段：

① 链的引发。即生成游离基，使链式反应开始。生成的方法通常有热离解、光照法、催化法、放射线照射法、加入引发剂和氧化还原法等。

② 链的传递。游离基作用于其他参与反应的分子，在生成产物的同时，产生新的游离基，使链式反应自行地一个传一个，不断地进行下去。

③ 链的终止。即游离基的消失，使链式反应终止。终止的原因一般包括杂质的影响、抑制剂的掺入、游离基形成稳定分子、游离基撞击器壁或反应物全部反应完成等。

链锁反应通常分为直链反应和支链反应两种类型。

直链反应的特点是，自由基与价饱和的分子反应时活化能很低，反应后仅生成一个新的自由基。氯和氢的反应是典型的直链反应。在氯和氢的反应中，只要引入一个光子，便能生成上万个氯化氢分子，这正是由于链锁反应的结果。氯和氢的反应如下：

链的引发　$$Cl_2 \xrightarrow{h\nu} 2\dot{C}l \quad \text{(a)}$$

链的传递　$$\dot{C}l + H_2 \longrightarrow HCl + \dot{H} \quad \text{(b)} \qquad (9\text{-}1)$$

$$\dot{H} + Cl_2 \longrightarrow HCl + \dot{C}l \quad \text{(c)}$$

支链反应的特点是，一个自由基能生成一个以上的自由基活性中心。任何链反应均由三个阶段构成，即链的引发、链的传递(包括支化)和链的终止。例如，氢和氧的反应就是典型的支链反应：

链的引发

$$H_2 + O_2 \xrightarrow{\triangle} 2\dot{O}H \quad \text{(a)}$$

$$H_2 + M \xrightarrow{\triangle} 2\dot{H} + M\text{（M 为惰性气体）} \quad \text{(b)}$$

链的传递　$$\dot{O}H + H_2 \longrightarrow \dot{H} + H_2O \quad \text{(c)}$$

链的支化

$$\dot{H} + O_2 \longrightarrow \dot{O} + \dot{O}H \quad \text{(d)}$$

$$\dot{O} + H_2 \longrightarrow \dot{H} + \dot{O}H \quad \text{(e)} \qquad (9\text{-}2)$$

链的终止 $\begin{cases} 2\dot{H} \longrightarrow H_2 & (f) \\ 2\dot{H}+\dot{O}+M \longrightarrow H_2O+M & (g) \end{cases}$

慢速传递 $\begin{cases} H\dot{O}_2+H_2 \longrightarrow \dot{H}+H_2O_2 & (h) \\ H\dot{O}_2+H_2O \longrightarrow \dot{O}H+H_2O_2 & (i) \end{cases}$

链的引发需有外来能源激发，使分子键破坏生成第一个自由基，如式(9-2)中的(a)、(b)所示。链的传递(包括支化)是自由基与分子反应，如式(9-2)中的(c)~(e)、(h)和(i)所示。链的终止为导致自由基消失的反应，如式(9-2)中的(f)、(g)所示。

综上所述，物质燃烧是氧化反应，而氧化反应不一定是燃烧，能被氧化的物质不一定都是能够燃烧的物质。可燃物质的多数氧化反应不是直接进行的，而是经过一系列复杂的中间阶段反应；不是氧化整个分子，而是氧化链锁反应中间产物游离基和原子。可见，燃烧是一种极其复杂的化学反应，游离基的链锁反应是燃烧反应的实质，光和热是燃烧过程中发生的物理现象。

9.2.2 发生燃烧的必要条件

燃烧必须具备 3 个条件，即可燃物、助燃物、点火能量。这 3 个因素必须同时存在，缺少一个就不能发生燃烧。

可燃物，即一切可以燃烧的物质。它可以是固体、液体或气体，如木材、煤炭及各种油料都是可燃物质。

助燃物，即能帮助和支持燃烧的物质。助燃物通常是氧气、空气或其他氧化剂。油库火灾的助燃物主要是空气中的氧气。当无氧气供给或供给不足时，燃烧就会停止或减弱。由于可燃物质性质不同，燃烧所需要的含氧量也不同；在等量情况下，使某些物质完全燃烧，所需要的含氧量也有差异。部分常见物质燃烧所需的最低含氧量，如表 9-4 所示。

表 9-4 部分常见物质燃烧所需的最低含氧量

物质名称	含氧量/%	物质名称	含氧量/%
汽油	14.4	乙醇	15.0
煤油	15.0	橡胶屑	13.0
氢气	5.9	大量棉花	8.0

点火能量(即足以把可燃物的一部分或全部加热到发生燃烧所必需的温度和热量的能量)可以是热能、光能、电能、化学能和机械能。可燃物性质不同，其所需的点火能量大小也不相同。表 9-5 列举了几种可燃物的最小点火能量。

表 9-5 几种可燃物的最小点火能量

可燃物名称	最小点火能量/mJ	可燃物名称	最小点火能量/mJ
汽 油	0.2	乙 醇	0.375
氢 气	0.019	丙 烷	0.305
乙 炔	0.02	丙 酮	0.115
甲 烷	0.47	苯	0.55
乙 烷	0.285	环氧丙烷	0.19

表 9-5 中汽油的最低点火能量仅为 0.2mJ，而油库中明火、电器设备点火源、静电火花放电、雷电等(这些也是可能引发油库火灾的主要原因)，一般具有的能量都大于此，都可能成为点火源。

以上 3 个条件仅是物质燃烧的必要条件。但即使当 3 个条件都存在时，并不一定都会发生燃烧。这是因为，燃烧与可燃物、助燃物、点火能量 3 者的量的大小有密切关系，如油气混合气的浓度低于一定数值或氧气浓度低于一定数值时，即使遇火源也不可能燃烧。另外，可燃物的结构及其与助燃物接触方式等也会对燃烧产生很大的影响，如一根火柴能使木刨花燃烧，但不能使一大块木材燃烧；又如从烟囱中出来的火星温度高达 600℃，已超过木材燃点(一般为 380~350℃)，如果这些火星落在木屑上，很快就能引起燃烧，如果落在大块木材上，不但不会引燃木材，火星还将很快熄灭。也就是说燃烧不仅必须具备以上 3 个必要条件，并达到相应的要求，而且还必须使以上条件相互结合、相互作用，燃烧才会发生和持续。

9.2.3　燃烧过程

可燃物通常有气、液、固 3 种不同状态，它们的燃烧过程也不相同。

(1) 气体燃烧

气体最易燃烧，这是由于可燃物的燃烧一般是在气体状态下进行的，燃烧所需要的热量只用于本身的氧化分解，并使其达到着火点。气体在极短的时间内就能全部燃尽。

根据燃烧前可燃气体与空气(氧气)混合状况不同，其燃烧方式分为扩散燃烧和预混燃烧(或称混合燃烧)两大类。

① 扩散燃烧　可燃气体从喷口(管道或容器泄漏口)喷出，在喷口处与空气中的氧边扩散混合、边燃烧的现象，称为扩散燃烧(也称为稳定燃烧)。

② 预混燃烧　可燃气体与空气(氧气)在燃烧前混合，并形成一定浓度的可燃混合气体，被火源点燃所引起的燃烧，称为预混燃烧。这类燃烧往往是爆炸式的燃烧，也称为动力燃烧，即通常所说的气体爆炸。

(2) 液体燃烧

易燃可燃液体在燃烧过程中，并不是液体本身在燃烧，而是液体受热时蒸发出来的气体(蒸气)被分解、氧化达到燃点而燃烧，称为蒸发燃烧。与气体燃烧相比，液体燃烧多消耗液体变为蒸气的蒸发热。

(3) 固体燃烧

固体燃烧一般可分为以下 4 种：

① 蒸发燃烧　是指熔点较低的可燃固体，受热后熔融，然后像易、可燃液体一样蒸发成蒸气而燃烧。如硫、磷等简单物质的燃烧。

② 分解燃烧　是指分子结构复杂的可燃固体，在受热后分解出其组成成分与加热温度相应的热分解产物，这些分解产物再氧化燃烧。

③ 面燃烧　是指某些固体可燃物的蒸气压非常小或者难以发生热分解，不能发生蒸发燃烧或分解燃烧，当空气(氧气)包围物质的表层时，呈炽热状态发生无焰燃烧。

④ 阴燃　是指某些固体可燃物在空气(氧气)不足，加热温度较低或可燃物含水分较多等条件下发生的只冒烟、无火焰的缓慢燃烧现象。

9.2.4 灭火原理及方法

灭火原理就是破坏燃烧条件。根据燃烧的3个条件和构成火焰燃烧的链锁反应，在消防技术中常采用冷却、窒息和隔离3种基本物理方法灭火和化学中断法灭火。

（1）冷却法

冷却法的目的在于吸收可燃物氧化过程中放出的热量。对于已燃烧的物质则可以降低其温度，使其降低到燃点以下，同时抑制可燃物分解的过程，减缓可燃气体产生的速度，造成因可燃气体“供不应求”而灭火。对于燃烧物附近的其他可燃物，可使它们免受火焰辐射热的威胁，破坏燃烧的温度条件。

（2）窒息法

窒息法是阻止助燃物——氧，使燃烧物在与空气隔绝的情况下自行熄灭。运用这种方法灭火的方式有：

① 用不燃物或难燃物直接覆盖在燃烧物的表面，隔绝新鲜空气；

② 用水蒸气或难燃气体喷射到燃烧物上，稀释空气中的氧，使氧在空气中的含量降到9%以下，例如泵房中的蒸气灭火；

③ 设法密闭正在燃烧的容器的孔洞、缝隙，使容器中的空气消耗殆尽后火焰自行熄灭。例如，洞库着火后，关闭密闭门就是窒息灭火中的一种。

（3）隔离法

隔离法是将火源与可燃物隔离，以防止燃烧蔓延。具体方法有：

① 迅速移开火场附近的可燃物、易燃物、易爆物；

② 及时拆除火场附近的可燃建筑物及导火物；

③ 断绝可燃和易燃的物质进入燃烧地带；

④ 限制燃烧的物质流散、飞溅；

⑤ 将可移动的燃烧物移到空旷的地方，使燃烧物在人的控制下燃烧（例如，油罐车着火，迅速拖出库外）。

（4）化学中断法

化学中断法又称化学抑制法灭火。它是基于链锁反应机理发展起来的新的灭火技术。化学中断法灭火就是向火焰中喷进一种化学灭火剂，借助于化学灭火剂破坏、抑制这些活性基团的产生和存在，阻止燃烧的链锁反应使燃烧停止，从而达到灭火的目的。常用的化学中断法灭火的药剂有干粉灭火剂和高效卤代烷灭火剂等。

9.2.5 库站常用灭火剂

灭火剂是能够在燃烧区域内有效地破坏燃烧条件，终止燃烧而达到灭火目的的物质。其灭火机理在于当灭火剂被喷到燃烧物质和燃烧区域后，通过一系列的物理化学作用，能使燃烧物冷却，燃烧物与氧气隔绝，燃烧区内氧的浓度降低或使燃烧的链锁反应中断，最终导致维持燃烧的必要条件受到破坏，从而停止燃烧反应，起到灭火作用。因此选用灭火剂必须具备以下条件：一是灭火效率高，能以最快的速度扑灭火灾；二是使用方便，设备简单，来源丰富；三是灭火费用低，投资成本少；四是对人体及物质基本无害。气味过重、腐蚀或有害的都是不适宜的。

目前使用的灭火剂，除水以外，已发展到很多种类型。有泡沫、卤代烷、干粉、二氧化碳及烟雾等。灭火剂的灭火效果，不但需要相应的灭火设备和器材的配合，还要根据它们各自的不同性能，正确地应用到不同的灭火场合，才能充分发挥其作用。因此掌握各种灭火剂的性能、灭火原理及适用范围，正确地选用灭火剂，对灭火具有重要作用。

（1） 水和水蒸气

水是最常用的天然灭火剂。水和水蒸气都是不燃性物质。水的密度比油大，又不溶于油，故用水直接射向油料燃烧面，非但不能扑救油料火灾，反而能因液面升高或油滴飞溅而使火灾扩大；只有当水喷洒在燃烧物上，吸热后变成水蒸气，才能起到冷却和降温作用，控制火势蔓延和发展，所以多以雾状水的形式来进行灭火。水和水蒸气的灭火机理主要是冷却作用和窒息作用。

水和水蒸气的灭火应用范围是有限制的。水主要用来冷却油罐及相应设施。雾状水可扑救原油、重油及一般可燃性物质火灾，可以扑救槽车、低液位小直径储罐及装卸栈桥、阀门及泵房的火灾，但不宜扑救与水能起化学反应的物质火灾，水不能直接扑救带电电气设备火灾。水蒸气适宜于扑救油库泵房、灌桶间、面积小于$500m^2$的厂房、污水处理场地的隔油池、设备管道等处的火灾，但不适宜于扑救遇水蒸气能发生爆炸事故场合的火灾，不适宜于扑救露天场地等处的火灾。

（2） 二氧化碳灭火剂

二氧化碳是无色无味、不燃烧、不助燃、不导电、无腐蚀性的惰性气体。灭火用的二氧化碳一般是以液态灌装在钢瓶内，当钢瓶开启卸压后，二氧化碳迅速汽化喷出，由于1kg液态二氧化碳汽化时需吸收578kJ热量，大量的吸热使温度大大降低(可至-78.5℃)，又使部分二氧化碳变为固体颗粒(干冰)，这样二氧化碳气体与干冰一起喷出，因此具有较好的冷却作用。同时二氧化碳覆盖于燃烧物表面，隔绝燃烧物和空气，同时也冲淡空气中氧的含量。当燃烧区域空气中氧的浓度低于12%或二氧化碳的体积浓度达到30%~35%时，绝大多数火焰会自动熄灭。

二氧化碳适宜于扑救6000V以下带电电气设备、珍贵仪器设备，易燃可燃材料和燃烧面积不大的油料等火灾，如泵房、灌装间、加油站等处的火灾，不适宜于扑救本身能供氧的化学物质，如钾、钠、铝、镁等轻金属及金属氢化物的火灾，同时对铝制件有腐蚀作用。

（3） 干粉灭火剂

干粉灭火剂又称粉末灭火剂。它是一种干燥的、易于流动的微细固体粉末，一般借助于专用灭火器设备中的气体压力，将干粉从容器中喷出，以粉雾的形式灭火。具有灭火效力大、灭火速度快、无毒、不腐蚀、不导电、久储不变质等优点，是油库中主要的化学灭火剂。

干粉灭火剂可装在手提式干粉灭火器、推车式干粉灭火器及大型干粉灭火车中，也有装在大型固定式干粉灭火器中使用的。干粉灭火剂对燃烧物的冷却作用极微，扑救较大面积火灾时，如灭火不完全或因火场中炽热物的作用，容易引起复燃，需与喷雾水流配合，以改善灭火效果。扑救非水溶性可燃、易燃液体的火灾时，如干粉与氟蛋白泡沫或轻水泡沫联用，干粉有利于迅速控制火势，泡沫则可有效地防止复燃。但干粉灭火剂不能与蛋白泡沫联用，因为干粉灭火剂对蛋白泡沫和一般合成泡沫有较大的破坏作用。

（4） 卤代烷灭火剂

卤代烷是以烷烃分子中一个或多个氢原子被卤素原子取代(置换)的衍生物。这类灭火剂的灭火原理，主要是由于卤族元素的存在，可以破坏燃料在燃烧过程中产生氢离子的连锁化学反应，可中断燃烧而达到灭火的目的。

由于它具有灭火后不留痕迹，腐蚀性小，毒性低，药剂本身绝缘性能好等特点，故广泛用于扑救各种易燃液体、电气设备、贵重仪器、泵房等处的火灾，但不适宜于扑救活泼金属、金属氢化物和能在惰性介质中自身供氧燃烧物质的火灾，扑救固体纤维火灾时需用较高的浓度。几种常见卤代烷灭火剂化学名称及分子式见表 9-6。

表 9-6 几种常见卤代烷灭火剂化学名称及分子式

灭火剂名称	化学名称	分子式
1211 或 BCE	二氟一氯一溴甲烷	CF_2ClBr
1301 或 BTM	三氟一溴甲烷	CF_3Br
2402 或 DBE	四氯二溴乙烷	$C_2F_2Br_4$

注：卤代烷是按其分子中碳和卤素（顺序为 C、F、Cl、Br）的原子个数来命名的。

作为固定式灭火系统的灭火剂，卤代烷灭火剂在应用上类同于二氧化碳灭火剂。“1301”的价格较高，而毒性小，灭火效果好，为美、英、丹麦、加拿大、瑞典、日本、荷兰等国航运界所采用。英国在小船上采用“1211”；只有苏联用“2402”，这类灭火剂遇高温能分解出毒性化合物，使用时须戴防毒面具。

（5）泡沫灭火剂

能够与水混溶，并可通过化学反应或机械方法产生灭火泡沫的药剂，称为泡沫灭火剂。泡沫灭火剂的性能主要是以其发泡性、热稳定性、抗烧性和流动性的好坏来衡量的。灭火作用主要是通过泡沫在燃烧物表面形成泡沫覆盖层，隔绝空气同燃烧表面接触，阻断火焰的热辐射，阻止燃烧物本身和附近可燃物质的蒸发，同时泡沫析出的液体对燃烧表面进行冷却，泡沫受热蒸发产生的水蒸气又可降低燃烧物附近氧的浓度，也在不同程度上破坏了燃烧的条件。

按照泡沫生成机理，泡沫灭火剂可分为化学泡沫灭火剂和空气机械泡沫灭火剂两大类。由两种药剂的水溶液经过化学反应产生的灭火泡沫称为化学泡沫。化学泡沫由发泡剂、泡沫稳定剂和其他添加剂组成，目前有 YP 和 YBP 型两种。化学泡沫适用于扑救各种可燃液体和易燃液体的火灾，不能用于扑救水溶性可燃、易燃液体、带电设备及遇水可能燃烧爆炸的物质火灾。

用机械方法把空气吸入含有少量泡沫液的水溶液中所产生的泡沫称为空气机械泡沫，简称为空气泡沫。空气泡沫按泡沫的发泡倍数，也可分为低倍数泡沫（表 9-7）、中倍数泡沫和高倍数泡沫 3 种。一般发泡倍数在 20 以下为低倍数泡沫灭火剂，发泡倍数为 20～200 属于中倍数泡沫灭火剂，高倍数泡沫灭火剂发泡倍数为 200～2000。

① 蛋白泡沫灭火剂　蛋白泡沫灭火剂是以动物性蛋白质或植物性蛋白质的水解浓缩液为基料，加入适当的稳定剂、防腐剂和防冻剂等添加剂的起泡性液体。按与水的混合比例来分，有 6% 和 3% 两种；按制造原料来分，有植物蛋白和动物蛋白两类。目前生产的以动物蛋白型居多。

蛋白泡沫灭火剂主要用于扑救各种不溶于水的可燃、易燃液体，如石油产品、油脂等火灾，也用于扑救木材等一般可燃固体的火灾。由于蛋白泡沫具有良好的热稳定性，因而在油罐灭火中被广泛应用。还由于它析液较慢，可以较长时间密封油面，所以防止油罐火灾蔓延时，常将泡沫喷入未着火的油罐，以防止被附近着火油罐的辐射热引燃。使用蛋白泡沫扑救原油及重油储罐火灾时，要注意可能引起的油沸溢或喷溅。因为原油或重油在燃烧一段时间后，会在油面上形成一个热油层，其温度高于水的沸点，随着燃烧时间的延长，热油层的厚度也逐渐增加，这时如果把泡沫喷到热油层上时，将使泡沫中的水迅速汽化，并夹带出油料，形成大量燃烧着的油沫从罐中溢出或喷溅出来，即常说的沸溢或喷溅现象。

② 氟蛋白泡沫灭火剂

含有氟碳表面活性剂的蛋白泡沫灭火剂称为氟蛋白泡沫灭火剂。

氟蛋白泡沫灭火剂的灭火原理与蛋白泡沫基本相同。由于“6201”氟碳表面活性剂是憎油性的，具有高效的表面活性作用，在泡沫液和水的混合液中含有少量的“6201”氟碳表面活性剂，则可大大改变泡沫的性能，它可以提高泡沫的耐火性和流动性，降低表面张力，提高泡沫抵抗油类污染的能力，灭火效率大大优于蛋白泡沫灭火剂。其具体表现为：表面张力与界面张力显著降低；临界剪切应力小；疏油能力强；与干粉相容性能好。

氟蛋白泡沫灭火剂的使用方法与蛋白泡沫灭火剂相同。它主要用于扑救各种非水溶性可燃、易燃液体和一般可燃固体的火灾，特别被广泛应用于扑救非水溶性可燃、易燃液体的大型储罐、散装仓库、输送中转装置、生产加工装置、油码头的火灾及飞机火灾。在扑救大面积油类火灾中，氟蛋白泡沫与干粉灭火剂联用则效果更好。它的显著特点是可以采用液下喷射的方式扑救油罐火灾；但使用液下喷射方法扑救原油及重油火灾时要慎重，注意防止油料的沸溢或喷溅。

③ 轻水泡沫灭火剂

轻水泡沫灭火剂又称水成膜泡沫灭火剂，是一种高效泡沫灭火剂。它是由氟碳表面活性剂、无氟表面活性剂和改进泡沫性能的添加剂(泡沫稳定剂、抗冻剂、助溶剂以及增稠剂等)及水组成的。

氟碳表面活性剂在轻水泡沫灭火剂中的含量为1%~5%，无氟表面活性剂的含量为0.01%~0.5%。无氟表面活性剂的作用是降低轻水泡沫水溶液与油类之间的界面张力，增加与油料之间的亲和力，有助于水膜的形成和扩散，并可增强泡沫的性能和适当降低泡沫液的凝固点。轻水泡沫灭火剂还含有0.19%~0.5%的聚氯乙烯，用以改进泡沫的抗复燃(再次燃烧)能力和自封(泡沫层连续)能力。

轻水泡沫灭火剂扑救石油产品的火灾是靠泡沫和水膜的双重作用，其中泡沫起主导作用。轻水泡沫具有非常好的流动性。当把它喷射到油面上时，泡沫能迅速在油面上展开，并由于氟碳表面活性剂和无氟表面活性剂共同作用，形成一层很薄的水膜，这层很薄的水膜漂浮于油面上使可燃油与空气隔绝，阻止油料的蒸发，并有助于泡沫的流动，加速灭火。实验证明：轻水泡沫灭火剂可以在很多非水溶性可燃、易燃体的表面上形成一层水膜。但仅靠水膜的作用还不能有效地灭火，随着油料燃烧时表面温度的升高和热辐射，或由于日光照射及风力等因素的影响，水膜仍较难维持长久甚至较难形成。所以轻水泡沫的实际灭火作用是：当把泡沫喷射到燃油表面时，泡沫一边在油面上散开，并析出液体冷却油面，一边在油面上形成一层水膜，与泡沫层共同抑制油料的蒸发，使油料与空气隔绝，并使泡沫迅速向尚未灭火的区域进一步流动。

轻水泡沫灭火剂主要适用于扑救一般非水溶性可燃、易燃液体的火灾，且能够迅速地控制火灾的蔓延和扑灭火灾。轻水泡沫是一种最理想的灭火剂，它与各种干粉灭火剂联用时，效果更好。轻水泡沫也与氟蛋白泡沫一样，可以采用液下喷射的方式扑救油罐火灾。还因为轻水泡沫具有非常好的流动性，能绕过障碍物流动，所以用于扑救因飞机坠毁、设备破裂而造成的流散液体火灾，效果也很好。

轻水泡沫灭火剂的使用混合比为3%~6%，适用于通用的低倍数泡沫灭火设备，使用方便。但是轻水泡沫的析液时间短，仅为蛋白泡沫或氟蛋白泡沫的1/2左右，即泡沫不够稳定，消失较快，它对油面的封闭时间和阻回燃时间也短，所以在防止复燃与隔离热液面的性能方面不如蛋白泡沫和氟蛋白泡沫。此外，轻水泡沫如遇已烧得灼热的油罐壁时，容易被罐壁的高温破坏，失去水分，变成极薄的泡沫骨架。这时，除需用水冷却罐壁外，还要喷射大量的新鲜泡沫。轻水泡沫灭火剂不能用于扑救水溶性可燃、易燃液体和电器及金属火灾。

④ 抗溶性泡沫灭火剂

用于扑救水溶性可燃液体火灾的泡沫灭火剂称为抗溶性泡沫灭火剂。由于水溶性可燃液体的分子极性较强，对一般泡沫有破坏作用，而抗溶性泡沫与一般灭火泡沫不同，它在水溶性可燃、易燃液体上具有良好的稳定性，可以抵抗水溶性可燃、易燃液体的破坏，达到有效扑灭火灾的目的。抗溶性泡沫灭火剂有金属皂型、高分子型、触变型、氟蛋白型和以硅酮表面活性剂为基料的抗溶性泡沫灭火剂5种类型。抗溶性泡沫在灭火中的作用除与一般空气泡沫相同外，还因为从抗溶性泡沫中析出水，对水溶性可燃、易燃液体的表面层有一定的稀释作用，有利于灭火。虽然抗溶性泡沫灭火剂也可以扑救一般油类火灾和固体火灾，但价格较贵，一般不采用。

表9-7 低倍数泡沫液主要性能

类型	名称	型号	混合比/%	发泡倍数	储存温度/℃	用水性质	适用的灭火形式
蛋白泡沫液	6%植物蛋白泡沫液	YE6	6	7~9	0~40	淡水、海水	液上喷射或喷淋
	6%动物蛋白泡沫液	YE6	6				
	3%动物蛋白泡沫液	YE3	3				
氟蛋白泡沫液		YEF3	3	8.6	0~40	淡水、海水	液上、液下喷射或喷淋
		YEF6	6	8.5			
轻水泡沫液（水成膜泡沫液）		AFFF	1、3、6	液上喷射：6~10	0~40	淡水、海水	液上、液下喷射或喷淋
		FFFP	3、6	液下喷射：2~4			

⑤ 高倍数泡沫灭火剂

它是一种以合成表面活性剂为基料的泡沫灭火剂，与水按一定比例混合后，通过高倍数泡沫产生器，生成数百至上千倍的泡沫，因而称为高倍数泡沫。我国有关单位研制成功YEGZ型四种规格的高倍数泡沫灭火剂，按配比和使用性能分为以下4种类型：YEGZ6A型、YEGZ6B型、YEGZ3B型和YEGZ3A型。

高倍数泡沫灭火剂不能用于扑救油罐火灾。因为油罐内油料燃烧时，油罐上空的上升气流升力很大，而泡沫的相对密度很小，不能覆盖到油面上，达不到有效的灭火目的，它一般也不适用于扑救水溶性可燃液体火灾。但在特殊条件下可扑救洞库油罐火灾。

9.2.6　库站常用灭火器

灭火器是油库内扑救小型火灾和初起火灾的主要设备，灭火器所储灭火剂主要有泡沫液、卤代烷、干粉等，常用灭火器的形式主要有手提式、推车式、舟车式等，它们具有结构简单、机动轻便、操作方便的特点。

根据《建筑灭火器配置设计规范》(GB 50140)灭火器配置场所的火灾种类可划分为五类：A 类火灾——固体物质火灾；B 类火灾——液体火灾或可熔化的固体物质火灾；C 类火灾——气体火灾；D 类火灾——金属火灾；E 类火灾——物体带电燃烧火灾。在油库中，除 D 类火灾外，其他类型火灾都有可能发生。

在选择灭火器种类时，必须严格按照 GB 50140 中灭火器配置场所的火灾种类进行选配。

（1）泡沫灭火器

泡沫灭火器是能产生化学泡沫和机械泡沫的灭火器，包括机械灭火器和化学灭火器两大类。机械灭火器是将泡沫灭火剂与水按一定比例混合，喷射时通过泡沫喷嘴吸入空气，使其产生泡沫用于灭火。机械泡沫灭火器可充填的泡沫灭火剂种类较多，最常见的是轻水泡沫灭火剂。轻水泡沫灭火器有两种结构形式：一种是在筒内装轻水泡沫混合液，称为液体轻水泡沫灭火器；另一种是在筒内装普通水，而在喷嘴前面的药室内装有固体的轻水泡沫药剂，称为固体轻水泡沫灭火器。化学泡沫灭火器是通过圆筒内酸性溶液与碱性溶液混合后发生化学反应，喷射出泡沫，覆盖在燃烧物表面上，隔绝空气而达到灭火效果的小型灭火器具。常用的化学泡沫灭火器有 MP 型手提式、MPZ 型手提舟车式和 MPT 型推车式三种，应注意的是化学泡沫灭火器不能用于扑救水溶性液体(如酒精)火灾，所以也不能用于扑救 E 类火灾。

（2）二氧化碳灭火器

二氧化碳灭火器有手提式和推车式两种，其中手提式又有手轮式和鸭嘴式两种。扑灭火焰所用二氧化碳的浓度随燃烧物质的不同而不同。如空气中二氧化碳含量达 23%可立即扑灭汽油火灾；当含量达到 16%、18.5%和 25%时，分别可立即扑灭纯甲苯、丙酮和乙醇的火灾。

二氧化碳灭火器应将喷射筒直接对准火焰喷射，以便迅速蒸发为二氧化碳气体，将火熄灭。灭火时，切勿用手触喷射筒，以防冻伤。当火熄灭后，即可关闭阀门，不必一次用完，长期保管不会失效。

需要注意，当空气中的二氧化碳含量达 8%~10%时，会使人昏迷窒息，故在室内灭火，应站在高处进行，火熄灭后立即通风。另外，使用二氧化碳灭火器时，要注意风向，避免逆风使用，以免影响灭火效果。对高压电气设备灭火时，要注意空气中的湿度，以免造成触电事故。超过 600V 电压时，要先将电源切断，再行灭火。二氧化碳灭火器是高压容器，要特别注意安全。平时存放在没有阳光照射、取用方便和比较干燥的地方，以免钢瓶受潮锈蚀。存放环境温度应为-10℃~55℃，不要靠近热源，严禁烈日曝晒，防止因温度升高，钢瓶内压力急剧增加，而使安全膜爆破失效。二氧化碳灭火器虽能耐寒，但不能在-20℃以下的地区使用，因为温度过低，瓶内压力降低，喷射时间长，二氧化碳强度不够，不易灭火。搬运二氧化碳灭火器时，要轻拿轻放，不可碰撞，并注意保护好阀门和喷筒。

对二氧化碳灭火器，还要定期检查，以防止一旦需要时，没有了二氧化碳气体，影响对火灾的扑救。因此，每年至少要称一次质量，看是否与钢瓶上打印的质量相符。如二氧化碳的年泄漏量在5%以下是正常的，可以继续使用；如减轻的质量超过规定的年泄漏量（即大于二氧化碳灭火剂充装量的5%），就应查明原因，并送去维修、灌气，使之恢复到原质量。另外，二氧化碳灭火器一经开启，即使喷出不多，也必须重新充装。

（3）干粉灭火器

干粉灭火器按充装干粉灭火剂分为BC类、ABC类和D类，分别适用于相应的火灾扑救。按使用方式又分为手提式、推车式、舟车式等。干粉灭火器的灭火范围与其内装干粉灭火剂有关，选用时必须注意灭火对象应与之适应。另外，虽然干粉汽化后没有污染性，但其未汽化的残留物有污染作用，因此对有精密仪器的场所（如化验室）选用时应慎重。

发现火警时，弄清楚用什么干粉灭火器灭火，将需要的干粉灭火器迅速提到现场，并用力颠倒摇晃数次，使干粉松动，撕去器头上的铝封，拔去保险销，一只手握住胶管，将喷嘴对准火焰的根部，另一只手按下压把或提起拉环，干粉即可喷出灭火。喷粉要由近及远，向前平推，左右横扫，不使火焰蹿回。灭油火时，喷粉不要冲击油面，以防飞溅和造成灭火困难。如是带点射装置的灭火器，在灭火后要松开压把，停止喷粉；遇有零星小火，扑灭一处，立即松开压把，提至另一处，重新按下压把，即可灭火。

干粉灭火器平时应放置在便于取用和通风、阴凉、干燥的地方，防止桶体受潮腐蚀，影响灭火器的强度和使用寿命。还应避免日光曝晒和强辐射热，以防储气瓶内气体因受热膨胀而漏气，影响灭火器的正常使用。灭火器各连接件要拧紧，不得松动，喷嘴胶堵要塞好，不得脱落，以保证灭火器的密封性能，并防止干粉灭火器受潮结块，影响其喷射。

在正常情况下，干粉灭火器的有效期可达3~5年，但要定期进行检查。究竟多长时间检查一次，应按制造厂规定的检查周期和要求来进行。一般每年应检查一次，查看干粉是否结块，二氧化碳气量是否充足。如果发现灭火器内干粉结块或贮气瓶内气量不足，就应更换干粉灭火剂或到维修站充气，防止使用时失效。干粉灭火器一经开启或使用后，都必须进行再充装，以备再用。

（4）卤代烷灭火器

卤代烷灭火器主要为1211灭火器，它是20世纪60年代发展起来的高效灭火器。这种灭火器与干粉灭火器的灭火原理相同，并具有灭火迅速、应用范围广、绝缘性能好、无腐蚀性等特点。1211灭火器还具有灭火后不留痕迹、不污染空气和不损害扑救物质等独特的优点。1211灭火器主要为贮压式，其按使用方式不同可分为手提式和推车式。由于1211灭火剂对臭氧层破坏力强，我国已于2005年停止生产。

9.2.7 油库灭火系统

油库灭火系统是油库消防系统的最重要组成部分，为控制及扑灭油库火灾提供了有效的保障。油库灭火系统一般由火灾报警系统、空气泡沫灭火系统或烟雾自动灭火系统、消防给水系统等组成。

（1）火灾报警系统

火灾报警系统是灭火系统的重要组成部分。有效可靠的火灾报警系统可尽早地发现火灾，是将火灾扑灭在初期阶段的重要时间保证。按照《油库等级管理标准》的要求，后方基地油库都应设置火灾报警系统。

火灾报警有人工报警、自动报警和自动报警联动灭火系统等 3 种形式。人工报警是依靠人的感知来发现火灾，采用有线电话和简单的声光报警，这种方式比较简单，但不容易及时发现火灾于初期，有较大的时间延迟。自动报警系统由火灾探测器、区域报警器、集中报警器及控制中心组成，报警及时，能发现火灾于初期。当火灾发生后，根据所产生的烟雾、高温及光热辐射，火灾探测器能立即将火灾信号转换成电信号(由于油料火灾初期烟雾较少，故大多采用紫外光辐射探测器)，传送到区域报警器，发出声光报警，同时控制中心记录下火灾发生的时间和部位，并指示集中报警器发出报警，有计划地指导灭火。火灾自动报警系统关键在于火灾探测器和控制中心，要求探测器可靠性好，灵敏度高，控制中心逐渐趋向智能化。自动报警联动灭火系统则能在报警的同时，自动启动固定灭火系统或局部的固定灭火装置实施灭火。

（2） 低、中倍数空气泡沫灭火系统

低、中倍数泡沫灭火系统，是目前国内油库用于扑救油罐火灾最多的灭火系统，也是 GB 50074 建议采用的油罐灭火系统。根据泡沫导入油罐的方式，它可分为液上喷射泡沫灭火系统和液下喷射泡沫灭火系统，按灭火设备的设置情况，又可分为固定式、半固定式和移动式 3 种。

① 液上喷射泡沫灭火系统

液上喷射泡沫灭火系统是一种从上部将泡沫喷射到燃烧的液体表面上，形成泡沫层或形成一层膜，将火窒息的灭火系统。我国大型油罐的消防设施，绝大部分采用了这种系统。

a. 固定式液上喷射泡沫灭火系统

固定式液上喷射泡沫灭火系统(图 9-1)由水源、泡沫比例混合器、泡沫产生器、泡沫混合液管道、泡沫泵站、泡沫液储罐等组成。

i. 空气泡沫比例混合器　空气泡沫比例混合器是固定式空气泡沫系统、泡沫消防车的主要配套设备。它能使水与空气泡沫液按一定比例混合组成泡沫混合液，供给泡沫产生器、泡沫枪、泡沫炮和喷管等。空气泡沫比例混合器有环泵式空气泡沫负压比例混合器和空气泡沫压力比例混合器、平衡压力式泡沫比例混合器等类型。

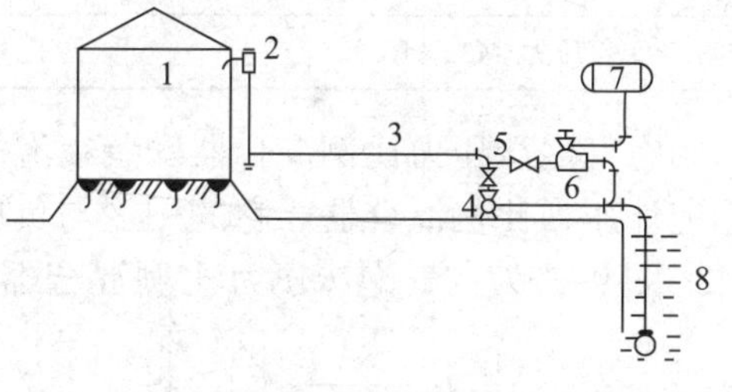

图 9-1　固定式液上喷射泡沫灭火系统示意图

1—油罐；2—泡沫产生器；3—泡沫混合液管道；4—泡沫泵站；5—闸阀；6—比例混合器；7—泡沫液储罐；8—消防水池

环泵式空气泡沫负压比例混合器安装在水泵的出水管和进水管之间，连接成环状旁路，故称为环泵式负压比例混合器，图 9-1 为采用环泵式负压比例混合器时的系统流程示意图。

环泵式负压比例混合器既适用于低倍数泡沫灭火系统，也适用于集中控制流量基本不变的一个或多个防护区的局部应用式中倍数泡沫灭火系统。它一般与固定式消防泵配套使用，也可安装在泡沫消防车上。

图 9-2 为环泵式负压比例混合器示意图。它的工作原理：当水泵启动后，有压的水流，由闸阀进入比例混合器，经过喷嘴喷入扩散管，再由扩散管经水泵进水管吸入水泵内。在这样不断的循环中，由于喷嘴口很小，水流由喷嘴喷出时流速很快，真空室内便造成负压，与比例混合器连接的泡沫液罐中的泡沫液就可在大气压作用下进入真空室，与水混合形成混合

液。混合液的流量可通过调节手柄来调节。目前常用的PH（P——泡沫，H——混合）系列环泵式泡沫比例混合器规格按每秒提供的最大混合液量分为PH32（32L/s）、PH48（48L/s）、PH64（64L/s）等3种型号，它们主要的性能参数见表9-8。

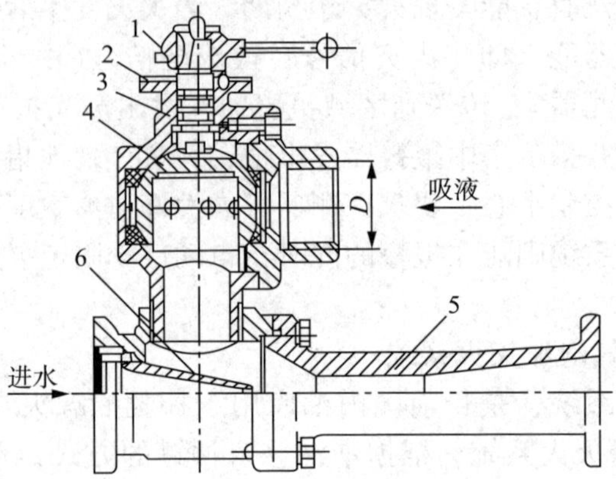

图9-2　环泵式负压比例混合器示意图

1—调节手柄；2—指示牌；3—阀体；4—调节球阀；5—扩散管；6—喷嘴

表9-8　PH系列环泵式泡沫比例混合器性能参数

型号	PH32					PH48				PH64			
混合液流量/(L/s)	4	8	16	24	32	16	24	32	48	16	32	48	64
泡沫液流量/(L/s)	0.24	0.48	0.96	1.44	1.92	0.96	1.44	1.92	2.88	0.96	1.92	2.88	3.84
进口工作压力/MPa	0.6~1.4												
出口工作压力/MPa	0~0.05												

空气泡沫压力比例混合器安装在泡沫液储罐上，并处在水泵出口的压力管网上，所以叫作泡沫压力比例混合器。它的用途与负压比例混合器相同。

图9-3为空气泡沫压力比例混合器示意图。工作原理：当有压力的水流通过比例混合器时，在压差孔板作用下，造成孔板前后的压力差。孔板前较高的压力水由缓冲管①进入泡沫液储罐上部，迫使泡沫液从储罐下部经出液管⑨压出；当它通过节流孔板⑧时，又由于压差孔板后负压的影响被吸入，使泡沫液与压力水按一定比例混合。

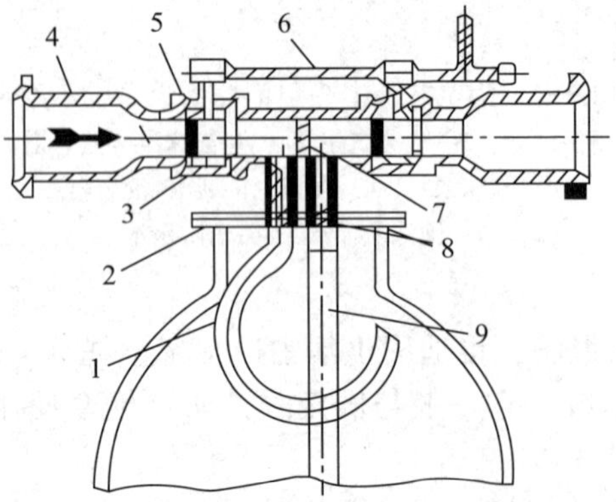

图9-3　空气泡沫压力比例混合器示意图

1—缓冲管；2—连接法兰；3—混合器本体；4—进水管；5—球阀；6—联动手柄；7—压差孔板；8—节流孔板；9—出液管

目前常用的空气泡沫压力比例混合器有PHY16、PHY32（Y—压力）两种型号，它们主要的性能参数见表9-9。该系列泡沫比例混合器适用于大中型储油罐区固定式或半固定式低倍数泡沫灭火系统，并可与泡沫炮、泡沫枪、泡沫钩管等配套使用。

表 9-9 空气泡沫压力比例混合器技术性能

型号	混合器进口压力/MPa	孔板前后压差/MPa	泡沫液吸入量/L	混合液输出量/(L/s)
PHY16	0.6~1.2	0.02	0.24	4
		0.05	0.48	8
		0.16	0.96	16
PHY32	0.6~1.2	0.02	0.48	8
		0.05	0.96	16
		0.16	1.92	32

平衡压力式泡沫比例混合器由平衡压力调节阀和比例混合器两部分组成。平衡压力调节阀主要包括调压阀、阀杆、阀芯、双阀座、橡胶阀片及压力表等。比例混合器位于孔板下部，主要包括喷嘴、扩散管和对泡沫液量起控制作用的孔板。

图 9-4 为平衡压力式泡沫比例混合器的示意图。工作原理：消防泵压力水的主流从混合器喷嘴⑨处流入扩散管⑪时，会在孔板⑬下方形成低压区。压力水的支流经导水管入口端⑧流入调压室的阀片⑤的上腔，使得阀杆下移，阀门打开，泡沫液通过阀芯⑦与双阀室⑭之间的间隙后，泡沫液主流由孔板⑬进入扩散管⑪的外腔，泡沫液经过混合器喷嘴⑨与扩散管⑪的空隙与高速水流混合流入扩散管⑪。泡沫液的另一小部分经调压室下座⑮的两个小孔进入调压室阀片⑤的下腔。当调压室阀片⑤上下腔的水压与泡沫液压力不同时，阀杆⑥将会上下移动，以改变泡沫液进入阀片下腔的流量和压力，当调压室阀片⑤上下腔的压力相同时，阀杆⑥将停止动作，此时两压力表指示相同。这时泡沫液与水在相同的压力下分别流过孔板⑬和混合器喷嘴⑨，即孔板⑬前泡沫液压力与水进口压力相等。当水流量增加时，泡沫液亦增加；水流量减少时，泡沫液亦减少，这样就可以在规定流量范围内自动保持所要求的混合比。

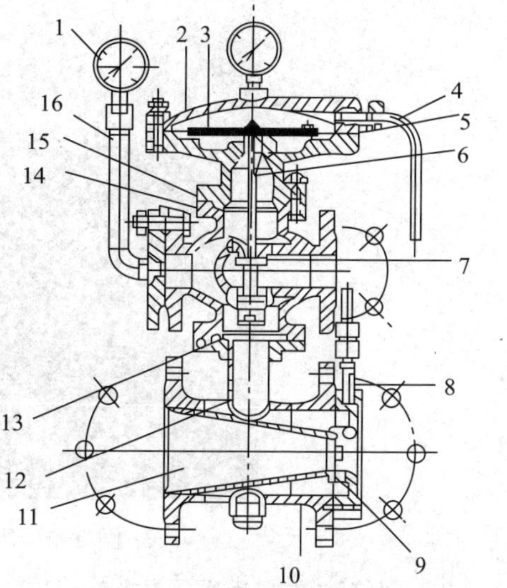

图 9-4 平衡压力式泡沫比例混合器示意图
1—压力表；2—调压室盖；3—阀片压板；4—导水管；5—阀片；6—阀杆；7—阀芯；8—导水管入口端；9—混合器喷嘴；10—混合器；11—扩散管；12—泡沫液接管；13—孔板；14—双阀室；15—调压室下座；16—泡沫液压力管

目前常用的平衡压力式泡沫比例混合器主要是 PHP 系列泡沫比例混合器，它们主要的性能参数见表 9-10。

表 9-10 PHP 系列泡沫比例混合器主要性能参数

型号	PHP20		PHP40		PHP80		PHP160	
混合比/%	3	6	3	6	3	6	3	6
水流量范围/(L/min)	700~1500	600~1500	900~1500	600~2200	1200~5000	800~5000	1440~9600	800~9600
水进水压 P/MPa	0.5~1.0		0.5~1.0		0.5~1.0		0.5~1.0	
泡沫液进口压力 P'/MPa	$P<P'<P+0.2$		$P<P'<P+0.2$		$P<P'<P+0.2$		$P<P'<P+0.2$	
压力降/MPa	$0.2P$		$0.2P$		$0.2P$		$0.2P$	

ii. 泡沫液储罐　泡沫液储罐是储存泡沫液的装置。当采用环泵式或平衡压力式泡沫比例混合流程时，泡沫液储罐应选用常压储罐；当采用压力式泡沫比例混合流程时，泡沫液储罐应选用压力储罐。泡沫液储罐宜采用耐腐蚀材料制作，当采用钢罐时，其内壁应做防腐处理。泡沫液储罐大小由计算确定，应能储存够扑灭一次火灾所需的泡沫液量。

泡沫液储罐分为卧式或立式两种，主要规格有300L、400L、500L、600L、700L、800L、1000L、1500L、2000L等，其上应设置液面计、排渣孔、进料孔、人孔、取样口、呼吸阀或带控制阀的通气管，压力储罐上还应设安全阀。图9-5中左边一个罐为卧式泡沫液储罐，右边两个罐为立式泡沫液储罐。

图9-5　卧式、立式泡沫液储罐实物图

iii. 空气泡沫产生器　空气泡沫产生器是在固定式和半固定式的泡沫消防系统中用来产生喷射泡沫的装置。泡沫产生器的一端与泡沫混合液管连接，另一端用法兰固定在油罐顶圈圈板上，作液上喷射泡沫灭火用。

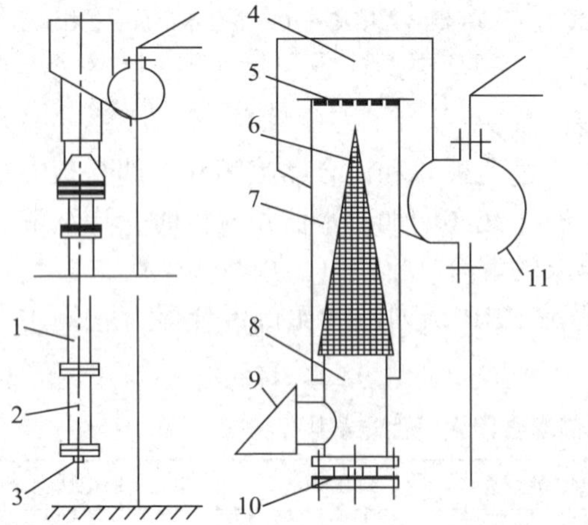

图9-6　竖式泡沫产生器安装及结构示意图

1—混合液输入管；2—短管；3—扪盖；4—泡沫室；5—玻璃盖；6—滤网；7—泡沫室本体；8—产生器本体；9—空气吸入口；10—孔板；11—导流板

液上空气泡沫产生器有横式和竖式两种，均安装在油罐壁的上部，它们只是安装形式不同，构造和工作原理是相同的。

以竖式泡沫产生器为例，如图9-6所示，泡沫混合液流经泡沫产生器孔板⑩时，因节流导致流速增大，对孔板后的产生器本体⑧内造成负压，因而大量空气会从空气吸入口进入产生器内，与泡沫混合液混合，经过滤网⑥时形成泡沫，高压泡沫冲破划有十字划痕的玻璃盖⑤，进入泡沫室④内，然后在导流板⑪的作用下，沿罐壁淌下，覆盖在燃烧液面上进行灭火。

液上空气泡沫产生器的规格，是按每秒钟提供的最大混合液量来划分的，其常见的规格及性能参数见表9-11。

表 9-11 空气泡沫产生器性能参数

型号	工作压力/MPa	混合液流量/(L/s)	空气泡沫流量/(L/s)
PC4	0.5	4	25
PS4			
PC8	0.5	8	50
PS8			
PC16	0.5	16	100
PS16			
PC24	0.5	24	150
PS24			
PS32	0.5	32	200

iv. 泡沫混合液管道　固定顶储罐、浅盘式和浮盘采用易熔材料制作的内浮顶储罐，每个泡沫产生器应用独立的混合液管道引至防火堤外；外浮顶储罐和单、双盘式内浮顶储罐泡沫产生器，可每 2 个一组在泡沫混合液立管下端合用一根管道引至防火堤外。当 3 个或 3 个以上泡沫混合液立管下端合用一个管道引至防火堤外时，宜在每个泡沫混合液立管上设立控制阀。

连接泡沫产生器的泡沫混合液立管应用管卡固定在罐壁上，其间距不应大于 3m。泡沫混合液的立管下端，应设锈渣清扫口。泡沫混合液的立管宜用金属软管与管道连接。外浮顶罐可不设金属软管。

外浮顶储罐的梯子平台上，应设置带闷盖的管牙接口，此接口用管道沿罐壁引至距地面 0.7m 处或防火堤外，且应设置相应的管牙接口。

防火堤内的泡沫混合液管道应有 3%的坡度坡向防火堤，水平管道宜铺设在管墩上和管架上，但不应与管墩、管架固定。

防火堤外的泡沫混合液管道应有 2%的坡度坡向放空阀。管道上宜设置消火栓，其设置应与泡沫枪的设置相匹配。管道上的控制阀应设置在防火堤外，并设明显标志。在管道的高处，应设排气阀。

泡沫混合液管道应采用钢管，法兰连接处应采用石棉橡胶垫片。当管道口径大于 300mm 时，宜采用电动、气动或液动阀门，以提高开启速度。

综合考虑消防管道的流速要求，并节省投资，泡沫混合液的流速不宜大于 3m/s。由于希望泡沫到达越快越好，按规定从启动泵到泡沫混合液到达着火油罐的时间不大于 5min，一般流速取 2.5~3m/s。

v. 泡沫泵站　泡沫泵站宜与消防水泵房合建，其建筑耐火等级不应低于二级。泡沫泵站与保护对象的距离不宜小于 30m，且应满足在泡沫消防泵启动后，将泡沫输送到最远保护对象的时间不宜大于 5min。

泡沫消防泵宜采用自灌引水启动，以节省准备时间，一组泡沫消防泵的吸水管不应少于两条。当其中一条损坏时，另一条吸水管可以替代，并应能满足全部用水量。泡沫消防泵宜选用特性曲线平缓的离心泵。当采用环泵式比例混合器时，泵的设计流量应为计算流量的 1.1 倍。泵的出水管上应设置压力表、止回阀和带控制阀的回流管。

泡沫消防泵应设置备用泵，其工作能力不应小于最大一台泵的能力。当符合下列条件之一时，可不设置备用泵：非水溶性甲、乙、丙类液体总储量小于 $2500m^3$，且单罐容量小于 $500m^3$；水溶性甲、乙、丙类液体总储量小于 $1000m^3$ 且单罐容量小于 $100m^3$。设置有备用泵的泵站，还应设置备用动力，备用电源可采用双电源或双回路供电，当有困难时，可采用内燃机作动力。泡沫消防泵站内或附近泡沫混合液管道上，宜设置消火栓，站内宜配置泡沫枪。

b. 半固定式液上喷射泡沫灭火系统

这种系统在油罐上设有固定的泡沫产生器，下面装有部分附属管道。管道离地面高度约 lm，引出防火堤外，末端还应安装接口，平时配上闷盖。除此以外，其他器材设备都是可移动的。着火时，将装有泡沫液的消防车开到现场，自蓄水池或消火栓取水，以临时敷设的水龙带向固定在油罐上的泡沫产生器供应泡沫混合液，以实施灭火，如图 9-7 所示。但须注意，目前我国所用的泡沫消防车及干粉、泡沫联用消防车所配套的泡沫混合器为 PH32 型移动式负压比例混合器和 PH64 型负压比例混合器，它们的使用条件必须满足水泵吸入管压头不大于 30kPa，否则将影响灭火效果。另外，引出防火堤外的每根管的泡沫混合液流量不大于一辆消防车的供给量，以便消防车能提供足够的流量和压力。

由于制备泡沫混合液的水来自冷却水网，因而不需用设置专门的泡沫管网，所以这种系统的建设投资和维修费用都较前者低，但是需用机动消防车，并要有一定数量的操作人员，灭火准备时间也较长，适用于地形比较平坦的油库。

c. 移动式泡沫灭火系统

如图 9-8 所示，它是由泡沫枪、泡沫炮或泡沫钩管、泡沫管架等设备代替固定在油罐上的泡沫产生器，器材设备都是可移动的泡沫灭火系统。

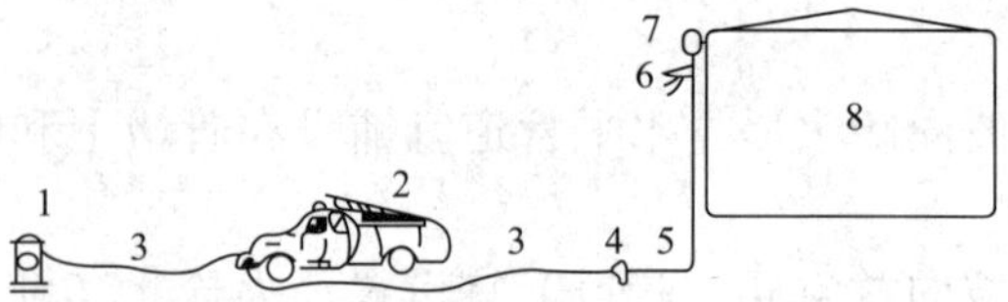

图 9-7　半固定式泡沫灭火系统示意图

1—消火栓；2—泡沫车；3—水龙带；4—管牙接口；5—固定的泡沫混合液管道；6—空气吸入口；7—空气泡沫产生器；8—油罐

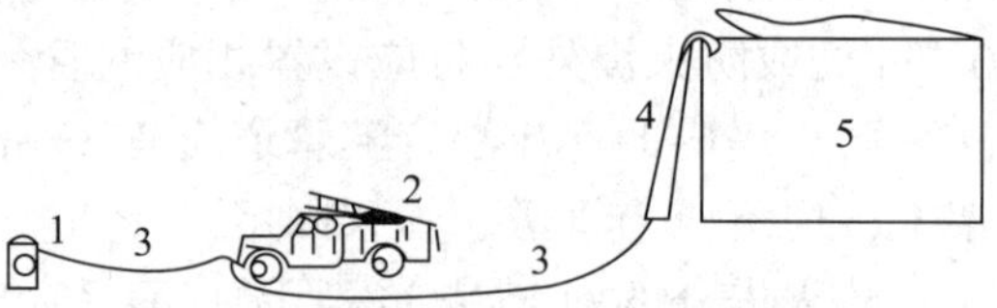

图 9-8　移动式泡沫灭火系统示意图

1—消火栓；2—泡沫车；3—水龙带；4—移动式泡沫管架(管枪或管钩)；5—油罐

② 液下喷射泡沫灭火系统

液下喷射泡沫灭火是从油层底部喷射氟蛋白泡沫的灭火系统。它是针对液上喷射泡沫灭火存在的缺点提出来的，其结构如图 9-9 所示，所采用的主要设备和形式与前面所讲的液上喷射泡沫灭火系统基本相同，安装方式也有固定式、半固定式和移动式三种。所不同的是液下喷射泡沫灭火的结构采用高背压泡沫产生器、防液体倒流回泡沫管线的措施等适于液下喷射的泡沫管线和附件。

a. 高背压泡沫产生器

高背压产生器是具有一定压力的氟蛋白泡沫的器材，目前有 PCY8、PCY16 两种型号。高背压泡沫产生器的喷嘴前端连接压力水源，扩散管末端与泡沫管线相连。由泵输出具有一定压力的氟蛋白泡沫混合液通过水龙带或固定管道以约 37m/s 的速度送向高背压泡沫产生器。通过喷嘴高速喷出时，把较高的压能变成动能。高速喷射的流体经过进气室时，使进气室内形成负压，外界空气被大量吸入并被夹带进入混合管。在混合管中，空气与混合液发生剧烈的机械搅拌、混合，从而形成大量微细的气、液混合物。这种气、液混合物进入管径逐渐扩大的扩散管后，流速降低，压力相对上升，由扩散管流出后则形成具有一定压力的氟蛋白泡沫，经过闸阀、止回阀，再经过管线，从油罐底部喷入，克服油层静压经过油料上升到油面燃烧区，覆盖着火面，隔绝空气，达到灭火的目的。高背压泡沫产生器应设置在防火堤外，其出口管道应设置取样口。

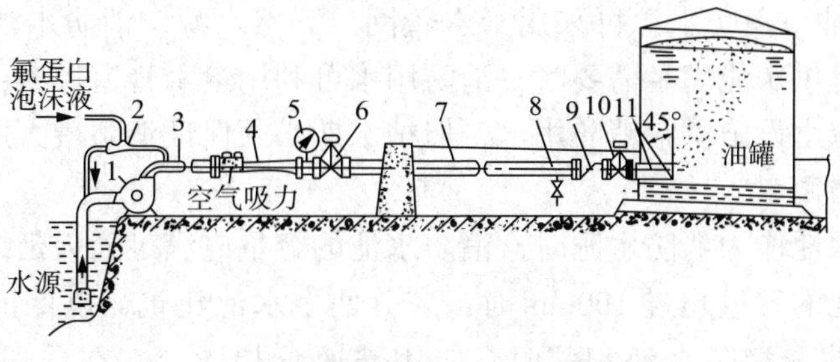

图 9-9 液下喷射灭火系统流程图

1—消防泵；2—空气泡沫比例混合器；3—混合管道；4—高背压泡沫产生器；5—背压表；6—背压调节阀；7—泡沫管道；8—泡沫取样阀或放水阀；9—止回阀；10—截止阀；11—泡沫注入管

b. 泡沫管线及附件设置

液下喷射泡沫灭火系统泡沫混合液管道的设置与液上喷射泡沫灭火系统泡沫混合液管道的设置原则基本相同，但由于其是从液下喷射，故有几点不同：一是泡沫混合液管道内的压力高于泡沫枪的进口压力范围，因此用泡沫枪效果不好，故防火堤外的管道上不应设置消火栓；二是防火堤外的管道上也不应设排气阀；三是防火堤内的泡沫管道上应设钢质控制阀和止回阀，防火堤外的管道上应设钢质控制阀。防火堤内的控制阀，是为维修止回阀和泡沫管道时隔断管路用的，因而平时常开；防火堤处的控制阀是平时起防止止回阀密封不严，罐内油料窜入泡沫管道的作用，故为常闭，使用时才开启。同时此阀也可用来调节高背压泡沫产生器的出口压力；止回阀可用单向破膜阀代替，而且那样可以解决因止回阀密封不严而带来的窜油问题。单向破膜阀代替止回阀或与之串联使用，在不需灭火时，其能保持密封，在泡沫需喷射时，在正压作用下，能自动破膜开启。

（3）烟雾自动灭火系统

烟雾自动灭火系统是以烟雾灭火剂在烟雾灭火器内进行燃烧反应，产生出烟雾灭火气体，喷射到储罐内着火液面的上方空间，形成均匀而浓厚的灭火气体层，以喷射、稀释、降温和化学抑制等灭火作用，自动地扑灭储罐初起火灾的灭火系统。

烟雾自动灭火系统按安装形式不同，可分为罐内式和罐外式两种。

烟雾自动灭火装置同其他灭火系统相比，其结构简单，性能可靠，安装方便，节省投资费用和人力。不用水、不用电、灭火迅速，特别适用于缺水、交通不便的僻远地区的易燃，可燃液体储罐火灾。对缺乏水源、电源及油罐数量较少的中、小型油库，更具有优越性，扑灭储罐初起火灾快，适宜用于扑灭原油、煤油、柴油和燃料油罐火灾，比泡沫灭火费用节省，仅为固定式或半固定式泡沫灭火系统投资费用的 1/3~1/4。由于烟雾灭火装置是一次性使用，是通过化学抑制作用达到快速灭火，容易复燃，不适宜于汽油罐的灭火。特别是罐内式灭火装置，喷烟时间短，产生错误动作后也不一定能发现，如不及时补充药剂，油罐将处于无消防状态。因此在使用时，还应配备一定的移动式泡沫灭火装置，以弥补不足。

（4）消防给水系统

水虽然与油料不相容，不能直接用于油料火灾的扑救，但是扑灭油料火灾时仍然离不开水。灭火人员的保护需要水，着火罐和周围油罐的冷却需要水，灭火所用泡沫液中94%~97%也是水。因此，消防给水是油库消防设施的重要组成部分，是油库消防的命脉，在扑救火灾中发挥着关键作用，水的供应及时与否关系着灭火的成败。

油库消防供水系统由消防水源、消防泵站、消防供水管网和消火栓等组成。

① 消防水源　油库消防水源可采用给水管网、天然水源、消防水池供给。城镇给水管网供水靠近油库，且供水能满足需要时，消防用水可利用给水管道供给；油库附近有天然水源时，可设置消防取水设施供给消防用水，但枯水期必须保证消防最大用水量；否则应设置消防水池，储存消防用水。

油库采用消防水池作为消防水源时，消防水池的容量应满足灭火延续时间内消防用水总量的要求。消防水池的容量超过1000m^3时，应分两个水池建筑，以保证水池检修时，储存必要的应急用水。数个消防水池相邻时，应用连通管相连，并在连通管上设置控制用的阀门。

供消防车取水的消防水池的深度不宜大于6m，并应设有消防车的取水设施。消防水池的实际深度应满足消防泵或消防车上所设泵吸入能力的要求。

消防水池供水的保护半径不宜大于150m，供泡沫的保护半径不宜大于80m，消防水池的位置必须避开储油罐破坏后可能的跑油路线，其离油灌区土质防火堤距离不宜小于10m，供消防车取水的消防水池离油罐的距离不宜小于40m，距建筑物(泵房除外)的距离不宜小于15m。

根据《建筑设计防火规范》(GB 50016)，消防用水与生产、生活用水合并的水池，应有确保消防用水不作他用的技术措施。

水池内的消防用水，一经动用，应尽快补充恢复。消防水池的补水时间不应超过96小时。供应消防水池用水的水源必须具有可靠的动力保障，且向消防水池补水的进水管不应少于两条。

② 消防泵站　消防泵站的进水管以及消防泵站与管网间的输水管不应少于两条，互为备用，当其中一条发生故障时，另一条管线应仍能保证100%的消防用水量。

消防泵宜采用自灌式引水，并应保证消防泵在接到火警后五分钟内开始工作。

消防管路上的阀门应有明显的启闭标志，且应位于操作方便的地方。

③ 消防供水管网　油库消防供水管网，宜采用环状管网；四级油库和敷设环状管网确有困难的山区油库，可采用枝状管网。

④ 消火栓　消火栓是油库消防供水管网中的主要设备，应沿道路设置，并宜靠近十字路口。消火栓距路边距离不宜大于2m；地上消火栓距房屋外墙距离不应小于5m，以利于火场操作，若确有困难可减少到1.5m。消火栓应设在油罐区的防护堤外。

9.2.8　油库火灾的常规扑救方法

熟悉油库火灾的常规扑救方法，可以缩短必要的准备时间，充分利用消防设施的作用，提高灭火效率，尽可能把损失降到最小限度。

（1）扑救油库火灾的基本要求

油库发生火灾，情况复杂，任务比较艰巨，因此，扑救油库火灾应实行统一指挥，查明情况，积极防卫，适时进攻，合理安排灭火时间，速战速决。

① 统一指挥

扑救油库火灾是一场艰巨而复杂的战斗，投入的灭火力量多，需要的装备、物资多，扑救时间紧急，战线长。为了保证灭火有序进行，需要协调统一、协同作战，有效地扑灭火灾，在火场必须实行集中统一的指挥。各灭火小组应根据指挥员的要求及灭火预案快速、有序地执行命令完成任务。

② 查明情况

火灾发生后，应进行火情侦察，在平日调查研究的基础上，应进一步查明发生火灾的部位、地理环境、平面布置、周围有无其他重要部位和易燃易爆物品等。

若油罐发生火灾，应查明着火罐和邻近罐的直径、间距、储存油料类型、数量和液面高低，油料内有无可能含水，有无发生喷溅的可能，发生喷溅、沸腾可能造成的后果；防火堤阻油的性能，下水道水封情况；有无必要提高或降低油料的液位；油罐破裂状况；原有灭火设备的完好性；采用泡沫灭火的有效性等。若桶装库发生火灾，应查明库房建筑物特点、油桶数量、堆放形式、燃烧范围、蔓延方向，对邻近建筑的威胁程度，疏散油桶的必要性和可能性，以及需要的疏散力量等。若油槽车发生火灾，应查明油槽车着火部位、停靠路线、油料的类型、燃烧形式、对前后槽车和邻近建、构筑物的威胁程度。若油船发生火灾，应查明油船停泊位置、燃烧形式、油料能否流散、对其他船舶或码头有无威胁，船内自救的能力等。

火场指挥员应根据侦察所得的情报资料，进行综合分析，对火势的发展做出正确的判断，明确火场上的主要方向，核实火场灭火力量，做好准备，部署力量，实施进攻。应该指出，火场情况在不断变化，在整个灭火过程中要不断了解情况，使指挥员的主观指导符合客观情况，掌握灭火的主动权，取得灭火的成功。

③ 灾前准备

扑救油库火灾前做好充分准备极为重要，包括火灾发生前平时的准备和火灾发生后进攻前的准备。

a. 平时的准备。消防队平日应从长远出发，对油库进行调查研究，了解油库的地理位置、道路水源、油库的规模、储油形式、油料数量、建筑情况、总平面布置以及消防设施等情况，制订灭火作战计划。根据灭火力量的计算，布置火场灭火力量，提出相应的灭火战术。在灭火作战计划制定以后，根据灭火作战计划进行演习，熟识现场，为计划指挥创造条件。消防队在接到火灾报警后，按作战计划出动，到达火场后应迅速做好进攻前的准备。

b. 进攻前的准备。进攻前的准备系指消防队到达火场后，在向火灾发起进攻之前的一切准备。

扑救油库火灾是一场艰巨的战斗。在发起进攻之前，火场总指挥员应向全体指战员作简短的战前动员。灭火进攻展开之后，在向燃烧罐发射泡沫之前，应进行试射，检验泡沫是否符合要求。在泡沫达到灭火要求后，指挥员下令向燃烧罐喷射泡沫灭火。当泡沫管枪手向燃烧油罐进攻时，可能受到火场浓烟和高温的阻挡。为了克服障碍，迅速到达预定的阵地，应组织必要的水枪交叉进行掩护，减少浓烟、高温对管枪手的威胁，便于顺利进攻。为了确保管枪手进攻的安全，管枪手应尽量穿着隔热服，戴上防护面罩和防毒面具等防护装具。

④ 积极防卫

“先控制、后消灭”是灭火战斗通用的原则。油罐发生火灾，首要的任务是对着火罐和邻近罐进行冷却，防止着火油罐变形破坏，避免邻近油罐发生燃烧或爆炸事故。当条件具备之后，才可能组织泡沫灭火工作。

油库发生火灾，无论是油罐还是油桶燃烧，都有可能使邻近的油罐或油桶受热变形、破坏、爆炸、周围的可燃建(构)筑物被辐射而起火燃烧或发生变形、倒塌，火势扩大，火灾蔓延，使扑救工作复杂化。为防止火势扩大和火灾蔓延，发生火灾后应及时组织冷却工作，采取积极的冷却措施。

油库内任一部位发生火灾，对四周设施都会造成很大的威胁。消防队到达火场后，应根据四周建(构)筑物及设备的特点，及时地组织力量，进行冷却，疏散或破拆，阻止火势扩大，火灾蔓延，保护燃烧部位四周设施的安全。

桶装库房或堆场发生火灾，疏散油桶是防止火势扩大、减小火灾损失的一项重要措施。在及时冷却油桶的同时，应组织一定的力量，科学地疏散受火灾威胁的油桶，并将疏散出来的油桶堆放到安全的地方。

油罐发生火灾，可能出现油料流散。桶装库、灌桶间、装卸站台、石油码头等发生火灾和容器损坏，也可能出现油料流淌。除在工艺上采取措施，减少油料来源之外，应采取措施防止形成大面积火灾。油罐、桶装库、灌桶间及装卸站台出现油料流散时，一般可采用加高防火堤或修筑防火围堤等堵油设施。若油料在水面扩散，应在水面上修筑浮堤堵油，拦截漫流燃烧的油料，控制火势。

⑤ 合理安排灭火时间

灭火就是一场战胜火害的战斗。灭火时间合理安排的根本目的在于科学地安排灭火战斗行动，以期缩短完成灭火战斗任务的时间。缩短时间的关键是线路选择。把网络技术应用于灭火战斗，可通过调整关键线路来合理地、科学地组织灭火战斗，达到缩短灭火战斗时间的目的。一般来说，灭火战斗中的某一项具体任务是不宜采取硬性压缩的办法来缩短时间的。由于在灭火战斗中，在某一时刻要安排多项工作，这既有运用战斗力多少的问题，也有工作安排的次序问题。如果能合理地运用各种“兵力”，科学地安排灭火战斗行动的次序，就可进行灭火战斗的时间优化。

在灭火活动的组织中，将串联进行的活动调整为平行活动或交替活动，可在同一时间内安排更多的活动。在完成主要任务显得十分紧张，而次要任务比较松弛时，可从次要任务中调出部分力量来支援主要任务的完成。为了保证整体灭火时间的缩短可相应推迟主要任务的开始时间，延长次要任务的延续时间或从火场外部调集力量来加强第一线的灭火力量都可以优化灭火时间，缩短整体灭火时间。

（2）油罐火灾的扑救

扑救各种不同形式的油罐火灾，要根据油料燃烧时，其盛装容器的破坏状况、油料种类，以及油罐上的灭火设备是否完整可靠等情况采取相应的灭火措施。

① 稳定燃烧的油罐火灾

a. 火炬型燃烧。油罐火灾，可能发生在油罐的孔洞处。如在破裂的缝隙处，呼吸阀、量油孔、采光孔等处形成稳定的火炬型燃烧。稳定火炬型燃烧可采用水流封闭法和覆盖法灭火。水流封闭法是根据火炬直径大小和高度，组织数个射击小组，用水流将火焰和还未燃烧的油蒸气分隔开，造成瞬时可燃气体的供应中断，使火焰熄灭；或数支水枪同时由下向上移动，将火焰“抬走”，使火焰熄灭。覆盖法灭火就是使用覆盖物盖住火焰，造成瞬时油气与空气的隔绝层，致使火焰熄灭，这是扑救火炬型燃烧的有效方法。在覆盖之前，需用水流对覆盖物及燃烧部位进行冷却，并掩护扑救人员自上风方向靠近火焰。若油罐上洞孔较多，同时形成几个火炬燃烧时，应用水流冷却整个油罐表面，使油料气体压力降低，然后从上风方向逐个将火焰覆盖扑灭。扑救火炬型燃烧的覆盖物可用浸湿的棉被、麻袋、石棉被和海草席等。

b. 无顶盖油罐稳定性燃烧。如果油罐发生爆炸，罐盖被掀开，液面上形成稳定性燃烧。此时必须准备充足的灭火剂、水源和移动式泡沫灭火设备，一方面组织力量对油罐进行可靠的冷却，先集中冷却燃烧罐，不使罐壁变形、破裂，同时冷却危险范围内的邻近罐，特别是下风方向的油罐。另一方面用石棉被、湿棉被等把附近罐上的呼吸阀、量油孔覆盖起来，防止邻罐的油蒸气被引燃或爆炸，并启动未损坏的固定灭火设备。如果固定式灭火设备已损坏，可采用移动式泡沫灭火设备，但应设在油罐的上风方向，尽可能保持一定的安全距离，不间断地向油罐喷射泡沫，直至将火焰扑灭，并在油料表面上保持 20cm 以上厚度的泡沫为止。当燃烧油罐液面很低时，由于罐壁的温度高和气流的作用，使从罐顶打入的泡沫受到较大的破坏，降低了灭火效果。为了提高灭火效果，可以向轻质油料储罐内注水，提高液面。若受条件限制，则可在高液面上部 50～80cm 处的罐壁上，开挖泡沫喷射孔，利用喷射孔内向罐内液面喷射泡沫。开挖孔洞是很难完成的工作，开挖孔洞后增加罐内空气对流，燃烧的火焰增大，不在万不得已的情况下一般不建议采用。

c. 油罐罐盖塌陷燃烧。油料发生爆炸燃烧，多数情况下是一部分罐盖掉进油罐内，另一部分在液面上。罐呈凹凸不平，火焰能将液面上的罐盖烧得很热，对泡沫有破坏作用。此外罐顶凸凹不平，泡沫不易覆盖住被罐盖遮挡的那一部分火焰，影响灭火速度。此时，如果条件允许，可以提高油面液位，使罐盖高出液面部分被液体淹没，形成水平的液面，然后用泡沫扑灭火焰。提高油液面需要在很短时间内完成，否则不宜采用这种方法。

如果一切方法都不能将油罐内火灾扑灭，就是设法将罐内油料通过密封管输出。同时继续冷却油罐，让少量剩余油料烧尽，以保全金属油罐和防止火灾蔓延。

d. 数个油罐同时燃烧的火灾。若一组油罐同时燃烧，具有很大危险性，对此应沉着冷静、认真对待，采用全面控制，逐个消灭的方法进行扑救。要在火场指挥部的统一布置下，尽最大力量冷却所有燃烧罐和邻近罐，控制火势不再蔓延。如果灭火力量充足，可集中足够的灭火器材，对所有燃烧罐有计划地分组同时扑救。如果力量不足或灭火器材不足时，可先扑救上风方向的邻近罐或其中最大的油罐，然后逐个进行扑救。扑救多个油罐火灾时应考虑到全部灭火药剂都用完，可能还有油罐没有被扑灭的后果，因此应组织人员有效地疏散和撤离，避免油罐发生爆炸波及原来的安全区域。对多数油罐的火灾，争取外援消防力量是很重要的，也只有在外援消防力量足够强时才能控制火势。

② 稳定油罐油料外溢火灾

油罐爆炸，油料流散，在防火堤内形成大面积的火灾，给扑救工作带来很大的困难。应根据具体情况，采取相应的措施。

当油罐周围都是燃烧的油料时，灭火人员不能接近油罐灭火。此时，即使固定泡沫灭火设备没有破坏，也不能用油罐上的泡沫灭火设备灭火，更不能用其他灭火设备扑救油罐火灾。因为燃烧油罐被流散的液体火焰包围，即使将罐内火焰扑灭，但由于罐外的火焰存在，仍会使罐内油料燃烧起来。若油罐上设有固定冷却水灭火设备，而油罐的破坏不很严重时，可使用固定冷却水灭火设备冷却油罐，避免油罐在燃烧中进一步破裂和损坏。若油罐破坏较严重，可不再对油罐进行冷却工作。

根据火灾的特点和灭火力量的情况，首先应组织扑救堤内的流散液体火焰，然后再扑救油罐内的火灾。在有较强大的灭火力量时，亦可同时部署扑救油罐内外的火灾。将一部分力量用于扑救罐内油料的火灾，将另一部分力量用于扑救罐外流散的液体火焰。防火堤内有较大的燃烧面积时，应采用堵截包围的灭火战术，集中足够的泡沫管枪或泡沫炮，布置在防火堤外面，对燃烧区实行全面包围。先用干粉、卤代烷灭火剂控制火焰，再用氟蛋白泡沫从防火堤边沿开始喷射泡沫，逐渐向防火堤中心移动，覆盖燃烧液面。扑灭罐外的火灾后迅速扑救罐内火灾。

在扑救火灾的同时，应注意油料流散状况，防止油料流出防火堤，使火灾扩大。在必要时，应及时加高、加固防火堤，提高防火堤的阻油效能。同时应该指出，防火堤内的油料和冷却水积存较多时，应通过堤外水封井、隔油池导走油料，把火焰堵截在水封井和隔油池外口，必要时也可采用下水道或临时铺设管道，将油料排到安全的地方，此类火灾的关键是油罐阀门处难以扑救，此时可以用不燃烧物质覆盖，然后用泡沫扑救。

③ 稳沸溢油料储罐火灾

重油和原油一般都含有水分，燃烧过程中会发生沸溢火灾。沸溢性油罐火灾的火焰温度很高，可达1700℃，火焰高度可达70~80m，火焰起伏，辐射热很大，热波传播速度快，一旦发生沸溢，可能会连续数次，油料向油罐四周溢流，在油罐四周造成大面积火焰，对油罐周围建筑物和灭火人员产生极大威胁，扑救工作十分困难，火灾危险性很大。

扑救工作要先作必要的准备，查明着火油罐的类型、直径、高度、油料种类、储油时间、油罐间距、着火部位、燃烧形式、火焰颜色和高度，油料有无沸溢的动向，对周围的威胁程度，预测油料可能沸溢的时间，制订正确的灭火计划。

正确的灭火方法是首先控制火势。沸溢性油料储罐发生火灾后，在未发生沸溢之前，应集中力量对燃烧油罐进行冷却，或排出罐底积水，防止发生沸溢。对于已发生油料沸溢的火灾，应采用筑堤拦油的方法，阻止油料向四周无限制地流散，将燃烧控制在一定范围内。对于包围圈内的燃烧油料，应采取堵截包围，从不同方向分进合击，缩小包围圈，为扑救罐外火灾创造条件。然后凭借有利的地形和地物，使用水枪、泡沫管枪等灭火器材，按轻重缓急把若干较小的区域逐步扑灭。其次，在扑灭油罐四周流散的沸溢油料火焰之后，应乘机向油罐内火灾发起急攻，使用泡沫管枪、泡沫钩枪、泡沫炮等一切设备，扑灭油罐火灾。扑灭油罐火灾后，还要对罐壁进行冷却，防止油料蒸气过多挥发，引起复燃。扑救油罐沸溢性火灾，宜采用液上喷射灭火方法。常规扑救时，要防止冷却水进入油罐内，或争取在沸溢前往罐内打入泡沫，以免导致油料提前沸溢。最好在沸溢前，一般在起火后30min内扑灭火灾。在泡沫进攻之前，可向罐内打入少量冷油，降低油料温度，然后打入泡沫，防止沸溢。

如果不能在起火后30min内扑灭火灾，在灭火过程中要仔细观察储罐火灾的变化，如果发现油表面有油泡沫生成并出现数次翻涌蠕动现象，火焰高度亮度增加，油罐壁出现颤抖膨胀现象，或燃烧发出嘶嘶声等沸溢先兆现象时，可能预示着沸溢即将发生，此时必须尽快撤离火场，待沸溢或喷溅发生后，再抓住时机进行灭火，避免和减少不必要的伤亡。

总之，沸溢油料火灾是油罐火灾中最危险的，要十分重视，认真对待。

（3）油泵房火灾的扑救

引起油泵房火灾的原因较多，常见原因有：填料安装过紧，致使填料过热冒烟，引燃泵房中积聚的油蒸气；油泵空转，造成泵壳高温，引燃油蒸气；使用非防爆式电动机及电器设备；铁器碰击产生火花或外来火源等引燃油蒸气；静电接地不符合要求引起放电等。根据这些原因，应特别注意的是泵房内泵和管线不得出现渗漏油现象，地上的洒油或因滴漏而放置的集油盒(盆)等应及时处理，防止泵房内油气过浓。

一般泵房内设蒸汽灭火设备或卤代烷灭火设备，并放置简易的泡沫灭火器、干粉灭火器、二氧化碳灭火器、卤代烷灭火器等设备。发现火情后，首先应停止油泵运转，切断泵房电源，关闭闸阀，断绝来油；然后把泵房周围的下水道覆盖密封好，防止油料流淌而扩大燃烧；同时用水枪冷却周围的设施和建筑物。对于泵房大面积火灾，较好的办法是用水蒸气灭火。泵房内设有固定或半固定式的蒸汽灭火设备时，着火后可供给蒸汽，降低燃烧区中氧的含量，使火焰熄灭。一般蒸汽浓度达到35%时，火焰即可熄灭。

没有蒸汽灭火设备时，可根据燃烧油料、燃烧面积、着火部位等，采用灭火器或石棉被等扑救。一般泵房内除油蒸气爆炸导致管线破裂而造成油料流淌较大火灾外，主要是油泵、油管漏油处及接油盘最易失火，这些部位火灾只要使用轻便灭火器具，就能达到灭火目的。若泵房内油料流散引起较大面积火灾时，可采用泡沫扑救，向泵房内输送空气泡沫或高倍数泡沫等。

（4）桶装库房火灾的扑救

油桶火灾，无论漏洒在地面上的油料燃烧，或是桶内、桶外油料燃烧，如果扑救不及时，必将引起油桶爆炸甚至连续爆炸，使桶内油料四处飞溅，火灾迅速蔓延扩大，在短时间内即可造成一片火海的严重局面。

油桶爆炸的情况不尽一样，随油桶质量好坏、桶内油料多少、油料种类不同，受热温度高低而各异。一般情况下，在受热温度上升到700℃以上，桶内油料迅速汽化，油桶不能承受桶内压力时(超过0.2MPa)，桶内汽化的液体炸开油桶，呈火球状冲入天空，火球升起可达到20~30m，然后呈焰火状四散落下。轻质油料大多不等落地已燃尽，润滑油则仍能继续燃烧。若油桶质量低劣，则在被加热后，桶内压力不到0.2MPa就从质量薄弱处炸开。由于压力不太大，有时尚不足0.1MPa，所以油料不会飞起，仅从裂口处不断往外喷油燃烧。油桶在火焰的直接烧烤下，一般在3~5min即发生爆炸。油桶爆炸之前，大部分将桶底、桶顶鼓起，随后发生爆炸。油桶爆炸仅裂3~30cm的裂口，绝不是将油桶炸得四分五裂。

对于油桶火灾，由于极易爆炸，火灾扩大蔓延的可能性极大，且桶垛有较大空隙，泡沫不易全部覆盖，为扑救带来很大困难。造成油桶火灾的原因是比较多的，油桶渗漏遇明火，倒装时铁器磕碰出火，堆场日晒使温度升高而发生爆炸燃烧，盛装过满油料膨胀使桶爆炸后遇火燃烧等，都是油桶火灾的常见原因。

① 油桶火灾的扑救

对于油桶外部漏油燃烧，应迅速用覆盖物覆盖、用沙土掩埋或用灭火器扑救，切勿惊慌，以防止火灾扩大，酿成大灾。对于敞开桶盖或掀去全部顶盖的油桶内油料着火，可利用覆盖法扑救，也可利用灭火器扑救。这种燃烧不会使油桶爆炸，可以在着火油桶的上风方向接近灭火。一切敞口容器都可用同样方法扑救。

对于桶垛或盛装油桶的车船着火，应注意不要急于去灭火，应首先疏散周围的可燃物，或将车、船拉到安全地点，然后用水充分冷却燃烧区内的油桶和附近油桶。在冷却时，冷却水可能使桶内喷燃的油料漫流，应筑简易土堤围住油火。经一段时间的冷却后，应使用各种灭火器材积极灭火。对于泡沫能够覆盖的火场，可用移动式泡沫灭火设备或泡沫消防车灭火；有较大空隙的桶垛则不宜用泡沫灭火，可用多支水枪，以强大水流打熄燃烧的火焰。无论桶垛或车船油桶火灾，均要组织人力用沙土掩埋，这样可有效地灭火。对于润滑油桶火灾，要防止爆炸后的燃烧油火引起附近建(构)筑物着火。

② 桶装库房火灾的扑救

桶装库房的建筑物发生火灾，会引起库房内油桶火灾。油桶火灾能引起可燃建筑物火灾，其结果造成建筑物和油桶同时燃烧，油桶爆炸，油料流散，火势扩大，导致整个库房大面积火灾。燃烧时间越长，爆炸的油桶越多，流散油料也越多。情况比较严重时，油料可能漫过库房门槛至库房外燃烧。若火灾持续时间太长(达40~50min)，钢筋混凝土的一、二级耐火建筑物在高温作用下亦将遭到严重破坏。

扑救桶装库房火灾，同扑救其他油料一样，关键是抓紧时间扑救，积极采用防火措施，尽快控制火势。对于桶装库房着火而油桶尚未燃烧的火灾，应迅速组织力量扑灭燃烧部位的火焰，同时用水枪保护受到威胁的油桶，防止火灾蔓延。如果是部分油桶起火，但未爆炸，而建筑物尚未起火时，应用泡沫枪向燃烧的油桶喷射泡沫，及时地扑救油桶火灾；同时应组织力量对未燃烧的邻近油桶和建筑物进行冷却，防止火势扩大。若个别独立的油桶发生燃烧火灾事故，也可采用覆盖物进行覆盖灭火，或采用简易的泡沫灭火器以及沙土等进行扑救。

对于油桶和库房均在燃烧，且油桶不断发生爆炸的火灾，应根据火场特点，集中一定力量首先冷却油桶，防止油桶继续爆炸，同时组织一部分力量扑救建筑物的火灾(扑救建筑物火灾的水流落到油桶上亦有一定的冷却作用)。然后集中优势，采用泡沫灭火设备(泡沫枪、泡沫炮等)，向燃烧着的油桶和地面流散的液体火焰发起猛攻，迅速扑灭火灾(在泡沫进攻时，可停止水枪对油桶的冷却，以免水流对泡沫造成不必要的破坏作用)。应该指出的是，这种火场用水量大，流散液体火焰可能随着积水扩大而扩大，应组织必要的力量，排除或堵截地面火焰(挖沟或筑堤等)，防止火势扩大和火灾蔓延。

扑救桶装库房火灾时，要注意扑救人员的安全。在油桶连续爆炸的情况下进攻，应防止油桶爆炸伤人。火场上需疏散油桶时，应派专人负责，采取必要的措施(如用水流保护疏散人员)，确保人员安全。排除库内流散的积水时，应采取可靠的措施(如通过室外水封井、或在门槛下设临时排油管)，将流散油料和积水排到安全的地方。

（5）铁路油罐车火灾的扑救

铁路油罐车在装卸过程中，往往由于铁器碰击、静电、雷击或杂散电流等造成罐口燃烧的火灾。在铁路运行中，还会出现撞车、翻车等现象而导致的大面积火灾。

① 油罐车罐口火灾

铁路油罐车罐口火灾，一般形成稳定性燃烧，火焰呈火炬形，温度较高，对装卸油栈桥、鹤管及油罐车本身有威胁。

通常，罐体未损坏、火焰仅在罐口部位时，可采用石棉被覆盖住罐口，或关闭油罐车盖，隔绝空气，窒息灭火。也可采用干粉灭火器向罐口喷射，扑灭火焰。如果火焰较大，可采用数支直流水枪，从不同方向交叉射击，形成水幕，将油气和空气隔开，扑灭火灾。油罐车发生火灾后，尽可能将已燃油罐车与未燃油罐车隔离，对附近罐车及建筑物进行冷却保护，防止火灾扩大。

② 油罐车油料溢流火灾

油罐车脱轨倾倒，油罐破裂，随着油料的流散，形成较大面积的复杂火灾。此时，火焰辐射热较大，人很难接近火源，油料不断流散，对灭火人员也有一定威胁，因此先应冷却燃烧油罐车和其邻近油罐车，防止油罐车进一步被破坏。冷却的同时，组织泡沫或喷雾水流，先扑灭流散油料的火灾，再采用泡沫管枪，泡沫炮和直流水枪，扑灭油罐车火灾。

③ 大面积油料流散的油罐车火灾

油罐车倾覆造成数个或数十个油罐车起火，火灾现场极为复杂，不但阻碍列车通行，还将影响附近设施和建筑物的安全。

先将未燃烧的机车、油罐车与着火的油罐车脱钩，开到安全地点，防止火势扩大。然后用沙土筑堤拦油，缩小燃烧范围，将流散液体火灾控制在一定范围内。用泡沫扑灭流散液体火焰后，再用泡沫或直流水枪扑灭油罐车火灾。也可用喷雾水流、沙土等扑救地面火灾，但应有防止复燃措施。

（6）汽车油罐车火灾的扑救

汽车油罐车火灾的扑救方法类同于铁路油罐车。应注意的是尽量将汽车罐车开到安全地带扑救。如果是收发油料时罐口着火，可首先用石棉被将罐口盖上闷死，也可使用随车携带的灭火器对准罐口将油火扑灭，亦可使用其他覆盖物堵严罐口将油火扑灭。油车在行驶途中着火，驾驶员无法将火扑灭时，应尽力将车辆靠右停下，立即就近寻找电话或拦阻公路上行驶的汽车，向消防机关报警。若油罐因高温变形而出现裂缝，使罐内油料外流时，应利用罐车附近的排水沟或挖沟，让油料流入沟内燃烧，控制火势，防止蔓延。油罐汽车不管在什么情况下发生火灾，驾驶员都要认真处理善后工作，把残留在地面上、排水沟内的油料收集起来，或用土掩埋等，不能草率处理，以避免油火复燃。

（7）油船火灾的扑救

油船在运输、停靠或装卸过程中，出于种种原因，可能发生燃烧和爆炸、油料沸溢喷溅等不同程度的火灾。由于油船自身消防设备不是很强，会为火灾扑救带来一定困难。

① 初期火灾　油船的初期火灾，往往是指舱口处燃烧，可利用舱口盖、石棉被和其他覆盖物，将舱口盖严，隔绝空气，窒息灭火。若覆盖物在舱口有空隙时，可用泡沫往空隙处射击，加强其封闭效果。舱口或甲板裂口燃烧，也可用直流水枪交叉射水冲击火焰，水枪先对准火焰根部，使火焰瞬间与油料蒸气分离而熄灭。

② 油船上大面积火灾　船体爆裂油料外流，或重质油料喷溅，造成的大面积火灾，可以先用船上的自保灭火设备扑救火灾。若固定灭火设备损坏，可采用移动或泡沫灭火设备进行扑救。同时对甲板进行不间断的冷却，对邻近不能驶离的船舶和建(构)筑物也应进行可靠的防卫，防止火灾蔓延。

一般情况下，甲板上的火灾，可采用覆盖物、泡沫、沙土等扑救。漂浮在水面上的油火，应采用漂浮物堵截或采用水枪拦截，将油料火焰圈围在一处。然后用泡沫、喷雾水枪等扑救。重质油料燃烧发生沸溢时，应先冷却船体，当温度下降或喷溢停止后，再用干粉或泡沫扑灭火灾。

③ 水面上大面积火灾　油比水轻，油料在水面上扩散燃烧，危害性很大。流散油料随着水流向下游移动，严重地威胁下游船只、建筑物和水上构筑物。

对于水面上的油料火灾，应先采取措施阻止油料四处漂流，把油料围截到安全的水面处，阻止火势扩大，或使用水枪将燃烧油料拦截到靠近岸边的安全地点，然后用干粉或泡沫扑灭油料火焰。

无论是扑救哪种油船火灾，都应特别注意如下几点：一是由于油船的载油量较大，扑救过程中，应特别注意船的整体安全，对装卸作业时发生的火灾，应先切断电源和输油管线，保护好船上的重要设备；二是重质油料火灾，应注意防止水流进入油舱内，造成沸溢；三是灭火中应注意防止人员摔倒或落水。

（8）输油管道破裂火灾的扑救

输油管道因腐蚀穿孔、垫片损坏、管道破裂等引起漏油、跑油，若遇有火源，就可能发生火灾。这种火灾，燃烧着的油料向四周喷射，对附近设备和建(构)筑物有很大的威胁。

输油管道发生火灾，首先应采取工艺措施，降低管道内的油料压力，并截断油料的来源，例如，停止油泵运转，关闭着火管线两端的阀门等。然后采取挖坑筑堤的方法，防止喷出油料流散和火灾蔓延。独立的输油管道发生火灾，可采用直流水枪、泡沫、干粉等扑灭火灾，亦可用沙土等掩埋扑灭火灾。对着火油管扑救的同时，应采用水枪对邻近平行铺设的管道，可靠地进行冷却，防止邻近管线受热膨胀或垫片烧毁，火势扩大。应注意的是，输油管道在压力未降低之前，不应采用覆盖法灭火，否则会引起油料飞溅，造成人员伤亡事故。若输油管道附近有灭火蒸汽接口，亦可采用蒸汽，对准火焰扑救。

（9）电气设备火灾的扑救

电气设备由于过热、漏电、短路、过负荷运行、绝缘破坏或产生的火花、电弧等原因可能引起火灾或爆炸。电气火灾在油库中比例约占10%，所造成的损失不单是设备直接损失，还迫使设备停工或引起更大火灾爆炸，间接损失也很大。

一般来说，凡有电气设备的场所都应配备有干粉或二氧化碳等小型灭火器，因这些灭火剂电阻率很大，击穿电压很高，使用这些灭火剂带电灭火也不会发生触电。但最安全的方法是采取断电灭火，有时因生产需要，断电会产生次生灾害，或无法断电，灭火需要动力等情况下，就必须进行带电灭火。带电灭火是很困难的，根据目前的消防装备，泡沫灭火剂不能用于带电灭火，但在特殊情况下，勉强可代用。

（10）人体油料火灾的扑救

当人身上沾上油火时，如衣服能撕脱下来，就尽可能迅速地脱下，浸入水中，或用脚踩灭，或用灭火器、水扑灭，如果衣服来不及脱，可就地打滚，把火窒息。倘若附近有河渠、水池时，可迅速跳入浅水中。烧伤过重，则不能跳水，防止细菌感染。如果有两个以上的人在场，未着火的人要镇定沉着，立即用随手可以拿到的麻袋、衣服、扫帚等朝着火人身上的火点覆盖、扑打或浇水，或帮他脱下衣服。但要注意，不应用灭火器直接向人身体上喷射，以免扩大伤势。

当人身上沾上油火时，往往由于惊慌失措或急于找人解救，拔脚就跑，如果人一跑，着火的衣服得到充足的新鲜空气，火就会更猛烈地燃烧起来。另外，着火的人一跑，势必将火种带到经过的地方，有可能扩大火灾。因此当人身上沾上油火时，一定要镇静，切忌快速跑动。

油库火灾各有特点，灭火方法也各不相同，应根据火灾的特点，在常规灭火方法的基础上，灵活地采取相应方法，才能有效地扑灭火灾。

9.2.9 空气泡沫消防系统设计

应用空气泡沫扑灭火灾的技术称为空气泡沫消防。它是目前用于扑灭油罐火灾最有效且最普遍的方法。因此，空气泡沫消防系统的设计成为油库设计中重要的组成部分。空气泡沫消防设计的主要内容是：根据油库的总体布置，油罐的容量及其所储存的油料种类等因素合理选择灭火系统，制定消防系统流程；根据有关防火规范，计算泡沫液和消防用水的耗量和储备量；通过水力计算，选择并布置消防泵、消防管线以及配套作用的其他消防设备和器材。

石油库应设消防设施。石油库的消防设施设置，应根据石油库等级、储罐型式、液体火灾危险性及与邻近单位的消防协作条件等因素综合考虑确定。

（1）消防系统设置的规定

石油库的易燃和可燃液体储罐灭火设施设置应满足：覆土卧式储罐和储存丙 B 类油料的覆土立式油罐，可不设泡沫灭火系统，但应按本石油库设计规范规定配置灭火器材；设置泡沫灭火系统有困难，且无消防协作条件的四、五级石油库，当立式储罐不多于 5 座，甲 B 类和乙 A 类液体储罐单罐容量不大于 $700m^3$，乙 B 和丙类液体储罐单罐容量不大于 $2000m^3$ 时，可采用烟雾灭火方式；当甲 B 类和乙 A 类液体储罐单罐容量不大于 $500m^3$，乙 B 和丙类液体储罐单罐容量不大于 $1000m^3$ 时，也可采用超细干粉等灭火方式；储存温度超过 100℃的可燃液体储罐不宜采用固定式泡沫灭火系统，其他易燃和可燃液体储罐应设置泡沫灭火系统。

储罐泡沫灭火系统的设置类型应符合：地上固定顶储罐、内浮顶储罐和地上卧式储罐应设低倍数泡沫灭火系统或中倍数泡沫灭火系统；外浮顶储罐、储存甲 B、乙类和丙 A 油料的覆土立式油罐，应设低倍数泡沫灭火系统。

储罐泡沫灭火系统的设置方式，应符合：容量大于 $500m^3$ 的水溶性液体地上立式储罐和容量大于 $1000m^3$ 的其他易燃、可燃液体地上立式储罐，应采用固定式泡沫灭火系统；容量小于或等于 $500m^3$ 的水溶性液体地上立式储罐和容量小于或等于 $1000m^3$ 的其他易燃、可燃液体地上立式储罐，可采用半固定式泡沫灭火系统；地上卧式储罐、覆土立式油罐、丙 B 类液体立式储罐和容量不大于 $200m^3$ 的地上储罐，采用移动式泡沫灭火系统。

储罐应设消防冷却水系统。消防冷却水系统的设置应符合：低压储罐、容量大于或等于 $3000m^3$ 或罐壁高度大于等于 15m 的地上立式储罐应设固定式消防冷却水系统；容量小于 $3000m^3$ 且罐壁高度小于 15m 的地上立式储罐以及其他储罐，可设移动式消防冷却水系统；五级石油库的立式储罐采用烟雾灭火或超细干粉等灭火设施时，可不设消防给水系统；火灾时需要操作的消防阀门不应设在防火堤内。消防阀门与对应的着火储罐罐壁的距离不应小于 15m，如果有可靠的接近消防阀门的保护措施，可不受此限制。石油库的消防设施设置应符合《消防设施通用规范》(GB 55036)的规定。

（2）消防给水的规定

一、二、三、四级石油库应设独立消防给水系统。储罐计算总容量超过 $600000m^3$ 的石油库，应设置稳高压消防给水系统；五级石油库的消防给水可与生产、生活给水系统合并设置；当石油库采用高压消防给水系统时，给水压力不应小于在达到设计消防水量时最不利点灭火所需要的压力；当石油库采用低压消防给水系统时，应保证每个消火栓出口处在达到设计消防水量时，给水压力不应小于0.15MPa；消防给水系统应保持充水状态。地下消防给水管道宜埋设在冰冻线以下，管顶距冰冻线不宜小于150mm。严寒地区的消防给水管道冬季可不充水，但应满足消防泵启泵后5min内将消防水送到最不利点的要求。对于特级、一、二、三级石油库地上储罐区的消防给水管道应环状敷设；覆土油罐区和四、五级石油库储罐区的消防给水管道可枝状敷设；山区石油库的单罐容量小于或等于5000m^3且储罐单排布置的储罐区，其消防给水管道可枝状敷设。特级、一、二、三级石油库地上储罐区的消防水环形管道的进水管道不应少于2条，每条管道应能通过全部消防用水量。特级石油库的储罐计算总容量大于或等于2400000m^3时，其消防用水量应为同时扑救消防设置要求最高的一个原油储罐和扑救消防设置要求最高的一个非原油储罐火灾所需配置泡沫用水量和冷却储罐最大用水量的总和。其他级别石油库储罐区的消防用水量，应为扑救消防设置要求最高的一个储罐火灾配置泡沫用水量和冷却储罐所需最大用水量的总和。

（3）储罐的消防冷却水供应范围规定

着火的地上固定顶储罐以及距该储罐罐壁不大于1.5*D*（*D*为着火储罐直径）范围内相邻的地上储罐均应冷却。当相邻的地上储罐超过3座时，可按其中较大的3座相邻储罐计算冷却水量；着火的外浮顶、内浮顶储罐应冷却，其相邻储罐可不冷却。当着火的内浮顶储罐采用非耐火浮顶时，其相邻储罐也应冷却；着火的地上卧式储罐应冷却，距着火罐直径与长度之和1/2范围内的相邻罐也应冷却；着火的覆土储罐及其相邻的覆土储罐可不冷却，但应考虑灭火时保护用水量（指人身掩护和冷却地面及储罐附件水量）。

（4）储罐的消防冷却水供水范围和供给强度应符合下列规定：

地上立式储罐消防冷却水供水范围和供给强度，不应小于表9-12的规定。

表9-12　地上立式储罐消防冷却水供水范围和供给强度

储罐及消防冷却方式			供水范围	供给强度	附注
移动式水枪冷却	着火罐	固定顶罐	罐周全长	0.8L/(s·m)	—
		外浮顶罐 内浮顶罐	罐周全长	0.6L/(s·m)	采用非耐火浮顶的内浮顶罐按固定顶罐计算
	相邻罐	—	罐周半长	0.7L/(s·m)	—
固定式冷却	着火罐	固定顶罐	罐壁外表面积	2.5L/(min·m^2)	—
		外浮顶罐 内浮顶罐	罐壁外表面积	2.0L/(min·m^2)	采用非耐火浮顶的内浮顶罐按固定顶罐计算
	相邻罐		罐壁外表面积的一半	2.5L/(min·m^2)	按实际冷却面积计算，但不得小于罐壁表面积的1/2

注：1. 移动式水枪冷却中，供给强度是按使用ϕ19水枪确定的。

2. 着火罐ϕ19单支水枪保护范围为9~11m；邻近罐ϕ19单支水枪保护范围为15~25m。

覆土立式储罐的保护用水供给强度不应小于0.3L/s·m，用水量计算长度应为最大储罐的周长。当计算用水量小于15L/s时，应不小于15L/s；着火的地上卧式储罐的消防冷却水供给强度不应小于6L/min·m^2，其相邻储罐的消防冷却水供给强度不应小于3L/min·m^2。冷却面积应按储罐投影面积计算；覆土卧式储罐的保护用水供给强度，应按同时使用不少于两支移动水枪计，且不应小于 15L/s。储罐的消防冷却水供给强度应根据设计所选用的设备进行校核。

单股道铁路罐车装卸设施的消防水量不应小于 30L/s；双股道铁路罐车装卸设施的消防水量不应小于 60L/s。汽车罐车装卸设施的消防水量不应小于 30L/s；当汽车装卸车位不超过 2 个时，消防水量可按 15L/s 设计。

地上立式储罐采用固定消防冷却方式时，其冷却水管的安装应符合储罐抗风圈或加强圈不具备冷却水导流功能时，其下面应设冷却喷水环管；冷却喷水环管上应设置水幕式喷头，喷头布置间距不宜大于 2m，喷头的出水压力不应小于 0. 1MPa；储罐冷却水的进水立管下端应设清扫口。清扫口下端应高于储罐基础顶面不小于 0. 3m；消防冷却水管道上应设控制阀和放空阀。消防冷却水以地面水为水源时，消防冷却水管道上宜设置过滤器。

（5）消防冷却水最小供给时间规定

直径大于 20m 的地上固定顶储罐和直径大于 20m 采用非耐火浮顶的内浮顶储罐不应少于 6h，其他地上立式储罐不应少于 4h；覆土立式油罐不应少于 3h；卧式储罐、铁路罐车和汽车罐车装卸设施不应少于 2h。

（6）石油库消防水泵的设置规定

一级石油库的消防冷却水泵和泡沫消防水泵应采用电动消防泵作为主用泵，采用柴油机消防泵作为备用泵；主用泵和备用泵的扬程和流量均应满足整个消防系统的供水要求；二、三级石油库的消防冷却水泵和泡沫消防水泵应设置备用泵，当消防冷却水泵和泡沫消防水泵的压力、流量接近时，可共用 1 台备用泵，备用泵的流量、扬程不应小于最大主泵的工作能力。当二、三级石油库的消防水泵有两个独立电源供电时，主泵应采用电动泵，备用泵可采用电动泵或柴油机泵；只有一个电源供电时，消防水泵应采用下列方式之一：

① 主用泵和备用泵全部采用柴油机泵；

② 主用泵采用电动泵，配备能力不小于主用泵的柴油机泵作备用泵；

③ 四、五级石油库的消防冷却水泵和泡沫消防水泵可不设备用泵；

④ 消防水泵应采用正压启动或自吸启动。但采用自吸启动的时间不宜大于 45s。

当多台消防水泵的吸水管共用 1 根泵前主管道时，该管道应有 2 条支管道接入消防水池（罐），且每条支管道应能通过全部用水量；石油库设有消防水池（罐）时，其补水时间不应超过 96h。需要储存的消防总水量大于 1000m^{3}时，应设两个消防水池（罐），两个消防水池（罐）应用带阀门的连通管连通。消防水池（罐）应设供消防车取水用的取水口。

（7）消防冷却水系统应设置消火栓

移动式消防冷却水系统的消火栓设置数量，应按储罐冷却灭火所需消防水量及消火栓保护半径确定。消火栓的保护半径不应大于 120m，且距着火罐罐壁 15m 内的消火栓不应计算在内；储罐固定式消防冷却水系统所设置的消火栓间距不应大于 60m；寒冷地区消防水管道上设置的消火栓应有防冻、放空措施。

（8）石油库的消防给水主管道宜与邻近同类企业的消防给水主管道连通。

（9）一至五级石油库的消防水池（罐）储水量，不应小于计算消防用水量的 1.5 倍。特级石油库的消防用水量，应在计算消防用水量的基础上另外增加不小于 10000m^{3}的储存量，当企业临近天然水源或与相邻企业具有互通的消防水管网时，可减去相应的有效供水量。

（10）储罐泡沫灭火系统

储罐的泡沫灭火系统设计，除应执行本规范规定外，尚应符合《泡沫灭火系统技术标准》(GB 50151)的有关规定。泡沫比例混合装置宜采用平衡式或机械泵入式比例混合流程。

储存甲B、乙和丙A类油料的覆土立式油罐，应配备带泡沫枪的泡沫灭火系统，并应符合下列规定：

① 油罐直径小于或等于20m的覆土立式油罐，同时使用的泡沫枪数不应少于3支；

② 油罐直径大于20m的覆土立式油罐，同时使用的泡沫枪数不应少于4支。每支泡沫枪的泡沫混合液流量不应小于240L/min，连续供给时间不应小于1h。

（11）空气泡沫灭火基本参数的确定

确定泡沫液和消防水的耗量和储备量是选择消防设备和器材的前提条件，而这些参数的确定又取决于泡沫和冷却水的供给强度、灭火计算时间以及防止回燃所必需的冷却时间等参数。这些参数选取得是否恰当，不仅关系到灭火的可靠性，还将直接影响到油库的建设投资。《石油库设计规范》(GB 50074)对这些参数都作了明确规定。

① 泡沫供给强度

为了在规定的时间内(即泡沫连续供给时间)有效地扑救油罐火灾，单位时间里必须向单位燃烧面积上提供的泡沫体积称为泡沫供给强度。通常用L/(s·m^2)表示。

不同闪点的油料其泡沫供给强度也不同，见表9-13。

表9-13　固定顶油罐泡沫供给强度

油料闪点/℃	泡沫供给强度/[L/(s·m^2)]	
	固定式、半固定式泡沫灭火系统	移动式泡沫灭火系统
<60	0.8	1.0
>60	0.6	0.8

浮顶油罐的泡沫供给强度应考虑泡沫流散展开的可能。它与泡沫产生器的型号有关，见表9-14。

表9-14　浮顶油罐泡沫供给强度

泡沫产生器类型及泡沫产生量/(L/s)		最小泡沫供给强度/[L/(s·m^2)]
PS4 PC4	25	1.25
PS8 PC8	50	1.25
PS16 PC16	100	1.5

油库内桶装油料堆放场泡沫供给强度不应小于1.25L/(s·m^2)。在石油码头设计泡沫栓扑救油船火灾时，泡沫供给强度不应小于2.5L/(s·m^2)。

② 泡沫计算耗量

在消防设计中，为了适当地确定泡沫液和水的储备量以及它们的输送设备，通常是以扑灭油罐组中的某一个油罐火灾作为依据。因此在确定灭火的基本参数之前，首先要明确以哪个油罐作为着火罐。一般的做法是从最困难的条件出发，选择泡沫需要量最大的那个油罐作为着火罐。如果油罐组中所有油罐都储存着同样闪点范围的油料，则以截面积最大的油罐作为着火罐。如果不同容量的油罐所储存的油料又各不相同时，则必须经过比较才能判断应以哪个油罐作为设计依据的着火罐。

为了扑灭着火罐火灾，单位时间内所必须供给的泡沫体积称为泡沫计算耗量。它可由式(9-3)求得

$$Q_p = Z_p F \tag{9-3}$$

式中 Q_p——泡沫计算耗量，L/s；

Z_p——着火罐所储存油料的泡沫供给强度，L/s · m²；

F——燃烧面积，m²。

采用空气泡沫扑救油库火灾的燃烧面积因油罐类型不同而不同。

a. 立式固定顶储油罐区的燃烧面积

立式储油罐发生火灾后，除油罐本身液面上发生燃烧外，还有可能发生漏泄火灾。因此，立式罐区的燃烧面积应为油罐区内直径最大的油罐横截面积与流散液体火焰面积之和。流散液体火焰面积与着火油罐直径大小有关，扑灭流散液体火焰需用泡沫枪数量，可按表 9-15 选取。

表 9-15 扑灭流散液体火焰需用 PQ8 型泡沫枪数

油罐直径/m	需 PQ8 型泡沫枪数/支	泡沫液量和灭火用水量计算时间/min
<15	2	30
15~25	3	30
>25	4	30

b. 浮顶油罐的燃烧面积

浮顶油罐的燃烧面积，应按罐壁与泡沫堰板之间的环形面积计算。泡沫堰板距罐壁的距离应为 1.2~1.4m。当采用机械密封时堰板的高度不应小于 0.25m；当采用软密封时堰板的高度不应小于 0.9m。

c. 卧式罐区的燃烧面积

卧式油罐发生火灾，油料有可能漏泄流散，因此，卧式罐区的燃烧面积，按土堤内的占地面积计算。根据火灾统计资料表明，燃烧面积一般均不超过 400m²。因此，卧式油罐区的土堤面积超过 400m²时，仍按 400m²计算。

d. 桶装油料仓库的燃烧面积

桶装油料仓库发生火灾，有可能发生油料流散问题。故其燃烧面积应按桶装油料仓库防火墙间的最大面积计算。但油料流散有一定范围，在一般情况下不超过 400m²，因此，当防火墙之间的占地面积超过 400m²时，仍按 400m²计算。

e. 石油码头上停靠的油船(或油驳)的燃烧面积

有些小型油船无防火隔舱，发生火灾后会在船上迅速扩大。大型油船一般都有防火隔舱阻止火势扩大。因此，无防火隔舱的油船燃烧面积按油船的水平投影面积计算。有防火隔舱的油船可按相邻两个最大舱的水平投影面积计算燃烧面积。

③ 泡沫产生器数量

a. 固定顶油罐泡沫产生器数量由式(9-4)确定：

$$N_c = \frac{Q_p}{q_c} \tag{9-4}$$

式中 N_c——泡沫产生器(或泡沫枪)数量，个(或支)；

Q_p——单位时间内泡沫消耗量，L/s；

q_c——每个泡沫产生器(或泡沫枪)的泡沫产生量(进口压力均按 5×10^5Pa 计算)，L/s。

b. 浮顶油罐的泡沫产生器数量，应按每个泡沫产生器的保护周长计算确定。不同泡沫产生器所采用的保护周长和泡沫或混合液供给强度，见表 9-16。

表 9-16 泡沫产生器保护周长及泡沫供给强度

泡沫产生器规格		最大保护周长/m	最小供给强度	
泡沫/(L/s)	混合液/(L/min)		泡沫/[L/(s·m²)]	混合液/[L/(min·m²)]
25	250	14	1.25	12.5
50	500	28	1.25	12.5
100	1000	48	1.5	15

④ 泡沫液储备量

a. 油罐所需的泡沫混合液流量：

$$Q_{h1} = N_c q_{c1} \tag{9-5}$$

式中 Q_{h1}——扑救油罐火灾需用泡沫混合液流量，L/s；

N_c——泡沫产生器(或泡沫枪)数量，个(或支)；

q_{c1}——每个泡沫产生器(或泡沫枪)的泡沫混合液流量，L/s。

b. 流散液体火焰所需的混合液流量：

$$Q_{h2} = N_q q_{c2} \tag{9-6}$$

式中 Q_{h2}——扑救流散液体火焰需用泡沫混合液流量，L/s；

N_q——泡沫枪数量，支；

q_{c2}——泡沫枪的泡沫混合液流量，L/s。

所以泡沫混合液总流量：

$$Q_h = Q_{h1} + Q_{h2} \tag{9-7}$$

c. 泡沫液储备量：

$$Q_{yi} = m\tau Q_h \tag{9-8}$$

式中 Q_{yi}——泡沫液储备量，m³；

m——泡沫混合液中泡沫液所占的百分数，%；

τ——泡沫延续供给时间，min；

Q_h——扑救油罐及流散液体火焰需用泡沫混合液总流量，L/s。

一次灭火所需泡沫连续供给时间与泡沫的质量有关，一般一次泡沫连续供给时间按 5min 计算。但是火场较复杂，有可能出现其他情况，需要用较多的泡沫或需组织数次扑救；因此，泡沫连续供给时间按 30min 计算。也就是说，泡沫液罐应储存 30min 灭火连续时间内的泡沫液量。

⑤ 消防用水总耗量

消防用水总耗量包括配制全部泡沫混合液用水量、冷却着火罐和冷却邻近油罐最大用水量的总和。

a. 冷却水供给强度

油罐单位周长上所需要的冷却水量，叫作冷却水供给强度。通常用 L/(s · m)表示。

i. 冷却范围。对于地上、半地下油罐区，当某一油罐发生火灾时，为了保护罐体、控制火灾蔓延、减少火焰辐射热影响、保障相邻油罐安全，不仅对着火油罐进行冷却，而且对距着火油罐直径 1.5 倍范围内的相邻地上、半地下油罐均应冷却。因为在火场上，着火油罐下风向的相邻油罐吸收热量最大，其次是侧风向，上风向最小，所以当冷却范围内的油罐超过 3 座时，仍按 3 座较大的油罐计算。

着火的浮顶油罐需冷却。但因火势仅在浮盘周边，火势较小，所以其相邻油罐可不冷却。

地下和覆土油罐因埋入地下或覆土厚度最少 0.5m，着火油罐本身和相邻的地下或覆土油罐均不要冷却。但火灾时，辐射热较强，四周地面温度较高，消防人员必须在喷雾(开花)水枪掩护下进行灭火。故仍应考虑灭火时人身掩护和冷却四周地面与保护油罐附件的用水量。

ii. 冷却水供给强度见表 9-17。

b. 冷却水供给时间

浮顶油罐和半地下、地下、覆土油罐以及直径小于或等于 20m 的地上固定顶油罐，冷却水供给时间应为 4h；直径大于 20m 的地上固定顶油罐，应为 6h。

c. 消防用水的耗量

消防用水耗量包括配制全部泡沫混合液用水、冷却着火油罐用水和冷却邻近油罐用水 3 部分，即

$$Q_s = Q_{s1} + Q_{s2} + Q_{s3} \tag{9-9}$$

式中 Q_{s1}——配制全部泡沫混合液用水量，L；

Q_{s2}——冷却着火油罐用水量，L；

Q_{s3}——冷却邻近油罐用水量，L。

表 9-17 油罐的消防冷却水或保护用水的供给强度

油罐类型 计算参数	固定冷却方式			移动冷却方式			
	冷却水供给强度/[L/(s · m)]	冷却范围计算长度/m		冷却水供给强度/[L/(s · m)]		冷却范围（或保护用水量）计算长度/m	保护用水供给强度/[L/(s · m)]
		环形冷却管做成一个圆形管	环形冷却管做成两个或四个圆弧管	固定顶	浮顶		
着火罐	0.5	πD	πD	0.6	0.45	πD	
邻近罐	0.5	πD	$\frac{1}{2}\pi D$ 或 $\frac{1}{4}\pi D$	不保温 <0.35	保温 <0.2	$\frac{1}{2}\pi D$ (最大油罐 πD)	
地下或覆土罐			—				0.3

i. 配制全部泡沫混合液用水量：

$$Q_{s1} = (1-m)\tau Q_h \tag{9-10}$$

式中 m——泡沫混合液中泡沫液所占的百分数，%；

τ——泡沫连续供给时间，min；

Q_h——扑救油罐及流散液体火焰需用泡沫混合液总流量，L/s。

ii. 冷却着火油罐用水量：

$$Q_{s2}=Z_s L_1 \tau_1 \tag{9-11}$$

式中 Z_s——冷却水供给强度，L/(s·m)；

L_1——着火罐冷却范围计算长度，m；

τ_1——冷却水供给时间，h。

iii. 冷却邻近油罐用水量：

$$Q_{s3}=\sum Z_s L_2 \tau_1 \tag{9-12}$$

式中 L_2——邻近油罐冷却范围计算长度，m。

其他符号意义同前。

9.3 油库防静电技术

静电是一种常见的物理现象，当两种不同物质相互接触时，由于不同物质的原子得失电子能力不同，在接触面处将发生电子转移，使接触面两侧出现大小相等、极性相反的双电层，当两物质之间有相对运动时，就会分别携带走一部分电荷，从而产生静电，即两种不同物质的接触和分离都会产生静电。如油料流动、搅拌、过滤、冲击、人员穿脱衣服都可能产生静电，静电积聚到一定程度时就可能发生火花放电，一般产生的静电位越高越易发生火花放电，此时如果在放电空间还同时存在可燃气体，就有可能引起可燃气体的燃烧和爆炸。因此，如何防止静电引燃引爆对油库的安全运行具有非常重要的意义。

静电事故的发生需要一定的条件：其一，必须存在静电产生和积聚的条件，并且在静电放电时具有足够的放电能量。其二，必须存在适当浓度的可燃性气体。因此，防止静电事故的措施应从这两个条件着手。控制前一个条件实质上是控制静电的产生、积聚和放电，是消除静电危害的直接措施。控制第二个条件，即控制爆炸性混合气体浓度，是消除或减轻周围环境爆炸火灾的危险，是防止静电危害的间接措施。爆炸性混合气体浓度通常可通过减少油气排放、通风、惰化等措施来控制。而油库内，可能导致引燃引爆的静电来源主要有 3 个方面：一是油料在储运、加工过程中产生的静电；二是人员行走、穿脱衣服等活动产生的静电；三是其他物体摩擦产生的静电。下面分别介绍这 3 种情况下控制静电的产生、积聚和放电的具体措施。

9.3.1 防止油料静电引燃引爆

油料在储存、输转过程中，由于摩擦总是存在，静电的产生是不可避免的，因此必须尽量减少静电的产生和积累，以防火花放电引燃引爆。

（1）减少产生静电的措施

① 控制流速　由于油料在管道中流动产生的流动电荷和电流密度的饱和值与油料流速有很大的关系。当油料在层流状态时，产生的静电量只与流速成正比，与管径大小无关；当油料处于紊流状态时，产生的静电量与流速的 1.75 次方成正比，且与管径的 0.75 次方成正

比。也就是说油料的流速越高，静电产生量越大，火灾风险越大。因此，《石油库设计规范》(GB 50074)规定，装油鹤管的出口只有在被油料淹没后可提高灌装速度，因此，提倡淹没流加注油料，同时，汽油、煤油、轻柴油等轻质油料装卸车流速不得大于4.5m/s，初始灌装速度应小于1m/s，同时规定装油鹤管的出口在淹没后方可提高灌装流速。

② 控制加油方式　油罐车从顶部喷溅装油时会产生大量静电，同时也会增加油料的蒸发，从而增大了火灾危险性。《石油库设计规范》(GB 50074)规定：当采用上装鹤管向汽车油罐车灌装甲、乙、丙A类油料时，应采用能插到油罐底部的装油鹤管。

③ 防止不同油料相混或油料含水和空气　不同油料混合或油中含有水时，都会使静电量增加。因此，在油罐换装油料时一定进行清洗，以防止不同油料相混合。另外，应充分注意用压缩空气进行油料调和和通风的危险性，在清洗轻油罐等容器时，若油料未除净，不应用高压水或压缩空气冲洗，以免发生火灾。严禁使用压缩空气进行甲、乙类油料的调和作业和清扫作业。

④ 设计上尽量减少弯头、阀门等附件　当油料经过弯头、阀门等附件时，会由于油料流动状态的改变导致油料摩擦加剧产生的电荷量大大增加，因此从减少静电产生的角度来说应尽可能减少弯头、阀门的数量。另外必须使用软管的地方应优先选用导电橡胶或导电塑料管。

（2）加速静电的泄漏，防止或减少静电的积聚

静电的产生本身并不危险。实际的危险在于电荷的积聚，因为这样能储存足够的能量，从而产生火花放电将可燃气体引燃引爆。油料由于电阻率较高，其中的电荷不易泄漏，因而使不断产生的静电荷越积越多。为了加速油料电荷的泄漏，可以采用接地、设置静电消除器以及增加油料的电导率等措施。

① 接地和跨接　静电接地是将设施设备通过导线接地体等手段与大地连成阻值较小的通路，以使电荷导入大地。对于带电导体，接地后其电荷会迅速导入大地。

对于储油容器，由于油料是绝缘体，带电后不能靠容器的接地来迅速导走油料的电荷，但是容器接地能减少电荷向大地泄漏的电阻，从而加快油料电荷的泄漏。现时，容器接地使容器本身及相关金属设备与大地之间构成了良好通路，消除了容器外表面电荷产生火花放电的可能性。

在油库中，所有固定的储输油设施设备除了有特殊要求(如阴极保护的设备)都应接地，所有移动设备，如测量、取样容器、油桶、车辆等在作业过程中都应接地，为了减少接地体的当量数量及操作难度，在许可的情况下，可以采用先跨接(设备之间用导体相连通，构成等位体，以防止导体之间因静电电流、雷电流及杂散电流发生火花放电)再集中接地的方法。单纯静电接地的接地电阻应小于100Ω，与防雷接地合用时，接地电阻应小于10Ω。GB 50074 规定如下：

a. 储存甲、乙、丙A类油料的钢油罐，应采取防静电措施。

b. 钢油罐的防雷接地装置可兼作防静电接地装置。

c. 铁路油料装卸栈桥的首末端及中间处，应与钢轨、输油管道、鹤管等相互做电气连接并接地。

d. 甲、乙、丙A类油料的汽车油罐车或油桶的灌装设施，应设置与油罐车或油桶跨接的防静电接地装置。

e. 地上或管沟敷设的输油管道的始端、末端、分支处以及直线段每隔200~300m处，应设置防静电和防感应雷的接地装置。

② 加抗静电添加剂　油料容器的接地只能消除容器外壁的电荷，由于油料的电导率较小，油料表面及其内部的电荷很难靠接地泄漏。抗静电添加剂的作用不是“抗”静电，而是加入微量的这种物质时，可以成十倍百倍地增加油料的电导率，加速静电泄漏，使其电荷得不到积聚，消除静电危险。

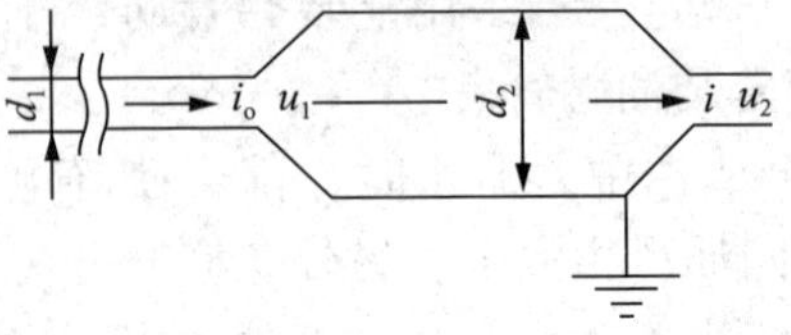

图 9-10　静电缓和器示意图

③ 设置静电缓和器　静电缓和器(图 9-10)是一个装在管线上的金属容器，可以看成一个扩大直径的管线段。带电油料进入容器前先进入此装置中，流速减慢，使油料有一个相对的停留时间，大部分电荷趋向管壁，流向大地，从而大大减少进入容器的电荷。

④ 设置静电消除器　静电消除器又叫静电中和器，它是消除或减少带电体电荷的装置。静电消除器所产生的电子和离子与带电体上相反符号的电荷中和，从而消除静电的危险。按照工作原理和结构的不同，它大体上可分为感应式、外加电压式、放射线式和离子流式 4 种。后 3 种对石油工业不安全或安全措施复杂。因此，目前在灌装油罐车中只使用感应式静电消除器，因为它具有结构简单、使用方便以及消电效率高等优点。

⑤ 经过过滤器或泵时，油料要有足够的漏电时间　经过过滤器和泵的油料，会发生剧烈摩擦，大大增加了接触和分离的强度，可能使油料携带大量的静电荷进入其后的容器(油罐或罐车)，因此为了避免静电事故，油料在经过过滤器和泵之后应有一定的缓和长度或足够的泄漏时间，将静电荷泄漏导至地下，一般规定有 30s 的时间才允许进入容器。

（3）消除火花放电

采取了减少静电产生和积聚的措施已为消除火花放电提供了预防措施，但仍有放电的危险存在。火花放电的危险之一是油罐、油罐车等及其附近设备之间的放电。防止的办法之一是将它们都跨接起来，即作良好的电气连接，并作可靠的接地，如同减少静电积聚的方法一样。火花放电的危险之二是使容器内的油料与容器内壁及其他的突出金属(如毛刺、加油栓、鹤管口等)发生放电，或油面上的金属漂浮物(如垫片、量油桶、浮子等)与容器壁发生放电。

防止这种火花放电的方法是严格执行有关规定，主要有：

① 装油过程中，严禁上罐或罐车进行人工检测、测温、采样等作业。装油完成后，必须静置一段时间才能进行人工检测、测温和采样。铁路油罐车静置应大于 5min，汽车油罐车静置应大于 2min，油罐的静置时间应满足表 9-18 的规定。

表 9-18　油料在油罐中的静置时间

油罐容积/m^3	<10	11	51~5000	>5000
静置时间/min	3	5	20	30

② 给油罐车加油时，鹤管口应插至罐车底部。

③ 油料加注用车辆运输等过程中，及未达到静置时间时，严禁有任何金属体落入容器内或不接地的金属物体浮于油料表面。

9.3.2 防止人体静电引燃引爆

油库中，爆炸危险场所作业人员频繁接触设备，可能由于带电造成事故。人体静电带电有以下3种：自身活动产生静电电荷；人体与带电体接触；人体接近带电体感应带电。影响人体静电的因素主要有：人体运行速度；衣服材料；人体对地电阻。

在油库中，人体静电的危害主要存在两个方面：一是人体静电放电可能引起油料的燃烧和爆炸事故；二是人体静电放电产生的电击可能引起人体的不快感和恐惧感，而导致工作效率降低甚至事故。

油库防止人体静电危害的措施主要有：

（1）设人体排静电体

在爆炸危险场所的入口处(如储油洞口、泵房门上、露天油罐上梯口等)应设置人体排静电体，也可直接利用接地的金属门、拉杆、支架等作为人体手握接地体。人体进入场所前，应将手触摸接地体以导走所带静电或戴防静电手套；当环境相对湿度大于80%时，进入危险场所前可不触摸人体接地体。

（2）穿防静电服

防静电服是指为了防止人体静电积聚，用防静电织物为衣料而缝制的工作服。穿防静电服不仅可以降低人体电位，还可以避免服装带高电位引起的灾害。防静电服分为A级和B级。防静电鞋是指鞋底用电阻较小的导电性材料制作的鞋，不仅具有防止人体静电积聚的性能，而且还能防止因触及工频电而导致人体电击的事故。在0级、1级爆炸危险场所，工作人员应穿防静电服或棉布工作服和防静电鞋。在罐车储罐上测量和收发作业时，必须穿防静电服。

（3）危险场所严禁穿脱衣服

在危险场所作业时，不准穿脱衣服。因为脱衣服时，人体和衣服上产生的静电可能达到数千伏的高电位，相应形成火花放电而点燃可燃性混合气体而发生爆炸；在危险场所不应戴非导电手套操作，使用防护手套要符合防静电的要求。

（4）工作地面导电化

操作人员穿防静电鞋，要有效地消除人体静电的先决条件是人必须站在导电性地板上，为此必须使工作地面导电化。一般在有可能产生爆炸和火灾危险的场所，地面泄漏电阻应低于100Ω。

9.3.3 防止其他物体摩擦产生的静电引燃引爆

在油库中，除了油料在储存和输转过程中产生的静电和人体静电易引起静电火灾以外，其他物体摩擦产生的静电也不容忽视。对于易燃易爆场所中可能存在相对移动的物体，应避免选用电阻率高的绝缘材料，且相对移动速度应控制在较小范围内，以防止静电引燃引爆。在以下两种作业中尤其应注意这一点，也有相应的严格规定。

（1）检尺、测温、采样作业

测温盒和取样器严禁选用绝缘绳套。应选用防静电测绳或有色金属编织绳，使用时绳套末端应与罐体做可靠接地。储罐测量口必须装有钢(铝)测量护板，量油尺、测温盒绳、取样器绳进入油罐时必须紧贴板下落和上提。检尺、测温、采样时不得猛拉猛提，上提速度不能大于0.5m/s，下落速度不大于1m/s。严禁在测量口附近使用化纤布擦拭检尺、测温盒和取样器。

（2）设备、器具清洗作业严禁在易燃易爆场所进行

严禁在易燃易爆场所内使用化纤丝绸材质制成的拖布拖擦物体和设备；严禁用汽油、煤油洗涤化纤衣服。

9.4 油库防雷技术

9.4.1 雷电的形成与种类

雷电是一种常见的、无法控制的自然现象，它是雷云在一定条件下对大地或大地上物体发生的放电，或带异性电的两块雷云相互接近时发生的放电。其实质是自然界中一种剧烈的静电放电现象。雷云是构成雷电的基本条件。雷云中电荷的形成有各种理论，但没有一种理论可以满意地解释全部雷电现象。目前使用较多的是“水滴分离带电说”和“冰块与冰晶”接触带电说。

按雷电放电形式的不同，可分为线状雷、片状雷和球状雷3种。

线状雷最为常见，它是发生在雷云和大地之间的放电现象，又称直接雷或落地雷，极易给地面造成危害。它是呈曲折的枝叉纵横的巨型电弧放电，其通道长2～3km甚至大于10km。直接雷的放电过程分为3个阶段，即先导放电、主放电和余辉放电。在整个放电过程中，主放电阶段最为强烈，此时形成25000～30000℃高温，使空气受到强烈膨胀和压缩，发出巨大的冲击声波，即雷鸣，同时空气强烈发光，即闪电。

片状雷是发生在高空中雷云与雷云之间的放电现象。片状雷的电弧通道呈片状，它对地面一般不会构成危害。

球状雷是一种特殊而又罕见的雷电现象，简称“球雷”。球雷是紫色或红色的发光球体，直径从几毫米到几十米，存在的时间一般为3～5s。“球雷”通常是沿地面大约以2m/s的速度滚动或在空中飘行，还会通过缝隙进入室内。“球雷”碰到建筑物便可发生爆炸，并往往引起燃烧。

9.4.2 雷电的危害

雷电具有很大的破坏力和多种破坏作用，其表现在放电时所显示的各种物理效应和作用。它的危害分为直接雷电危害、间接雷电危害和雷电波侵入危害等。

（1）直接雷电危害

直接雷电造成电效应、热效应和机械效应，它们的破坏力都是很大的。

① 电效应　当雷云对大地放电(即落地雷)时，雷电流直接通过具有电阻或电感的物体，因雷电流的变化率很大(几十微秒时间内变化几万到几十万安)，能产生高达数万甚至数十万伏的冲击电压，足以烧毁电力系统的设备、设施及电气线路；使绝缘击穿而引起短路；导致可燃、易燃、易爆炸的火灾或爆炸；巨大的雷电流流入地下，会在雷击点及其连接的金属部分产生极高的对地电压，可能直接导致接触电压和跨步电压的触电事故。

② 热效应　很大的雷电流通过导体时，能使放电通道的温度急剧升高到数万摄氏度，

在极短的时间内将转换成大量热能。雷击点的发热能量为500~20000J，这一能量可熔化50~200mm^{2}的圆钢。当金属油罐遭到雷击时，雷击部位产生强烈的电弧，使金属油罐熔化、飞溅而点燃油气混合气，引起火灾或爆炸事故。

③ 机械效应　雷电在产生热效应的同时将使物质和各结构缝隙里的气体剧烈膨胀，同时使水分和其他物质分解为气体，这就造成雷击物内出现强大的机械压力，导致雷击物遭受严重破坏或爆炸，使砖、石、混凝土、木结构建(构)筑物毁坏、油罐破裂等。

（2）间接雷电危害

雷电的间接危害分为雷电流引起的静电感应、电磁感应的危害。

① 静电感应

雷云的静电感应是指带电的雷云接近地面时，对导体感应出与雷云符号相反的电荷。发生雷击时，雷云的电荷迅速消失，处于雷云与大地之间放电通路中接地导体上的感应电荷能迅速消失，使雷云与大地间电场消失。对地绝缘导体或非绝缘导体等建筑物或设备顶部的感应电荷不能迅速流入地壳，将呈现出因感应电荷而产生的很高的对地电压。这种对地电压称为静电感应电压。静电感应电压往往高达几万伏，可以击穿数十厘米的空气间隙，发生火花放电，这种放电电流很小，但足以引起可燃气体燃烧或爆炸。如浮顶油罐浮顶上的感应电荷与油罐壁放电，引起浮顶油罐的雷击起火。

金属油罐接地良好，不易形成静电感应电压，若接地不良则静电感应电压可以引起不连续处击穿空气，而形成火花放电。室外架空管道若不接地，在平行的两管之间或绝缘法兰垫片两侧间，可以击穿空气，而形成火花放电。非金属油罐上，因感应电荷不易导走，同性电荷间产生了冲击性的相斥作用，可以将非金属罐炸裂。可见雷云静电感应的危害和直接雷电危害一样，可引起火灾和爆炸事故。

② 电磁感应

雷电具有很高的电压和很大的电流，同时又是在极短的时间内发生的。当雷电流通过导体而导入大地时，在其周围的空间里，将产生强大的交变电磁场。它不仅会使处在这一电磁场中的导体感应出较大的电动势，而且在构成闭合回路的金属物上产生感应电流。这时如回路上有的地方接触电阻很大或有缺口，就会局部发热或击穿缺口间空气，而形成火花放电，引燃可燃气体。金属油罐接地、室外架空管道跨接并接地、泵房内机泵管道接地都可能导走电磁感应电流。

（3）雷电波侵入危害

雷击在架空线路、金属管道上会产生冲击电压，使雷电波沿线路或管道迅速传播(传播速度分别为0.15m/s和0.3m/s)，若侵入建筑物内，可造成配电装置和电器线路绝缘层击穿产生短路，或使建筑物内的易燃、易爆物品燃烧或爆炸。

（4）防雷装置上的高电压对建筑物的反击作用

当防雷装置接受雷击时，在接闪器、引下线和接地体上都具有很高的电压，它足以击穿3m以内的空气，而形成火花放电，这种现象称为“反击”。如防雷装置与建筑物内外的电器设备、电器线路或其他金属管道的距离小于3m时它们之间就产生放电，可引起电器设备绝缘破坏，金属管道击穿，甚至造成易燃、易爆物品着火和爆炸。

（5）跨步电压和接触电压

跨步电压和接触电压容易造成人畜伤亡。当雷电流经地面雷击点或接地体散入周围土壤时，由于土壤电阻的存在，雷电流经大地流散时，将在一定范围内形成电压降，这时如果有人站在这一范围，由于两脚所处地位不同，因而有电流流过人体。通常称距离为0.8m(人的正常步长)的地面电位差为跨步电压。接地体的埋深及附近土壤结构和土壤电阻率、电流波形及幅值大小等都是影响跨步电压的因素。接地体埋得越浅，土壤电阻率越高，雷电流越大，则跨步电压越大。人同地面接触越好(或赤脚)，流过人体的电流越大，危险性也越大。

当雷电流经引下线和接地装置时，由于引下线本身和接地装置都有电阻和电抗，因而会产生较高的电压降，这种电压降有时高达几十万伏。这时如果有人或牲畜接触引下线，就会发生触电事故，这一电压叫接触电压；另外与防雷装置连通或者不连通但绝缘距离不够的金属导体，也会出现这种现象。为了安全，应将引下线和接地装置尽量安装在人们不易接触的地方，接地装置最好埋在1m以下；在可能的条件下应将引下线缠上绝缘材料或隔离起来。

9.4.3 防雷装置

常见的防雷装置有避雷针、避雷线、避雷网、避雷带、避雷器以及消雷装置。避雷器是一种专门用来保护电力设备的防雷装置。消雷装置是能在高空产生大量正负离子，中和雷云中的电荷，消除落雷的条件以保护设施免遭雷击的防雷装置。避雷针、避雷线、避雷网、避雷带有着类似的避雷原理，一套完整的此类防雷装置应包括接闪器、引下线和接地装置，上述针、线、网、带实际上指的都是不同形态的接闪器。避雷线主要用来保护电力线路。避雷网和避雷带主要用来保护建筑物。避雷针主要用来保护建(构)筑物、地面露天变配电设备、油库设备设施等。

9.4.4 避雷针

（1）避雷针结构

避雷针又分为独立避雷针和附设避雷针。独立避雷针是离开建(构)筑物单独装设的；附设避雷针是装设在建(构)筑物上的。

① 接闪器　接闪器又称受雷器，是直接接受雷电的金属构件。其所用材料、尺寸应能满足机械强度和耐腐蚀的要求，还要有足够的热稳定性，以能承受雷电流热破坏作用。

避雷针一般采用镀锌钢管或圆钢制成。针长1m以下者，圆钢直径不得小于12mm，钢管直径不得小于20mm。针长1~2m者，圆钢直径不得小于16mm，钢管直径不得小于25mm。

② 引下线　引下线为避雷装置的中段部分，上接接闪器，下接接地装置。其作用是将雷电流自接闪器引入接地装置。引下线所用材料的要求和接闪器相同。引下线应短而直，避免转弯和穿越铁管闭合结构，以防止雷电流通过时因电磁感应而形成火花放电。

引下线一般采用圆钢或扁钢。圆钢直径不得小于8mm，扁钢厚度不得小于4mm，截面积不得小于$48mm^2$。如用钢绞线作引下线，其截面积不应小于$25mm^2$。利用钢筋混凝土杆或钢结构支架支撑受雷器时，可以利用钢筋或钢结构支架本身作为引下线；金属油罐本身亦可作为引下线，不必另设引下线。

③ 接地装置　接地装置是防雷装置的重要组成部分。它是埋设在地下的接地体和接地线的总称，用来向大地泄放雷电流，限制防雷装置对地电压不宜过高。接地体可分垂直、水

平和复合三种形式。

防直接雷击接地装置的接地电阻应不大于 10Ω，同时为了防止雷电反击，接地体埋设位置距被保护的建(构)筑物不应小于 3m，并应远离受高温影响而使土壤电阻率升高的地方。为了防止跨步电压伤人，在埋设接地体处的地面上铺 50~80mm 厚的沥青绝缘层。

（2） 避雷针的保护范围计算

根据《建筑物防雷设计规范》(GB 50057—2010)，可采用滚球法计算避雷针的保护范围。滚球法是一种计算避雷针保护范围的方法。它的计算原理为以某一规定半径的球体，在装有避雷针的建筑物上滚过，滚球体由于受建筑物上所安装的接闪器的阻挡而无法触及某些范围，这些范围认为就是接闪器的保护范围。滚球半径 h_r 应按表 9-19 规定的不同建筑防雷级别进行取值。

表 9-19 按建筑物的防雷类别布置避雷针

建筑物防雷类别	滚球半径 h_r/m	避雷网尺寸/(m×m)
一类防雷建筑	30	10×10
二类防雷建筑	45	15×15
三类防雷建筑	60	20×20

① 单支避雷针

当避雷针高度 $h \leqslant h_r$时：

a. 距地面 h_r 处作一平行于地面的平行线。

b. 以避雷针针尖为圆心，h 为半径作弧线交于平行线的 A、B 两点。

c. 以 A、B 为圆心，h_r 为半径作弧线，该弧线与杆尖相交并与地面相切。从此弧线起到地面止就是保护范围。保护范围是一个对称的锥体，见图 9-11。

d. 接闪杆在 h_x 高度的 xx'平面上和地面上的保护半径，应按下列公式计算：

$$r_x=\sqrt{h(2h_r-h)}-\sqrt{h_x(2h_r-h_x)} \tag{9-13}$$

$$r_0=\sqrt{h(2h_r-h)} \tag{9-14}$$

式中 r_x——避雷针在 h_x 高度的 xx'平面上的保护半径，m；

h_r——滚球半径，m；

h_x——被保护物的高度，m；

r_0——接闪杆在地面上的保护半径，m。

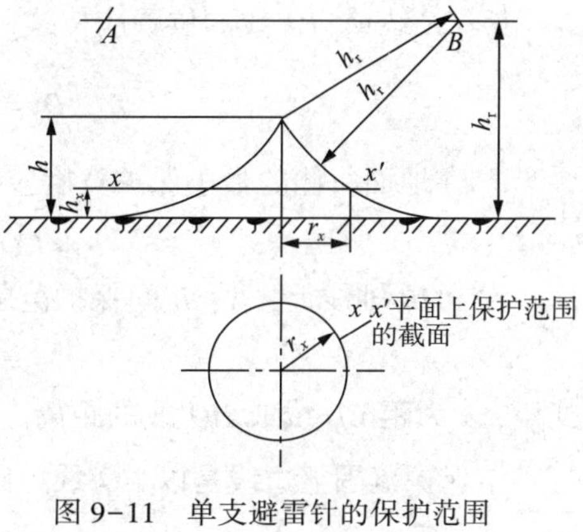

图 9-11 单支避雷针的保护范围

当避雷针高度 $h>h_r$ 时，在避雷针上取高度等于 h_r 的一点代替单支避雷针针尖作为圆心，其余的做法同上。

② 双支等高避雷针的保护范围

在避雷针高度 $h \leqslant h_r$ 的情况下，当两支避雷针距离 $D \geqslant 2\sqrt{h(2h_r-h)}$，应各按单支避雷针的方法确定；当 $D<2\sqrt{h(2h_r-h)}$ 时，应按下列方法确定(图 9-12)。

a. $AEBC$ 外侧的保护范围，按单支避雷针的方法确定。

b. C、E 点位于两杆间的垂直平分线上。在地面每侧的最小保护宽度 b_0 应按式(9-15)计算：

$$b_0=CO=EO=\sqrt{h(2h_r-h)-\left(\frac{D}{2}\right)^2} \tag{9-15}$$

在 AOB 轴线上，距中心线任一距离 x 处，其在保护范围上边线上的保护高度 h_x 应按式(9-16)计算：

$$h_x=h_r-\sqrt{(h_r-h)^2+\left(\frac{D}{2}\right)^2-x^2} \tag{9-16}$$

式中，x 为距中心线的距离。

该保护范围上边线是以中心线距地面 h_x 的一点 O' 为圆心，以 $\sqrt{(h_r-h)^2+\left(\frac{D}{2}\right)^2}$ 为半径所作的圆弧 AB。

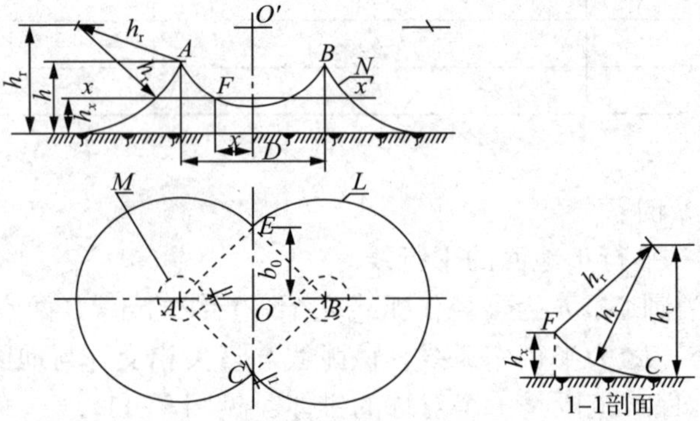

图 9-12　双支等高避雷针的保护范围

③ 双支不等高避雷针的保护范围

在 A 避雷针的高度 h_1 和 B 避雷针的高度 h_2 均小于或等于 h_r 的情况下，当2支避雷针距离 $D\geqslant\sqrt{h_1(2h_r-h)}+\sqrt{h_2(2h_r-h_2)}$ 时，应各按单支避雷针的方法确定；当 $D\leqslant\sqrt{h_1(2h_r-h)}+\sqrt{h_2(2h_r-h_2)}$ 时，应按下列方法确定。

a. $AEBC$ 外侧的保护范围，按单支接闪杆的方法确定。

b. CE 线或 HO' 线的位置应按式(9-17)计算：

$$D_1=\frac{2h_1(h_1-h_2)-h_1^2+h_2^2+D}{2D} \tag{9-17}$$

c. 在地面每侧的最小保护宽度应按式(9-18)计算：

$$b_0=CO=EO=\sqrt{h_1(2h_r-h_1)-D_1^2} \tag{9-18}$$

在 AOB 轴线上，A、B 间保护范围上边线位置应按式(9-19)计算：

$$h_x=h_r-\sqrt{(h_r-h)^2+D_1^2-x^2} \tag{9-19}$$

式中，x 为距 CD 线或 HO' 线的距离。

该保护范围上边线是以 HO' 线上距地面 h_r 的一点 O' 为圆心，以 $\sqrt{(h_r-h)^2+D_1^2}$ 为半径所作的圆弧 $\widehat{AB}$。

d. 两杆间 $AEBC$ 内的保护范围，ACO 与 AEO 是对称的，BCO 与 BEO 是对称的，ACO 部分的保护范围应按以下方法确定：在任一保护高度 h_x 和 C 点所处的垂直平面上，以 h 作为假想避雷针，按单支避雷针的方法逐点确定(图 9-13 的 1-1 剖面图)。确定 AEO、BCO、BEO 部分的保护范围的方法与 ACO 部分相同。

e. 确定 xx' 平面上的保护范围截面的方法与 2 支等高避雷针相同。

④ 矩形布置的 4 支等高避雷针的保护范围

在避雷针高度 $h \leqslant h_r$ 的情况下，当 $D_3 \geqslant 2\sqrt{h(2h_r-h)}$ 时，应各按双支等高避雷针的方法确定；当 $D_3<2\sqrt{h(2h_r-h)}$ 时，应按下列方法确定(图 9-14)：

a. 4 支避雷针外侧的保护范围，各按 2 支避雷针的方法确定。

b. B、E 避雷针连线上的保护范围见图 9-14 的 1-1 剖面图，外侧部分按单支避雷针的方法确定。两针间的保护范围应按下列方法确定：以 B、E 两针针尖为圆心、h_r 为半径作弧线相交于 O 点，以 O 点为圆心、h_r 为半径作弧线，该弧线与针尖相连的这段弧线即为针间保护范围。保护范围最低点的高度 h_0 应按式(9-20)计算。

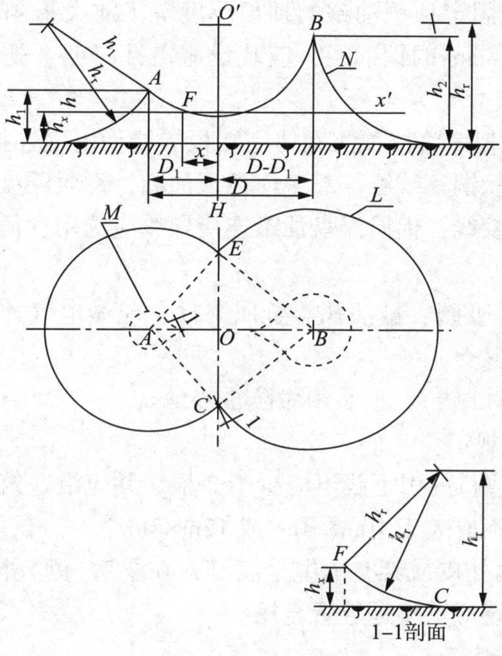

图 9-13　2 支不等高避雷针的保护范围

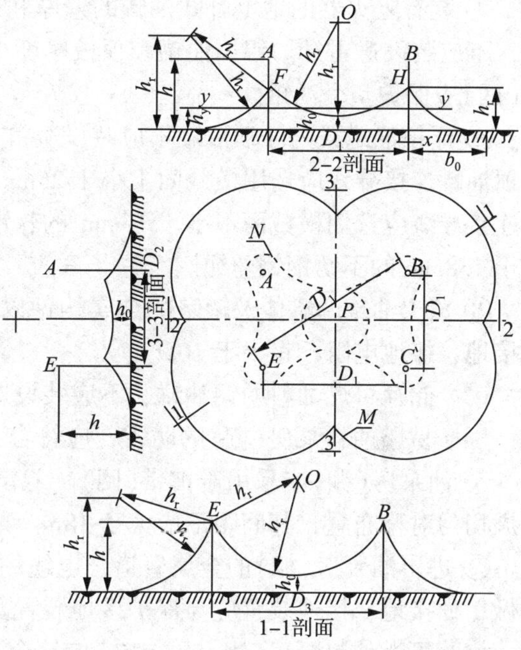

图 9-14　4 支等高避雷针的保护范围

$$h_0=\sqrt{h_r^2-\left(\frac{D_3}{2}\right)^2}+h-h_r \tag{9-20}$$

c. 图 9-14 中 2-2 剖面的保护范围，以 P 点垂直线上 O 点(距地面的高度为 h_r+h_0)为圆心，h_r 为半径作圆弧与 B、C 和 A、E 双支避雷针所作出在该剖面的外侧保护范围延长圆弧相交于 F、H 点，F 点(H 点与相同)的位置及高度可按式(9-21)及式(9-22)计算。

$$(h_r-h_x)^2=h_x^2-(b_0+x)^2 \tag{9-21}$$

$$(h_r+h_0-h_x)^2=h_r^2-\left(\frac{D_1}{2}-x\right) \tag{9-22}$$

d. 确定图 9-14 中 3-3 剖面保护范围的方法与第 c 项相同。

e. 确定 4 支等高避雷针中间在 h_0 与 h 之间于 h_y 高度的 yy' 平面上保护范围截面的方法：以 P 点为圆心，以 $\sqrt{2h_r(h_y-h_0)-(h_y-h_0)^2}$ 为半径作圆或圆弧，与各双支避雷针在外侧所作的保护范围截面组成该保护范围截面，即图 9-14 中所示的虚线部分。

9.4.5 油库防雷措施

目前，油库防止雷电引燃引爆的措施主要有 3 种：一是设置避雷装置(如避雷针)，将雷电流导入大地；二是采用电气连接，防止放电；三是在雷雨时及雷雨前，严格控制油气排放；四是油气呼吸管路应装设阻火器。依据《石油库设计规范》，油库各种设施及作业应采取以下防雷措施：

(1) 钢油罐必须做防雷接地，接地点不应少于 2 处。钢油罐接地点沿油罐周长的间距，不宜大于 30m，接地电阻不宜大于 10Ω。

(2) 储存易燃油料的油罐防雷设计，应符合下列规定：

① 装有阻火器的地上卧式油罐的壁厚和地上固定顶钢油罐的顶板厚度等于或大于 4mm 时，不应装设避雷针。铝顶油罐和顶板厚度小于 4mm 的钢油罐，应装设避雷针(网)。避雷针(网)应保护整个油罐。

② 浮顶油罐或内浮顶油罐不应装设避雷针，但应将浮顶与罐体用 2 根导线做电气连接。浮顶油罐连接导线应选用横截面不小于 $25mm^2$ 的软铜复绞线。对于内浮顶油罐，钢质浮盘油罐连接导线应选用横截面不小于 $16mm^2$ 的软铜复绞线；铝质浮盘油罐连接导线应选用直径不小于 1.8mm 的不锈钢钢丝绳。

③ 覆土油罐的罐体及罐室的金属构件以及呼吸阀、量油孔等金属附件，应做电气连接并接地，接地电阻不宜大于 10Ω。

(3) 储存可燃油料的钢油罐，不应装设避雷针(线)，但必须做防雷接地。

(4) 易燃油料泵房(棚)的防雷，应符合下列规定：

① 油泵房(棚)应采用避雷带(网)。避雷带(网)的引下线不应少于 2 根，并应沿建筑物四周均匀对称布置，其间距不应大于 18m。网格不应大于 10m×10m 或 12m×8m。

② 进出油泵房(棚)的金属管道、电缆的金属外皮或架空电缆金属槽，在泵房(棚)外侧应做 1 处接地，接地装置应与保护接地装置及防感应雷接地装置合用。

(5) 可燃油料泵房(棚)的防雷，应符合下列规定：

① 在平均雷暴日大于 40 天/年的地区，油泵房(棚)宜装设避雷带(网)防直击雷。避雷带(网)的引下线不应少于 2 根，其间距不应大于 18m。

② 进出油泵房(棚)的金属管道、电缆的金属外皮或架空电缆金属槽，在泵房(棚)外侧应做 1 处接地，接地装置宜与保护接地装置及防感应雷接地装置合用。

(6) 装卸易燃油料的鹤管和油料装卸栈桥(站台)的防雷，应符合下列规定：

① 露天装卸油作业的，可不装设避雷针(带)。

② 在棚内进行装卸油作业的，应装设避雷针(带)。避雷针(带)的保护范围应为爆炸危险 1 区。

③ 进入油料装卸区的输油(油气)管道在进入点应接地，接地电阻不应大于 20Ω。

(7) 在爆炸危险区域内的输油(油气)管道，应采取下列防雷措施：

① 输油(油气)管道的法兰连接处应跨接。当不少于 5 根螺栓连接时，在非腐蚀环境下可不跨接。

② 平行敷设于地上或管沟的金属管道，其净距小于 100mm 时，应用金属线跨接，跨接点的间距不应大于 30m。管道交叉点净距小于 100mm 时，其交叉点应用金属线跨接。

9.5 杂散电流火源及其控制

杂散电流是指任何不按照有规则的电流通路流动的电流。这种电流如果产生在易燃易爆场所，极易发生火灾和爆炸事故。它流经的通路可能是大地或是与大地接触的管道及其他金属物体和构筑物。杂散电流可以是连续的或间断的、直流的或交流的，并通常会分布在许多它可以利用的并联线路上，其分布量与各线路的电阻成反比。

通常杂散电流产生的火花很小，特别是在白天或者是在光线很强的场所，产生的位置有时很隐蔽，不易被人察觉。它的电流通路有时是 2 条以上，不易被人们掌握。电流的能量及电势也较低，对人造成伤害极小，因此杂散电流是极易被人们忽视的一种火灾事故的引火源。

9.5.1 油库杂散电流源

在油库内，通常由于外界电气系统、电化学原电池、电焊施工及三相四线制接地电网系统都可能导致杂散电流产生。

(1) 外界电气系统导入

外界电气系统导入造成杂散电流火灾爆炸事故主要发生在铁路槽车装卸油料过程。

我国目前运营的电气化铁路，采用单相不平衡方式供电，即供电变电所向接触网提供电流，经受电弓引入电力机车，驱动电机旋转牵动列车，然后由钢轨、大地返回变电所。大中型油库一般都有自备铁路装卸油料专用线。油库铁路专用线与电气化铁路接轨时，钢轨直接将这个杂散电流引入油库铁路专用线，再由专线以电流或电位的形式传递到埋地输油管道等油库设备设施上，另油库设施对地产生电位差，对油库安全构成威胁。

另外，当库内某些地下设施采用强制电流阴极保护法实施保护时，也有可能成为其他未受保护的金属构筑物的杂散电流源。

(2) 电化学原电池

这类杂散电流是由于电化学原电池的电极电位引起的。由于油库内管道埋地，会发生电化学腐蚀，当腐蚀产生的电位超过 1.5V 时，在输油管道的绝缘法兰或检修的断开处等可能产生电火花而引起火灾。

(3) 电焊施工

主要是电焊工在易燃易爆场所焊接作业中对电焊机二次回路接线位置选择不当，例如利用生产区内金属框架构件管线等做电气回路，当它们接触不良或回路中有放电间隙而产生电火花时，就会引燃爆炸性气体而发生火灾。

(4) 三相四线制接地电网中的工作接地系统中带电

在油库中，为保证用电安全，要求采用三相五线制接电，三相五线制就是零线和地线分开。但在实际生产或维修过程中，有可能存在违规操作，或电源引接点虽然是三相五线制，但由于有些设备的缺陷无法真正实现三相五线制，而是三相四线制，即零线和地线合一。如果三相负荷不平衡，会使零线即地线上带电，就会造成工作接地系统中出现不平衡电流，其接地连接体接触不良或虚接处产生放电火花，引燃可燃气体，发生火灾爆炸事故。

9.5.2 发生杂散电流火灾事故的条件

尽管库内有很多可能引发杂散电流的来源，这并不是说有杂散电流的存在就一定会发生火灾事故，但如果同时满足以下条件，火灾事故就很难避免了：

① 杂散电流的电路中有火花放电间隙；

② 火花放电的能量必须大于易燃可燃气体的最小点火能量；

③ 放电火花间隙中必须有易燃可燃气体存在，其浓度大于该气体的爆炸下限。

9.5.3 防止杂散电流引燃引爆的措施

防止杂散电流引燃引爆的方法应根据杂散电流的特征、环境及设施设备特点而定，遵循“以防为主，以排为辅，防排结合，加强监测”的原则。

（1）技术措施

对外界导入的杂散电流要采用绝缘隔离措施。在管道、铁路专用线等设备进库时或各区域之间装设绝缘装置，管道可用绝缘法兰，轨道可用绝缘轨缝，以防止杂散电流流入及在各区之间相互传导。

将相邻金属设备做必要的电气连接并接地，对防雷电、静电放电引燃有很好的作用。同样，它对防止杂散电流产生电弧火花也很有用，跨接的方法可参考防雷防静电的方法和要求进行。跨接的方法还可用于维修中。例如对于一个可能有杂散电流存在的输油管路，直接拆卸其上的法兰，可能会因杂散电流的存在而发生跳火，甚至引燃引爆油蒸气。如果在拆卸法兰前，先将两侧的管路用导线跨接起来，然后再拆卸法兰，显然就可防止跳火的发生。

消除并及时调整电网中的用电负荷，使之三相用电平衡，消除工作接地极处不平衡电流。

（2）管理措施

① 对易产生杂散电流场所进行一次普查，并消除火花放电间隙。

② 建立健全管理制度，对易产生杂散电流的危险场所严格管理。

③ 对电焊工进行有关防止杂散电流火灾事故的安全教育，特别是在易燃易爆场所，不得用金属框架构件管线做电焊的二次电气回路。

④ 根据石油库动火等级和电焊动火单元危险程度分布确定杂散电流及电压安全值，采用杂散电流测量仪器监测电焊动火过程杂散电流的变化情况，根据检测的杂散电流及电压的大小，随时采取必要措施。

在油库这种易燃易爆的场所，任一形式的杂散电流都会带来危险、严重的后果，所以对油库中存在的各种形式的杂散电流都要有足够的重视以及各自具体的排流方案，只有采取针对性的防护，才能达到保护油库系统安全的目的。

课后习题

9-1　为什么超过爆炸浓度下限和爆炸浓度上限就不会发生爆炸？

9-2　从安全和经济角度论述为什么轻重油泵房宜分开布置？

9-3　为什么油库禁止人员在油库内打闹？

9-4　酒精和成品油为何要分开布置？

9-5　沸溢油料储罐为什么要一罐一隔？

9-6　为什么相同容积拱顶油罐防火间距比浮顶油罐距离大？

9-7　静电有哪些危害？油库有哪些设备是为减小静电危害设置的？

9-8　举例论述雷电对油库的危害。

9-9　某油库有 4 个 5000m^3拱顶油罐和 6 个 10000m^3内浮顶油罐，两个罐区分别储存柴油和汽油，试确定消防水池的储水量。

第10章 油库环境保护技术

油库的环境保护是油库管理中的一项重要内容，其主要任务是对油库生产和生活所造成的污染进行治理，防治污染扩散，保护油库工作人员及周边环境的安全和健康。

油库环保应把握以下原则：一是从设计上就开始注重工艺选择、流程优化的方案，从根源上减少和防范污染；二是从收发油、倒罐、洗罐、扫线、扫舱等生产环节中明确重点防止污染场所，加强岗位管理，减少排污及污染事件发生；三是严格监督检查，根据《中华人民共和国环境保护法》和其他有关环境保护法律、规定，以及集团公司环境保护工作条例等检查油库环保责任制的落实情况。

10.1 油库主要污染物

油库的生产作业和油库人员的生活均对油库环境造成污染，其主要污染源有：生产和生活所产生的污水(含油水及生活污水等)、毒气、废气、油库生产中产生的各种噪声。因此，油库环境保护的主要任务就是做好污水处理、防止毒气侵害、控制环境噪声及搞好环境绿化等。

10.1.1 油库常见水污染

水是一种宝贵的自然资源，工业生产、农业灌溉、交通运输和日常生活等都需要水。水在地球上不断地循环运动，为地球表面调节气候，在雨雪降落时，又具有清洗大气，净化环境的作用。地球上任何一个生态系统都离不开水，油库也一样。油库生产和油库人员的生活都离不开水。

水污染常常是事故性的，有时会带来严重的后果，如管罐泄漏或管罐爆炸起火等造成油料流入管沟、下水道或水域，造成的污染不但对环境影响大而且容易造成人员伤亡。油库中最常见的是油罐中逐步沉积的含油生产污水及管罐清洗过程污水等。

造成油库水污染的原因主要有两方面，即自然因素产生的所谓自然污染和人为造成的水体污染。自然污染是指由于自然因素作用而造成的污染，如烟雾、风沙和风蚀作用所产生的大量灰尘、杂质进入大气中，在雨雪情况下转入水体造成污染等。人为造成的水质污染原因是多方面的，油库中主要是污水排放，油库污水主要包括2个部分，即建筑施工与储运生产的污水，生活污水与雨水冲淋形成的地面污水。

油库中污染水质的物质十分复杂，一般可分为以下5类：

① 各类生活污水中的病毒、细菌、原生动物、能传染疾病并具有繁殖能力的各类微生物；

② 各种罐底污油积水、库存残余变质油料、油水乳化剂混合物；

③ 油库化学洗桶、洗罐，油船压舱洗舱水和滑油调制、更生所用的酸碱物质；

④ 下雨时雨水冲刷夹带的沙土、黏土等冲积物和铁锈及其他不溶性固体物；

⑤ 锅炉燃烧时排放出的含硫气体进入水中形成的硫化物。

10.1.2 油库常见毒气废气

洁净的空气对生命来说，比任何东西都重要，生命的新陈代谢一刻也不能离开空气。正因为如此，人们才越来越重视“雾霾”“$PM_{2.5}$”的预报及大气污染治理。对空气质量的保障与提升也越发迫切。大气污染不仅造成对生命的威胁，而且对农、林、牧、工厂、设备、住宅和其他建筑物等都有危害，如毒气体能削弱树木的生长能力，使树脂分泌减少、树皮发干，为害虫大量繁殖生长创造条件，造成大范围的树木枯死。

油库中大气的污染源主要有以下 4 个方面：

① 油料的蒸发损耗。油料在收发、储存中会产生大量的蒸发损耗，蒸发出的油料蒸气一方面造成油料质量下降，数量减少，增加很多不安全的因素；另一方面，会对环境造成污染，例如可使人员中毒、危及人员的生命安全，使树木枯死等。

② 锅炉排放的烟尘和废气。油库中为满足黏油加热及生活取暖的需要，均设置有锅炉，锅炉在烧炼过程中产生烟尘和废气(燃烧 1t 煤可产生 10kg 的烟尘)，空气烟尘浓度增大，会使人的视野模糊、能见度降低，而且遮挡阳光，使紫外线减弱，影响儿童的生长发育。

锅炉排放的废气主要有一氧化碳、二氧化碳等碳氧化物，一氧化氮、二氧化氮等氮氧化物，二氧化硫、三氧化硫等硫化物。一氧化碳具有较大的毒性，在空气中的质量浓度为百万分之一时，就会引发慢性中毒，当质量浓度为 1%时，人能在 2min 内死亡；一氧化碳排入空气后，扩散作用并氧化为二氧化碳，二氧化碳的增多，会造成地球大气温度的升高，从而引起生态平衡的破坏。一氧化氮与血液中血红蛋白的亲和力较强可结合成亚硝基血红蛋白或亚硝基高铁血红蛋白，从而使血液的输氧能力下降，出现缺氧症状，对正常人，一氧化氮一般允许的最高浓度为 0.025‰，一旦发生高浓度急性中毒，将迅速导致肺部充血和水肿，甚至窒息死亡。一氧化氮还能氧化成二氧化氮，二氧化氮吸收水分成为硝酸，从而造成更加严重的危害。二氧化硫和三氧化硫是造成酸雨的一个重要原因，二氧化硫不仅能够直接损伤人体，还能与大气中的污染物发生复杂的化学反应，产生二次污染。

③ 油料调制排出的酸气。油料在更生、调制处理时加酸精制过程中，由于温升和用压缩空气搅拌而产生大量含酸气体，含酸气体一方面直接污染空气，另一方面形成降雨而降落到地面，造成水污染。

④ 其他污染源。如呼吸阀排除的混合气以及汽车排出的尾气，由于内燃机燃烧，在汽车的尾气中含有大量的一氧化碳和氮氧化合物等。

10.1.3 油料蒸气的毒性

（1） 油料蒸气的一般毒性

油料蒸气属于低毒性物质，可使人体器官产生不同程度的急性或慢性中毒。

油料蒸气慢性中毒的结果会使人患慢性病，产生头昏、疲倦、嗜睡等病状。若皮肤经常与油料接触，会产生脱脂、干燥、裂口、皮炎和局部神经麻木。油料落入口腔、眼睛时，会使黏膜受损，有时会出血。

轻质油料的毒性比重质油料的毒性小些，但是轻质油料蒸发量大，往往使空气中的油气浓度高，因此危害性更大。如空气中油料蒸气含量为 0.28%时，经过 12~14min，人便会感到头昏。如含量达1.13%~2.22%时，便会发生急性中毒。当油料蒸气含量更高时，会使人很快昏倒，丧失知觉。

（2）含硫油料及蒸气毒性

虽然原油、柴油及重油的毒性没有汽油严重，但它们能产生硫化氢气体。由于硫化氢气体的存在，使得含硫油料及蒸气的毒性就显得严重。

硫化氢为无色具有臭鸡蛋味的气体，密度(25℃)1.539g/L，在空气中易聚积飘散，易溶于水，也溶于醇类。硫化氢化学性质活泼，能与许多金属发生化学反应生成化合物。硫化氢是一种极为普遍的毒气，毒性甚强，空气中含量达0.035mg/m^{3}时，人们即可闻到气味。开始，那股强烈的臭鸡蛋味与其浓度成正比，当浓度超过1000mg/m^{3}时，臭鸡蛋味反而减弱，甚至不易觉察，这正是最危险的时刻，往往会出现“闪电式”中毒死亡。硫化氢中毒往往表现为全身性作用，它与人体内部某些酶发生作用，影响细胞进化过程，造成组织缺氧，产生窒息。人的中枢神经对缺氧十分敏感，首先受到影响。硫化氢对人还有局部刺激作用，这是由于硫化氢接触湿润的黏膜之后分解形成硫化钠以及本身的酸性所致。

10.1.4 油库常见噪声

噪声的危害不可忽视，它对人体有多方面的危害：危害我们的听觉能力，使人的听觉敏感性降低；危害神经系统，使人烦躁不安；影响心血管系统，使人血压升高，心跳加快；使人无法集中精力，影响工作效率等。

油库中的噪声主要来自基建施工及机械设备摩擦、电磁、油流、气流和振动等。

① 泵房噪声。泵房中的噪声主要来自泵运行的机械噪声和电机运行的电磁和机械噪声，据一些监测资料，泵房电机泵机组工作运行时，最高噪声可分别达到95dB、86dB，足见泵房噪声污染程度。

② 通风设备噪声。洞库或需要通风的地方(包含泵房)，有电机发出的噪声、风机发出的噪声以及空气在通道流过所发出的噪声。

③ 其他机械设备产生的噪声。洗桶间油桶自动化清洗装置清洗时产生的噪声，铁链拖拉油桶产生的噪声，油桶间相互摩擦产生的噪声等。

10.2 油库污水的处理

10.2.1 油库污水特性指标

油库污水水质的特性可以用pH值，酸度，碱度，生化需氧量，化学耗氧量，含油、含硫等物理、化学指标来表示。通过指标系统分析的化验，就可以对污水的性质有较为全面的评估，以利于制定处理方案。

（1）pH值

pH值的定义是溶液中氢离子浓度倒数的对数，即

$$\text{pH值}=\lg(1/[H^+])=-\lg[H^+] \tag{10-1}$$

它的范围为0~14，pH值为7的溶液呈中性；7以下为酸性，7以上为碱性。

由于pH值能有效地表示出溶液的化学及生物化学特性，因此许多排放标准都规定了pH值的允许范围。

自然界的生物有机体(包含动物、植物)只能在接近中性的状况下才能正常生活，超出一定范围将引起毒害，pH 值低的污水，酸性较强，对各类金属设备有较大的腐蚀作用。

（2） 酸度

污水中能与强碱起反应的物质含量总称酸度。包括强酸(如盐酸、硫酸、硝酸)，弱酸(如醋酸、亚硫酸)以及某些能水解生成 H^+ 的弱酸阳离子，如铁、铅及有机酸。它用来表示污水对金属及混凝土结构的腐蚀程度或污水变质程度。

在污水中由于有机物等的解离或水解而产生氢离子，它们与碱标准溶液作用至一定 pH 值所消耗的量定为酸度。酸度数值的大小随所用指示剂指示终点 pH 值的不同而异。滴定终点的 pH 值有两种规定，即 8.3 和 3.7，用氢氧化钠溶液滴定到 pH8.3(以酚酞作指示剂)的酸度称为酚酞酸度，又称总酸度。它包括强酸和弱酸。用氢氧化钠溶液滴定到 pH3.7(以甲基橙为指示剂)的酸度称为甲基橙酸度，代表一些较强的酸。

酸度是以中和 100mL 测试液所需的标准碱液的毫克数为计量单位，并以 mg/100mL 表示。一般污水都是以酸度表征其有机酸含量。

（3） 碱度

污水中能与强酸起反应的物质含量总称碱度。碱度主要包括碳酸氢、碳酸盐和氢氧化物离子组成的组合物。通常污水和废水的碱度都是由于硅酸盐和磷酸盐引起的。可通过测量碱度指标来了解、控制水和污水处理的工艺或各种不同水的水质处理方法。

碱度反映了污水与氢离子反应的能力，是水接受质子能力的量度，或者说是中和强酸能力的量度，通过用强酸标准溶液将一定体积的水样滴定至某一 pH 值而定量确定。测定结果用相当于碳酸钙的质量溶液，以 mg/L 单位。其数值大小与所选滴定终点的 pH 值有关。采用甲基橙作指示剂，终点 pH 值为 4.0，所测得的碱度称总碱度。

当 pH 值大于 9.0 时，可引起多数动植物死亡，只有很少数动植物能在 pH 值高于 11.5 下生存。pH 值偏高后，许多微生物和小生物无法生存，鱼和鱼赖以生存的食物链等都将受到影响。

（4） 生化需氧量（BOD）

生化需氧量表示生物氧化(利用微生物作用进行氧化)污水中有机物所需的氧量，其量纲常用单位体积污水所消耗的氧量(mg/L)来表示。生化需氧量越高，表示污水中的有机物越多，是一种用微生物代谢作用所消耗的溶解氧量来间接表示水体被有机物污染程度的一个重要指标。也可定义为在有氧条件下，好氧微生物氧化分解单位体积水中有机物所消耗的游离氧的数量。

一般有机物在微生物的新陈代谢作用下，其降解过程可分为两个阶段，第一阶段是有机物转化为 CO_2、NH_3和 H_2O 的过程；第二阶段则是 NH_3进一步在亚硝化细菌和硝化细菌的作用下，转化为亚硝酸盐和硝酸盐，即所谓硝化过程。NH_3已是无机物，污水的生化需氧量一般只指有机物在第一阶段生化反应所需要的氧量。微生物对有机物的降解与温度有关，一般最适宜的温度是 15～30℃，所以在测定生化需氧量时一般以 20℃ 作为测定的标准温度。20℃时 BOD 的测定条件(氧充足、不搅动)下，一般有机物 20 天才能够基本完成在第一阶段的氧化分解过程(完成过程的 99%)。就是说，测定第一阶段的生化需氧量，需要 20 天，这在实际工作中是难以做到的。为此又规定一个标准时间，一般以 5 日作为测定 BOD 的标准时间，因而称之为五日生化需氧量，以 BOD_5表示。BOD_5约为 BOD_{20}的 70%左右。

（5）化学需氧量（COD）

化学需氧量是指在一定的条件下，采用一定的强氧化剂处理水样时，所消耗的氧化剂量。它是表示水中还原性物质多少的一个指标。量纲也是用单位体积污水所消耗的氧量(mg/L)来表示。水中的还原性物质有各种有机物、亚硝酸盐、硫化物、亚铁盐等，但主要是有机物。因此，化学需氧量又往往作为衡量水中有机物质含量多少的指标。化学需氧量越大，说明水体受有机物的污染越严重。化学需氧量的测定，随着测定水样中还原性物质以及测定方法的不同，其测定值也有不同。目前应用最普遍的是酸性高锰酸钾氧化法与重铬酸钾氧化法。高锰酸钾法的氧化率较低，但比较简便，在测定水样中有机物含量的相对比较值时，可以采用。重铬酸钾氧化率高，再现性好，适用于测定水样中有机物的总量。

测定化学需氧量的优点是它不受污水水质限制，并且在2~3h便可完成。缺点是不能反映出被微生物氧化分解的有机物量。

（6）硫化物

硫化物及其类似化合物是指金属或半金属元素与硫等阴离子相化合而成的天然化合物等。污水常含有硫化物，其中一部分是在厌氧条件下，由于微生物的作用，使硫酸盐还原或含硫有机物分解而产生的。

水中硫化物包括溶解性的H_2S、HS^-和S^{2-}，酸溶性的金属硫化物，以及不溶性的硫化物和有机硫化物。通常所测定的硫化物指溶解性的及酸溶性的硫化物。硫化氢毒性很大，可危害细胞色素、氧化酶，造成细胞组织缺氧，甚至危及生命；它还腐蚀金属设备和管道，并可被微生物氧化成硫酸，加剧腐蚀性，因此，硫化氢是水体污染的重要指标。

（7）酚

酚是芳香烃环上的氢被羟基取代的一类芳香族化合物，酚类化合物种类繁多，有苯酚、甲酚、氨基酚、硝基酚等。而以苯酚、甲酚污染最突出。最简单的酚为苯酚，亦称“石炭酸”，具有微酸性和腐蚀性，常温下能挥发，放出一种特殊的刺激性臭味，在空气中变粉红色。医院常用的“来苏水”消毒剂便是苯酚钠盐的稀溶液。甲酚又称煤酚，与苯酚的化学活性及毒性类似，也经常同时存在。

酚类化合物是一种原型质毒物，对一切生活个体都有毒杀作用。能使蛋白质凝固，所以有强烈的杀菌作用。其水溶液很易通过皮肤引起全身中毒；其蒸气由呼吸道吸入，对神经系统损害更大。

酚是公认的有毒化学物质，一旦被人吸收就会蓄积在各脏器组织内，很难排出体外。酚侵入人体，会与细胞原浆中蛋白质结合形成不溶性蛋白，使细胞失去活性。当体内的酚达到一定量时就会破坏肝细胞和肾细胞，造成慢性中毒。酚对神经系统、泌尿系统、消化系统均有毒害作用。

酚对水产和浮游微生物、农作物都有一定的毒害。酚污染会使水生生物受到抑制，繁殖下降、生长变慢，严重时导致死亡。水中含酚0.1~0.2mg/L时，鱼肉即有臭味不能食用；6.5~9.3mg/L时，能破坏鱼的鳃和咽，使其腹腔出血、脾肿大甚至死亡。

（8）总有机碳（TOC）

通常将污水中，构成有机物(包含溶解性和悬浮性有机物)含碳的总量称为总有机碳含量。它反映我们水质中有机物的含量，也反映水质的污染程度。

总有机碳测定方法的原理是将水中有机物质分子完全氧化成二氧化碳，检测所产生的二氧化碳的量，然后计算出水中有机碳的浓度。水中存在无机碳和有机碳两种形式的碳，因此测定总有机碳的方法通常有两种：一种是从所测得的总碳(无机碳和有机碳)中减去所测得的无机碳；另一种则是在氧化过程前事先除去无机碳。去无机碳法是把所测水样中的无机碳(一般为碳酸盐和二氧化碳)变为酸性而加以驱除，然后用强力氧化剂使有机物完全氧化为二氧化碳，再用滴定法或红外吸收光谱法测定。

在 COD 或 BOD 测定法中，由于种种原因，一般不能测定有机物的总量，用这些指标表示排水中的有机物总量是不完全的。总有机碳含量则可较好地反映有机物总量。

TOC 是一个快速检定的综合指标，相比而言做 COD(化学耗氧量)时很费时间，TOC 仅需 1~3min 即可，时间短，操作简单。但不能反映水体中有机物的种类和组成。通常 TOC 与 COD、BOD 一起，作为评价水体有机物污染程度的重要依据。

(9) 悬浮物

污水中的悬浮物是指水样通过孔径为 0.45μm 的滤膜，截留在滤膜上并于 103~105℃烘干至恒重的物质。

油罐、油桶清洗和喷淋等操作中产生大量含无机、有机的悬浮物污水。因此，在污水处理中，测定悬浮物具有特定意义。通常用过滤的方法检测，截流(未能通过)在专用滤纸膜上的残留物为悬浮物。

地面泥沙土壤流失和各种污染物被雨水冲刷，使污水中悬浮物大量增加。污水中存在悬浮物使水体浑浊，降低透明度，影响水生生物的呼吸和代谢，大大降低了水质，甚至造成鱼类窒息死亡。

(10) 油污

跑冒滴漏和清洗排放流出的各类污染油排入水体后，在水面上形成一层油膜，破坏水生生态环境。污水中的油以浮油、乳化油及溶解油状态存在。油膜阻止大气中的氧气溶于水中，从而影响水体的自净能力，水生动植物都将受到污染影响危及生长，鱼虾等长期生活在这样的水中，将导致肉内含有油味，不可食用，严重时鱼鳃被油膜黏附，影响呼吸造成死亡。

10.2.2 油库污水排放标准

油库污水如不加处理直接排放，就违反了我国的环保相关法规。《污水综合排放标准》(GB 8978—1996)对石油化工水污染物排放中几项指标的最高允许排放浓度进行了规定，见表 10-1。

表 10-1 石油化工水污染物部分项目指标(1998 年 1 月 1 日后建企业) 单位：mg/L

序号	污染物项目	最高允许排放浓度	
		一级标准	二级标准
1	悬浮物	70	150
2	五日生化需氧量(BOD_5)	20	30
3	化学需氧量	100	150
4	硫化物	1.0	1.0
5	石油类	5	10
6	挥发酚	0.5	0.5
7	总氰化合物	0.5	0.5

GB 8978—1996 按水质感官性状和一般化学指标、毒理学指标、细菌学指标、放射性指标等对共计 69 个指标制定了测试方法和标准。随着科学技术的发展及人们生态环境保护意识的提升与加强，对各类污水排放、大气污染的监测和要求还会进一步提高。

10.2.3 含油污水处理

油库生产污水中主要是含有油污，含油污水的处理主要是去除污水中的油分。其处理方法取决于含油污水中含油量的大小，污水量的大小等。

（1）污水处理的一般方法

① 物理处理方法

通过物理作用分离，回收污水中不溶解的悬浮状态污染物的方法，可分为重力分离法、离心分离法和筛滤截留法。重力分离法的处理方式有沉淀、上浮等，相应的处理设备是沉砂池、沉淀池、隔油池、气浮池及其附属装置等。离心分离法有用离心分离机、水旋分离器等。筛滤截留法有栅筛截留和过滤两种处理方式，设备有格栅和筛网、砂滤池和微孔滤机等。

以热交换原理为基础的处理方法有蒸发、结晶等。

② 化学处理方法

通过化学反应和传质作用来分离、去除污水中呈溶解、胶体状态的污染物或将其转化为无害物质的方法。

以投加药剂产生化学反应为基础的处理方式有混凝、中和、氧化还原等；以传质作用为基础的处理方式(物理化学处理法)有萃取、汽提、吹脱、吸附、离子交换以及电渗析和反渗透(膜分离技术)等。

③ 生化处理方法

通过微生物的代谢作用，使污水中呈溶解、胶体以及悬浮状态的有机污染物转化为稳定、无害物质的方法。根据微生物的不同，分为好氧生物处理(活性污泥法和生物膜法，广泛用于处理城市污水和有机性生产污水)和厌氧生物处理(消化池处理高浓度有机废水和污泥)。

一般油库采用较为广泛的是物理处理方法和物理化学方法。含油污水的处理要求是达到国家规定的排放标准、不污染环境、回收油料、处理后的水能重复使用。

（2）几种油库含油污水处理方法

① 隔油

隔油就是设计隔油池，利用物理方法，将污水中的浮油分离出来。它是根据污水中的油料与水的密度不同，利用重力原理将污油和水(含杂质)进行分离的一种设施。隔油池环保节能地将污油自然分离，修建隔油池是油库处理含油污水最常见的方法之一。

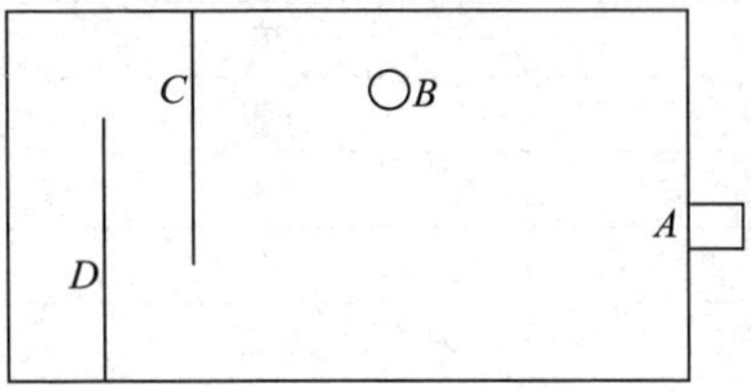

图 10-1　隔油池立面

图 10-1 中，A 为含油污水隔油池的入口，污水进入隔油池后，因油水密度不同而在隔油箱中上下分离，污油经由隔油箱上部收油孔 B 进入集油箱，由污油泵打入污油回收罐中；污水经隔油挡板 C 由挡板底部进入集水箱，由液面高度挡板 D 的高度来维持油水界面，保证将污油隔离在隔油箱中；隔除了污油的污水由挡板 D 上部翻入排水箱

后经排水口排出。

如在隔油池中间再加设置上十多片像百叶窗一样的平行波纹板，板间距 10cm，倾斜角 45°，就称为平行波纹板式隔油池。含油污水通过时，油粒碰到平行板，细小油粒就在板上凝聚成较大油粒，油水分离效果将得到提高。

另外还可以视污水情况不同，在隔油池中加上网眼大小不等的格栅，污水通过格栅除去其中较大的悬浮物。亦可以同时使用前两种方法，在平行板前加格栅，以进一步提高分离效果。

② 浮选

含油污水中常常含有大量的乳化油，浮选是向含油污水中通入空气，使污水中的乳化油黏附在空气泡上，随气泡一起浮升至水面。为了提高浮选效果，还可以向污水中投入少量浮选剂(即表面活性剂或起泡剂)，以降低污水的表面张力。

浮选是依靠气泡上升将污水中的乳化油分离出来，因此，浮选效果与气泡的分散度有着较为密切的关系，相对而言，气泡的分散度越大，则单位体积总表面积也越大，气泡与油粒黏附的概率也越高，浮选效果也越好。

③ 絮凝

含油污水中常常含有大量的胶体。胶粒表面拥有一层离子，称为电位离子，电位离子层通过静电作用，把溶液中电荷相反的离子吸引到胶核周围，被吸引的离子称为反离子，它们的电荷总量与电位离子的相等而符号相反。这样，在胶核周围介质的相间界面区域就形成所谓双电层。通常把针对双电层作用而使胶体颗粒相互凝结过程的凝聚和通过高分子聚合物的吸附架桥作用而使胶体颗粒相互黏结过程的凝聚，总称为絮凝也称为混凝。

要使胶体颗粒沉降就必须破坏胶体的稳定性，促使胶体颗粒互相接触，成为较大的颗粒，关键在于减少胶体的带电量。这可以通过压缩扩散层厚度，降低 ξ 电位来达到。这个过程就叫作胶体颗粒的脱稳。能够使水中的胶体颗粒互相黏结和聚结的物质称为混凝剂。常用的混凝剂有碱式氯化铝(PAC)，它是一种多价电解质，能显著降低水中黏土类杂质的胶体电荷。相对分子质量大，吸附能力强，具有优良的凝聚能力，形成的混凝体较大，凝聚沉淀性能优于其他混凝剂。

另外常用的混凝剂还有硫酸铝、硫酸铁、硫酸亚铁等。

④ 过滤

含油污水经过隔油池后，往往还需要过滤。过滤作用机理分：

a. 机械隔滤作用

滤料层由大小不同的滤料颗粒组成，其间有很多孔隙，废水流经时，比孔隙大的被截留在孔隙中，于是孔隙越来越小，以后进入的较小悬浮颗粒也被截留下来，使废水得到净化。

b. 吸附、接触凝聚作用

废水流经滤料层的过程中，要经过弯弯曲曲的水流孔道，悬浮颗粒与滤料的接触机会很多，在接触的时候，由于相互分子间的作用力结果，出现吸附和接触凝聚作用，尤其是过滤前加了絮凝剂时，接触凝聚作用更为突出，滤料颗粒越小，吸附和接触凝聚作用的效果越好。

c. 物理吸附作用

吸附剂和吸附质之间通过分子间力产生的吸附称物理吸附。

d. 化学吸附作用

吸附剂和吸附质之间发生由化学键力引起的吸附称化学吸附。

e. 离子交换吸附

吸附剂和吸附质之间发生由静电引力引起的吸附称离子交换吸附。

按滤池的结构和类型有以下分类方法：①按滤速大小：慢滤池、快滤池、高速滤池；②按水流过滤层的方向：上向流、下向流、双向流；③按滤料种类：砂滤池、煤滤池、煤-砂滤池；④按滤料层数：单层滤料、双层滤料、多层滤料；⑤按水流性质：压力滤池和重力滤池；⑥按进出水及反冲洗水的供给和排出方式：普通快滤池、虹吸滤池和无阀滤池。

通过滤层过滤，含油污水中的悬浮物、污物离子等被截流，水质得到进一步的改善。过滤时要注意，滤料达到饱和后需要及时换料或反冲等。

10.3 油库污染防治

油库污染防治"事前""事中""事后"都要重视。事前重视设计；事中重视管理；事后重视监督检测。环境保护，必须作为油库设计方案比较重要的内容之一。初步设计的环境保护篇(章)，应按《石油化工工厂初步设计内容规定》编写。环境保护设计，应做到全面规划、减少排污、分级控制、综合利用、有效处理，以达到防治污染的目的。应根据建库地区的自然条件、社会条件和环境背景资料，结合可能排放的污水、污染物，进行综合分析论证，阐明不同选址方案对环境影响的差异。生产用水，宜多次利用、循环使用及回用，以减少废水的排放量。设计时利用地形，建筑物等阻挡噪声传播，并合理隔离噪声源。噪声敏感区宜布置在有自然屏障的声影区。必要时可采取消声、隔声、吸声或综合控制等措施，降低噪声源的噪声。设计油气回收(第7章)等装置既减少蒸发损耗又减少有害气体排放。根据环境保护监测的任务及监测范围设置必要环境监测站、点，定期监测企业排放的污染物是否符合国家和地方规定的排放标准。根据情况，制定油库内部环境保护相关岗位管理制度，乃至设置相应的环境保护管理机构、配备专职的环境保护管理人员。

油库污染防治应注意以下几点：

① 设计优化　在油库的设计阶段就要考虑油库污染的排放，从工艺方案选择、优化上统筹兼顾，尽量减少污染物的排放量，减少污染源，同步考虑设置各种污染处理装置，防止生产性污染物任意排放；环境保护纳入概预算，应优先选用不产生或少产生污染物的相关设备，从根源上减少各种污染的产生并配置必要的环保监测设施设备；在选择方案时，宜采用不产生污染或少产生污染的工艺技术，污染防治技术不落实的生产工艺，不得用于设计。

② 管理细致　编制环境保护防止污染排放相关工作手册，加强操作管理及油库设备的维护保养，防止油库在作业中可能发生的管、罐、泵、阀等处跑、冒、撒、漏油事故的发生。

③ 严控排放　做好油库污染物的处理、管控工作，对油库还没有设置污水处理装置的，进行改造、增设污水处理装置，尽量回收污油，净化水质，使油库污水符合国家的有关法令法规所规定的排放标准，同时要尽量循环使用处理过的废水，减少污水的排放量。根据油库实际情况做好环境监督检查、检测。

④ 增强意识　加强教育工作，使油库工作人员人人重视环境保护工作。

10.3.1 油库水污染防治

油库的含油污水指油库作业产生的含油废水，主要包括油罐放沉水、油罐清洗水等。其中油罐放沉水一般 1~2 天或更长进行一次，且水量不是很多，一般为 2~5m^3/天，油库一般情况一年洗罐 1~2 次，每大罐冲洗用水 20~40t 不等，总的来说，油库废水水量根据规模大小变化，污水来水很不均匀。因此，一般油库都具有一个较大的污水储水池，每年按季、按月定期集中处理。

油库污水对环境和生态危害较大，生产污水是造成油库水污染的主要因素之一，因此防止油库水污染的重点要放在油库生产污水的防止与治理。

当今油水分离技术越来越多，除前面常用的隔油池、浮选、絮凝、过滤方法外，还有生物氧化法、声波、微波和超声波脱水技术等，并且新的技术还在不断地研发。寻找一种方法或组合一个流程，总能找到一种合适的油库污水处理方法，达到国家、行业相关规定要求。采取必要措施从源头减少含油废水排放量和污染负荷的方法有如：油罐清洗规范化，延长油罐清洗周期，采用先进技术，专业化队伍来实施，采用油洗或少用水洗的工艺，减少清洗排水量，对油罐清洗废水等高浓度废水单独处理，或经预处理后排入其他含油废水处理系统等。

10.3.2 大气污染防治

防治大气污染除需要各级领导及工作人员的重视外，还需针对各种污染源采取技术性的措施予以消除。

(1) 减少油料的蒸发损耗。减少油料的蒸发损耗不仅可以减少环境污染，而且可以保证油料的质量，减少不安全因素。在设计时就包含或改造增加油气回收专用装置。具体措施可参见本书第 8 章。

(2) 减少锅炉排放物对大气的污染。锅炉排出的烟尘及废气造成大气污染的一个重要因素，减少锅炉排放物的污染可从 3 方面着手。第一，改造锅炉。工业锅炉中不同的燃烧方式产生的烟尘量大不相同。采用往复炉排，烟尘平均浓度约为 2500mg/m^3，沸腾炉烟尘平均浓度为 4000mg/m^3。为了让燃料充分燃烧，节约燃料，消烟除尘，对老式锅炉和手工加煤锅炉改造尤为重要。根据燃料、炉型特点，选用合适的燃烧装置，如链条炉排、机化阶梯炉排、振动炉排等。第二，选择合理的燃料。有条件可以优先选用天然气，选用煤炭作为燃料时，应选择含硫量低的煤，减少二氧化硫和三氧化硫的产生。第三，设置除尘装置。在锅炉的烟囱上设置除尘器，减少烟尘的排放。

(3) 处理和回收废气。油库中目前对油料产生的废气一般均采用中和的方法予以消除。油料更生中产生的含酸废气进入酸碱中和箱，箱内装有质量浓度 1%NaOH 溶液，碱液在泵的作用下，从箱顶喷下，与箱内的含酸气体发生中和反应，除去废气中的酸性物质，然后经过引风机将中和后的废气排出。

10.3.3 防止油料中毒的措施

(1) 严格控制油气排放

通过控制各类油气排放，既可以减少人员与油蒸气的接触机会，也可以减少环境中的油气浓度。

（2）加强通风

通风是降低作业场所的油气浓度，防止中毒和窒息事故的有效措施。通风方式有自然通风和机械通风两种。采取哪种方式因场所而异，但无论采哪一种，所有方式都必须达到单位时间换气次数要求。对于任何作业场所，如泵房、山洞油库及地下、半地下油库的坑道和罐室，桶装库房，阀门操作间，进行清洗、抢修及涂装作业的油罐，在没有采取防毒保护措施的情况下，在作业前都应保证足够的通风时间，并确保油气低于允许浓度；在作业过程中应保证足够的换气量；在作业后也应保证足够的通风时间。应强调的是，对于地下阀井、地下管道检查井、管沟等不经常进入且通风不良的场所，在进入之前应特别注意通风，切不可麻痹大意，必须在确认油气浓度及含氧量都符合要求的情况下，方可进入，以防中毒窒息事故的发生。

（3）采用隔离式作业方式

为避免油气同人体直接接触或过多同人体接触，可采用隔离式作业。隔离式作业可从两方面考虑：一是人员经常出现的场所同油气易出现场所隔离或保持足够距离，应把一些油气释放场所设置在离人员较远的地方，中间设置隔离带，或采用隔墙形式隔离，人员在另一房间控制操作。如泵房和发油台就可设置专门的隔离操作室，减少油气对人体伤害。二是在人体不可避免同油气接触的场所，佩戴防毒器具进行隔离，可以减少或避免人体同油料及油气接触，如清罐作业、发油作业，可佩戴防毒手套、口罩。在一些特殊作业场所，甚至需要佩戴全套防护装具。

（4）加强环境卫生监测

进行环境监测，根据监测结果和有关规定，采取相应措施，确定相应的作业方式，是防止中毒事故的保证。库站中的环境卫生监测主要是对作业场所的油气浓度、氧气浓度、硫化氢含量等的监测，如发油台、泵房、灌桶间、机修间及油罐清洗场所等比较容易形成油气积聚的部位。监测可采用有害气体检测仪和油气浓度测定仪，在场所进行机动监测或设置固定的监测装置。

（5）严格遵守操作规程

在库站作业中应严格遵守操作规程，以防中毒窒息事故的发生。为此，对于易发生中毒事故的油罐清洗、涂装作业，提出了以下防中毒窒息的相关规程：

① 当可燃性气体（含涂料中挥发性溶剂的可燃性气体）浓度在爆炸下限的4%~40%范围内时，进罐检测的作业人员，必须佩戴隔离式呼吸面具；浓度在爆炸下限的1%~4%范围内时，允许佩戴防毒口罩进罐作业，但每次进罐作业时间不得超过30min，间隔时间不得少于1h；浓度在爆炸下限的1%以下时，允许在无防护条件下8h工作制进罐作业。

隔离式呼吸面具可采用下述方法供气：

a. 自吸新鲜空气，即使用长管面具。空气管路内径不小于20mm，长度不大于10m，进气口必须保证有干净的新鲜空气。

b. 手动风机供气。由人工驱动专用风机，通过软管供气，但手动风机操作者不得少于两人。

c. 电动风机供气。由防爆电动风机通过软管供气，但防爆电动风机必须有手动、电动两用装置，否则应有保证不间断供电装置。

d. 压缩空气供气。当距离较远时，可用小型空气压缩机供气，但必须配有停机后仍能维持 5min 供气的储气罐，且有适当的空气过滤装置。

e. 自带压缩空气。进罐人员可佩戴消防呼吸器，但应严格控制罐内作业时间。出罐时，剩余空气使用时间必须大于 5min。

无论采用何种供气方式，每人的供气量不应小于 30L/min。当采用多路供气时，供气量必须大于 30L/min 乘以路数之积，气压必须大于供气管的阻力损失。

防毒、呼吸用具及防护用品必须严格按“产品说明书”要求使用，保证性能良好，佩戴合适。每次使用前应认真检查和试验，使用中内处表面不得被油料、有机涂料等污染，使用后必须清洗消毒，妥善保存。

② 同时进罐人员不得少于 2 人。检测、作业人员穿戴防毒呼吸用具进罐时，必须系安全绳，罐外设专职监护员，而且一人不得同时监护两个作业点。防毒呼吸用具的供气管应完好，不应有硬折、拔脱、阻塞、漏气等现象。

③ 各类作业人员上岗前严禁饮酒。严禁在作业场所饮水或用餐。作业后应在指定地点更衣、洗手洗脸、刷牙漱口。不准穿工作服进入公共场所或回家就餐。

④ 作业中要密切监测可燃性气体浓度，超过允许值时，作业人员应迅速撤离现场，重新通风，降至允许值以下方可继续作业。

⑤ 作业场所应备有中毒、过敏、工伤用急救箱，并有合格的医护人员值班。作业现场应准备消防呼吸器，以便进罐抢救使用。

（6） 加强个人防护

按防毒的安全技术规定，穿戴防护用具的工作人员，最好不吸烟，不喝酒，因为烟、酒能刺激神经系统，增加中毒的风险。作业中发现头昏、呕吐、不舒服等时，应立即停止工作，进行休息或治疗。如发现急性中毒应立即抢救。首先将中毒者抬到空气新鲜处，松开衣裤(冬天防冻)。若失去知觉，应使其闻吸氨水，灌喝浓茶(不能喝酒)，进行人工呼吸，直至能自由呼吸为止，并迅速送医院治疗。

（7） 加强绿化， 减缓油气污染

尽管油库中采取了一系列控制油气排放的措施，但是在油库中不可能完全避免油料蒸发，油气或多或少地逸散在油库中各作业区，影响环境卫生。为缓和油气污染程度，绿化是一个良好措施。在库区适当的位置，合理地种植一些花木，进行绿化是环境保护的重要措施。这不仅美化了环境，而且净化了空气，可降低库区温度，减轻污染，减少了油气对人体的危害，使人们精神爽快。根据实测分析，油气基本上笼罩在库区还不到 10m 高的空间中，且以收发油区和储油区的浓度为高，油气在整个油库弥漫。栽上树木后，其茂密的树叶就可以吸滞漂浮在空气的油气，并可吸收其中有害物质，如加拿大杨树、栓皮栎、桂香柳等植物可吸收油气中一定量的醛、酮、醇、醚和一些致癌物质。柑橘的叶片可吸附大量油气，并且有明显的吸铅作用。

油库绿化应正确处理好绿化与防火的关系。绿化位置要合理选择，不得妨碍安全。根据油库防火救灾要求，油罐区的防火堤内不得绿化；防火堤和消防道路之间，油库围墙处 1~2m 的安全隔离地带，都不允许栽植树木；道路绿化在其拐弯处不可遮挡车辆行驶和司机视线；绿篱或花带不宜过长；消防用的水池或水塘，不可在其中进行水生植物绿化；库区人员来往过多的心脏部位，也不宜种植食用果树，以确保油库安全。

油库的绿化树种，除行政管理区外不应栽植油性大的树种。禁止种植马尾松、樟树、竹等易燃树种，应选植一些抗油气性好，枯枝落叶少，能吸收有害气体的常青树种。油库可栽植的树很多，如冬青、茶花、女贞、大叶黄杨、柳树、槐树、海桐、泡桐、棕榈、悬铃木、刺槐、松柏、龙柏等。考虑到经济效益，还可以种植一些果树，如柑橘等。花草可根据花色和花期进行选配。因油库周围的山林火灾可能影响油库，因此山林地区油库应在库界，油库区周围开辟隔离带，既绿化又起防火作用。油库应选用耐火性能较好的木荷树植造防火隔离带，这是因为，木荷系常绿乔木，树干笔直，树高可达30m；树冠浓密，叶厚草质，含水分多，可达42.4%；含易燃油脂少，仅5.9%；耐火性能强、耐干旱、耐瘠薄；对土质条件要求不高，适应性强，成活率高。据现场火烧试验，每次火烧现场冲向木荷林带的火线宽度都在20m以上，燃烧的火焰高度都超过木荷树，结果每次试验的强烈火焰都被木荷林带挡住了。木荷树是抗火阻火性能优良的树种，特别适合于长江以南山林地区油库营造防火隔离带。

10.3.4 噪声污染防治

声音是我们生活中的一种重要环境因数。但是，音量大，音频过高或过低的噪声，如大型油库大批量收发油料时泵房电机、泵组的转动声等，长期在这种环境中对人的听力、心脏等都有妨碍。设计时综合考虑声学因素，合理规划。应选择低噪声的泵、电机、阀门，如新型端面密封机泵、内浮顶油罐、低噪声空冷器和低噪声电机等密封性好、不易造成噪声污染的设备。

噪声防治可用以下方法：

（1）隔声

噪声是通过空气传播的，所谓隔音就是在音源周围设一道屏障，把声源密封起来，这样就可减少或阻止空气的传声。例如给泵或电机设计一个隔音罩，给机械洗桶处设计一个密闭小空间，都可以降低噪声污染，隔音罩由隔声材料、吸音材料构成。隔声材料可用钢材等，吸音材料可用棉毡、涂料等。

（2）隔振与阻尼

许多噪声都是起源于机械振动，因此，降低机械振动也是降低噪声的一种手段。常用的减振装置有弹簧(圈簧、片簧)、橡胶(胶圈、胶片)、软木、纤维(棉麻、尼龙、玻璃纤维)等。通过减振、隔振可防止机械结构相互之间刚性连接。阻尼材料通常都是由高弹性高分子材料做成。它的作用是将一部分振动能转化为热能消耗掉。

（3）消声

消声是通过消声器来降低空气中噪声的传递，最典型的是汽车排气管。通常用在气流噪声控制方面，如通风管道噪声，排风机噪声等。各种消声器一是通过贴专用内衬，利用吸声材料的特性使声音在通道中传播时被逐渐吸收；二是设计合适的几何形状，让声波在通道中产生反射或干涉来达到消声的目的。

课后习题

10-1　防止油料中毒的措施有哪些？

10-2　简述油库含油污水处理方法。

10-3　油库环保的原则有哪些？

参 考 文 献

[1] 马秀让．油库工作数据手册[M]. 北京：中国石化出版社，2010.

[2] 范继义．油库技术与管理知识问答[M]. 北京：中国石化出版社，2012.

[3] 许行．油库设计与管理[M]. 北京：中国石化出版社，2009.

[4] 马秀让．油库设计实用手册：第2版[M]. 北京：中国石化出版社，2014.

[5] 张赞牢．油库技术与管理[M]. 北京：科学技术文献出版社，1998.

[6] 郭光臣．油库设计[M]. 北京：石油工业出版社，1991.

[7] 樊宝德，朱焕勤．油库设计手册[M]. 北京：中国石化出版社，2007.

[8] 于贤福．油库技术管理：第2版[M]. 北京：中国石化出版社，2007.

[9] 熊云，苏鹏．储运油料学：第2版[M]. 北京：中国石化出版社，2022.

[10] 吴玉国．油气计量原理与技术[M]. 北京：中国石化出版社，2016.

[11] 郭光臣．油库设计与管理[M]. 北京：中国石油大学出版社，1994.

[12] 油库技术与管理手册编写组．油库技术与管理手册[M]. 上海：上海科学技术出版社，1997.

[13] 杨筱蘅、张国忠．输油管道设计与管理[M]. 东营：石油大学出版社，1996.

[14] 王丰，郭继坤．油库设备管理与维修[M]. 北京：中国石化出版社，1998.

[15] 张其悦．油罐自动测量技术与应用[M]. 北京：科学技术文献出版社，2005.

[16] 汪楠．工程流体力学[M]. 北京：石油工业出版社，2007.

[17] 刘绍叶．泵与原动机选用手册[M]. 北京：中国石化出版社，1991.

[18] 范继义．油库阀门[M]. 北京：中国石化出版社，2006.

[19] 何国松．最新钢管铸铁管制造工艺技术、标准及管材、管件应用技术手册[M]. 吉林：吉林电子出版社，2004.

[20] 杨世铭，陶文铨．传热学[M]. 北京：高等教育出版社，2006.

[21] 哈尔滨工业大学理论力学教研室．理论力学[M]. 北京：高等教育出版社，2009.

[22] 吴宗泽．机械设计使用手册[M]. 北京：化学工业出版社，1999.

[23] 石油库设计规范[S]. GB 50074—2014.

[24] 建筑设计防火规范[S]. GB 50016—2014.

[25] 储罐区防火堤设计规范[S]. GB 50351—2018.

[26] 低压流体输送用焊接钢管[S]. GB/T 3091—2018.

[27] 无缝钢管尺寸、外形、重量及允许偏差[S]. GB/T 17395—2008.

[28] 焊接钢管尺寸及单位长度重量[S]. GB/T 21835—2008.

[29] 石油和液体石油产品油量计算 动态计量[S]. GB/T 9109. 5—2017.

[30] 石油计量表[S]. GB/T 1885—1998.

[31] 污水综合排放标准[S]. GB 8978—2002.

[32] 石油化工管道伴管和夹套管设计规范[S]. SH/T 3040—2017.

[33] 立式金属罐容量检定规程[S]. JJG 168—2018.

[34] 石油天然气钻井、开发、储运防火防爆安全生产技术规程[S]. SY/T 5225—2019.

[35] 储油库大气污染物综合排放标准[S]. GB 20950—2020.